復刊

可換環論

松村英之 著

共立出版株式会社

序　　　文

可換環論はそれ自身美しく深い理論であると共に，代数幾何学や複素解析幾何学に大切な基礎となるものでもある．はじめに，その発展の歴史を概観しよう．

最も基本的な可換環は有理整数環 $\boldsymbol{Z}$ と，（体の上の）多項式環であろう．$\boldsymbol{Z}$ は単項イデアル環であるから環論的には簡単すぎて興味がうすいが，その拡張として代数的数体の整数環が考察されるようになった時，Dedekind によってはじめてイデアルの概念が導入された（1870 年代）．素数の代りに素イデアルを用いることによってのみ，$\boldsymbol{Z}$ の数論の自然な一般化が得られることがわかったからである．

一方，多項式環は 19 世紀後半に代数幾何学と不変式論の両方から次第に研究されるようになった．Hilbert は不変式に関する 1890 年の有名な論文で，多項式イデアルが有限生成であることなど，いくつかの基本的な定理を証明した．今世紀に入って，Lasker や Macaulay の手で，多項式イデアルの準素分解に関する深い研究がなされた後，抽象代数学の時代が到来する．可換環論の抽象化に先鞭をつけたのはわが国の園正造である（On Congruences, I～IV, *Mem. Coll. Sci. Kyoto* Bd. 2～3, 1917～19）．とくに，彼は Dedekind 環の公理的特徴づけに成功した．つづいて Emmy Noether は極大条件からイデアルの準素分解が従うことを見出し（1921），また Dedekind 環の別の公理系を与えて（1927），可換環論のそれ以後の発展を決定的に方向づけた．ネータ環が可換環論において占める中心的な役割は彼女の仕事によって明らかにされたのである．

しかし，抽象的な可換環論を深い学問に育て上げた第一の功労者は Krull

(1899–1970) であろう．彼は 1920 年代から 30 年代にわたって，ネータ環の次元論を確立し，局所化，完備化の手法や正則局所環の概念等を導入し，またネータ環の枠を超えた一般付値環や Krull 環の理論を独力で建設した．30 年代には秋月康夫の貢献も大きかった．とくに，1年間の苦闘の末に彼が得た，整閉包が有限加群にならないネータ整域の例は，その後の多くの反例の手本となった．

1940 年代になると，Krull の理論が Chevalley や Zariski によって代数幾何学に応用されて著しい成功をおさめる．Zariski は一般付値論を特異点の解消や双有理変換論に応用し，また正則局所環の概念によって多様体の単純点の理論を代数化した．Chevalley は局所環の重複度の理論を創始して，多様体の交わりの重複度の計算に応用した．また，Zariski の弟子 I. S. Cohen は完備局所環の構造定理 [13] を証明して，完備化の重要性を確立する．

50 年代は Zariski の，正規局所環の完備化が正規であるかという問題に関する深い研究（Sur la normalité analytique des variétés normales, *Ann. Inst. Fourier* 2 (1950)）で幕を開け，ネータ環論は一般論からより精密な構造論へ深められて行く．重複度の理論は Samuel と永田雅宜によって新しい基礎づけをされ，局所環論の有力な道具の1つとなる．永田はその外 Hensel 環の理論を創始し，鎖状でないネータ環の例や Hilbert 14 問題の反例を作り，擬局所環の理論を作るなど，50 年代の最も卓越した研究者であった．また，森誉四郎はネータ整域の整閉包について深い研究を行った．

しかし，永田や森の仕事が Krull の伝統をうけつぐものであったのに対し，同じ頃全く新しい別の動きが出てきた．それはホモロジー代数の可換環論への導入であり，アメリカの Auslander, Buchsbaum, イギリスの Rees, Northcott, フランスの Serre 等がその推進者であった．この方向で，正則列や深度の理論が生れ，Cohen-Macaulay 環の理論が整備された外，正則局所環のホモロジカルな特徴づけによって，正則局所環の理論が飛躍的に進歩した．

60 年代のはじめ，Bourbaki の Algèbre Commutative は平坦性を重視し，また素因子の理論を新しい角度から述べた．60 年代を特徴づけるものは，しかし何と言っても Grothendieck の活躍である．彼はスキーム論によって可換環論と代数幾何学を融合し，幾何学的手法を環論に応用する道を開いた．たとえば彼の local cohomology は正にそのようなものとして，現在の可換環論に不可欠の手段の1つになっている．Gorenstein 環の理論も彼にはじまる．また，彼が EGA 第4章で組織的に展開した形式的ファイバーの研究と，それに基く優秀環の理論は，Zariski や永田の 50 年代の研究をおし進めて一応完成させたものといえよう．

60 年代には，可換環論は代数幾何学から更に2つの大きな贈物を受ける．広中平祐の特異点解消の大論文 [134] は局所環のイデアル論としても極めて独創的な理論を含んでいて，その環論的意義は今ようやく理解され始めた所である．特異点解消定理自体も，ごく最近 Rotthaus によって優秀環の研究に用いられた．一方，M. Artin は 1969 年に有名な近似定理を得た．これは大ざっぱに言えば，Hensel 局所環 A 上の連立代数方程式が完備化 $\hat{A}$ で解をもてば，それにいくらでも近い解が A において存在するというもので，代数幾何学にも環論にも応用が広い．なお，M. André と Quillen が可換環の新しいホモロジー論を作り上げたのも 60 年代の重要な成果であった．

70 年代はホモロジカルな方向で多くの人々が活発な研究活動を行った．Buchsbaum, Eisenbud, Northcott 等は複体の性質を深く研究し，Peskine-Szpiro [81], Hochster [H] は Frobenius 写像や Artin の近似定理を巧みに用いる手法を開発した．Cohen-Macaulay 環，Gorenstein 環，更に新しくは Buchsbaum 環等が Hochster, Stanley, 渡辺敬一，後藤四郎等によって，非常に具体的に研究された．一方，古典的なイデアル論も死滅したのでは決してなく，Ratliff や Rotthaus は極めて深い結果を出している．

可換環論の定理を，重要な順に3つあげるならば，まず Krull の次元定理（定理 13.5）が第一にくることは当然であろう．次には I. S. Cohen の，完備局所環の構造定理（定理 28.3，29.3，29.4）であろうか．完備局所環が，体または DVR 上のべき級数環というよくわかったものの準同形像として表わせるというのは大変有難いことである．第三には，私は正則局所環の Serre による特徴づけ（定理 19.2）をあげたい．これは正則局所環の本質をとらえたものであり，イデアル論とホモロジー代数との重要な接点でもある．

本書は可換環論の本格的な，そして出来るだけ self-contained な教科書として書かれた．代数幾何学への応用にも意を用いたつもりである．しかし，分量の問題もあり著者の能力不足もあって，local cohomology と，それにつづく 70 年代のホモロジカルな方向での諸結果については触れることができなかった．これらについては［G 6］，［H］等が読み易いから，本書につづいて読まれるとよいと思う．

本書は元来，畏友成田正雄氏が執筆される予定であったのを，氏が不幸にして病を得て早世されたため，私がお引受することになった．成田氏は私と同年で，24 才の時に知り合ってからずっと親しくしていただいた．万人から敬愛される，温い人柄の紳士であった彼が，40 代の若さで天に召されたことはまことに残念である．彼が書いていたならば，UFD とか Picard 群などに，彼らしい特色を出してくれたであろうと思いつつ，§20 では記念のために彼の講義の一部を用いさせていただいた．本書を天国の成田氏に捧げて，彼の批評を聞きたいと願うのである．

1980 年 5 月

松　村　英　之

目　　次

第 1 章　可換環と加群

第 2 章　素イデアル

第 3 章　種々の拡大環

第 4 章　付　値　環

第 5 章　次　元　論

第 6 章 正 則 列

第 7 章 正 則 環

第 8 章 平 坦 性 再 論

第 9 章 導 分

第 10 章 *I*-順 滑 性

第 11 章　完備局所環の応用

規約と注意

1. $\subset$は等号を排除しない意味に用いる．（[M] では $\subseteq$ で表わした．）ただし“$M_1 \subset M_2 \subset \cdots\cdots$ が真増大列である”というときは $M_1 \subsetneqq M_2 \subsetneqq \cdots\cdots$ の意味とする．

2. $A \to B$ が環の準同形であるとき，“環の射”ともいう．M, N が A 加群ならば，A 線形写像 $M \to N$ のことを“A 加群の射”ともいう．

3. $f: A \to B$ が環の射で J が B のイデアルならば，$f^{-1}(J)$ は A のイデアルであるが，これを $A \cap J$ で表わす．A が B の部分環で f が埋め込みならばこれは集合論的共通部分に一致するが，一般の場合はそうでない．しかし普通混乱は起らない．また，I を A のイデアルとするとき，B のイデアル $f(I)B$ を単に IB と書く．

4. たとえば §7 の定理は定理 7.1，定理 7.2，… のように番号付ける．しかし同じ節の中で引用するときには，節の番号を省いて単に定理 1，定理 2 のように引用する．

5. 演習問題では“を示せ”という語尾は原則として省く．問題の大部分に対して，解答やヒントを巻末につけた．問題には本文を補う意味でのせたものも多いので，少くとも一応は目を通していただきたい．

6. 本書では，環といえば単位元をもつ可換環のこととする．環の射 $A \to B$ は A の単位元を B の単位元に写すものに限る．A が B の部分環であるというときには A の単位元と B の単位元は一致しているものとする．

7. 環 A の元 $a, b, \cdots, c$ で生成されたイデアル $aA+bA+\cdots+cA$ を $(a, b, \cdots, c)$ または $(a, b, \cdots, c)A$ で表わす．

第1章　可換環と加群

本章ではごく基本的な定義や定理をのべる.

§1 では素イデアルの存在に関することが中心になる. §2 では中山の補題, 局所環上の加群, 有限表示加群などが扱われる. 局所環上の射影加詳が自由加群であるという定理 2.5 は Kaplansky による完全な証明を書いておいたが, 無限生成の場合は後で使うことはないので省略して先へ進んでもよい. §3 では有限性の条件を E. Noether 女史の鎖条件の形で詳しく論じ, 秋月の定理, I. S. Cohen の定理, Formanek による Eakin-永田の定理の証明などをのべる.

§1. イ デ ア ル

A を環, I をそのイデアルとするとき, 剰余環 A/I を考えることが大切である. $\bar{A}=A/I$ とおき, A から $\bar{A}$ への自然な射を f とすれば, $\bar{A}$ のイデアル $\bar{J}$ と, I を含む A のイデアル $J=f^{-1}(\bar{J})$ とが 1 対 1 に対応し, $\bar{J}=J/I$, $A/J\simeq\bar{A}/\bar{J}$ が成り立つ. したがって, I を含むイデアルのみを考えたいときには, A/I に考察を移すことが便利である. (I' を A の任意のイデアルとすれば $f(I')$ はやはり $\bar{A}$ のイデアルであるが $f^{-1}(f(I'))=I+I'$ であり $f(I')=(I+I')/I$ である.)

A 自身も A のイデアルである. これは単位元 1 で生成されるから (1) と書かれることが多い. (1) とことなるイデアルを**真のイデアル** (proper ideal) という. A の元 a が A に逆元をもつとき (すなわち $aa'=1$ となる a' が A の中に存在するとき), a は**可逆元**または**単元** (unit) とよばれる. a が単元になる必要十分条件は単項イデアル (a) が (1) に等しいことである. a が単元で x がべき零元なら $a+x$ も単元である. 実際, $y=-a^{-1}x$ とおけば, $x^n=0$ のとき $y^n=0$ であり

$$(1-y)(1+y+\cdots+y^{n-1}) \;=\; 1-y^n \;=\; 1$$

であるから，

$$a+x = a(1-y)$$

は逆元をもつ．

環 A において $1=0$ であることは許されるが，もしそうであれば任意の元 a について $a=1\cdot a=0\cdot a=0$ となるから A はただ1つの元0から成る．このとき $A=0$ と書く．環 A に関する定義や定理において，$A\neq 0$ を仮定する必要があってもいちいち断らないこともある．環 A が**整域** (integral domain または単に domain) であるとは，$A\neq 0$ でかつ0以外に零因子をもたないことである．整域 A の 0 以外のすべての元が単元であるとき**体** (field) という．体は，(0) と (1) とちょうど2つのイデアルしか持たない環として特徴づけられる．

すべての真のイデアルの中で極大なものを**極大イデアル** (maximal ideal) という．$\mathfrak{m}$ が A の極大イデアルであることは，$A/\mathfrak{m}$ が体であることと同値である．真のイデアル I が与えられたとき，I を含み 1 を含まないすべてのイデアルの集合を M とすれば，包含関係による順序で M に Zorn の補題が使える．実際，$I\in M$ だから M は空でなく，L を M の全順序部分集合とすれば L に属するすべてのイデアルの合併集合は A のイデアルであり，明らかに M に属する．したがって L の M における上限になっている．よって，Zorn により M に極大元が存在する．こうして次の定理が示された．

定理 1.1. I が真のイデアルなら，I を含む極大イデアルが少くとも1つ存在する．

A/P が整域になるようなイデアル P を**素イデアル** (prime ideal) という．いいかえれば

i） $P\neq A$,　ii） $x, y\in A,\ x\notin P,\ y\notin P \Rightarrow xy\notin P$

が成り立つイデアルである．体は整域だから，極大イデアルは素イデアルである．

I, J をイデアル，P を素イデアルとすると

$$I \not\subset P, J \not\subset P \ \Rightarrow \ IJ \not\subset P$$

である．なぜなら，$x \in I$, $y \in J$ を P に入らないようにとれば $xy \in IJ$, $xy \notin P$.

環 A の部分集合 S が条件

i）$x, y \in S \ \Rightarrow \ xy \in S$,　ii）$1 \in S$

をみたすとき**積閉集合** (multiplicatively closed set) という[1]．I が S と交わらないイデアルなら，定理1の証明と全く同様にして，I を含み S と交わらないイデアル全体の集合に極大元があることがわかる．P が S と交わらないイデアルの中で極大なら，素イデアルである．実際，$x \notin P$, $y \notin P$ ならば，$P+xA$, $P+yA$ は共に S と交わるから積イデアル $(P+xA)(P+yA)$ も S と交わる．一方

$$(P+xA)(P+yA) \subset P+xyA$$

したがって $xy \notin P$ でなくてはならない．こうして次の定理が得られた．

定理 1.2. S を積閉集合，I を S と交わらないイデアルとすれば，I を含み S と交わらない素イデアルが存在する．

I を A のイデアルとするとき，何乗かして I に入るような A の元の全体は A のイデアルを作る．(実際 $x^n \in I$, $y^m \in I$, $a \in A \Rightarrow (x+y)^{n+m-1} \in I$, $(ax)^n \in I$.) これを I の**根基** (radical) といい，$\sqrt{I}$ と書くこともある:

$$\sqrt{I} = \{a \in A \mid \exists n > 0 : a^n \in I\}.$$

P が I を含む素イデアルならば，$x^n \in I \subset P$ から $x \in P$ が従うから $\sqrt{I} \subset P$ である．逆に $x \notin \sqrt{I}$ なら，積閉集合 $S_x = \{1, x, x^2, \cdots\}$ は I と交わらないから，前定理によれば，I を含み x を含まない素イデアルが存在する．よって I の根基は I を含むすべての素イデアルの共通部分である:

$$\sqrt{I} = \bigcap_{P \supset I} P.$$

とくに $I=(0)$ とおけば，$\sqrt{(0)}$ は A のすべてのべき零元の集合であり A の

1) 条件 ii) は本質的なものではない．i) をみたす集合 S が与えられたとき，S を $S \cup \{1\}$ でおきかえてもなんら実質的な変化が起らないのが通例である．

べき零元根基 (nilradical) とよばれる．これを nil(A) と書くことにしよう．nil(A) は A のすべての素イデアルの共通部分である．nil(A)=(0) のとき環 A は**被約** (reduced) であるといわれる．任意の環 A に対し $A/\mathrm{nil}(A)$ を A_{red} と書く．A_{red} はもちろん被約である．

環 $A(\neq 0)$ のすべての極大イデアルの共通部分を A の **Jacobson 根基**または単に**根基** (radical) とよび，rad(A) で表わす．$x\in\mathrm{rad}(A)$ ならば，任意の $a\in A$ に対し，$1+ax$ はどんな極大イデアルにも含まれないから A の単元である（定理 1)．逆に，$x\in A$ が "$1+Ax$ は A の単元のみから成る" という性質をもてば $x\in\mathrm{rad}(A)$ である（証明せよ)．

ただ 1 つの極大イデアルをもつ環を**局所環** (local ring)，有限個しか極大イデアルをもたない環 $(\neq 0)$ を**半局所環** (semi-local ring) という．A が局所環で $\mathfrak{m}$ がその極大イデアルであるということを，"$(A,\mathfrak{m})$ が局所環である" といい表わすこともある．このとき体 $A/\mathfrak{m}$ を A の剰余体 (residue field) という．"$(A,\mathfrak{m},k)$ が局所環である" といえば，A が局所環，$\mathfrak{m}=\mathrm{rad}(A)$，$k=A/\mathfrak{m}$ であるという意味であるとする．

$(A,\mathfrak{m})$ が局所環なら，$\mathfrak{m}$ に入らない A の元はすべて単元である．逆に，環 $A(\neq 0)$ の非単元の集合がイデアルになるときは A は局所環である．

一般に，イデアル I, I' の積 II' は $I\cap I'$ に含まれるが必ずしもこれと一致しない，しかし $I+I'=(1)$ が成り立つとき（このとき，I と I' とは**互いに素であるという**）には $II'=I\cap I'$ である．証明：$I\cap I'=(I\cap I')(I+I')\subset II'\subset I\cap I'$．また，$I, I', I''$ が 2 つずつ互いに素なイデアルならば，I と $I'I''$ とは互いに素である：

$$(1) = (I+I')(I+I'') \subset I+I'I'' \subset (1).$$

帰納法で次の定理が得られる．

定理 1.3. $I_1, I_2, \cdots, I_n$ が 2 つずつ互いに素なイデアルならば，

$$I_1I_2\cdots I_n = I_1\cap I_2\cap\cdots\cap I_n.$$

特に，A が半局所環で $\mathfrak{m}_1, \cdots, \mathfrak{m}_n$ がそのすべての極大イデアルならば，

$\mathrm{rad}(A)=\mathfrak{m}_1\cap\cdots\cap\mathfrak{m}_n=\mathfrak{m}_1\cdots\mathfrak{m}_n$ である．

また，$I+I'=(1)$ なら $A/II'\simeq A/I\times A/I'$ である．それを見るには $A/II'=A/I\cap I'$ から $A/I\times A/I'$ への自然な単射が全射であればよいが，$e+e'=1$, $e\in I$, $e'\in I'$ とすれば，任意の $a, a'\in A$ に対し $ae'+a'e\equiv a\ (\mathrm{mod}\ I)$, $ae'+a'e\equiv a'(\mathrm{mod}\ I')$ であるからよい．これから帰納法で次の定理が得られる．

定理 1.4. $I_1, \cdots, I_n$ が2つずつ互いに素なイデアルならば，

$$A/I_1\cdots I_n \simeq A/I_1\times\cdots\times A/I_n.$$

例 1. A を環とし，A の上の形式的べき級数環 $A[[X]]$ を考える．べき級数 $f=a_0+a_1X+a_2X^2+\cdots$, $a_i\in A$, が $A[[X]]$ の単元であるための必要十分条件は a_0 が A の単元であることである．実際，$f^{-1}=b_0+b_1X+\cdots$ が存在すれば $a_0b_0=1$ であり，逆に $a_0^{-1}\in A$ なら

$$1=(a_0+a_1X+\cdots)(b_0+b_1X+\cdots)=a_0b_0+(a_0b_1+a_1b_0)X$$
$$+(a_0b_2+a_1b_1+a_2b_0)X^2+\cdots$$

が $b_0, b_1, \cdots$ について解ける．$a_0b_0=1$, $a_0b_1+a_1b_0=0, \cdots$ から $b_0, b_1, \cdots$ を順次求めてゆけばよい．多変数の形式的べき級数環 $A[[X_1, \cdots, X_n]]$ についても，$A[[X_1, \cdots, X_n]]=(A[[X_1, \cdots, X_{n-1}]])[[X_n]]$ と考えられるから，$f=a_0+\sum a_iX_i+\sum a_{ij}X_iX_j+\cdots$ が単元であるための必要十分条件は定数項 a_0 が A の単元であることである．これからわかるように，$g\in(X_1, \cdots, X_n)$ ならば任意のべき級数 h に対し $1+hg$ が単元であるから $g\in\mathrm{rad}(A[[X_1, \cdots, X_n]])$, したがって

$$(X_1, \cdots, X_n) \subset \mathrm{rad}(A[[X_1, \cdots, X_n]]).$$

k が体ならば，$k[[X_1, \cdots, X_n]]$ は $(X_1, \cdots, X_n)$ を極大イデアルとする局所環である．一般の環 A については，$B=A[[X_1, \cdots, X_n]]$ とおけば B の極大イデアルは $(X_1, \cdots, X_n)$ を含むから $B/(X_1, \cdots, X_n)\simeq A$ の極大イデアルと対応し，$\mathfrak{m}B+(X_1, \cdots, X_n)$, $\mathfrak{m}$ は A の極大イデアル，という形をしている．これを $\mathbf{m}$ と書くと $\mathbf{m}\cap A=\mathfrak{m}$ である．

多項式環の場合は事情はかえって複雑である．$A[X]$ の極大イデアルが必

ず X を含むなどということは全く事実に反する．たとえば $X-1$ は $A[X]$ の非単元であるからこれを含む極大イデアル $\mathfrak{m}$ が存在し，$X\notin\mathfrak{m}$ である．また，$\mathfrak{m}$ が $A[X]$ の極大イデアルでも $\mathfrak{m}\cap A$ は必ずしも A の極大イデアルではない．

A が整域なら $A[X]$ も $A[[X]]$ も整域である．($f=a_rX^r+a_{r+1}X^{r+1}+\cdots$, $g=b_sX^s+b_{s+1}X^{s+1}+\cdots$, $a_r\neq 0$, $b_s\neq 0$ なら $fg=a_rb_sX^{r+s}+\cdots\neq 0$.) I を A のイデアルとし，I の元を係数とする多項式あるいはべき級数の集合をそれぞれ $I[X]$, $I[[X]]$ と書く．これらは $A[X]$, $A[[X]]$ のイデアルであり，係数を $\bmod I$ で考える準同形写像

$$A[X]\to(A/I)[X], \qquad A[[X]]\to(A/I)[[X]]$$

の核である．したがって

$$A[X]/I[X]\simeq(A/I)[X], \qquad A[[X]]/I[[X]]\simeq(A/I)[[X]]$$

である．とくに，P が素イデアルなら $P[X]$, $P[[X]]$ はそれぞれ $A[X]$, $A[[X]]$ の素イデアルである．

I が A 上有限生成：$I=a_1A+\cdots+a_rA$ ならば $I[[X]]=a_1A[[X]]+\cdots+a_rA[[X]]=I\cdot A[[X]]$ が成り立つが，I が有限生成でなければ $I[[X]]$ は $I\cdot A[[X]]$ より大きい．多項式環ではこのような区別は生ぜず常に $I[X]=I\cdot A[X]$ である．

例 2. 環 A において元 a が b で割れる ($a=bc, c\in A$) ことと $aA\subset bA$ とは同値である．以下 A を整域とする．a が単元でなく，条件

$$\text{“}a=bc \;\Rightarrow\; b \text{ または } c \text{ が単元”}$$

をみたすとき，a を**既約元** (irreducible element) という．これは aA が真の単項イデアルの中で極大であることと同値である．aA が素イデアルであるとき a を**素元** (prime element) という．容易にわかるように素元は既約元であるが，逆は成り立たないこともある．

元 a が素元の積として2通りに書けたとする：

$$a=p_1p_2\cdots p_n=p_1'\cdots p_m', \qquad p_i,\ p_j' \text{ は素元.}$$

このとき $n=m$ であり，p'_j を適当に並べかえると $p_iA=p'_iA$ $(i=1,\cdots,n)$ が成り立つ．実際，$p'_1\cdots p'_m$ が p_1 で割れるから，因子の１つ，たとえば p'_1 が p_1 で割れる．p_1 も p'_1 も既約元だから $p_1A=p'_1A$．したがって $p'_1=p_1u$，u は単元，$p_2\cdots p_n=up'_2\cdots p'_m$ となる．p'_2 の代りに up'_2 を使ってよいから，n に関する帰納法で証明が完結する．この意味で，素元への分野は(もし可能なら)一意的である．

0 と単元以外の任意の元が素元の積として表わせるような整域を**一意分解環** (unique factorization domain, factorial ring)，略して **UFD** という．単項イデアル環（すなわちすべてのイデアルが単項であるような整域）が UFD であることはよく知られている（問題【1.4】参照）．A が単項イデアル環ならば，素イデアルは (0) か pA，p は素元，の形であり，後者は極大イデアルである．

k を体とすれば $k[X_1,\cdots,X_n]$ は UFD である．これは周知であろう．$f(X_1,\cdots,X_n)$ が既約な多項式なら (f) は素イデアルであるが，$n>1$ のときには極大イデアルではない．

$\boldsymbol{Z}[\sqrt{-5}]$ は UFD ではない．実際，$\alpha=n+m\sqrt{-5}$，$n,m\in\boldsymbol{Z}$ なら $\alpha\bar{\alpha}=n^2+5m^2$ で，$2=n^2+5m^2$ が整数解をもたないことから 2 は $\boldsymbol{Z}[\sqrt{-5}]$ の既約元であるが，$2\cdot 3=(1+\sqrt{-5})(1-\sqrt{-5})$ からわかるように 2 は素元でない．$A=\boldsymbol{Z}[\sqrt{-5}]$ とおくと $A=\boldsymbol{Z}[X]/(X^2+5)$ と表わせて，$k=\boldsymbol{Z}/2\boldsymbol{Z}$ とおけば

$$A/2A = \boldsymbol{Z}[X]/(2,X^2+5) = k[X]/(X^2-1) = k[X]/(X-1)^2$$

となるから，$P=(2,1-\sqrt{-5})$ が 2 を含む A の極大イデアルである．

§1 の問題　次の命題を証明せよ．(1.6) は特に重要である．

【1.1】 A を環，I をべき零元から成るイデアルとする．$a\in A$ の A/I における像が単元なら，a は A の単元である．

【1.2】 $A_1,\cdots,A_n$ を環とするとき，$A_1\times\cdots\times A_n$ の素イデアルは

$$A_1\times\cdots\times A_{i-1}\times P_i\times A_{i+1}\times\cdots\times A_n,\qquad P_i \text{ は } A_i \text{ の素イデアル}$$

の形である．

【1.3】 A, B を環，$f: A \to B$ を上への準同形とする．

イ） $f(\mathrm{rad}\,A) \subset \mathrm{rad}\,B$ を示し，両者が一致しない例を作れ．

ロ） A が半局所環なら $f(\mathrm{rad}\,A) = \mathrm{rad}\,B$ が成り立つことを示せ．

【1.4】 A を整域とする．A が UFD であるためには，単項イデアルについて極大条件（単項イデアルの族 $\mathscr{F}$ が空でなければ極大元をもつ）が成立し，既約元がすべて素元であることが必要十分である．

【1.5】 $\{P_\lambda\}_{\lambda \in \Lambda}$ を素イデアルの空でない族とし，包含関係で全順序集合になっているとすれば，$\bigcap P_\lambda$ は素イデアルである．また，I を真のイデアルとすれば，I を含むすべての素イデアルの集合は極小元をもつ．

【1.6】 A を環，$I, P_1, \cdots, P_r$ を A のイデアルとし，$P_3, \cdots, P_r$ は素イデアルであるとする．このとき，I がどの P_i にも含まれなければ，I の元 x でどの P_i にも含まれないものが存在する．(Lemma of Prime Avoidance)

§2. 加　　群

まず，A を環，M を A 加群とする．N, N' が M の部分加群ならば，$\{a \in A \mid aN' \subset N\}$ は A のイデアルである．これを $N : N'$ または $(N : N')_A$ で表わす．また I を A のイデアルとすれば $\{x \in M \mid Ix \subset N\}$ は M の部分加群である．これを $N : I$ または $(N : I)_M$ で表わす．$a \in A$ について $N : a$ も同様に定義される．イデアル $0 : M$ を M の **annihilator** といい $\mathrm{ann}(M)$ で表わす．M は $A/\mathrm{ann}(M)$ 上の加群とも考えられる．$\mathrm{ann}(M) = 0$ ならば M は**忠実な** A 加群とよばれる．M の元 x に対し $\{a \in A \mid ax = 0\}$ を $\mathrm{ann}(x)$ と書く．

M, M' が A 加群であるとき，M から M' への A 線形写像の集合を $\mathrm{Hom}_A(M, M')$ で表わす．これは

$$(f+g)(x) = f(x) + g(x), \qquad (af)(x) = a \cdot f(x)$$

で和 $f+g$，スカラー積 af を定義することによって A 加群になる．（af が A 線形写像になるのは A の可換性による．）

M が A 加群であるとは，M が加法に関しアーベル群であり，$a \in A$ と $x \in M$ との間にスカラー積 ax が定義されて，$a, b \in A$，$x, y \in M$ に対し

(∗) $a(x+y) = ax + ay, \qquad (ab)x = a(bx), \qquad (a+b)x = ax + bx,\ 1x = x$

が成り立つことであるが，$a \in A$ を固定すると $x \mapsto ax$ は M の加法群としての自己準同形である．加法群 M の自己準同形の集合を E とすると，$\lambda, \mu \in E$ に対し

$$(\lambda+\mu)(x) = \lambda(x)+\mu(x), \qquad (\lambda\mu)(x) = \lambda(\mu(x))$$

によって和，積を定義することにより E は（一般に非可換の）環になり，M に A 加群の構造を与えることは環の射 $A \to E$ を与えることにほかならない．実際，$x \mapsto ax$ で与えられる E の元を a_L と書くならば，(*) は

$$(ab)_L = a_L b_L, \qquad (a+b)_L = a_L + b_L, \qquad (1_A)_L = 1_E$$

を意味するからである．写像 $\varphi: M \to M$ が A 線形であることは，

"$\varphi \in E$ で，すべての $a_L (a \in A)$ と可換：$a_L \varphi = \varphi a_L$"

といい表わせる．A が可換環だから $a_L (a \in A)$ 自身も M の A 線形写像である．普通は a_L のことを単に $a: M \to M$ で表わす．

$f: A \to B$ が環の射で M が B 加群ならば，$a \in A$，$x \in M$ に対し $a \cdot x = f(a) \cdot x$ と定義して M を A 加群にすることができる．これは，$f: A \to B$ と，M の B 加群構造を定める射 $B \to E$ (E は加法群 M の自己準同形環) の合成 $A \to E$ によって定まるものである．

M が A 加群として有限生成であるとき簡単に "M は有限 A 加群である" とか "A 上に有限である" とかいう．有限 A 加群に対して "行列式の技巧" とよばれる常用の手段がある．その 1 つの形（Atiyah–MacDonald [AM] から採録）は次のようである．

定理 2.1. A 加群 M が A 上に n 個の元で生成され，$\varphi \in \mathrm{Hom}_A(M, M)$，$I$ が A のイデアルで $\varphi(M) \subset IM$ ならば，M の写像として

$$(**) \qquad \varphi^n + a_1\varphi^{n-1} + \cdots + a_{n-1}\varphi + a_n = 0, \qquad a_i \in I^i \quad (1 \leqslant i \leqslant n)$$

の形の関係が成り立つ．

証明．$M = A\omega_1 + \cdots + A\omega_n$ とすれば，仮定 $\varphi(M) \subset IM$ により，$\varphi(\omega_i) = \sum_{j=1}^{n} a_{ij}\omega_j$ となる $a_{ij} \in I$ が存在する．これを

$$\sum_{j=1}^{n}(\varphi\delta_{ij}-a_{ij})\omega_j = 0 \quad (1\leqslant i\leqslant n)$$

と書き直す，ただし δ_{ij} は Kronecker の記号である．この1次方程式系の係数の正方行列 $(\varphi\delta_{ij}-a_{ij})$ を，加法群 M の自己準同形環 E の中で A の像 A' と φ とで生成される可換部分環 $A'[\varphi]$ 上の行列と見て，その (i,j) 余因子を b_{ij} とし，行列式 $\det(\varphi\delta_{ij}-a_{ij})$ を d とおけば，上式に b_{ik} を乗じ i について加えることにより，任意の $1\leqslant k\leqslant n$ に対して $d\omega_k=0$ が得られる．したがって $d\cdot M=0$ であるから，E の元として $d=0$ である．行列式 d を展開すれば定理の (**) の形の式が得られる． ▌

注．証明からわかるように，(**) の左辺は (a_{ij}) の特性多項式

$$f(X) = \det(X\delta_{ij}-a_{ij})$$

の X に φ を代入したものである．M が $\omega_1,\cdots,\omega_n$ を基底とする A 上の自由加群で $I=A$ の場合には，上の定理は“正方行列 $\varphi=(a_{ij})$ の特性多項式を $f(X)$ とすれば $f(\varphi)=0$ である”という古典的な Cayley-Hamilton の定理にほかならない．

定理 2.2. (NAK). M を有限 A 加群，I を A のイデアルとする．もし $M=IM$ ならば，$aM=0$, $a\equiv 1 (\mathrm{mod}\, I)$ をみたす元 $a\in A$ が存在する．さらに $I\subset \mathrm{rad}(A)$ ならば $M=0$ である．

証明． 前定理で $\varphi=1$ (恒等写像) とおけば，$a=1+a_1+\cdots+a_n$ が M の自己準同形として 0 (すなわち $aM=0$) であり，$a\equiv 1 \bmod I$ である．もし $I\subset \mathrm{rad}(A)$ なら a は A の単元であるから，$aM=0$ の両辺に a^{-1} を乗ずれば $M=0$ を得る． ▌

注．この定理は普通，中山の補題とよばれているが，故中山正氏は Krull-東屋の定理というべきだとされた．可換環の場合，3人のうち誰が最初であったとも決め難いのが実情であるので，本書では NAK とよんでおく．なお，この定理は行列式の技巧によらなくても，M の生成元の数についての帰納法でも容易に証明できる．

系． A を環，I を $\mathrm{rad}(A)$ に含まれるイデアルとする．M を A 加群，N をその部分加群で M/N が A 上有限になるものとし，$M=N+IM$ が成り

立つとする．すると $M=N$ である．

証明．$\bar{M}=M/N$ とおけば $\bar{M}=I\bar{M}$ であるから定理から $\bar{M}=0$．▮

A 加群 M の生成元の組 W が極小なとき（すなわち W のどんな真部分集合も M を生成しないとき），W は M の**極小底** (minimal basis) であるといわれる．2つの極小底は必ずしも同数の元を含むとは限らない．たとえば $M=A$ とし，x, y を A の非単元で $x+y=1$ をみたすものとすれば，$\{1\}$ も $\{x,y\}$ も極小底である．しかし A が局所環のときには事情は簡明である：

定理 2.3. $(A,\mathfrak{m},k)$ を局所環，M を有限 A 加群とし $\bar{M}=M/\mathfrak{m}M$ とおく．$\bar{M}$ は k 上の有限次元ベクトル空間であるから，その次元を n とおく．このとき

i）$\bar{M}$ の k 上の基底 $\{\bar{u}_1,\cdots,\bar{u}_n\}$ をとり，各 $\bar{u}_i$ の M における原像をひとつずつ選んで u_i とすれば，$\{u_1,\cdots,u_n\}$ は M の極小底である．

ii）逆に M の極小底はすべてこのようにして得られ，したがって n 個の元から成る．

iii）$\{u_1,\cdots,u_n\}$，$\{v_1,\cdots,v_n\}$ が共に M の極小底で $v_i=\sum a_{ij}u_j$, $a_{ij}\in A$, ならば $\det(a_{ij})$ は A の単元で，したがって行列 (a_{ij}) も可逆である．

証明．i）$M=\sum Au_i+\mathfrak{m}M$ で，M が（したがって $M/\sum Au_i$ も）有限生成であるから上の系により $M=\sum Au_i$ である．もし $\{u_1,\cdots,u_n\}$ が極小でなく，たとえば $\{u_2,\cdots,u_n\}$ がすでに M を生成するならば，$\{\bar{u}_2,\cdots,\bar{u}_n\}$ が $\bar{M}$ を生成することになり矛盾．よって $\{u_1,\cdots,u_n\}$ は極小底である．

ii）$\{u_1,\cdots,u_m\}$ が M の極小底ならば，u_i の $\bar{M}$ での像を $\bar{u}_i$ とすれば，$\bar{u}_1,\cdots,\bar{u}_m$ は $\bar{M}$ を生成するのみでなく k 上1次独立である．実際，仮にそうでないとすると $\{\bar{u}_1,\cdots,\bar{u}_m\}$ の真の部分集合が $\bar{M}$ の基底となり，i）から $\{u_1,\cdots,u_m\}$ の真の部分集合が M を生成することになって矛盾．

iii）a_{ij} の k における像を $\bar{a}_{ij}$ とすれば，$\bar{M}$ において $\bar{v}_i=\sum\bar{a}_{ij}\bar{u}_j$ が成り立ち，$(\bar{a}_{ij})$ はベクトル空間 $\bar{M}$ の2組の基底の間の変換行列であるからそ

の行列式は0でない．$\det(a_{ij}) \bmod \mathfrak{m} = \det(\bar{a}_{ij}) \neq 0$ だから $\det(a_{ij})$ は A の単元である．よって Cramér の公式により，(a_{ij}) の逆行列が（A の元を成分として）存在する． ▮

NAK のもうひとつの面白い応用をあげておく．この証明は Vasconcelos [119] による．

定理 2.4. A を環，M を有限 A 加群とする．A 線形写像 $f: M \to M$ が全射ならば単射でもあり，したがって M の自己同形写像である．

証明． f は A の元によるスカラー積と可換であるから，$X \cdot m = f(m)$ $(m \in M)$ とおいて M を $A[X]$-加群とみることができる．すると仮定により $XM = M$，ゆえに NAK により $(1+XY)M = 0$ となるような $Y \in A[X]$ が存在する．$u \in \mathrm{Ker}(f)$ なら $0 = (1+XY)(u) = u + Yf(u) = u$，したがって f は単射である． ▮

定理 2.5. $(A, \mathfrak{m})$ を局所環とすると，A 上の射影加群は自由加群である．

証明． M が有限生成のときは簡単である．M の極小底 $\omega_1, \cdots, \omega_n$ をとり，自由加群 $F = Ae_1 \oplus \cdots \oplus Ae_n$ から M への全射 $\varphi: F \to M$ を $\varphi(\sum a_i e_i) = \sum a_i \omega_i$ で定義し，$\mathrm{Ker}(\varphi) = K$ とおくと，極小底の性質から

$$\sum a_i \omega_i = 0 \quad \Rightarrow \quad a_i \in \mathfrak{m} \ (\forall i).$$

よって，$K \subset \mathfrak{m}F$ である．M が射影的であるから $\psi: M \to F$ があって $F = \psi(M) \oplus K$ となり，これから $K = \mathfrak{m}K$ が従う．一方，K は F の準同形像となるから A 上に有限，よって NAK により $K = 0$，したがって $F \simeq M$.

M の有限性を仮定しないときには Kaplansky [126] によって証明された．彼はまず，任意の（非可換でもよい）環に通用する次の補題を証明する．

補題 1. R を任意の環，F を可算生成部分加群の直和になっているような R 加群，M を F の任意の直和因子とすれば，M も可算生成部分加群の直和

になっている.

補題1の証明. $F=M\oplus N$ とし, また $F=\bigoplus_{\lambda\in\Lambda} E_\lambda$, 各 E_λ は可算生成, とする. 超限帰納法で, F の部分加群の整列族 $\{F_\alpha\}$ で次の性質をもつものを作る:

i) $\alpha<\beta$ なら $F_\alpha\subset F_\beta$,

ii) $F=\bigcup_\alpha F_\alpha$,

iii) α が極限順序数なら $F_\alpha=\bigcup_{\beta<\alpha} F_\beta$,

iv) $F_{\alpha+1}/F_\alpha$ は可算生成,

v) $F_\alpha=M_\alpha\oplus N_\alpha$, ここに $M_\alpha=M\cap F_\alpha$, $N_\alpha=N\cap F_\alpha$,

vi) 各 F_α は Λ の適当な部分集合についての E_λ の直和である.

このような整列族 $\{F_\alpha\}$ を帰納的に構成しよう. まず $F_0=(0)$ とおく. 順序数 α に対し, α より小さい順序数 β については F_β が定義されたとする. α が極限順序数なら $F_\alpha=\bigcup_{\beta<\alpha} F_\beta$ とおく. $\alpha=\beta+1$ の形なら, F_β に含まれない E_λ の任意のひとつを Q_1 とする. (もし $F_\beta=F$ なら構成は F_β までで終るものとする.) Q_1 の生成元の組 $x_{11}, x_{12}, \cdots$ をとり, x_{11} を M 成分と N 成分に分解して, その各々を $F=\oplus E_\lambda$ の分解で書くとき実際に必要になる有限個の E_λ の和を Q_2 とし, Q_2 の生成元の組を $x_{21}, x_{22}, \cdots$ とする. 次に x_{12} を M 成分, N 成分に分け, その各々を表わすに必要な有限個の E_λ の和を Q_3 とし, Q_3 の生成元の組 $x_{31}, x_{32}, \cdots$ とする. 次に x_{21} について同様に行って $x_{41}, x_{42}, \cdots$ を得る. 次に x_{13} について同様に行う. このように, $x_{11}, x_{12}, x_{21}, x_{13}, x_{22}, x_{31}, \cdots$ の順に同様の手順を行ってゆき, 可算個の元 x_{ij} を得る. これらの元と F_β とで生成される F の部分加群を F_α とおくと, われわれの要求はすべてみたされる.

こうして $\{F_\alpha\}$ が構成された. $M=\bigcup M_\alpha$ であり, 各 M_α は F の直和因子であるが, $M_{\alpha+1}\supset M_\alpha$ だから M_α は $M_{\alpha+1}$ の直和因子でもある. 一方

$$F_{\alpha+1}/F_\alpha = (M_{\alpha+1}/M_\alpha)\oplus(N_{\alpha+1}/N_\alpha)$$

となるから, $M_{\alpha+1}/M_\alpha$ は可算生成である. ゆえに

$$M_{\alpha+1} = M_\alpha \oplus M'_{\alpha+1}, \quad M'_{\alpha+1} \text{ は可算生成}$$

と書ける．α が極限順序数のときは $M_\alpha = \bigcup_{\beta<\alpha} M_\beta$ であるから $M'_\alpha=0$ とおけば，結局

$$M = \bigoplus_\alpha M'_\alpha, \quad M'_\alpha \text{ は（高々）可算生成}$$

と書けることがわかる．▌

自由加群はもちろん補題 1 の F の条件をみたすから，補題 1 の特別な場合として

“任意の射影加群は，可算生成の射影加群の直和である”

ということがわかる．ゆえに定理 2.5 の証明において M を可算生成としてよい．

補題 2. M を局所環 A 上の射影加群，$x \in M$ とすれば，x を含む自由加群で M の直和因子になるものが存在する．

補題 2 の証明．M を自由加群 F の直和因子として $F=M\oplus N$ と表わす．F の基底 $B=\{u_i\}_{i\in I}$ を，与えられた元 x のその基底に関する座標の中 0 でないものの数が最小になるように取る．さて $x=u_1a_1+\cdots+u_na_n$, $0\neq a_i\in A$, とすると，

$$a_i \notin \sum_{j\neq i} Aa_j \quad (i=1,2,\cdots,n)$$

が成り立つ．なぜなら，たとえば $a_n=\sum_1^{n-1} b_ia_i$ ならば $x=\sum_1^{n-1}(u_i+u_nb_i)a_i$ となり B のとり方に矛盾するから．一方 $u_i=y_i+z_i$, $y_i\in M$, $z_i\in N$ とすると

$$x=\sum a_iu_i=\sum a_iy_i$$

である．$y_i=\sum_{j=1}^n c_{ij}u_j+t_i$, ただし t_i は $u_1,\cdots,u_n$ 以外の B の元の 1 次結合，と書けば $a_i=\sum_{j=1}^n a_jc_{ji}$ が成り立つから，上にのべたことから

$$1-c_{ii}\in\mathfrak{m}, \quad c_{ij}\in\mathfrak{m} \quad (i\neq j)$$

でなくてはならない．これから行列 (c_{ij}) は逆をもつことがわかる．（行列式 $\equiv 1 \bmod \mathfrak{m}$ を使うか，または消去法による．）したがって，B において u_1,

$\cdots, u_n$ を $y_1, \cdots, y_n$ でおきかえても F の基底となる．よって $F_1 = \sum y_i A$ とおくと F_1 は F の，したがって M の直和因子であり，補題2の要求をすべてみたす． ▌

定理を証明するために，M を可算生成の射影加群とする：$M = \omega_1 A + \omega_2 A + \cdots$．補題2により $\omega_1 \in F_1$，$M = F_1 \oplus M_1$ となる自由加群 F_1 と射影加群 M_1 が存在する．分解 $M = F_1 \oplus M_1$ に関する ω_2 の M_1 成分を ω_2' とし，$\omega_2' \in F_2$，$M_1 = F_2 \oplus M_2$ となる自由加群 F_2 と射影加群 M_2 をとる．分解 $M = F_1 \oplus F_2 \oplus M_2$ に関する ω_3 の M_2 成分を ω_3' とし，以下同様につづけると

$$M = F_1 \oplus F_2 \oplus \cdots$$

となるから M は自由加群である． ▌

A 加群 $M \neq 0$ が，M 自身と 0 以外に部分加群をもたないとき，単純であるという．このとき，任意の $0 \neq \omega \in M$ に対し $M = A\omega$ が成り立つ．$A\omega \simeq A/\mathrm{ann}(\omega)$ であるが，これが単純であるためには $\mathrm{ann}(\omega)$ は A の極大イデアルでなくてはならない．結局，単純 A 加群は $A/\mathfrak{m}$，$\mathfrak{m}$ は極大イデアル，の形の A 加群と同形であり，逆にこのような A 加群は単純である．A 加群 M の部分加群の列

$$M = M_0 \supset M_1 \supset \cdots \supset M_r = 0$$

があって各 M_i/M_{i+1} が単純であるとき，この列を M の組成列，r をその長さという．M が組成列をもてば，その長さは組成列のとり方によらず一定である．これは群論の基礎定理である Jordan-Hölder の定理の一部分にあたるが，長さが一定であることだけなら証明は帰納法で簡単にできるから各自試みてみるとよい．とにかく，M の組成列の長さを **M の長さ** (length) といい，$l(M)$ で表わす．M が組成列をもたないときは $l(M) = \infty$ とおく．組成列をもつための必要十分条件は，部分加群に関する極大条件および極小条件（次節参照）が M で成り立つことである．一般に，N を M の部分加群とすれば

$$l(M) = l(N) + l(M/N)$$

が成り立つ．$0 \longrightarrow M_1 \longrightarrow M_2 \longrightarrow \cdots \longrightarrow M_n \longrightarrow 0$ が A 加群の完全列で

各 M_i が長さ有限ならば

$$\sum_{i=1}^{n}(-1)^i l(M_i) = 0.$$

$\mathfrak{m}$ を A のひとつの極大イデアルとし，それが A 上に有限生成であるとすれば，$l(A/\mathfrak{m}^\nu)<\infty$ である．実際，

$$l(A/\mathfrak{m}^\nu) = l(A/\mathfrak{m})+l(\mathfrak{m}/\mathfrak{m}^2)+\cdots+l(\mathfrak{m}^{\nu-1}/\mathfrak{m}^\nu)$$

であり，各 $\mathfrak{m}^i/\mathfrak{m}^{i+1}$ は体 $k=A/\mathfrak{m}$ 上の有限次元ベクトル空間であり，その A 部分加群は k 部分空間にほかならないから $l(\mathfrak{m}^i/\mathfrak{m}^{i+1})=$($\mathfrak{m}^i/\mathfrak{m}^{i+1}$ の k ベクトル空間としての次元)$<\infty$.（したがって，$A/\mathfrak{m}^\nu$ はアルティン環である．次節参照）この $l(A/\mathfrak{m}^\nu)$ を ν の関数とみたものは，環 A の構造に深いかかわりをもち，代数幾何学や複素解析幾何学で“特異点の解消”などの問題にも役立つのである．

A 加群 M が**有限表示** (of finite presentation) であるとは，

$$A^p \longrightarrow A^q \longrightarrow M \longrightarrow 0$$

の形の完全列が存在することをいう．これは，M が q 個の元 $\omega_1,\cdots,\omega_q$ で生成され，ω_i の間の1次関係のなす加群 $R=\{(a_1,\cdots,a_q)\in A^q \mid \sum a_i\omega_i=0\}$ が p 個の元で生成されているということである．

定理 2.6. A を環，M を有限表示の A 加群とする．

$$0 \longrightarrow K \longrightarrow N \longrightarrow M \longrightarrow 0$$

が完全列で N が有限生成なら K も有限生成である．

証明． 仮定により $L_2 \xrightarrow{g} L_1 \xrightarrow{f} M \longrightarrow 0$ (L_1, L_2 は有限階数の自由加群）の形の完全列が存在する．これから可換図形

$$\begin{array}{ccccccc}
L_2 & \xrightarrow{g} & L_1 & \xrightarrow{f} & M & \longrightarrow & 0 \\
\downarrow{\scriptstyle\beta} & & \downarrow{\scriptstyle\alpha} & & \| & & \\
0 \longrightarrow K & \xrightarrow{\psi} & N & \xrightarrow{\varphi} & M & \longrightarrow & 0
\end{array}$$

が得られる（付録 B 参照）．

$N=A\xi_1+\cdots+A\xi_n$ とすれば，$\varphi(\xi_i)=f(v_i)$ をみたす元 $v_i\in L_1$ が存在する．$\xi_i'=\xi_i-\alpha(v_i)$ とおけば $\varphi(\xi_i')=0$，よって $\xi_i'=\psi(\eta_i)$，$\eta_i\in K$ と書ける．

$$K = \beta(L_2)+A\eta_1+\cdots+A\eta_n$$

であることを示そう．任意の $\eta\in K$ をとり $\psi(\eta)=\sum a_i\xi_i$ とすれば

$$\psi(\eta-\sum a_i\eta_i) = \sum a_i(\xi_i-\xi_i') = \alpha(\sum a_iv_i)$$

よって $0=\varphi\alpha(\sum a_iv_i)=f(\sum a_iv_i)$ であるから $\sum a_iv_i=g(u)$，$u\in L_2$，と書ける．

$$\psi\beta(u) = \alpha g(u) = \alpha(\sum a_iv_i) = \psi(\eta-\sum a_i\eta_i)$$

であるから $\eta=\beta(u)+\sum a_i\eta_i$ となり，われわれの主張が示された．▌

§2 の問題　次の命題を証明せよ．

【2.1】 A を環，I を有限生成のイデアルで $I=I^2$ をみたすものとすると，I はひとつのべき等元（$e^2=e$ となる元 e）で生成される．

【2.2】 A を環，I を A のイデアル，M を有限 A 加群とすれば

$$\sqrt{\mathrm{ann}(M/IM)}=\sqrt{\mathrm{ann}(M)+I}.$$

となる．

【2.3】 M, N を A 加群 L の部分加群とする．$M+N$ および $M\cap N$ が有限生成ならば M, N もそうである．

【2.4】 A を（可換）環，$A\neq 0$ とする．A^n と同形な A 加群を階数 n の自由加群という．

イ） $A^n\simeq A^m$ ならば $n=m$ であることを，A が体の場合に帰着させて証明せよ．(注．非可換環については反例がある．)

ロ） $C=(c_{ij})$ を A 上の $n\times m$ 行列とし，C の r 次の小行列式の中には 0 でないものがあるが，$r+1$ 次小行列式はすべて 0 であるとする．このとき，$r<m$ ならば，C の m 個の列ベクトルは 1 次従属であることを示せ．($m=r+1$ としてよいことを用いよ.) これから イ) の別証を導け．

ハ） A が局所環のとき，自由加群 A^n の任意の極小底は基底（＝1次独立な生成系）である．

【2.5】 A を環，$0\longrightarrow L\longrightarrow M\longrightarrow N\longrightarrow 0$ を A 加群の完全列とする．

イ） L と N が有限表示なら M もそうである．

ロ） L が有限生成，M が有限表示なら N も有限表示である．

§ 3.　極大極小条件

順序集合 Γ について次の2条件は同値である：

(*)　Γ の空でない部分集合は必ず極大元をもつ，

(**)　Γ の元の増大列 $\gamma_1<\gamma_2<\cdots$ は必ず有限項で止まる．

(*)⇒(**) は明らかである．(**)⇒(*) を示そう．Γ' を Γ の空でない部分集合とする．もし Γ' に極大元がなければ，（選択公理を使って）各 $\gamma\in\Gamma'$ に対し γ より大きい元を Γ' から選んで $\varphi(\gamma)$ とおくことができる．$\gamma_1\in\Gamma'$ を任意に取り，$\gamma_2=\varphi(\gamma_1)$，$\gamma_3=\varphi(\gamma_2),\cdots$ とおけば無限増大列 $\gamma_1<\gamma_2<\cdots$ が得られ仮定 (**) に反す．

これらの条件が成り立つとき Γ で**極大条件**または**昇鎖条件** (ascending chain condition, a.c.c. と略す) が成り立つという．大小を逆にして**極小条件**または**降鎖条件** (d.c.c.) が定義される．

環 A のイデアルの集合に極大条件が成り立つとき，A を**ネータ環** (noetherian ring)[1] とよび，極小条件が成り立つとき**アルティン環** (artinian ring)[2] とよぶ．A がネータ的であるとか，アルティン的であるとかいうこともある．A がネータ的（またはアルティン的）で B が A の準同形像ならば B も同じ性質をもつ．これは B のイデアルの集合が A のそれの部分集合と順序同形であることから明らかであろう．

加群についても，部分加群の集合について極大あるいは極小条件が成り立つときネータ的，アルティン的であるという．加群の場合，これらの性質は剰余加群のみならず部分加群にも遺伝する．（ネータ環やアルティン環の部分環が同じ性質をもつとは限らない．なぜか？）

環 A がネータ環であるためには，A のすべてのイデアルが有限生成であることが必要十分である．（必要：イデアル I に含まれるすべての有限生成イデアルの集合の極大元をとれば，これは I に一致せざるをえない．十分：イデ

---

1) Emmy Noether (1882-1935) の 1921 年の論文 (Idealtheorie in Ringbereichen, *Math. Ann.* 83) に初めて a.c.c. や d.c.c. が用いられた．

2) Emil Artin (1898-1962) は E. Noether と共に現代の抽象代数学の育ての親である．彼は片側イデアルについて極小条件をみたす非可換環を研究したほか，ネータ環論においても後に出てくる Artin-Rees の補題を見出した．

アルの増大列 $I_1 \subset I_2 \subset \cdots$ が与えられれば $\bigcup I_n$ もイデアルであるから，仮定により有限個の元 $a_1, \cdots, a_r$ で生成される．すべての a_i を含む I_n があり，列はそこで止る.)

全く同様に，A 加群 M がネータ的であることは，すべての部分加群が有限生成であることと同値である．特に M 自身が有限生成でなくてはならないが，A がネータ環ならそれだけでよい．すなわち

"ネータ環上の有限加群はネータ的である."

これはよく知られているが，次のように一般化した形で証明をつけておこう．

定理 3.1. A を環，M を A 加群とする．

i) M' を M の部分加群，$\varphi: M \to M/M'$ を自然な射とする．M の部分加群 N_1, N_2 が $N_1 \subset N_2$, $N_1 \cap M' = N_2 \cap M'$, $\varphi(N_1) = \varphi(N_2)$ をみたせば $N_1 = N_2$.

ii) $0 \longrightarrow M' \longrightarrow M \longrightarrow M'' \longrightarrow 0$ が A 加群の完全列で，M' と M'' とがネータ的（アルティン的）ならば M もそうである．

iii) M が A 上有限生成のとき，A がネータ的（アルティン的）ならば M もそうである．

証明． i) は容易であり読者に任す．ii) M の部分加群の昇列（降列）に i) を適用すればよい．iii) M が n 個の元で生成されていれば自由加群 A^n の準同形像であるから，A^n がネータ的（アルティン的）であることを示せばよい．それは ii) から n に関する帰納法で明らか． ▮

加群の場合，極大条件と極小条件が共に成り立つことは長さ有限であることと同値である．実際，$l(M) < \infty$ で $M_1 \subset M_2$ が M のことなる部分加群なら $l(M_1) < l(M_2)$ であるから極大極小条件は明らかであるし，逆に極小条件が成り立てば M の 0 でない極小な部分加群を M_1, M_1 より真に大きい部分加群の中で極小なものを $M_2, \cdots$ としてゆけば増大列 $0 = M_0 \subset M_1 \subset M_2 \subset \cdots$ が得られ，M に極大条件も成り立てばこの列は M に到達して止る．よって M は

組成列をもつ.

$\boldsymbol{Z}$ 加群 $\boldsymbol{Z}$ の部分加群は $n\boldsymbol{Z}$ の形をしているから, $\boldsymbol{Z}$ はネータ的であるがアルティン的ではない. p を素数とし, p のべきを分母にもつ有理数の作る加法群を W とすれば, $\boldsymbol{Z}$ 加群 $W/\boldsymbol{Z}$ はアルティン的であるがネータ的でない. なぜなら $W/\boldsymbol{Z}$ の真の部分加群は p^{-n} で生成されるもの $(n=1,2,\cdots)$ か 0 かである. このように加群については極大条件と極小条件は独立のものであるが, 環についてはそうでなく次の定理が成り立つ.

定理 3.2. (秋月) アルティン環はネータ環である.

証明. A をアルティン環とする. A 加群として $l(A)<\infty$ であることを示せばよい. まず A の極大イデアルの数は有限である. 実際, もし $\mathfrak{p}_1, \mathfrak{p}_2, \cdots$ が相ことなる極大イデアルの無限列なら, 容易にわかるように $\mathfrak{p}_1\supset\mathfrak{p}_1\mathfrak{p}_2\supset\mathfrak{p}_1\mathfrak{p}_2\mathfrak{p}_3\supset\cdots$ はイデアルの無限減少列となり仮定に反す. よって $\mathfrak{p}_1, \mathfrak{p}_2, \cdots, \mathfrak{p}_r$ を A のすべての極大イデアルとし, $I=\mathfrak{p}_1\mathfrak{p}_2\cdots\mathfrak{p}_r=\mathrm{rad}(A)$ とおく. 降列 $I\supset I^2\supset\cdots$ は有限で止るから $I^s=I^{s+1}$ となる s が存在する. $(0:I^s)=J$ とおくと

$$(J:I)=((0:I^s):I)=(0:I^{s+1})=J$$

である. $J=A$ であることを示そう. 仮に $J\neq A$ とすれば, J より真に大きいイデアルの中で極小なもの J' が存在する. J' は $x\in J'-J$ によって $J'=Ax+J$ と書ける. $I=\mathrm{rad}(A)$, $J\neq J'$ だから NAK により $J'\neq Ix+J$, ゆえに極小性から $Ix+J=J$ となるがこれは $Ix\subset J$ を意味する. よって $x\in(J:I)=J$ となり矛盾. ゆえに $J=A$ で, これは $I^s=0$ を意味する. イデアルの降列

$$A\supset\mathfrak{p}_1\supset\mathfrak{p}_1\mathfrak{p}_2\supset\cdots\supset\mathfrak{p}_1\cdots\mathfrak{p}_{r-1}\supset I\supset I\mathfrak{p}_1\supset I\mathfrak{p}_1\mathfrak{p}_2\supset\cdots\supset I^2\supset I^2\mathfrak{p}_1\supset\cdots\supset I^s=0$$

を考える. この列の隣接する2項を M, $M\mathfrak{p}_i$ とすれば $M/M\mathfrak{p}_i$ は体 $A/\mathfrak{p}_i$ 上のベクトル空間で, アルティン的であるから有限次元のベクトル空間である. ゆえに $l(M/M\mathfrak{p}_i)<\infty$. よって, これらの和である $l(A)$ も有限である.

注. この定理は Hopkins の定理とよばれることもあるが, 上の形では秋月 [3] が 1935 年に証明した. Hopkins [125] は4年後に再発見したのであるが, 彼は非可換環に

対して証明した（単位元をもつ左アルティン環は左ネータ環である）．

定理 3.3. A がネータ環ならば，$A[X]$ や $A[[X]]$ もそうである．

証明．$A[X]$ のときはヒルベルトの基底定理の名でよく知られている（たとえば［成田 3, p. 120］）から証明は略す．$A[[X]]$ のときを簡単にのべておく．$B=A[[X]]$ とおき，B のイデアル I が有限生成であることを示そう．f が $I\cap X^rB$ を動くとき，$f=a_rX^r+a_{r+1}X^{r+1}+\cdots$ の最初の係数 a_r が生成する A のイデアルを $I(r)$ と書くことにすると

$$I(0)\subset I(1)\subset I(2)\subset\cdots$$

である．A はネータ環だから，$I(s)=I(s+1)=\cdots$ となる s が存在し，また各 $I(i)$ は有限生成である．$0\leqslant i\leqslant s$ に対し，$I(i)$ を生成する有限個の元 $a_{i\nu}\in A$ と，$a_{i\nu}$ を X^i の係数とする $g_{i\nu}\in I\cap X^iB$ とを取れば，これらの $g_{i\nu}$ が I を生成する．なぜなら，$f\in I$ に対し，$g_{0\nu}$ の A 係数の1次結合 g_0 を適当にえらべば $f-g_0\in I\cap XB$ となり，次に $g_{1\nu}$ の A 係数の1次結合 g_1 を適当にえらべば $f-g_0-g_1\in I\cap X^2B$ となり，以下同様にして

$$f-g_0-g_1-\cdots-g_s\in I\cap X^{s+1}B$$

となる．$I(s+1)=I(s)$ であるから $Xg_{s\nu}$ の A 係数1次結合 g_{s+1} をとって

$$f-g_0-\cdots-g_{s+1}\in I\cap X^{s+2}B$$

とできる．以下同様に $g_{s+2},\cdots$ を作る．g_i は $i\leqslant s$ に対し $g_{i\nu}$ の，$i>s$ に対しては $X^{i-s}g_{s\nu}$ の A 係数1次結合であり，$i\geqslant s$ に対し $g_i=\sum_\nu a_{i\nu}X^{i-s}g_{s\nu}$ とし $h_\nu=\sum_{i=s}^{\infty}a_{i\nu}X^{i-s}$ とおくと h_ν は B の元で

$$f=g_0+\cdots+g_{s-1}+\sum_\nu h_\nu g_{s\nu}$$

となる．▮

ネータ環 A の上に（環として）有限生成の環 $A[b_1,\cdots,b_n]$ は，多項式環 $A[X_1,\cdots,X_n]$ の準同形像であるから Hilbert の基底定理によりネータ環である．ネータ環の判定条件をさらにいくつか書いておこう．

定理 3.4. (I. S. Cohen) 環 A のすべての素イデアルが有限生成ならば A はネータ環である.

証明. A のイデアルで有限生成でないものの集合を Γ とする. $\Gamma \neq \emptyset$ なら Zorn の補題で Γ に極大元 I が存在する. I は素イデアルではないから, A の元 x, y で $x \notin I$, $y \notin I$, $xy \in I$ をみたすものがある. $I+Ay$ は I より大きいから有限生成であり, $u_1, \cdots, u_n \in I$ を

$$I+Ay = (u_1, \cdots, u_n, y)$$

となるようにえらべる. $I:y = \{a \in A \mid ay \in I\}$ は x を含むからこれも I より大きく, 有限生成系 $\{v_1, \cdots, v_m\}$ をもつ. すると $I=(u_1, \cdots u_n, v_1y, \cdots, v_my)$ であることが容易にたしかめられ, $I \in \Gamma$ に矛盾する. ゆえに $\Gamma = \emptyset$. ▮

定理 3.5. A を環とし, M を A 加群とする. もし M がネータ加群なら, $A/\mathrm{ann}(M)$ はネータ環である.

証明. $\bar{A} = A/\mathrm{ann}(M)$ とおけば M は $\bar{A}$ 加群とみなされ, M の A 加群としての部分加群と $\bar{A}$ 加群としてのそれとは一致するから, M は $\bar{A}$ 加群としてもネータ加群である. よって A を $\bar{A}$ でおきかえてよく, そのとき $\mathrm{ann}(M)=(0)$ である. いま $M=A\omega_1+\cdots+A\omega_n$ とすると, 写像 $a \mapsto (a\omega_1, \cdots, a\omega_n) \in M^n$ により A は M^n の中に埋め込める. M^n は定理1によりネータ加群であるからその部分加群 A もネータ的である. (この定理は, "忠実かつネータ的な加群をもつ環はネータ環である" という形でも述べられる.) ▮

定理 3.6. (E. Formanek [28]) A を環, B を有限生成かつ忠実な A 加群とする. IB (I は A のイデアル) の形の部分加群の集合が極大条件を満足すれば, A はネータ環である.

証明. B が A 加群としてネータ的であればよい. 仮にそうでないとすると, 集合

$$\{IB \mid I \text{ は } A \text{ のイデアルで, } B/IB \text{ は } A \text{ 加群として非ネータ的}\}$$

は $\{0\}$ を含むから空でなく，したがって，仮定により極大元をもつ．IB をそのような極大元の1つとし，B を B/IB でおきかえ A を $A/\mathrm{ann}(B/IB)$ でおきかえれば，“B は A 加群としてネータ的でないが，0でないどんな A のイデアル I に対しても B/IB はネータ的である”と仮定してよい．

次に $\Gamma=\{N \mid N$ は B の部分加群で，B/N は忠実な A 加群$\}$ とおく．$B=Ab_1+\cdots+Ab_n$ とすれば，部分加群 N が Γ に属するための条件は，どんな A の元 $a \neq 0$ に対しても $\{ab_1, \cdots, ab_n\} \not\subset N$ となることである．これから直ちにわかるように Γ に Zorn の補題が使える．よって Γ に極大元 N_0 が存在する．もし B/N_0 がネータ的なら A がネータ環，したがって B がネータ的であることになり仮定に反する．よって B を B/N_0 でおきかえれば，B は次の性質をもつとしてよい：

（1） B は A 加群としてネータ的でない，

（2） I が0でない A のイデアルなら B/IB はネータ的，

（3） N が0でない B の部分加群なら B/N は A 加群として忠実でない．

さて N を任意の部分加群（$\neq 0$）とする．（3）により A の元 $a \neq 0$ があって $a(B/N)=0$ すなわち $aB \subset N$ をみたす．（2）により B/aB はネータ加群だから N/aB は有限生成，また B と共に aB も有限生成，したがって N も有限生成である．よって B はネータ加群であり，（1）に矛盾する． ∎

この定理の系として次の定理が得られる．

定理 3.7.

i） (Eakin-永田の定理） B をネータ環，A をその部分環とし，B が A 上有限であるとする．すると A もネータ環である．

ii） B を右イデアルについて極大条件の成り立つ非可換環，A を B の可換な部分環とする．B が左 A 加群として有限生成ならば A はネータ環である．

iii） B を両側イデアルについて極大条件の成立する非可換環，A を B の中心に含まれる部分環とする．B が A 加群として有限生成ならば A はネータ環である．

証明．B は単位元をもつから A 加群として忠実である．よって前定理を適用すればよい．▌

注．定理7の i) は Eakin の学位論文 [19] (1968) で得られ，少し遅れて永田 [76] も独立に同じ結果を得た．その後多くの別証明や非可換環への拡張が発表されたが，定理6の形で上に述べた Formanek [28] のものがもっとも透明であろう．しかし，それも Eakin や永田の証明の idea に根ざしているのである．

§3 の問題 次の命題を証明せよ．

【3.1】 環 A のイデアル $I_1,\cdots,I_n$ が $I_1\cap\cdots\cap I_n=(0)$ をみたし，各 A/I_i がネータ環ならば，A もネータ環である．

【3.2】 A, B をネータ環とし，$f: A\to C$, $g: B\to C$ を環の射とする．f も g も全射なら，ファイバー積 $A\underset{C}{\times}B$ (すなわち直積環 $A\times B$ の部分環 $\{(a,b)\in A\times B\mid f(a)=g(b)\}$) はネータ環である．

【3.3】 A が局所環で，その極大イデアル $\mathfrak{m}$ は単項イデアルで $\bigcap_{n>0}\mathfrak{m}^n=(0)$ をみたすとする．このとき A はネータ環であり，その (0) 以外のイデアルはすべて $\mathfrak{m}$ のべきである．

【3.4】 A を整域，K をその商体とする．K の A 部分加群 $I\neq 0$ に対し，適当な $0\neq\alpha\in K$ をとれば $\alpha I\subset A$ となるとき，I を A の**分数イデアル** (fractional ideal) という．2つの分数イデアルの積はイデアルの積と同様に定義する．分数イデアル I に対し $I^{-1}=\{\alpha\in K\mid \alpha I\subset A\}$ とおくとこれも分数イデアルであり，$II^{-1}\subset A$ である．とくに $II^{-1}=A$ が成り立つとき，I は可逆であるといわれる．可逆な分数イデアルは A 加群として有限生成である．

【3.5】 A が UFD ならば，A のイデアルで分数イデアルとして可逆なものは単項イデアルに限る．

【3.6】 A をネータ環，$\varphi: A\to A$ を環の射とする．もし φ が全射なら単射でもあり，したがって自己同形である．

【3.7】 A がネータ環ならば，有限 A 加群は有限表示加群であるが，A が非ネータ環なら有限表示でない有限 A 加群をかならず持つ．

第2章　素イデアル

素イデアルの概念は可換環論の中心に位する．環 A の素イデアルの集合 $\mathrm{Spec}\,A$ は位相空間となり，この位相と関連して環や加群の“局所化”が重要な研究手段となる．§4 ではこれらの概念を論ずる．$\mathrm{Spec}\,A$ の位相から出発して，A の次元や素イデアルの高度などの概念が，自然な幾何学的内容をもつものとして定義される．§5 では体論だけを用いて次元論の初歩，とくに多項式環のイデアルの次元論を展開し，Hilbert の零点定理におよぶ．また次元概念の応用の例として，加群の生成元の数の評価に関する Forster-Swan の理論をのべる．(次元に関してはさらに第5章で，環論的な方法で詳しい研究を行うことになる．) §6 は古典的な準素分解の理論を，Bourbaki によって現代化された形でのべる．

§4.　局所化とスペクトル

A を環とし，$S\subset A$ を積閉集合 (§1) とする．すなわち

$$1)\quad x, y\in S \ \Rightarrow\ xy\in S, \qquad 2)\quad 1\in S$$

が成り立つとする．

定義．環の射 $f: A\to B$ が，次の2条件

(1)　$x\in S\ \Rightarrow\ f(x)$ は B の単元，

(2)　環の射 $g: A\to C$ が S の各元を C の単元に写すならば，$g=hf$ となる射 $h: B\to C$ が1つかつただ1つ存在する，

をみたすとき，B は同形を除いて一意的に定まる．この B を A の S による**局所化** (localization) または**商環** (ring of quotients) とよび，$S^{-1}A$ または A_S で表わす．$f: A\to A_S$ を標準的射という．B の存在は次のようにして示される．集合 $A\times S=\{(a, s)\mid a\in A, s\in S\}$ に関係 $\sim$ を

$$(a, s)\sim(b, s') \iff \exists t\in S: t(s'a-sb)=0$$

で定義すると，同値関係になることが容易にたしかめられる．(単に $s'a=sb$ で定義すると，S が A の零因子を含むときは推移律が成り立たなくなって都

合が悪いのである.）この関係による (a, s) の同値類を a/s と書くことにし，その全体を B とする．B に和と積を普通の分数の計算と同様に定義する：

$$a/s+b/s' = (as'+bs)/ss', \qquad (a/s)\cdot(b/s') = ab/ss'.$$

このとき B は環になり，$f: A \to B$ を $f(a)=a/1$ で定義すると f は環の射になって，上の条件（1），（2）をみたすことがわかる．実際，$s \in S$ なら $f(s)=s/1$ は逆元 $1/s$ をもつ．また（2）の $g: A \to C$ に対しては $h(a\ s)=g(a)\cdot g(s)^{-1}$ とおけばよい $(a/s=b/s' \ \Rightarrow\ g(a)g(s)^{-1}=g(b)g(s')^{-1}$ をたしかめよ)．標準的射 $f: A \to A_S$ の核は

$$\mathrm{Ker}(f) = \{a \in A \mid \exists s \in S: sa=0\}$$

で与えられることが上の構成法からわかる．したがって f が単射であるためには S が A の零因子を含まないことが必要十分である．とくに環 A の非零因子の全体を S とすればこれは積閉集合になる．この S による商環 A_S を A の**全商環** (total ring of fractions) という．A が整域ならばその全商環は商体にほかならない．

一般に $f: A \to B$ を任意の環の射とし，I を A のイデアル，J を B のイデアルとしよう．本書冒頭の規約によれば，B のイデアル $f(I)B$ は IB と書かれる．これを I の B への**拡大イデアル** (extended ideal) とよび，I^e と書くこともある．また A のイデアル $f^{-1}(J)$ は $J \cap A$ と書かれる．これを J の**縮小イデアル** (contracted ideal) とよび，J^c と書くこともある．この記法で

$$I^{ec} \supset I, \qquad J^{ce} \subset J$$

は定義から明らかであり，したがって第1の式から $I^{ece} \supset I^e$ となるが，$J=I^e$ とおいて第2の式を使えば $I^{ece} \subset I^e$，よって

(＊)　$I^{ece}=I^e$，同様に $J^{cec}=J^c$.

このことは，$\{IB \mid I$ は A のイデアル$\}$ と $\{J \cap A \mid J$ は B のイデアル$\}$ との間に標準的1対1対応が存在することを示す．

P が B の素イデアルであることは B/P が整域であることで，A/P^c は B/P

の部分環とみられるからやはり整域，したがって P^c は A の素イデアルである．（素イデアルの拡大イデアルは素イデアルになるとは限らない．）

B のイデアル J が**準素イデアル**（primary ideal）であるとは，(1) $1\notin J$, (2) $x,y\in B$, $xy\in J$, $x\notin J$ ならば適当な $n>0$ に対し $y^n\in J$，の2条件が成り立つことをいう．いいかえれば，B/J の零因子がすべてべき零であることである．"零因子はべき零" という性質は部分環に遺伝するから，素イデアルのときと同様に "準素イデアルの縮小イデアルはまた準素イデアルである" ことがわかる．J が準素なら $\sqrt{J}$ は素イデアルである（問題【4.1】）．

さて，商環の重要性は主として次の定理にもとづく．

定理 4.1.

i） A_S のイデアルはすべて IA_S（I は A のイデアル）の形である．

ii） A_S の素イデアルは $\mathfrak{p}A_S$（$\mathfrak{p}$ は S と交わらぬ A の素イデアル）の形であり，逆も成り立つ．準素イデアルについても全く同様のことが成り立つ．

証明． i） J を A_S のイデアルとし，$I=J\cap A$ とおく．$x=a/s\in J$ ならば $x\cdot f(s)=f(a)\in J$，したがって $a\in I$，ゆえに $x=(1/s)\cdot f(a)\in IA_S$．逆に $IA_S\subset J$ であることは明らかである．ゆえに $J=IA_S$．

ii） P を A_S の素イデアル，$\mathfrak{p}=P\cap A$ とすれば，$\mathfrak{p}$ は A の素イデアルで，上の証明からわかるように $P=\mathfrak{p}A_S$ である．また P は A_S の単元を含まないから $\mathfrak{p}\cap S=\emptyset$．逆に $\mathfrak{p}$ が S と交わらない A の素イデアルならば

$$\frac{a}{s}\cdot\frac{b}{t}\in\mathfrak{p}A_S,\qquad s,t\in S\ \Rightarrow\ \exists r\in S: rab\in\mathfrak{p}$$

で，$r\notin\mathfrak{p}$ だから $a\in\mathfrak{p}$ または $b\in\mathfrak{p}$，よって a/s または b/t が $\mathfrak{p}A_S$ に入る．また容易にわかるように $1\notin\mathfrak{p}A_S$．よって $\mathfrak{p}A_S$ は A_S の素イデアルである．

準素イデアルについてもほとんど同様であるが，$\mathfrak{p}$ が S と交わらない A の準素イデアルのとき，$rab\in\mathfrak{p}$, $r\in S$ ならば r のべきは $\mathfrak{p}$ に入らず，したがって $ab\in\mathfrak{p}$ となる．これから $a/s\in\mathfrak{p}A_S$ または $\exists n: (b/t)^n\in\mathfrak{p}A_S$．

系． A がネータ環（またはアルティン環）なら A_S もそうである．

証明. これは定理の i) から従う. ∎

種々の積閉集合 S による商環 A_S の例をあげよう.

例 1. $a\in A$ をべき零でない元とし, $S=\{1, a, a^2, \cdots\}$ とおく. このとき A_S のことを A_a と書くこともある. (a がべき零でないとしたのは $0\notin S$ とするためである. 一般に, $0\in S$ のときは A_S の構成法からわかるように $A_S=0$ となり, 興味に乏しい.) A_a の素イデアルの集合は, A の素イデアルで a を含まないものの集合と1対1に対応する.

例 2. $\mathfrak{p}$ を A の素イデアルとし, $S=A-\mathfrak{p}$ とおく. このとき A_S のことを普通 $A_\mathfrak{p}$ と書く. ($A_{(A-\mathfrak{p})}$ と $A_\mathfrak{p}$ とが同じものを表わすのはいかにも非論理的な記法なので, Bourbaki などは A_S を用いず $S^{-1}A$ と書くのであるが, A_S 式の記法でも混乱のおそれはほとんどない.) $A_\mathfrak{p}$ は $\mathfrak{p}A_\mathfrak{p}$ を極大イデアルとする局所環である. 実際, $\mathfrak{p}A_\mathfrak{p}$ は定理 1 で見たように $A_\mathfrak{p}$ の素イデアルであり, 一方 J を $A_\mathfrak{p}$ の真のイデアルとすれば $I=J\cap A$ は $A-\mathfrak{p}$ と交わらない A のイデアルであるから $I\subset\mathfrak{p}$, したがって $J=IA_\mathfrak{p}\subset\mathfrak{p}A_\mathfrak{p}$ である. $A_\mathfrak{p}$ の素イデアルの集合は, $\mathfrak{p}$ に含まれる A の素イデアルの集合と1対1に対応する.

例 3. I を A の真のイデアルとし $S=1+I=\{1+x\mid x\in I\}$ とおく. S は積閉集合であり, A_S の素イデアルの集合は, A の素イデアル $\mathfrak{p}$ で $I+\mathfrak{p}\neq A$ をみたすものの集合と1対1に対応する.

例 4. S を積閉集合とし, $\tilde{S}=\{a\in A\mid \exists b\in A: ab\in S\}$ とおくと $\tilde{S}$ も積閉集合である. これを, S を飽和して得られる積閉集合という. 一般に, 単元の因子になる元はまた単元であるから, 商環の定義からわかるように $A_S=A_{\tilde{S}}$ が成り立つ. $\tilde{S}$ は, $A_S=A_T$ となるような A の積閉集合 T の中で最大のものである. 実際 $\tilde{S}=\{a\in A\mid a/1$ が A_S の単元$\}$ であることが容易にわかる. なお, 例2の積閉集合 $S=A-\mathfrak{p}$ はすでに飽和している.

定理 4.2. 局所化の操作と, イデアルで割る操作とは可換である. 詳しくいえば, A を環, $S\subset A$ を積閉集合, I を A のイデアル, $\bar{S}$ を A/I におけ

る S の像とすると

$$A_S/IA_S \simeq (A/I)_{\bar{S}}.$$

証明. 両辺とも, 環の射 $g: A \to C$ で条件

(1) S の各元が C の単元に写され,

(2) I の各元が 0 に写される

をみたすものに関して普遍写像性をもつから, 一意性によって同形になる. 具体的な同形写像は

$$a/s \bmod IA_S \longleftrightarrow \bar{a}/\bar{s} \quad (\bar{a}=a+I,\ \bar{s}=s+I)$$

によって与えられる. ▮

とくに, $\mathfrak{p}$ を A の素イデアルとすると

$$A_{\mathfrak{p}}/\mathfrak{p}A_{\mathfrak{p}} \simeq (A/\mathfrak{p})_{\overline{A-\mathfrak{p}}}$$

が成り立つ. この左辺は局所環 $A_{\mathfrak{p}}$ の剰余体, 右辺は整域 $A/\mathfrak{p}$ の商体である. この体を $\kappa(\mathfrak{p})$ で表わし $\mathfrak{p}$ **の剰余体**という.

定理 4.3. A を環, $S \subset A$ を積閉集合, $f: A \to A_S$ を標準的射とする. $g: A \to B$, $h: B \to A_S$ が環の射で, 条件

(1) $f = hg$,

(2) B の各元 b に対し $s \in S$ があって $g(s) \cdot b \in g(A)$,

をみたすならば, A_S は B の商環とも見られる. 詳しくは

$$A_S = B_{g(S)} = B_T, \quad \text{ただし} \quad T = \{t \in B \mid h(t) \text{ が } A_S \text{ の単元}\}$$

が成り立つ.

証明. h は $B \longrightarrow B_T \longrightarrow A_S$ と分解できる. この第2の矢 $B_T \longrightarrow A_S$ を α と呼ぼう. 一方, $g(S) \subset T$ であるから $A \longrightarrow B \longrightarrow B_T$ の合成写像は $A \longrightarrow A_S \longrightarrow B_T$ と分解できる. この第 2 の矢 $A_S \longrightarrow B_T$ を β と呼ぼう. すると

$$\alpha(\beta(a/s)) = \alpha(g(a)/g(s)) = hg(a)/hg(s) = f(a)/f(s) = a/s,$$

ゆえに $\alpha\beta = 1$ (恒等写像) である. 一方 $b \in B$ なら仮定により $a \in A$ と $s \in S$

が存在して $bg(s)=g(a)$ が成り立つ．したがって $\beta(a/s)=g(a)/g(s)=b/1$ となる．とくに $t\in T$ に対して $t/1=\beta(u)$ となる $u\in A_S$ をとれば，$u=\alpha\beta(u)=\alpha(t/1)=h(t)$ だから u は A_S の単元である．したがって $b/t=\beta(a/s)\cdot\beta(u^{-1})$ となり β は全射である．よって α と β は互いに逆写像で，同形 $A_S\simeq B_T$ を与える．$A_S\simeq B_{g(S)}$ の証明も同様にできる．(あるいは，$g(S)$ を飽和して得られる積閉集合が T であることからも従う．これは読者みずからたしかめよ．)

系 1. $\mathfrak{p}$ が A の素イデアル，$S=A-\mathfrak{p}$ で B が定理の条件をみたせば，$P=\mathfrak{p}A_{\mathfrak{p}}\cap B$ とおくと $A_{\mathfrak{p}}=B_P$ である．

証明．このとき定理の T は $B-P$ に一致する．

系 2. 積閉集合 $S\subset A$ が A の零因子を含まなければ，A は A_S の部分環と考えられる．このとき，A と A_S の間にある任意の環 B に対し，A_S は B の商環でもある．

系 3. A の部分集合 S, T が積閉で $S\subset T$ ならば，T の A_S における像を T' とおくと $(A_S)_{T'}=A_T$ が成り立つ．

系 4. $S\subset A$ が積閉集合，P が S と交わらない A の素イデアルならば $(A_S)_{PA_S}=A_P$．とくに P, Q が A の素イデアルで $P\subset Q$ ならば

$$(A_Q)_{PA_Q} = A_P.$$

定義． 環 A のすべての素イデアルの集合を A の**スペクトル** (spectrum) といい $\mathrm{Spec}(A)$ で表わす．また A の極大イデアルの集合を A の**極大スペクトル** (maximal spectrum) といい $\text{m-Spec}(A)$ で表わす．

定理 1.1 により，$A\neq 0 \Longleftrightarrow \text{m-Spec}(A)\neq\emptyset \Longleftrightarrow \mathrm{Spec}(A)\neq\emptyset$ が成り立つ．一般に，I を A のイデアルとするとき

$$V(I)=\{\mathfrak{p}\in\mathrm{Spec}(A)\mid\mathfrak{p}\supset I\}$$

とおく．すると

$$V(I)\cup V(I')=V(I\cap I')=V(II'),$$

またイデアルの任意の族 $\{I_\lambda\}_{\lambda\in\Lambda}$ に対し

$$\bigcap_\lambda V(I_\lambda) = V(\sum_\lambda I_\lambda)$$

が成り立つ．これらのことから，$\mathscr{F}=\{V(I)\mid I$ は A のイデアル$\}$ とおけば $\mathscr{F}$ は有限和および任意個数の交わりに関して閉じているから，$\mathscr{F}$ を閉集合の全体とする位相が Spec(A) に入る．これを **Zariski 位相**という．今後，環のスペクトルには常に Zariski 位相を入れて考える．m-Spec(A) は Spec(A) の部分空間としての位相を入れて考える．これも Zariski 位相と呼ぶ．

$a\in A$ に対し $D(a)=\{\mathfrak{p}\in\mathrm{Spec}(A)|a\notin\mathfrak{p}\}$ とおくとこれは $V(aA)$ の補集合であるから開集合である．逆に Spec(A) の任意の開集合は $D(a)$ の形の開集合の和集合として表わせる．実際，$U=\mathrm{Spec}(A)-V(I)$ なら $U=\bigcup_{a\in I}D(a)$ である．したがって，$D(a)$ の形の開集合全体は Spec(A) の開基をなす．

$f: A\to B$ を環の射とする．$P\in\mathrm{Spec}(B)$ に対し $P\cap A$ すなわち $f^{-1}(P)$ は Spec(A) の点である．P に $P\cap A$ を対応させる写像 Spec$(B)\to$Spec(A) を ${}^af$ と書く．容易にわかるように $({}^af)^{-1}(V(I))=V(IB)$ であるから，${}^af$ は連続である．$g: B\to C$ も環の射なら ${}^a(gf)={}^af\cdot{}^ag$ が成り立つことも明らかである．したがって，対応 $A\longmapsto\mathrm{Spec}(A)$，$f\longmapsto{}^af$ により環の圏から位相空間の圏への反変関手が定義される．なお，$P\cap A=\mathfrak{p}$ すなわち ${}^af(P)=\mathfrak{p}$ のとき，P は $\mathfrak{p}$ 上に**のっている** (P lies over $\mathfrak{p}$) という．

注．P が B の極大イデアルでも $P\cap A$ は A の極大イデアルであるとは限らない．たとえば A が整域，B が A の商体で $A\to B$ が自然な埋め込みのときを考えてみればよい．したがって対応 $A\longmapsto$ m-Spec(A) は関手にならない．これは Spec(A) のほうが m-Spec(A) より重視される理由のひとつである．他方，Spec(A) は余りに多くの点を含むともいえる．たとえば1点から成る集合 $\{\mathfrak{p}\}$ が Spec(A) の閉集合であるためには，$\mathfrak{p}$ が極大イデアルであることが必要十分である．(一般に $\{\mathfrak{p}\}$ の閉包 $\overline{\{\mathfrak{p}\}}$ は $V(\mathfrak{p})$ に等しい．) したがって Spec(A) はめったに T_1 空間にならない．

M を A 加群とし，$S\subset A$ を積閉集合とするとき，M の局所化 M_S を A_S と同様に定義する．すなわち

$$M_S=\left\{\frac{m}{s}\,\middle|\, m\in M,\ s\in S\right\},\qquad \frac{m}{s}=\frac{m'}{s'}\iff \exists t\in S: t(s'm-sm')=0.$$

M_S に和を $m/s+m'/s'=(s'm+sm')/ss'$ で，A_S の元との積を $(a/s)\cdot(m/s')=am/ss'$ で定義すると M_S は A_S 加群になる．また，A 線形な標準的写像 $M\to M_S$ が $m\mapsto m/1$ で与えられて，その核は $\{m\in M \mid \exists s\in S: sm=0\}$ である．S が A の素イデアル $\mathfrak{p}$ の補集合 $A-\mathfrak{p}$ のとき，M_S を $M_\mathfrak{p}$ と書く．$\{\mathfrak{p}\in \mathrm{Spec}(A) \mid M_\mathfrak{p}\neq 0\}$ を M の**台** (support) といい $\mathrm{Supp}(M)$ と記す．M が有限生成なら，$M=A\omega_1+\cdots+A\omega_n$ とすると

$$\mathfrak{p}\in\mathrm{Supp}(M)\iff M_\mathfrak{p}\neq 0\iff \exists i: M_\mathfrak{p} \text{ で } \omega_i\neq 0\iff$$
$$\exists i: \mathrm{ann}(\omega_i)\subset\mathfrak{p}\iff \mathrm{ann}(M)=\bigcap_{i=1}^{n}\mathrm{ann}(\omega_i)\subset\mathfrak{p}$$

であるから，$\mathrm{Supp}(M)$ は $\mathrm{Spec}(A)$ の閉集合 $V(\mathrm{ann}(M))$ に等しい．

定理 4.4. $M_S\simeq M\otimes_A A_S$.

証明．$M\times A_S$ から M_S への写像 $(m,a/s)\mapsto am/s$ は A 双線形だから，線形写像 $\alpha: M\otimes A_S\to M_S$ で $\alpha(m\otimes a/s)=am/s$ をみたすものが存在する．逆に $\beta: M_S\to M\otimes A_S$ を $\beta(m/s)=m\otimes(1/s)$ で定義することができる．実際 $m/s=m'/s'$ なら $t\in S$ があって $ts'm=tsm'$，よって

$$m\otimes(1/s)=m\otimes(ts'/tss')=ts'm\otimes(1/tss')=tsm'\otimes(1/tss')=m'\otimes(1/s').$$

さて α と β とが互いに逆写像であり A_S 線形写像であることは容易にたしかめられる．したがって M_S と $M\otimes_A A_S$ は A_S 加群として同形．

定理 4.5. $M\mapsto M_S$ は A 加群の圏から A_S 加群の圏への完全 (共変) 関手である．すなわち A 加群の射 $f: M\to N$ に対し A_S 加群の射 $f_S: M_S\to N_S$ が定まり，

$$(\mathrm{id})_S=\mathrm{id},\qquad (gf)_S=g_Sf_S \quad (\mathrm{id} \text{ は } M,\ M_S \text{ などの恒等写像})$$

をみたし，また完全列 $0\longrightarrow M'\longrightarrow M\longrightarrow M''\longrightarrow 0$ に対し

$$0\longrightarrow M'_S\longrightarrow M_S\longrightarrow M''_S\longrightarrow 0$$

も完全列である．

証明． 最後の $0 \longrightarrow M'_S \longrightarrow M_S$ が完全であることは，$x \in M'$，$s \in S$ のとき，（M' を M の部分加群とみて）

$$\begin{aligned} M_S \text{ で } x/s=0 &\iff \exists t \in S : tx=0 \\ &\iff M'_S \text{ で } x/s=0 \end{aligned}$$

となることからわかる．その他の主張はすべてテンソル積の性質と前定理から従う．（もちろん直接に証明するのも容易である．） ▮

上の定理から，局所化は $\otimes$ や Tor と可換になるなどのことが従うが，それらについては §7 の平坦性のところでまとめて述べよう．

A を環，M を A 加群，$\mathfrak{p} \in \mathrm{Spec}(A)$ とする．A や M に関するなにがしかの性質が，“$\mathfrak{p}$ で局所的に成り立つ” ということには，少くとも2つの解釈ができる．すなわち，$A_{\mathfrak{p}}$（あるいは $M_{\mathfrak{p}}$）がその性質をもつということか，または $\mathrm{Spec}(A)$ における $\mathfrak{p}$ の近傍 U の各点 $\mathfrak{q}$ で $A_{\mathfrak{q}}(M_{\mathfrak{q}})$ がその性質をもつということ．普通は前者の意味に用いられるが，両解釈が一致する場合もある．とにかく，局所的な性質から大局的な性質を導く形の定理をいくつか示そう．

定理 4.6. A を環，M を A 加群，$x \in M$ とする．すべての極大イデアル $\mathfrak{p}$ について，x が $M_{\mathfrak{p}}$ で0になるならば，$x=0$ である．

証明． x が $M_{\mathfrak{p}}$ で $0 \iff sx=0$ となる $s \in A-\mathfrak{p}$ が存在 $\iff \mathrm{ann}(x) \not\subset \mathfrak{p}$．しかるに $1 \notin \mathrm{ann}(x)$ なら $\mathrm{ann}(x)$ を含む極大イデアルが存在しなければならない（定理 1.1）．ゆえに $1 \in \mathrm{ann}(x)$ であり，したがって $x=0$． ▮

定理 4.7. A を整域，K をその商体，$X=\text{m-Spec}(A)$ とする．A の商環はすべて K の部分環とみなせる．この意味で

$$A = \bigcap_{\mathfrak{m} \in X} A_{\mathfrak{m}}.$$

証明． $x \in K$ に対し $I=\{a \in A \mid ax \in A\}$ は A のイデアルである．$x \in A_{\mathfrak{p}}$ は $I \not\subset \mathfrak{p}$ と同値，したがってすべての極大イデアル $\mathfrak{m}$ に対し $x \in A_{\mathfrak{m}}$ なら

$1\in I$, すなわち $x\in A$ である. ▮

注. 上の I は x を A の元の比で書くとき分母になりうる元の集合に0を加えたものであって, x の分母イデアルと呼べる. 同様に Ix は x の分子イデアルと呼べる.

定理 4.8. A を環, M を有限 A 加群とする. すべての極大イデアル $\mathfrak{m}$ について $M\otimes_A\kappa(\mathfrak{m})=0$ ならば $M=0$ である.

証明. $\kappa(\mathfrak{m})=A_\mathfrak{m}/\mathfrak{m}A_\mathfrak{m}$, したがって $M\otimes\kappa(\mathfrak{m})=M_\mathfrak{m}/\mathfrak{m}M_\mathfrak{m}$ であるから, NAK (定理 2.2) により $M\otimes\kappa(\mathfrak{m})=0\Longleftrightarrow M_\mathfrak{m}=0$. ゆえに主張は定理 4.6 から従う.

上の定理は簡明であるが, M が A 上有限という仮定はもっと弱めることができる. すなわち次の定理が成り立つ.

定理 4.9. $f: A\to B$ を環の射, M を有限 B 加群とするとき, すべての $\mathfrak{p}\in \mathrm{Spec}(A)$ に対して $M\otimes_A\kappa(\mathfrak{p})=0$ ならば $M=0$ である.

証明. もし $M\neq 0$ なら, 定理 6 により B の極大イデアル P があって $M_P\neq 0$, したがって NAK により $M_P/PM_P\neq 0$. いま $\mathfrak{p}=P\cap A$ とおけば, $\mathfrak{p}M_P\subset PM_P$ だから $M_P/\mathfrak{p}M_P\neq 0$. さて $T=B-P$, $S=A-\mathfrak{p}$ とおけば, A 加群 M の局所化 $M_S=M_\mathfrak{p}$ と, B 加群 M の局所化 $M_{f(S)}$ とは一致する. (どちらも $\{m/s\mid m\in M,\ s\in S\}$ に等しい.) そして $f(S)\subset T$ であるから

$$M_P = M_T = (M_{f(S)})_T = (M_\mathfrak{p})_T,$$

よって

$$M_P/\mathfrak{p}M_P = (M_\mathfrak{p}/\mathfrak{p}M_\mathfrak{p})_T = (M\otimes_A\kappa(\mathfrak{p}))_T,$$

したがって $M\otimes_A\kappa(\mathfrak{p})\neq 0$ である. ▮

注. この定理では $\mathfrak{p}$ を A の極大イデアルに限ることはできない. 上の証明からわかるように, B の極大イデアルの縮小イデアル $\mathfrak{p}$ について常に $M\otimes\kappa(\mathfrak{p})=0$ なら $M=0$ がいえる. しかしたとえば $(A,\mathfrak{m})$ が局所整域, B が A の商体, $M=B$ のとき, $M\otimes\kappa(\mathfrak{m})=B/\mathfrak{m}B=0$ であるが $M\neq 0$.

定理 4.10. A を環，M を有限 A 加群とする．

i） $U_r=\{\mathfrak{p}\in\mathrm{Spec}(A)\mid M_\mathfrak{p}$ は $A_\mathfrak{p}$ 上に r 個の元で生成される$\}$ とおくと，これは $\mathrm{Spec}(A)$ の開集合である（r は任意の非負整数）．

ii） M が有限表示加群ならば，$U_F=\{\mathfrak{p}\in\mathrm{Spec}(A)\mid M_\mathfrak{p}$ は自由 $A_\mathfrak{p}$ 加群$\}$ は $\mathrm{Spec}(A)$ の開集合である．

証明． i） $M_\mathfrak{p}=A_\mathfrak{p}\omega_1+\cdots+A_\mathfrak{p}\omega_r$ とする．ω_i は，一応 $\omega_i=m_i/s_i$，$s_i\in A-\mathfrak{p}$，$m_i\in M$，の形であるが，s_i は $A_\mathfrak{p}$ の単元だから ω_i の代りに m_i を用いてよい．すなわち ω_i は M の元（の $M_\mathfrak{p}$ における像）であるとしてよい．A の r 個の直和 A^r から M への線形写像 φ を $(a_1,\cdots,a_r)\mapsto\sum a_i\omega_i$ で定義し，その余核を C とする．完全列 $A^r\longrightarrow M\longrightarrow C\longrightarrow 0$ を素イデアル $\mathfrak{q}$ で局所化すると

$$A_\mathfrak{q}^r\longrightarrow M_\mathfrak{q}\longrightarrow C_\mathfrak{q}\longrightarrow 0$$

は完全列であり，$\mathfrak{q}=\mathfrak{p}$ のとき $C_\mathfrak{p}=0$ である．C は M の準同形像だから有限生成，したがってその台 $\mathrm{Supp}(C)$ は閉集合だから，$\mathfrak{p}$ の開近傍 V があって $\mathfrak{q}\in V$ ならば $C_\mathfrak{q}=0$ が成り立つ．これは $V\subset U_r$ を意味する．（約言すれば，M の元 $\omega_1,\cdots,\omega_r$ が $\mathfrak{p}$ で $M_\mathfrak{p}$ を生成すれば，$\mathfrak{p}$ の近傍の各点 $\mathfrak{q}$ でも $M_\mathfrak{q}$ を生成するのである．）

ii） $M_\mathfrak{p}$ が自由 $A_\mathfrak{p}$ 加群だとし，$\omega_1,\cdots,\omega_r$ をその基底とする． i）と同様に，$\omega_i\in M$ として一般性を失わない．また，$\mathfrak{p}$ の $\mathrm{Spec}(A)$ における近傍 $D(a)$ を適当にとれば，$D(a)$ の各点 $\mathfrak{q}$ において $\omega_1,\cdots,\omega_r$ が $M_\mathfrak{q}$ を生成する．よって A を A_a で，M を $M\otimes A_a$ でおきかえることにより，$\omega_1,\cdots,\omega_r$ が A の各素イデアル $\mathfrak{q}$ に対し $M_\mathfrak{q}=\sum A_\mathfrak{q}\omega_i$ をみたすとしてよい．すると定理 6 により

$$M/\sum A\omega_i=0,\ \text{すなわち}\quad M=A\omega_1+\cdots+A\omega_r$$

である．（A を A_a でおきかえたことは，$\mathrm{Spec}(A)$ を $\mathfrak{p}$ の近傍 $D(a)$ にちぢめて考えることになっている．）さて $\varphi: A^r\to M$ を上のように定義し，その核を K とすれば

$$0 \longrightarrow K \longrightarrow A^r \longrightarrow M \longrightarrow 0$$

は完全列で，$K_{\mathfrak{p}}=0$ である．定理 2.6 により K は有限生成であるから，i）を $r=0$ のときに用いれば，$\mathfrak{p}$ の近傍 V があって各 $\mathfrak{q}\in V$ に対し $K_{\mathfrak{q}}=0$，したがって $(A_{\mathfrak{q}})^r\simeq M_{\mathfrak{q}}$ となるから $V\subset U_F$ である．∎

§4 の問題 次の命題を示せ．

【4.1】 準素イデアルの根基は素イデアルである．また，真のイデアル I が極大イデアル $\mathfrak{m}$ のべき $\mathfrak{m}^\nu$ を含めば，I は準素イデアルで

$$\sqrt{I} = \mathfrak{m}$$

である．

【4.2】 P を環 A の素イデアルとするとき，

$$P^{(n)} = P^n A_P \cap A$$

とおいてこれを P の**記号的 n 乗** (symbolic n-th power) という．これは P を根基とする準素イデアルである．

【4.3】 S を環 A の積閉集合とすると，Spec(A_S) は，Spec(A) の部分空間 $\{\mathfrak{p}\mid\mathfrak{p}\cap S=\emptyset\}$ と位相同形である．また，この後者は一般に Spec(A) の開集合でも閉集合でもない．

【4.4】 I を環 A のイデアルとすると，Spec(A/I) は Spec(A) の閉集合 $V(I)$ と位相同形である．

【4.5】 環 A のスペクトル Spec(A) は準コンパクト (quasi-compact) であること，すなわち $X=$Spec(A) の開被覆 $\{U_\lambda\}_{\lambda\in\Lambda}$，$\bigcup_\lambda U_\lambda=X$，に対し U_λ の有限個がすでに Xを被覆する．

【4.6】 Spec(A) が連結でなければ，0 と 1 以外にべき等元 (idempotent) すなわち $e^2=e$ をみたす元 e が存在する．

【4.7】 A, B が環ならば，Spec$(A\times B)$ は Spec(A) と Spec(B) の disjoint な和集合と同一視でき，そのとき Spec(A), Spec(B) は Spec$(A\times B)$ の中で開かつ閉である．

【4.8】 M が A 加群，N, N' が M の部分加群，$S\subset A$ が積閉集合なら，M_S の中で $N_S\cap N'_S=(N\cap N')_S$ が成り立つ．

【4.9】 閉集合について極小条件が成り立つ位相空間を**ネータ空間**(noetherian space) という．A がネータ環なら Spec(A) はネータ空間である．（注．A がネータ環でなくても Spec(A) がネータ空間になることはある．）

【4.10】 空でない閉集合 V が，それより小さい2つの閉集合 V_1, V_2 の和集合 $V=V_1\cup V_2$ として表わせるとき**可約** (reducible)，表わせないとき**既約** (irreducible) とい

う. $\mathfrak{p}\in\mathrm{Spec}(A)$ なら $V(\mathfrak{p})$ は既約閉集合であり，逆に Spec(A) の任意の既約閉集合は $V(\mathfrak{p})$，$\mathfrak{p}\in\mathrm{Spec}(A)$，の形に表わせる.

【4.11】 ネータ空間 X の任意の閉集合は，有限個の既約閉集合の和として表わせる.

【4.12】 ネータ環の真のイデアル I に対し，I を含む素イデアルの中で極小なものは有限個しかないことを，前2問を利用して示せ.

§ 5. Hilbert 零点定理と次元論初歩

X をネータ空間とする. $Z_0, Z_1, \cdots, Z_r$ を X の既約閉集合の真減少列（または真増大列）とするとき，r をこの列の長さという. このような列をすべて考えて，それらの長さの上限を X の**組合せ次元** (combinatorial dimension) と呼び $\dim X$ と書く. X がネータ空間なら $\dim X=\infty$ となることはありうる.

Y を X の部分空間とする. $S\subset Y$ が Y の既約閉集合ならば，S の X での閉包 $\bar{S}$ は $\bar{S}\cap Y=S$ をみたし，しかも X の既約閉集合である. なぜなら，$\bar{S}=V\cup W$ で V, W が X の閉集合であるとすれば，$S=(V\cap Y)\cup(W\cap Y)$ から，たとえば $S=V\cap Y$ となり，そのとき $V=\bar{S}$ となるからである. これから容易にわかるように，$\dim Y\leqslant\dim X$ である.

A を環とする. A の素イデアルの真減少列 $\mathfrak{p}_0\supset\mathfrak{p}_1\supset\cdots\supset\mathfrak{p}_r$ の長さ r の上限を A の **Krull 次元**または単に次元といい，$\dim A$ で表わす. 【4.10】からわかるように，A の Krull 次元は Spec(A) の組合せ次元に一致する. A の素イデアル $\mathfrak{p}$ に対し，$\mathfrak{p}$ に始まる素イデアルの真減少列 $\mathfrak{p}=\mathfrak{p}_0\supset\mathfrak{p}_1\supset\cdots\supset\mathfrak{p}_r$ の長さの上限を $\mathfrak{p}$ の**高度** (height) といい $\mathrm{ht}\,\mathfrak{p}$ と書く. (A がネータ環ならば $\mathrm{ht}\,\mathfrak{p}<\infty$ であることを後に定理 13.5 で証明する.) また，$\mathfrak{p}$ に始まる素イデアルの真増大列 $\mathfrak{p}=\mathfrak{p}_0\subset\mathfrak{p}_1\subset\cdots$ の長さの上限を $\mathfrak{p}$ の**余高度** (coheight) といい $\mathrm{coht}\,\mathfrak{p}$ と書く. 定義から明らかに

$$\mathrm{ht}\,\mathfrak{p}=\dim A_{\mathfrak{p}},\qquad \mathrm{coht}\,\mathfrak{p}=\dim A/\mathfrak{p},\qquad \mathrm{ht}\,\mathfrak{p}+\mathrm{coht}\,\mathfrak{p}\leqslant\dim A$$

が成り立つ.

注. 古くは $\mathrm{ht}\,\mathfrak{p}$ のことを $\mathfrak{p}$ の階数 (rank)，$\mathrm{coht}\,\mathfrak{p}$ のことを $\mathfrak{p}$ の次元というのが一般的であった. なお永田 [N1] は $\dim A$ を altitude A とよんでいる.

例 1. 有理整数環 $\boldsymbol{Z}$ の素イデアルは，素数 $p=2,3,5,\cdots$ で生成された単項イデアルたち $p\boldsymbol{Z}$ と (0) とである．よって各 $p\boldsymbol{Z}$ は極大イデアルであり，$\dim \boldsymbol{Z}=1$ である．一般に，体でない単項イデアル環は1次元である．

例 2. アルティン環は0次元である．実際，定理 3.2 の証明で見たように極大イデアルが有限個しかなく，それらの積がべき零であるから，$\mathfrak{p}$ を素イデアルとし $\mathfrak{p}_1,\cdots,\mathfrak{p}_r$ を極大イデアルの全部とすれば $\mathfrak{p}\supset(0)=(\mathfrak{p}_1\cdots\mathfrak{p}_r)^\nu$ から $\exists i:\mathfrak{p}\supset\mathfrak{p}_i$，したがって $\mathfrak{p}=\mathfrak{p}_i$ となるからすべての素イデアルが極大である．

例 3. 0次元の整域は体にほかならない．

例 4. 体 k 上の多項式環 $k[X_1,\cdots,X_n]$ は整域であり，

$$k[X_1,\cdots,X_n]/(X_1,\cdots,X_i) \simeq k[X_{i+1},\cdots,X_n]$$

であるから，$(X_1,\cdots,X_i)$ は $k[X_1,\cdots,X_n]$ の素イデアルである．よって

$$(0)\subset(X_1)\subset(X_1,X_2)\subset\cdots\subset(X_1,\cdots,X_n)$$

は長さ n の素イデアル列であるから $\dim k[X_1,\cdots,X_n]\geqslant n$ である．実は等号が成り立つことを間もなく証明する．

環 A の任意のイデアル I に対し，I を含む素イデアルの高度の下限を I の高度という：

$$\mathrm{ht}\, I = \inf\{\mathrm{ht}\,\mathfrak{p} \mid I\subset\mathfrak{p}\in\mathrm{Spec}(A)\}$$

この場合にも次の不等式が成り立つ．

$$\mathrm{ht}\, I+\dim A/I \leqslant \dim A.$$

M を A 加群とするとき，M の次元を

$$\dim M = \dim(A/\mathrm{ann}(M))$$

で定義する．$\mathrm{Spec}(A)$ がネータ空間で M が有限生成ならば，M の次元は $\mathrm{Spec}(A)$ の閉部分空間 $\mathrm{Supp}(M)=V(\mathrm{ann}(M))$ の組合せ次元に等しい．

素イデアルの真増大列（または真減少列）$\mathfrak{p}_0,\mathfrak{p}_1,\cdots$ が，隣接したどの2項の間にも素イデアルが存在しないという条件をみたすとき，飽和した素イデアル鎖という．環 A において次の条件が成り立つとき，A は**鎖状環**（catenary ring）と呼ばれる：

"$\mathfrak{p}, \mathfrak{p}'$ が素イデアルで $\mathfrak{p} \subset \mathfrak{p}'$ ならば，$\mathfrak{p}$ に始まり $\mathfrak{p}'$ に終る飽和した素イデアル鎖の長さはすべて同一の有限値をもつ."

局所整域 $(A, \mathfrak{m})$ が鎖状環ならば，任意の素イデアル $\mathfrak{p}$ について $\mathrm{ht}\,\mathfrak{p} + \mathrm{coht}\,\mathfrak{p} = \dim A$ が成り立つ．逆に，A がネータ局所整域で，すべての $\mathfrak{p}$ についてこの等式が成り立てば，A は鎖状環である（Ratliff [88], 1972）が，その証明はむつかしいので後回しにする（定理 31.4）．応用上重要なネータ環はほとんどすべて鎖状環になることがわかっている．鎖状環でないネータ環の例は永田 [73]（1956）によってはじめて見出された．

以下，しばらくの間，体 k 上有限生成の環の次元について初等的な理論を述べる．

定理 5.1. k を体，L を k の代数的拡大体，$\alpha_1, \cdots, \alpha_n \in L$ とすると

i） $k[\alpha_1, \cdots, \alpha_n] = k(\alpha_1, \cdots, \alpha_n)$.

ii） X_i を α_i に写像する k 上の準同形 $\varphi: k[X_1, \cdots, X_n] \to k(\alpha_1, \cdots, \alpha_n)$ の核は $f_1(X_1), f_2(X_1, X_2), \cdots, f_n(X_1, \cdots, X_n)$ の形の n 個の元で生成される極大イデアルである．$f_i(X_1, \cdots, X_i)$ は X_i についてモニックであるとしてよい．

証明． $f_1(X)$ を α_1 の k 上の既約方程式とすれば，$(f_1(X_1))$ は $k[X_1]$ の極大イデアルだから $k[\alpha_1] \simeq k[X_1]/(f_1(X_1))$ は体，よって $k[\alpha_1] = k(\alpha_1)$. 次に $\varphi_2(X)$ を $k(\alpha_1)$ 上の α_2 の既約方程式とすれば，$k(\alpha_1) = k[\alpha_1]$ だから φ_2 の係数は α_1 の多項式で表わせるから，X_2 に関しモニックな $f_2 \in k[X_1, X_2]$ があって $\varphi_2(X_2) = f_2(\alpha_1, X_2)$ と書ける．そうして

$$k[\alpha_1, \alpha_2] = k(\alpha_1)[\alpha_2] = k(\alpha_1, \alpha_2) \simeq k(\alpha_1)[X_2]/(f_2(\alpha_1, X_2)).$$

以下同様にして，X_i についてモニックな $f_i(X_1, \cdots, X_i) \in k[X_1, \cdots, X_i]$ があって

$$k[\alpha_1, \cdots, \alpha_i] = k(\alpha_1, \cdots, \alpha_i) \simeq k(\alpha_1, \cdots, \alpha_{i-1})[X_i]/(f_i(\alpha_1, \cdots, \alpha_{i-1}, X_i)) \quad (1 \leqslant i \leqslant n)$$

となる．$P(X)\in k[X_1,\cdots,X_n]$ が φ の核に入れば $\varphi(P)=P(\alpha_1,\cdots,\alpha_n)=0$, よって $P(\alpha_1,\cdots,\alpha_{n-1},X_n)$ は $f_n(\alpha_1,\cdots,\alpha_{n-1},X_n)$ で割り切れるから，$P(X_1,\cdots,X_n)$ を X_n についてモニックな $f_n(X_1,\cdots,X_n)$ で割った余りを $R_n(X_1,\cdots,X_n)$ とすれば $P=Q_nf_n+R_n$ のように書け，$R_n(\alpha_1,\cdots,\alpha_{n-1},X_n)=0$. 同様に $R_n(X_1,\cdots,X_n)$ を X_{n-1} について $f_{n-1}(X_1,\cdots,X_{n-1})$ で割った余りを $R_{n-1}(X_1,\cdots,X_n)$ とすれば

$$R_n = Q_{n-1}f_{n-1}+R_{n-1},\qquad R_{n-1}(\alpha_1,\cdots,\alpha_{n-2},X_{n-1},X_n)=0.$$

以下同様にして $P=\sum Q_if_i+R$, $R(X_1,\cdots,X_n)=0$ を得る．すなわち $R=0$ で $P=\sum Q_if_i$. よって $\mathrm{Ker}(\varphi)=(f_1,f_2,\cdots,f_n)$ である．▮

次の定理は定理 1 i）の逆とみなせる．

定理 5.2. k を体，$A=k[\alpha_1,\cdots,\alpha_n]$ を整域とし，A（の商体）の k 上の超越次数 $\mathrm{tr.deg.}_kA$ を r とおく．このとき，もし $r>0$ ならば A は体ではない．

証明．$\alpha_1,\cdots,\alpha_r$ が A の k 上の超越基底だとし，$k(\alpha_1,\cdots,\alpha_r)=K$ とおく．$\alpha_{r+1},\cdots,\alpha_n$ は K 上代数的だから，X_i について d_i 次のモニック多項式 $f_i(X_{r+1},\cdots,X_i)\in K[X_{r+1},\cdots,X_i]$ で

$$K[\alpha_{r+1},\cdots,\alpha_n] \simeq K[X_{r+1},\cdots,X_n]/(f_{r+1},\cdots,f_n),$$
$$d_i = [K(\alpha_{r+1},\cdots,\alpha_i):K(\alpha_{r+1},\cdots,\alpha_{i-1})]$$

をみたすものが存在する．f_i の係数は K の元だから，適当な $0\neq g\in k[\alpha_1,\cdots,\alpha_r]$ をとれば $gf_i\in k[\alpha_1,\cdots,\alpha_r][X_{r+1},\cdots,X_n]$ となる．いいかえれば，$B=k[\alpha_1,\cdots,\alpha_r,g^{-1}]$ とおくと f_i は B 係数の多項式である．$A[g^{-1}]=B[\alpha_{r+1},\cdots,\alpha_n]$ の任意の元は $P(\alpha_{r+1},\cdots,\alpha_n)$, $P\in B[X_{r+1},\cdots,X_n]$, の形に書けるが，$P$ を X_n の多項式として f_n で割った余りでおきかえてよいから，P は X_n について高々 d_n-1 次としてよく，次に P を X_{n-1} の多項式として f_{n-1} で割ってその余りでおきかえると，P は X_{n-1} について高々 $d_{n-1}-1$ 次としてよい．以下同様にして，P が X_i について高々 d_i-1 次としてよく，

また $\{\alpha_i^e \mid 0 \leqslant e < d_i\}$ は $K(\alpha_{r+1}, \cdots, \alpha_{i-1})$ 上に1次独立である．したがって $A[g^{-1}]$ は $\{\prod_{i=r+1}^{n} \alpha_i^{e_i} \mid 0 \leqslant e_i < d_i\}$ を基底とする B 上の自由加群である．一方 B は体ではない．なぜなら，$k[\alpha_1, \cdots, \alpha_r]$ は k 上の r 変数多項式環であって，そこには既約多項式が無限個存在する．（証明は素数が無限個存在することの Euclid の証明と同様．）したがって g を割らない既約多項式 $h \in k[\alpha_1, \cdots, \alpha_r]$ があり，明らかに $h^{-1} \notin k[\alpha_1, \cdots, \alpha_r, g^{-1}]$ である．よって 0 でも B でもない B のイデアル I が存在し，$A[g^{-1}]$ は B 上の自由加群だから $IA[g^{-1}]$ は $A[g^{-1}]$ の真のイデアルである．ゆえに $A[g^{-1}]$ は体でない．もし A が体なら $A[g^{-1}]=A$ となるはずであるから A も体でない．▮

定理 5.3. k を体とし，$\mathfrak{m}$ を多項式環 $k[X_1, \cdots, X_n]$ の任意の極大イデアルとすれば，剰余体 $k[X_1, \cdots, X_n]/\mathfrak{m}$ は k 上代数的である．よって $\mathfrak{m}$ は n 個の元で生成され，とくに k が代数的閉体ならば $\mathfrak{m}=(X_1-\alpha_1, \cdots, X_n-\alpha_n)$, $\alpha_i \in k$, の形である．

証明．$k[X_1, \cdots, X_n]/\mathfrak{m}=K$ とおき，X_i の K における像を α_i とすれば，$K=k[\alpha_1, \cdots, \alpha_n]$ である．K は体だから前定理により k 上代数的，ゆえに，定理 1 ii）により $\mathfrak{m}$ は n 個の元で生成される．k が代数的閉体なら $K=k$ となるから，各 X_i は $\mathfrak{m}$ を法として適当な $\alpha_i \in k$ と合同であり，したがって $(X_1-\alpha_1, \cdots, X_n-\alpha_n) \subset \mathfrak{m}$. 一方 $(X_1-\alpha_1, \cdots, X_n-\alpha_n)$ は明らかに極大イデアルであるから，等号が成り立たねばならない．▮

k を体，$\bar{k}$ をその代数的閉包とする．Φ を $k[X_1, \cdots, X_n]$ の部分集合とする．$\alpha=(\alpha_1, \cdots, \alpha_n)$, $\alpha_i \in \bar{k}$, がすべての $f(X) \in \Phi$ に対し $f(\alpha)=0$ をみたすとき，α は Φ の代数的零点といわれる．

定理 5.4. (Hilbert の零点定理)

i）$k[X_1, \cdots, X_n]$ の部分集合 Φ が代数的零点をもたなければ，Φ が生成するイデアルは1を含む．

ii）$k[X_1, \cdots, X_n]$ の元 f と部分集合 Φ があり，Φ のすべての代数的零

点において f が0になるとする．このとき f の適当なべきが Φ で生成されたイデアルに入る：

$$\exists\nu>0,\quad \exists g_i\in k[X_1,\cdots,X_n],\quad \exists h_i\in\Phi:\quad f^\nu=\sum g_ih_i.$$

証明． i) Φ が生成するイデアルを I とする．$1\notin I$ なら I を含む極大イデアル $\mathfrak{m}$ が存在する．前定理により $k[X_1,\cdots,X_n]/\mathfrak{m}$ は k 上代数的であるから，これから $\bar{k}$ の中への k 上の同形対応 θ が存在する．$\theta(X_i \bmod \mathfrak{m})=\alpha_i$ とおけば，$g(X)\in\mathfrak{m}$ なら $0=\theta(g(X))=g(\alpha_1,\cdots,\alpha_n)$，ゆえに $\alpha=(\alpha_1,\cdots,\alpha_n)$ は $\mathfrak{m}$ の，したがって Φ の代数的零点である．これは仮定に反する．よって $1\in I$.

ii) $k[X_1,\cdots,X_n,Y]$ において $\Phi\cup\{1-Yf(X)\}$ を考えればこの集合は代数的零点をもたないから，その生成するイデアルは i)により1を含む．すなわち

$$1=\sum P_i(X,Y)h_i(X)+Q(X,Y)(1-Yf(X)),\qquad h_i(X)\in\Phi$$

のような関係が成立する．これは $X_1,\cdots,X_n,Y$ に関する恒等式だから Y に $f(X)^{-1}$ を代入しても成り立つ．よって

$$1=\sum P_i(X,f^{-1})h_i(X)$$

となり，f の適当なべき f^ν を両辺にかけて分母を払えば $f^\nu=\sum g_i(X)h_i(X)$，$g_i\in k[X_1,\cdots,X_n]$，$h_i(X)\in\Phi$. ▮

注． 上の ii) の証明は Rabinowitch [127] による古典的なものである．現代流にいうなら，$A=k[X_1,\cdots,X_n]$ で Φ の生成するイデアルを I とすると，f のべきによる局所化 A_f (§ 4 例 1) で $IA_f=A_f$ となるから f のべきが I に入るのである．

定理 5.5. k を体，A を k 上有限生成の環，I を A の真のイデアルとすると，I の根基は I を含むすべての極大イデアルの共通部分である：$\sqrt{I}=\bigcap_{I\subset\mathfrak{m}}\mathfrak{m}$.

証明． $A=k[a_1,\cdots,a_n]$ とすると A は $k[X_1,\cdots,X_n]$ の準同形像であるから，I の $k[X]$ への全逆像を考えることにより $A=k[X]$ の場合に帰着させれば，主張は定理 3 と定理 4 の ii) から従う． ▮

上の定理の結論を，§ 1 でのべた一般的結果 $\sqrt{I}=\bigcap_{I\subset P} P$ と比べると，ずいぶん強くなっている．これは“任意の素イデアル P は極大イデアルの共通部分として表わせる”という条件と同値である．この条件が成り立つ環を Hilbert 環または Jacobson 環とよび，O. Goldman [128] と W. Krull [55] が独立に研究した．なお [K]，[B 5] を参照．

定理 5.6. k を体とし，A を k 上有限生成の整域とすると

$$\dim A = \mathrm{tr.deg}_k A.$$

証明．$A=k[X_1, \cdots, X_n]/P$ とし $r=\mathrm{tr.deg}_k A$ とおく．$r\geqq\dim A$ を示すには，P, Q が $k[X]=k[X_1, \cdots, X_n]$ の素イデアルで $Q\supset P$，$Q\neq P$ なら

$$\mathrm{tr.deg}_k\, k[X]/Q < \mathrm{tr.deg}_k\, k[X]/P$$

であることを示せば十分である．$k[X]/P$ から $k[X]/Q$ の上への k 代数としての射（準同形）があるから $\mathrm{tr.deg}_k\, k[X]/Q\leqq\mathrm{tr.deg}_k\, k[X]/P$ は明らかである．仮に等号が成立したとしよう．$k[X]/P=k[\alpha_1, \cdots, \alpha_n]$，$k[X]/Q=k[\beta_1, \cdots, \beta_n]$ とし，$\beta_1, \cdots, \beta_r$ が $k(\beta)$ の k 上の超越基底であるとしてよい．すると $\alpha_1, \cdots, \alpha_r$ も k 上独立で，したがって $k(\alpha)$ の k 上の超越基底になる．$S=k[X_1, \cdots, X_r]-\{0\}$ とおくと S は乗法的集合で $P\cap S=\emptyset$，$Q\cap S=\emptyset$ となる．$R=k[X_1, \cdots, X_n]$，$K=k(X_1, \cdots, X_r)$ とおくと $R_S=K[X_{r+1}, \cdots, X_n]$ であって，

$$R_S/PR_S \simeq k(\alpha_1, \cdots, \alpha_r)[\alpha_{r+1}, \cdots, \alpha_n]$$

となるから R_S/PR_S は $K=k(X_1, \cdots, X_r)\simeq k(\alpha_1, \cdots, \alpha_r)$ 上に代数的，よって定理 5.1 により PR_S は R_S の極大イデアルとなるが，これは $P\subset Q$，$P\neq Q$，$Q\cap S=\emptyset$ に矛盾する．

次に $r\leqq\dim A$ を r についての帰納法で示す．$r=0$ のときは定理 5.1 により A は体となるから $\dim A=0$，よって主張は正しい．次に $r>0$ とし，$A=k[\alpha_1, \cdots, \alpha_n]$ で α_1 が k 上に超越的であるとすれば，$S=k[X_1]-\{0\}$，$R=k[X_1, \cdots, X_n]$ とおくと

$$R_S = k(X_1)[X_2, \cdots, X_n], \qquad R_S/PR_S \simeq k(\alpha_1)[\alpha_2, \cdots, \alpha_n]$$

したがって R_S/PR_S の $k(X_1)$ 上の超越次数は $r-1$ であるから帰納法の仮定で $\dim R_S/PR_S \geqq r-1$. よって $PR_S=Q_0 \subset Q_1 \subset \cdots \subset Q_{r-1}$ という R_S の素イデアルの真増大列が存在する. $P_i=Q_i \cap R$ とおくと P_i は S と交わらない R の素イデアルで, したがって $\mathrm{tr.deg}_k R/P_{r-1}>0$, よって P_{r-1} は R の極大イデアルではない (定理 3) から, P_{r-1} より真に大きい R の極大イデアル P_r が存在する. よって $\dim A=\mathrm{coht}\, P \geqq r$. ▮

系. k を体とすると $\dim k[X_1, \cdots X_n] = n$.

注. これから, $n \neq m$ なら $k[X_1, \cdots, X_n]$ と $k[X_1, \cdots, X_m]$ とは環同型でないことがわかる. これは当然のように思われるけれども, それほど自明ではない.

次に話題を変えて, 加群の生成元の数についての Forster-Swan の定理をのべよう. A を環, M を有限 A 加群, $\mathfrak{p} \in \mathrm{Spec}(A)$ とし, $A_\mathfrak{p}$ の剰余体 $\kappa(\mathfrak{p})$ 上のベクトル空間 $M \otimes \kappa(\mathfrak{p})=M_\mathfrak{p}/\mathfrak{p}M_\mathfrak{p}$ の (線形代数学で使う意味の) 次元を $\phi(\mathfrak{p}, M)$ と書くことにしよう. これは $A_\mathfrak{p}$ 加群 $M_\mathfrak{p}$ の極小底の濃度である. したがって, $\mathfrak{p} \supset \mathfrak{p}'$ なら $\phi(\mathfrak{p}, M) \geqq \phi(\mathfrak{p}', M)$.

1964 年に, 関数論の若い学者 O. Forster は次の定理を証明して代数の専門家たちを驚かせた. (Forster [29])

定理 5.7. A をネータ環, M を有限 A 加群とし,

$$b(M) = \sup\{\phi(\mathfrak{p}, M)+\mathrm{coht}\,\mathfrak{p} \mid \mathfrak{p} \in \mathrm{Supp}\, M\}$$

とおけば, M は高々 $b(M)$ 個の元で生成される.

この定理は局所的な生成元の数と大局的なそれとを結ぶ大変重要なものである. しかし生成元の数の評価としては改良の余地があり, 間もなく R. Swan によってより良い評価が得られた. われわれはそちらを証明しよう. そのために, Swan が導入した j-Spec(A) の概念が必要である. これは m-Spec(A) と同じだけの既約閉集合をもつが, 各既約閉集合に対して m-Spec(A) には存在しない“生成点”をもつという利点がある.

極大イデアルの交わりとして表わせるような素イデアルを j-素イデアルとい

い，すべての j-素イデアルの集合を j-Spec(A) で表わす．j-Spec(A) にも Spec(A) の部分空間としての位相を入れて考える．$\boldsymbol{M}=$m-Spec(A)，$\boldsymbol{J}=$j-Spec(A) とおく．F を $\boldsymbol{J}$ の閉集合とすると $F=V(I)\cap\boldsymbol{J}$ となるような A のイデアル I が存在する．容易にわかるように，素イデアル P が F に属するための必要十分条件は，P が $F\cap\boldsymbol{M}=V(I)\cap\boldsymbol{M}$ の元の交わりとして表わせることである．よって F は $F\cap\boldsymbol{M}$ で決定されるから，$\boldsymbol{J}$ の閉集合と $\boldsymbol{M}$ の閉集合の間に自然な1対1対応が存在する．したがって $\boldsymbol{M}$ がネータ空間なら $\boldsymbol{J}$ もそうであり，両者の組合せ次元は等しい．次に B を $\boldsymbol{J}$ の既約閉集合とし，B のすべての元の共通部分を P とする．$B=V(I)\cap\boldsymbol{J}$ なら $I\subset P$，よって $B=V(P)\cap\boldsymbol{J}$ とも書ける．もし P が素イデアルでなければ A の元 f, g があって $f\notin P$，$g\notin P$，$fg\in P$ が成り立つ．すると

$$B = (V(P+fA)\cap\boldsymbol{J})\cup(V(P+gA)\cap\boldsymbol{J})$$

となり，P の定義から f を含まない $Q\in B$，g を含まない $Q'\in B$ が存在するので B が可約であることになって矛盾．よって P は素イデアルである．ゆえに $P\in B$，$B=V(P)\cap\boldsymbol{J}$．この P を B の**生成点** (generic point) という．逆に P を $\boldsymbol{J}$ の任意の元とすれば $V(P)\cap\boldsymbol{J}$ は $\boldsymbol{J}$ の既約閉集合であり，$\{P\}$ の $\boldsymbol{J}$ における閉包である．$V(P)\cap\boldsymbol{J}$ の組合せ次元を j-dim P と書くことにする．

$\mathfrak{p}\in\boldsymbol{J}$ と有限 A 加群 M とに対し

$$b(\mathfrak{p}, M)=\begin{cases} 0 & (M_{\mathfrak{p}}=0 \text{ のとき}), \\ \text{j-dim}\,\mathfrak{p}+\phi(\mathfrak{p}, M) & (M_{\mathfrak{p}}\neq 0 \text{ のとき}) \end{cases}$$

とおく．

定理 5.8. (Swan [112]) A を環とし，m-Spec(A) がネータ空間であるとする．M を有限 A 加群とする．

$$\sup\{b(\mathfrak{p}, M)\mid \mathfrak{p}\in\text{j-Spec}(A)\} = r < \infty$$

ならば，M は高々 r 個の元で生成される．

証明．（第1段） $\mathfrak{p}\in \mathrm{Spec}(A)$ に対し，元 $x\in M$ の $M\otimes\kappa(\mathfrak{p})$ における像が0でないとき，x は $\mathfrak{p}$ で**基底的** (basic) であるという．容易にわかるように，この条件は $\phi(\mathfrak{p}, M/Ax)=\phi(\mathfrak{p}, M)-1$ と同値である．

補題． M が有限 A 加群で $\mathfrak{p}_1,\cdots,\mathfrak{p}_n\in \mathrm{Supp}(M)$ ならば，M の元 x で $\mathfrak{p}_1,\cdots,\mathfrak{p}_n$ において基底的であるものが存在する．

証明． $\mathfrak{p}_1,\cdots,\mathfrak{p}_n$ を並べかえて，各 i に対し $\mathfrak{p}_i$ が $\{\mathfrak{p}_i,\mathfrak{p}_{i+1},\cdots,\mathfrak{p}_n\}$ の中で極大元であるようにしておく．n についての帰納法で，$x'\in M$ が $\mathfrak{p}_1,\cdots,\mathfrak{p}_{n-1}$ で基底的であるとする．もし x' が $\mathfrak{p}_n$ でも基底的なら $x=x'$ とすればよい．x' が $\mathfrak{p}_n$ で基底的でないとしよう．仮定により $M_{\mathfrak{p}_n}\neq 0$ だから $\mathfrak{p}_n$ で基底的な元 $y\in M$ がとれる．$\mathfrak{p}_1\cdots\mathfrak{p}_{n-1}\not\subset\mathfrak{p}_n$ だから，$\mathfrak{p}_1\cdots\mathfrak{p}_{n-1}$ に属し $\mathfrak{p}_n$ に属さない元 $a\in A$ をとり $x=x'+ay$ とおくと，x が要求をみたす．よって補題は証明された．

（第2段） $\sup\{b(\mathfrak{p}, M)\mid \mathfrak{p}\in \text{j-Spec}(A)\}=r$ とおくとき，ちょうど $b(\mathfrak{p}, M)=r$ となる $\mathfrak{p}$ は有限個しか存在しない．なぜなら，$n=1,2,\cdots$ に対し $X_n=\{\mathfrak{p}\in\text{j-Spec}(A)\mid \phi(\mathfrak{p}, M)\geqslant n\}$ とおくと定理 4.10 により X_n は j-Spec(A) の閉集合である．その既約成分（問題【4.11】）の生成点を $\mathfrak{p}_{ni}$ $(1\leqslant i\leqslant \nu_n)$ とする．M が s 個の元で生成されるなら $X_n=\phi$ $(n>s)$ であるから，$\{\mathfrak{p}_{nj}\}_{n,j}$ は有限集合である．$b(\mathfrak{p}, M)=r$ なら $\mathfrak{p}\in\{\mathfrak{p}_{nj}\}_{n,j}$ であることを示そう．$\phi(\mathfrak{p}, M)=n$ とすれば $\mathfrak{p}\in X_n$，したがって適当な i に対し $\mathfrak{p}\supset\mathfrak{p}_{ni}$ である．もし $\mathfrak{p}\neq\mathfrak{p}_{ni}$ なら j-dim $\mathfrak{p}<$ j-dim $\mathfrak{p}_{ni}$，一方 $\phi(\mathfrak{p}, M)=n=\phi(\mathfrak{p}_{ni}, M)$，よって $b(\mathfrak{p}, M)<b(\mathfrak{p}_{ni}, M)$ となり矛盾．ゆえに $\mathfrak{p}=\mathfrak{p}_{ni}$.

（第3段） $b(\mathfrak{p}, M)=r$ となる有限個の $\mathfrak{p}$ において基底的な元 $x\in M$ をとり，$\bar{M}=M/Ax$ とおくと，明らかに $b(\mathfrak{p},\bar{M})\leqslant r-1$ がすべての $\mathfrak{p}\in\text{j-Spec}(A)$ について成り立つ．よって r についての帰納法で $\bar{M}$ が $r-1$ 個の元で，したがって M が r 個の元で生成される． ▮

Swan の論文では非可換への次のような一般化が証明されている：A は可換環，Λ は必ずしも可換でない有限 A 代数，M は有限左 Λ 加群とする．m-Spec(A) がネータ的で，A の各極大イデアル $\mathfrak{p}$ に対し，$\Lambda_{\mathfrak{p}}$ 加群 $M_{\mathfrak{p}}$ が高々 r 個の元で生成されるならば，Λ 加群 M は高々 $r+d$ 個の元で生成される．ただし d は m-Spec(A) の組合せ次元を表わす．

Forster や Swan の定理は局所的性質から大局的な性質を導くもので，この方向では最近インドの Kumar [59] が著しい結果を出している．(なお [15], [21] をも見よ．) 局所環のイデアルの生成元の数については J. Sally の好著がある [Sa].

§5 の問題　次の命題を示せ．

【5.1】 k を体，$R=k[X_1, \cdots, X_n]$，$P \in \mathrm{Spec}(R)$ なら

$$\mathrm{ht}\, P + \mathrm{coht}\, P = n.$$

【5.2】 0 次元のネータ環はアルティン環である (p. 38 例2の逆).

§6. 素因子と準素分解

大方の読者は，ネータ環におけるイデアルの準素分解についてすでに一通り学んでいるであろう．それは Emmy Noether 女史によって抽象的な可換環論がはじめられたときの，最初の大定理であった．今日では Bourbaki [B 4] に見られるように，準素分解よりはむしろ“素因子”の概念のほうが重要である．

A を環，M を A 加群とする．A の素イデアル P が M の適当な元 x の annihilator となるとき，P を M の**素因子** (prime divisor または associated prime ideal) という[1)]．M の素因子の集合を Ass(M) または $\mathrm{Ass}_A(M)$ と書く．I を A のイデアルとするとき，A 加群 A/I の素因子のことを I の素因子とよぶこともある．論理的には不都合だが，めったに誤解のおそれはな

1) この定義は Bourbaki に従ったが，A がネータ環でないときには必ずしも適切でないので，他にも同値でないいくつかの定義が提出されている．

い．$a\in A$ に対し M の0でない元 x があって $ax=0$ となるとき a を **M-非正則元**とよび，そうでないとき **M-正則元**とよぶ．

定理 6.1. A をネータ環，M を0でない A 加群とする．

i）イデアル族 $F=\{\mathrm{ann}(x)\mid 0\neq x\in M\}$ の極大元はすべて M の素因子である．とくに $\mathrm{Ass}(M)\neq\emptyset$．

ii）A の M-非正則元の集合は M のすべての素因子の合併集合である．

証明．i）$\mathrm{ann}(x)$ が F の極大元なら素イデアルであることをいえばよい．$a,b\in A$，$abx=0$，$bx\neq 0$ なら極大性から $\mathrm{ann}(bx)=\mathrm{ann}(x)$，よって $ax=0$．

ii）$ax=0$，$x\neq 0$ なら $a\in\mathrm{ann}(x)\in F$ で i）により $\mathrm{ann}(x)$ を含む M の素因子が存在する．▌

定理 6.2. $S\subset A$ を積閉集合とし，N を A_S 加群とする．$\mathrm{Spec}(A_S)$ を $\mathrm{Spec}(A)$ の部分集合とみなすとき，$\mathrm{Ass}_A(N)=\mathrm{Ass}_{A_S}(N)$ である．A がネータ環なら，A 加群 M に対し $\mathrm{Ass}(M_S)=\mathrm{Ass}(M)\cap\mathrm{Spec}(A_S)$ が成り立つ．

証明．$x\in N$ に対し $\mathrm{ann}_A(x)=\mathrm{ann}_{A_S}(x)\cap A$ が成り立つから $P\in\mathrm{Ass}_{A_S}(N)$ なら $P\cap A\in\mathrm{Ass}_A(N)$．逆に $\mathfrak{p}\in\mathrm{Ass}_A(N)$ なら，$\mathfrak{p}=\mathrm{ann}_A(x)$ となる $x\in N$ をとれば $x\neq 0$，したがって $\mathfrak{p}\cap S=\emptyset$ で $\mathfrak{p}A_S$ は A_S の素イデアルであり，$\mathfrak{p}A_S=\mathrm{ann}_{A_S}(x)$．後半は，$\mathfrak{p}\in\mathrm{Ass}(M)\cap\mathrm{Spec}(A_S)$ なら $\mathfrak{p}\cap S=\emptyset$，$\mathfrak{p}=\mathrm{ann}_A(x)$，$x\in M$ であり，M_S で $(a/s)x=0$ なら $t\in S$ があって M で $tax=0$ が成り立つが，$t\notin\mathfrak{p}$，$ta\in\mathfrak{p}$ から $a\in\mathfrak{p}$，よって $\mathrm{ann}_{A_S}(x)=\mathfrak{p}A_S$ であり $\mathfrak{p}A_S\in\mathrm{Ass}(M_S)$．逆に $P\in\mathrm{Ass}(M_S)$ なら $P=\mathrm{ann}_{A_S}(x)$，$x\in M$ として一般性を失わない．$\mathfrak{p}=P\cap A$ とおけば $P=\mathfrak{p}A_S$．一方 A はネータ環であるから $\mathfrak{p}$ は有限生成であり，そのことから $\mathfrak{p}=\mathrm{ann}_A(tx)$ となる $t\in S$ が存在することがわかる．したがって $\mathfrak{p}\in\mathrm{Ass}(M)\cap\mathrm{Spec}(A_S)$．▌

定理 6.3. A を環，$0 \longrightarrow M' \longrightarrow M \longrightarrow M'' \longrightarrow 0$ を A 加群の完全列とすれば

$$\mathrm{Ass}(M) \subset \mathrm{Ass}(M') \cup \mathrm{Ass}(M'').$$

証明. $P \in \mathrm{Ass}(M)$ なら M は A/P と同形な部分加群 N を持つ．P は素イデアルだから N の任意の元 $x \neq 0$ に対し $\mathrm{ann}(x)=P$ が成り立つ．よって $N \cap M' \neq 0$ なら $P \in \mathrm{Ass}(M')$ である．$N \cap M'=0$ なら N の M'' における像は N と同形であるから $P \in \mathrm{Ass}(M'')$. ▮

定理 6.4. A をネータ環，$M \neq 0$ を有限 A 加群とすると，M の部分加群の列 $0=M_0 \subset M_1 \subset \cdots \subset M_n=M$ で $M_i/M_{i-1} \simeq A/P_i$, $P_i \in \mathrm{Spec}(A)$, となるものがある．

証明. $P_1 \in \mathrm{Ass}(M)$ を任意にとれば，$M_1 \simeq A/P_1$ をみたす M の部分加群 M_1 が存在する．$M_1 \neq M$ なら $P_2 \in \mathrm{Ass}(M/M_1)$ を任意にとれば $M_2/M_1 \simeq A/P_2$ をみたす M_2 が存在する．以下同様につづけると，極大条件からいつかは $M_n=M$ となる．▮

定理 6.5. A がネータ環，

i) M が有限 A 加群ならば $\mathrm{Ass}(M)$ は有限集合である．

ii) $\mathrm{Ass}(M) \subset \mathrm{Supp}(M)$.

iii) $\mathrm{Ass}(M)$ の極小元の集合と $\mathrm{Supp}(M)$ の極小元の集合とは一致する．

証明. i) は前2定理から従う．$\mathrm{Ass}(A/P)=\{P\}$ であることに注意すればよい．ii) $0 \longrightarrow A/P \longrightarrow M$ が完全なら $0 \longrightarrow A_P/PA_P \longrightarrow M_P$ も完全，したがって $M_P \neq 0$. iii) P を $\mathrm{Supp}(M)$ の極小元として $P \in \mathrm{Ass}(M)$ を示せばよい．$M_P \neq 0$ と定理 2 と上の ii) から

$$\varnothing \neq \mathrm{Ass}(M_P) = \mathrm{Ass}(M) \cap \mathrm{Spec}(A_P) \subset \mathrm{Supp}(M) \cap \mathrm{Spec}(A_P) = \{P\}.$$

よって $P \in \mathrm{Ass}(M)$ でなくてはならない．▮

Aをネータ環，Mを有限 A 加群とする．Supp(M) の極小元を $P_1, \cdots, P_r$ とすれば Supp$(M)=V(P_1)\cup\cdots\cup V(P_r)$ であり，これらの $V(P_i)$ が閉集合 Supp(M) の既約成分である（問題【4.11】参照）．$P_1, \cdots, P_r$ を M の**孤立素因子** (isolated prime divisor) または**極小素因子** (minimal prime divisor) といい，これら以外の素因子を**非孤立素因子** (embedded prime divisor) という．I を A のイデアルとすれば $\mathrm{Supp}_A(A/I)$ は I を含む素イデアルの集合であるから，イデアル I の（すなわち A 加群 A/I の）極小素因子は I を含む素イデアルの中で極小なものにほかならない．このような素イデアルが有限個しかないことは問題【4.12】で見たところであるが，いま定理 5 で改めて証明されたことになる．（非孤立素因子の例については問題【6.6】,【8.9】を見よ．）

定義． A を環，M を A 加群，N を M の部分加群とする．次の条件が成り立つとき N を M の準素部分加群 (primary submodule) という：

$$a\in A,\quad x\in M,\quad x\notin N,\quad ax\in N \quad\Rightarrow\quad \exists\nu:\ a^\nu M\subset N.$$

この定義は実は剰余加群 M/N にのみ関する条件である．すなわち

$$a\in A \text{ が } M/N\text{-非正則元なら } \quad a\in\sqrt{\mathrm{ann}(M/N)}$$

といい表わせる．

準素イデアルとは，A 加群 A の準素部分加群にほかならない．それでは，素イデアルの拡張というべき素部分加群の概念はどうなるかと誰しも一応は考えるであろうが，そのようなものをこしらえても役に立たないのである．

定理 6.6． A をネータ環，M を有限 A 加群とする．M の部分加群 N が M の準素部分加群であることは，Ass(M/N) がただひとつの元から成ることと同値である．またこのとき，Ass$(M/N)=\{P\}$，ann$(M/N)=I$ とおけば I は準素イデアルであり $\sqrt{I}=P$ である．

証明． Ass$(M/N)=\{P\}$ なら前定理により Supp$(M/N)=V(P)$，したがって $P=\sqrt{\mathrm{ann}(M/N)}$ である．さて $a\in A$ が M/N-非正則ならば定理 1 により $a\in P$，したがって $a\in\sqrt{\mathrm{ann}(M/N)}$ となる．ゆえに N は M の準素部

分加群である．逆に N が準素部分加群で $P\in \mathrm{Ass}(M/N)$ のとき $a\in P$ なら $ax=0$ となる $0\neq x\in M/N$ が存在する．よって仮定により $a\in\sqrt{I}$，ただし $I=\mathrm{ann}(M/N)$．したがって $P\subset\sqrt{I}$ となるが，$I\subset P$ したがって $\sqrt{I}\subset P$ となることは素因子の定義から明らかであるから $P=\sqrt{I}$．ゆえに $\mathrm{Ass}(M/N)$ はただひとつの元 $\sqrt{I}$ から成る．このとき I が準素イデアルであることを示そう．$a, b\in A$，$b\notin I$ とする．$ab\in I$ なら $ab(M/N)=0$，$b(M/N)\neq 0$，よって a は M/N-非正則元だから $a\in P=\sqrt{I}$． ▮

定義． $\mathrm{Ass}(M/N)=\{P\}$ であるとき，N を P に属する準素部分加群という．

定理 6.7. N も N' も P に属する M の準素部分加群ならば，$N\cap N'$ もそうである．

証明． $M/(N\cap N')$ は $(M/N)\oplus(M/N')$ の中へ埋め込めるから

$$\mathrm{Ass}(M/(N\cap N'))\subset\mathrm{Ass}(M/N)\cup\mathrm{Ass}(M/N')=\{P\}.$$ ▮

N が M の 2 つの部分加群 N_1, N_2 の交わりとして $N=N_1\cap N_2$ と表わされ，$N_i\neq N$ $(i=1,2)$ であるとき，N は M の可約な部分加群といわれ，可約でないとき既約といわれる．(群の表現論などで，加群 M が 0 と M 以外に部分加群をもたないとき既約というが，これは M だけに関する概念で，今定義したものとは全然別の概念である．) M がネータ加群なら，任意の真部分加群 N は M の有限個の既約部分加群の交わりとして表わせる．証明：そう表わせない N の集合 $\mathscr{F}$ が空でなければ極大元 N_0 がある．N_0 は可約であるから $N_0=N_1\cap N_2$，$N_i\notin\mathscr{F}$．すると各 N_i は M の有限個の既約部分加群の交わりだから N_0 もそうである．矛盾．

注． 既約部分加群の交わりとしての表示は一般に一意的でない．たとえば A が体で M が A 上の n 次元ベクトル空間の場合，M の既約な部分加群とは $n-1$ 次元空間にほかならない．$n-2$ 次元の部分空間を 2 つの $n-1$ 次元空間の交わりとして表わす方法はいくらもある．

一般に，集合 N を $N=N_1\cap\cdots\cap N_r$ と表わすとき，$N\neq N_1\cap\cdots\cap N_{i-1}\cap N_{i+1}\cap\cdots\cap N_r$ という意味でどの N_i も省けないならば，この表示は**むだがない** (irredundant) といわれる．M を A 加群とし，M の部分加群を M の有限個の部分加群の交りとして $N=N_1\cap\cdots\cap N_r$ のように表わすことを N の**分解** (decomposition) という．各 N_i が既約なら**既約分解**，準素なら**準素分解**という．$N=N_1\cap\cdots\cap N_r$ がむだのない準素分解で $\mathrm{Ass}(M/N_i)=\{P_i\}$ であるとき，もし $P_i=P_j$ なら $N_i\cap N_j$ も準素であるから，同じ素イデアルに属する N_i をすべてまとめてしまえば，$i\neq j$ なら $P_i\neq P_j$ であるような準素分解が得られる．このような分解を最短準素分解といい，そこに現われる N_i を N の準素成分という．N_i が素イデアル P に属するときは P-準素成分ともいう．

定理 6.8. A をネータ環，M を有限 A 加群とする．

i） M の既約部分加群は準素部分加群である．

ii） M の真部分加群 N がむだのない準素分解

$$N=N_1\cap\cdots\cap N_r,\qquad \mathrm{Ass}(M/N_i)=\{P_i\}$$

をもてば，$\mathrm{Ass}(M/N)=\{P_1,\cdots,P_r\}$ である．

iii） M のすべての真部分加群が準素分解をもつ．N が真部分加群で P が M/N の極小素因子なら，N の P-準素成分は $\varphi_P^{-1}(N_P)$（ただし φ_P は M から M_P への標準的写像）に等しく，したがって M,N,P で一意的に定まる．

証明． i） N が M の真部分加群で，準素でないならば，可約であることを示せばよい．M を M/N でおきかえて $N=0$ としてよい．定理 6 により $\mathrm{Ass}(M)$ は少なくとも 2 つの元 P_1, P_2 を含む．すると M は A/P_i と同形な部分加群 K_i $(i=1,2)$ をもつ．$x\in K_i$, $x\neq 0$ なら $\mathrm{ann}(x)=P_i$ であるから $K_1\cap K_2=0$ でなくてはならない．よって 0 は可約．

ii） やはり $N=0$ としてよい．$0=N_1\cap\cdots\cap N_r$ なら M は $M/N_1\oplus\cdots\oplus M/N_r$ の部分加群と同形であるから

$$\mathrm{Ass}(M) \subset \mathrm{Ass}(\bigoplus_{i=1}^{r} M/N_i) = \bigcup_{i=1}^{r} \mathrm{Ass}(M/N_i) = \{P_1, \cdots, P_r\}.$$

一方，$N_2 \cap \cdots \cap N_r \neq 0$ だから，$0 \neq x \in N_2 \cap \cdots \cap N_r$ とすれば $\mathrm{ann}(x) = 0 : x = N_1 : x$. 一方 $N_1 : M$ は P_1 に属する準素イデアルだから $P_1^{\nu} M \subset N_1$ となる $\nu > 0$ がある．したがって $P_1^{\nu} x = 0$. よって $P_1^{i} x \neq 0$, $P_1^{i+1} x = 0$ となる $i \geqq 0$ が定まる．$0 \neq y \in P_1^i x$ とすれば $P_1 y = 0$, 一方 $y \in N_2 \cap \cdots \cap N_r$ だから $y \notin N_1$ で，準素部分加群の定義から $\mathrm{ann}(y) \subset P_1$, よって $P_1 = \mathrm{ann}(y)$ となるから $P_1 \in \mathrm{Ass}(M)$. 他の P_i についても同様で $\{P_1, \cdots, P_r\} \subset \mathrm{Ass}(M)$ が示された．

iii) 真部分加群はすでに見たように既約分解をもつから i) により準素分解をもつ．$N = N_1 \cap \cdots \cap N_r$ を最短準素分解とし，N_1 が P-準素成分であるとする．問題【4.8】により $N_P = (N_1)_P \cap \cdots \cap (N_r)_P$ であるが，$i > 1$ に対し $\mathrm{ann}(M/N_i)$ は P_i のべきを含み，$P_i \not\subset P_1$ であるから $(M/N_i)_P = 0$ であり，したがって $(N_i)_P = M_P$ である．よって $N_P = (N_1)_P$, したがって $\varphi_P^{-1}(N_P) = \varphi_P^{-1}((N_1)_P)$ であり，この右辺は容易に確かめられるように N_1 に等しい． ▮

§6 の問題

【6.1】 $\boldsymbol{Z}$ 加群 $M = \boldsymbol{Z} \oplus (\boldsymbol{Z}/3\boldsymbol{Z})$ について $\mathrm{Ass}(M)$ を求めよ．

【6.2】 M がネータ環 A 上の有限加群で，M_1, M_2 が M の部分加群で $M = M_1 + M_2$ ならば，$\mathrm{Ass}(M) = \mathrm{Ass}(M_1) \cup \mathrm{Ass}(M_2)$ であるといえるか．

【6.3】 A をネータ環，x を A の元で単元でも零因子でもないものとすれば，イデアル xA と $x^n A$ は同じ素因子をもつ：

$$\mathrm{Ass}_A(A/xA) = \mathrm{Ass}_A(A/x^n A) \quad (n = 1, 2, \cdots).$$

これを示せ．

【6.4】 I, J をネータ環 A のイデアルとする．すべての $P \in \mathrm{Ass}_A(A/I)$ について $JA_P \subset IA_P$ ならば $J \subset I$ であることを示せ．

【6.5】 被約なネータ環 A の全商環は体の直積であることを示せ．

【6.6】 k 体とすれば，$k[X, Y]$ で

$$(X^2, XY) = (X) \cap (X^2, Y) = (X) \cap (X^2, XY, Y^2)$$

であることを示せ．([Nor 1] p. 30 より採録)

第3章　種々の拡大環

平坦性は Serre によって 1950 年代に定式化され，急速に代数幾何学および可換環論の基礎的な道具の1つに成長した．これは代数的な概念で，幾何学的にはとらえにくい．一般に加群に対して平坦性が定義されるが，環の拡大の場合が特に重要である．その典型的な場合が完備化である．完備局所環はいろいろすぐれた性質をもつので，局所環を完備化して考えることが多くの場合に有効な手段となる．これはまた，代数多様体を解析多様体として研究することの類似でもある．また，整拡大の理論は Krull によって研究され，いわゆる上昇定理，下降定理が見出された．平坦な拡大環でも下降定理が成り立つので，平坦性，完備化，整拡大をこの章にまとめたのである．ただしネータ環上の平坦性については第8章で，完備化については第 10 章でさらに進んだ議論を行うことになる．

§7.　平　　坦　　性

A を環，M を A 加群とする．A 加群と線形写像の列 $\cdots\longrightarrow N'\longrightarrow N\longrightarrow N''\longrightarrow\cdots$ を $\mathscr{S}$ で表わすとき，これから導かれる列 $\cdots\longrightarrow N'\otimes_A M\longrightarrow N\otimes_A M\longrightarrow N''\otimes_A M\longrightarrow\cdots$ を $\mathscr{S}\otimes_A M$ または単に $\mathscr{S}\otimes M$ で表わす．

定義． M が A 上に**平坦** (flat) であるとは，任意の完全列 $\mathscr{S}$ に対し $\mathscr{S}\otimes M$ も完全であることをいう．A 平坦と略すこともある．

M が**忠実平坦** (faithfully flat) であるとは，任意の列 $\mathscr{S}$ に対し，

$$\mathscr{S}\ \text{が完全列}\iff\mathscr{S}\otimes M\ \text{が完全列}$$

が成り立つことをいう．

$\mathscr{S}$ が完全列なら $0\longrightarrow N_1\longrightarrow N_2\longrightarrow N_3\longrightarrow 0$ のような形の列（いわゆる短完全列）に分解できるから，平坦性の定義において $\mathscr{S}$ として短完全列のみを考えればよい．さらにテンソル積の右完全性（付録 A 公式 8）によれば，$\mathscr{S}$ を $0\longrightarrow N_1\longrightarrow N$ の形の完全列に限って $\mathscr{S}\otimes M: 0\longrightarrow N_1\otimes M\longrightarrow$

$N \otimes M$ の完全性を確かめればよい.

$f: A \to B$ が環の射で, B が A 加群として平坦ならば, f を平坦な射と呼び, また B を平坦な A 代数と呼ぶ. たとえば A の局所化 A_S は平坦な A 代数である (定理 4.4, 4.5).

推移律. B を A 代数, M を B 加群とすれば次のことが成り立つ:

(1) B が A 上に平坦, M が B 上に平坦 $\Rightarrow$ M は A 上に平坦,

(2) B が A 上に忠実平坦, M が B 上に忠実平坦 $\Rightarrow$ M は A 上に忠実平坦,

(3) M が B 上に忠実平坦, A 上に平坦 $\Rightarrow$ B が A 上に平坦,

(4) M が B 上にも A 上にも忠実平坦 $\Rightarrow$ B が A 上に忠実平坦,

これらはいずれも, A 加群の列 $\mathscr{S}$ に対し $(\mathscr{S} \otimes_A B) \otimes_B M = \mathscr{S} \otimes_A M$ であることから容易に出る.

係数環の拡大. B を A 代数, M を A 加群とすると, 次のことが成り立つ:

(1) M が A 上に平坦 $\Rightarrow$ $M \otimes_A B$ が B 上に平坦,

(2) M が A 上に忠実平坦 $\Rightarrow$ $M \otimes_A B$ が B 上に忠実平坦.

これらは B 加群の列 $\mathscr{S}$ に対し $\mathscr{S} \otimes_B (B \otimes_A M) = \mathscr{S} \otimes_A M$ であることから従う.

定理 7.1. $A \to B$ を環の射, M を B 加群とする. M が A 上に平坦であるためには, B のすべての素イデアル (またはすべての極大イデアル) P に対し, M_P が $A_\mathfrak{p}$ ($\mathfrak{p} = P \cap A$) 上に平坦であることが必要十分である.

証明. まず次のことに注意する.

"$S \subset A$ が積閉集合で M, N が A_S 加群なら $M \otimes_{A_S} N = M \otimes_A N$." これは, $N \otimes_A M$ で

$$\frac{a}{s} x \otimes y = \frac{ax}{s} \otimes \frac{sy}{s} = \frac{sx}{s} \otimes \frac{ay}{s} = x \otimes \frac{a}{s} y \quad (x \in M,\ y \in N,\ a \in A,\ s \in S)$$

であることから従う. (一般に, B が A 代数で M, N が B 加群なら, テン

ソル積の構成法からわかるように，$M\otimes_B N$ は $M\otimes_A N$ を $\{bx\otimes y-x\otimes by \mid x\in M, y\in N, b\in B\}$ で生成された部分加群で割った剰余加群である．）

さて，まず M が A 平坦だとする．射 $A\to B$ から射 $A_\mathfrak{p}\to B_P$ がひき起され，M_P は B_P 加群だから $A_\mathfrak{p}$ 加群でもある．$\mathscr{S}$ を $A_\mathfrak{p}$ 加群の完全列とすると上の注意により

$$\mathscr{S}\otimes_{A_\mathfrak{p}}M_P = \mathscr{S}\otimes_A M_P = (\mathscr{S}\otimes_A M)\otimes_B B_P$$

であり，この右辺は完全列，したがって M_P は $A_\mathfrak{p}$ 平坦．

次に，B のすべての極大イデアル P について M_P が $A_\mathfrak{p}$ 平坦だとする．$0\longrightarrow N'\longrightarrow N$ を A 加群の完全列とし，B 線形写像 $N'\otimes_A M\longrightarrow N\otimes_A M$ の核を K とおくと $0\longrightarrow K\longrightarrow N'\otimes M\longrightarrow N\otimes M$ は B 加群の完全列である．任意の $P\in$ m-Spec(B) について局所化して

$$0\longrightarrow K_P\longrightarrow N'\otimes_A M_P\longrightarrow N\otimes_A M_P$$

が完全列であり，最初の注意と仮定により $K_P=0$ を得る．したがって定理 4.6 により $K=0$，それが証明すべきことであった．

定理 7.2. A を環，M を A 加群とすれば次の諸条件は互いに同値である：

（1） M は A 上に忠実平坦，

（2） M は A 平坦で，N が 0 でない A 加群なら $N\otimes_A M\neq 0$，

（3） M は A 平坦で，A の各極大イデアル $\mathfrak{m}$ に対し $M\neq\mathfrak{m}M$.

証明．（1）⇒（2） 列 $0\longrightarrow N\longrightarrow 0$ を $\mathscr{S}$ とする．もし $N\otimes M=0$ なら $\mathscr{S}\otimes M$ が完全，したがって $\mathscr{S}$ が完全，よって $N=0$.

（2）⇒（3） $M/\mathfrak{m}M=(A/\mathfrak{m})\otimes_A M$ から明らか．

（3）⇒（2） $N\neq 0$ なら，0 でない N の元 x をとれば $Ax\simeq A/\mathrm{ann}(x)$，よって ann (x) を含む極大イデアル $\mathfrak{m}$ をとれば $M\neq\mathfrak{m}M\supset\mathrm{ann}(x)\cdot M$ であるから $Ax\otimes M\neq 0$. 平坦性の仮定から，$Ax\otimes M\to N\otimes M$ が単射だから $N\otimes M\neq 0$.

（2）⇒（1）　A 加群の列

$$\mathscr{S}:\ N' \xrightarrow{f} N \xrightarrow{g} N''$$

を考える.

$$\mathscr{S}\otimes M:\ N'\otimes M \xrightarrow{f_M} N\otimes M \xrightarrow{g_M} N''\otimes M$$

が完全なら $g_M\circ f_M=(g\circ f)_M=0$, したがって平坦性から $\mathrm{Im}(g\circ f)\otimes M=\mathrm{Im}(g_M\circ f_M)=0$. これから仮定により $\mathrm{Im}(g\circ f)=0$ すなわち $g\circ f=0$ を得る. ゆえに $\mathrm{Ker}(g)\supset\mathrm{Im}(f)$ である. $H=\mathrm{Ker}(g)/\mathrm{Im}(f)$ とおけば, 平坦性から

$$H\otimes M=\mathrm{Ker}(g_M)/\mathrm{Im}(f_M)=0$$

となり, 仮定から $H=0$. ゆえに $\mathscr{S}$ は完全列である. ∎

環の射 $f: A \to B$ がひきおこす写像 ${}^af: \mathrm{Spec}(B) \to \mathrm{Spec}(A)$ による, 点 $\mathfrak{p}\in\mathrm{Spec}(A)$ の全逆像 ${}^af^{-1}(\mathfrak{p})=\{P\in\mathrm{Spec}(B)\mid P\cap A=\mathfrak{p}\}$ は, $\mathrm{Spec}(B\otimes_A\kappa(\mathfrak{p}))$ と位相同形である. 実際, $C=B\otimes_A\kappa(\mathfrak{p})$, $S=A-\mathfrak{p}$ とおき, 射 $g: B \to C$ を $g(b)=b\otimes 1$ で定義すれば, $\kappa(\mathfrak{p})=(A/\mathfrak{p})\otimes A_S$ だから

$$C=B\otimes_A(A/\mathfrak{p})\otimes_A A_S=(B/\mathfrak{p}B)_S=(B/\mathfrak{p}B)_{f(S)}$$

である. よって ${}^ag: \mathrm{Spec}\,(C) \to \mathrm{Spec}\,(\mathrm{B})$ の像は

$$\{P\in\mathrm{Spec}(\mathrm{B})\mid P\supset\mathfrak{p}B, P\cap f(S)=\varnothing\}=\{P\in\mathrm{Spec}(B)\mid P\cap A=\mathfrak{p}\}$$

すなわち ${}^af^{-1}(\mathfrak{p})$ であり, ${}^ag$ は $\mathrm{Spec}(C)$ から ${}^af^{-1}(\mathfrak{p})$ の上への位相同形をひきおこす. よって $\mathrm{Spec}(C)=\mathrm{Spec}(B\otimes\kappa(\mathfrak{p}))$ を $\mathfrak{p}$ の上の**ファイバー**とよぶ. 逆写像 ${}^af^{-1}(\mathfrak{p}) \longrightarrow \mathrm{Spec}(C)$ は $P\in{}^af^{-1}(\mathfrak{p})$ に $PC=PB_S/\mathfrak{p}B_S$ を対応させる写像である. $P^*\in\mathrm{Spec}(C)$, $P=P^*\cap B$ とすると

$$P^*=PC,\qquad C_{P^*}=(B_S/\mathfrak{p}B_S)_{PC}=B_P/\mathfrak{p}B_P=B_P\otimes_A\kappa(\mathfrak{p})$$

が成り立つ (定理 4.2, 4.3).

定理 7.3.　$f: A \to B$ を環の射, M を B 加群とすれば

i）　M が A 上に忠実平坦　⇒　${}^af(\mathrm{Supp}(M))=\mathrm{Spec}(A)$.

ii） M が有限 B 加群のときは

M が A 平坦で ${}^af(\mathrm{Supp}(M))\supset \text{m-Spec}(A)$ $\Longleftrightarrow$ M は A 上忠実平坦.

証明. i） $\mathfrak{p}\in\mathrm{Spec}(A)$ に対し，忠実平坦性から $M\otimes_A\kappa(\mathfrak{p})\neq 0$. したがって $C=B\otimes_A\kappa(\mathfrak{p})$, $M'=M\otimes_A\kappa(\mathfrak{p})=M\otimes_B C$ とおくと M' は C 加群で $\neq 0$, よって $P^*\in\mathrm{Spec}(C)$ があって $M'_{P^*}\neq 0$. いま $P=P^*\cap B$ とおくと

$$M'_{P^*}=M\otimes_B C_{P^*}=M\otimes_B(B_P\otimes_{B_P}C_{P^*})=M_P\otimes_{B_P}C_{P^*}$$

であるから $M_P\neq 0$, すなわち $P\in\mathrm{Supp}(M)$ である. 一方 $P^*\in\mathrm{Spec}(B\otimes\kappa(\mathfrak{p}))$ だから先にのべたことから $P\cap A=\mathfrak{p}$. ゆえに $\mathfrak{p}\in{}^af(\mathrm{Supp}(M))$.

ii） A の極大イデアル $\mathfrak{m}$ に対し $M/\mathfrak{m}M\neq 0$ を示せばよい. 仮定により B の素イデアル P で $P\cap A=\mathfrak{m}$, $M_P\neq 0$ をみたすものがある. M_P は B_P 上に有限生成だから NAK により $M_P/PM_P\neq 0$, よって, なおさら $M_P/\mathfrak{m}M_P=(M/\mathfrak{m}M)_P\neq 0$, ゆえに $M/\mathfrak{m}M\neq 0$. ▮

$(A,\mathfrak{m}),(B,\mathfrak{n})$ が局所環で, $f:A\to B$ が環の射であるとき, もし $f(\mathfrak{m})\subset\mathfrak{n}$ ならば f を**局所環の射** (local homomorphism) という. このとき上の定理の ii）または定理 2 からわかるように, f が平坦ということと忠実平坦ということは同値である.

S を A の積閉集合とすると, $\mathrm{Spec}(A_S)\to\mathrm{Spec}(A)$ が全射になるのは S の元がすべて A の単元であるとき, すなわち $A=A_S$ のときに限ることが容易にわかる. したがって上の定理によれば, $A\neq A_S$ ならば A_S は A 上に平坦ではあるが忠実平坦ではない.

定理 7.4.

i） A を環, M を平坦な A 加群, N_i $(i=1,2)$ を A 加群 N の部分加群とすると, $N\otimes M$ の部分加群として

$$(N_1\cap N_2)\otimes M=(N_1\otimes M)\cap(N_2\otimes M).$$

ii） $A\to B$ を平坦な環の射とし, I_1, I_2 を A のイデアルとすれば

$$(I_1\cap I_2)B=I_1B\cap I_2B.$$

iii）さらに I_2 が有限生成なら

$$(I_1 : I_2)B = I_1B : I_2B.$$

証明. i）$\varphi : N \longrightarrow N/N_1 \oplus N/N_2$ を $\varphi(x) = (x+N_1, x+N_2)$ で定義すると $0 \longrightarrow N_1 \cap N_2 \longrightarrow N \longrightarrow N/N_1 \oplus N/N_2$ は完全列，したがって

$$0 \longrightarrow (N_1 \cap N_2) \otimes M \longrightarrow N \otimes M$$
$$\longrightarrow (N \otimes M)/(N_1 \otimes M) \oplus (N \otimes M)/(N_2 \otimes M)$$

も完全である．これは i）の主張を意味する．

ii）これは i）で $N=A$, $M=B$ とした場合である．I が A のイデアルなら $I \otimes_A B$ を $A \otimes_A B = B$ の部分集合とみれば IB に一致するからである．

iii）$I_2 = Aa_1 + \cdots + Aa_n$ とすれば $(I_1 : I_2) = \bigcap_i (I_1 : a_i)$ であるから，ii）を用いれば，I_2 が単項イデアルのときに示せばよいことになる．$a \in A$ に対し

$$0 \longrightarrow (I_1 : Aa) \longrightarrow A \xrightarrow{a} A/I_1$$

は完全列で，これに $\otimes B$ を施せばわれわれの主張が得られる．▮

例. k を体，x を不定元として多項式環 $B = k[x]$ の部分環 $A = k[x^2, x^3]$ を考える．$x^2A \cap x^3A$ は x の5次以上の項のみから成る多項式の集合であるから $(x^2A \cap x^3A)B = x^5B$, 一方 $x^2B \cap x^3B = x^3B$. よって上の定理によれば B は A 平坦でない．

定理 7.5. $f : A \to B$ を忠実平坦な環の射とする．

i）任意の A 加群 M に対し，$m \mapsto m \otimes 1$ で定義される写像 $M \to M \otimes_A B$ は単射である．とくに $f : A \to B$ も単射である．

ii）I が A のイデアルならば $IB \cap A = I$.

証明. i）$0 \neq m \in M$ とすると，$(Am) \otimes B$ は $M \otimes B$ の B 部分加群 $(m \otimes 1)B$ と同一視できる．一方，定理 2 により $(Am) \otimes B \neq 0$, よって，$m \otimes 1 \neq 0$.

ii）上のことを $M = A/I$ について適用し，$(A/I) \otimes B = B/IB$ を用いる．

定理 7.6. A を環，M を平坦な A 加群とする．

$$a_{ij}\in A,\ x_j\in M\quad(1\leqslant i\leqslant r,\ 1\leqslant j\leqslant n),\qquad \sum_j a_{ij}x_j=0\quad(\forall i)$$

ならば，正整数 s と $b_{jk}\in A$, $y_k\in M$ $(1\leqslant j\leqslant n,\ 1\leqslant k\leqslant s)$ があって

$$\sum_j a_{ij}b_{jk}=0\quad(\forall i,k),\qquad x_j=\sum_k b_{jk}y_k\quad(\forall j)$$

が成り立つ．

証明． 行列 (a_{ij}) で定義される線形写像 $A^n\to A^r$ を φ，同じく $M^n\to M^r$ を φ_M で表わすと $\varphi_M=\varphi\otimes 1$ である．（ここに 1 は M の恒等写像を表わす．）$\mathrm{Ker}\,\varphi=K$ とおくと，完全列 $K\xrightarrow{i}A^n\xrightarrow{\varphi}A^r$ に $\otimes M$ を施して完全列

$$K\otimes M\xrightarrow{i\otimes 1}M^n\xrightarrow{\varphi_M}M^r$$

が得られる．仮定により $\varphi_M(x_1,\cdots,x_n)=0$ だから

$$(x_1,\cdots,x_n)=(i\otimes 1)(\sum_{k=1}^{s}\beta_k\otimes y_k),\qquad \beta_k\in K,\qquad y_k\in M$$

のように表わせる．β_k を A^n の元として $\beta_k=(b_{1k},\cdots,b_{nk})$, $b_{jk}\in A$, と書けば求める結論が得られる． ∎

上の定理の主張は，A 係数の連立同次 1 次方程式の，平坦加群 M における解は，A における解の 1 次結合として表わせるということである．

定理 7.7. A を環，M を A 加群とすれば，M が平坦であるためには，どんな有限生成イデアル I に対しても標準的射 $I\otimes_A M\ \to\ A\otimes_A M=M$ が単射であり，したがって $I\otimes M\ \simeq\ IM$ となることが必要十分である．

証明． 必要性は明らか．十分性を示す．まず，A のどんなイデアルもそれに含まれる有限生成イデアルの順極限として表わせるから，定理 A 1, A 2 により，任意のイデアル I について $I\otimes M\ \to\ M$ が単射になる．さて，N を A 加群，N' を N の部分加群とするとき，N は $N'+$(有限生成加群) の形の部分加群の順極限として表わせるから，$N'\otimes M\ \to\ N\otimes M$ が単射であるこ

とを示すには $N=N'+A\omega_1+\cdots+A\omega_n$ の形だとしてよい．さらに，$N_i=N'+A\omega_1+\cdots+A\omega_i$ $(1\leqslant i\leqslant n)$ とおけば，

$$N'\otimes M\longrightarrow N_1\otimes M\longrightarrow N_2\otimes M\longrightarrow\quad\cdots\quad\longrightarrow N\otimes M$$

の各段階がすべて単射ならよいから，結局 $N=N'+A\omega$ の形のときに $N'\otimes M\to N\otimes M$ が単射になればよい．ここで $I=\{a\in A\mid a\omega\in N'\}$ とおけば

$$0\longrightarrow N'\longrightarrow N\longrightarrow A/I\longrightarrow 0$$

という完全列が得られる．これから Tor の長完全列

$$\cdots\longrightarrow \mathrm{Tor}_1^A(M, A/I)\longrightarrow N'\otimes M\longrightarrow N\otimes M\longrightarrow (A/I)\otimes M\longrightarrow 0$$

が導かれる（p. 339 参照）から，

$$(*)\qquad \mathrm{Tor}_1^A(M, A/I)=0$$

を示せばよい．そのために短完全列

$$0\longrightarrow I\longrightarrow A\longrightarrow A/I\longrightarrow 0$$

から導かれる長完全列

$$\mathrm{Tor}_1^A(M, A)=0\longrightarrow \mathrm{Tor}_1^A(M, A/I)\longrightarrow I\otimes M\longrightarrow M\longrightarrow\cdots$$

を見れば，$I\otimes M\longrightarrow M$ が単射であったから（$*$）が成り立たねばならぬ．∎

上の定理から定理 6 の逆が証明できる．実際，$I=Aa_1+\cdots+Aa_n$ を A の有限生成イデアルとすると $I\otimes M$ の元 ξ は $\xi=\sum_1^n a_i\otimes m_i$, $m_i\in M$, と書ける．ξ が M で 0 になる，すなわち $\sum a_im_i=0$ であると仮定しよう．定理 6 の結論が M に対して成り立つなら

$$\exists b_{ij}\in A,\quad y_j\in M:\ \sum_i a_ib_{ij}=0\quad(\forall j),\qquad m_i=\sum b_{ij}y_j\quad(\forall i).$$

すると $\xi=\sum a_i\otimes m_i=\sum_i\sum_j a_ib_{ij}\otimes y_j=0$，したがって $I\otimes M\longrightarrow M$ は単射で，M は平坦である．

定理 7.8.　A を環，M を A 加群とすれば次の条件は同値である：

（1）　M は平坦である，

（2）　すべての A 加群 N に対し $\mathrm{Tor}_1^A(M, N)=0$,

（3）　すべての有限生成イデアル I に対し $\mathrm{Tor}_1^A(M, A/I)=0$.

証明. (1)⇒(2) N の射影分解 $\cdots \longrightarrow L_i \longrightarrow L_{i-1} \longrightarrow \cdots \longrightarrow L_0 \longrightarrow N \longrightarrow 0$ をとれば,

$$\cdots \longrightarrow L_i \otimes M \longrightarrow L_{i-1} \otimes M \longrightarrow \cdots \longrightarrow L_0 \otimes M$$

も完全列であるから $\mathrm{Tor}_i^A(M, N)=0$ $(i>0)$ である.

(2)⇒(3) は自明,

(3)⇒(1) $0 \longrightarrow I \longrightarrow A \longrightarrow A/I \longrightarrow 0$ から得られる長完全列

$$\mathrm{Tor}_1^A(M, A/I)=0 \longrightarrow I \otimes M \longrightarrow M \longrightarrow M \otimes A/I \longrightarrow 0$$

によって $I \otimes M \longrightarrow M$ が単射になるから, 前定理により M は平坦である. ▍

定理 7.9. $0 \longrightarrow M' \longrightarrow M \longrightarrow M'' \longrightarrow 0$ が A 加群の完全列で M' と M'' とが平坦なら M も平坦である.

証明. 任意の A 加群 N に対し, $\mathrm{Tor}_1(M', N) \longrightarrow \mathrm{Tor}_1(M, N) \longrightarrow \mathrm{Tor}_1(M'', N)$ が完全列で, 両端が0になるから $\mathrm{Tor}_1(M, N)=0$. よって前定理により M は平坦. ▍

自由加群は忠実平坦である. それは明らかであろう. (F を自由加群, $\mathscr{S}$ を A 加群の列とすると $\mathscr{S} \otimes F$ は要するに $\mathscr{S}$ を F の基底の濃度だけ並列したものにすぎない). 局所環の上では逆に次の定理が成り立つので, 有限生成加群に対しては平坦性も忠実平坦性も自由性もみな同じことになる.

定理 7.10. $(A, \mathfrak{m})$ を局所環, M を平坦な A 加群とする. $x_1, \cdots, x_n \in M$ の $\bar{M}=M/\mathfrak{m}M$ における像 $\bar{x}_1, \cdots, \bar{x}_n$ が体 $A/\mathfrak{m}$ 上に1次独立なら, $x_1, \cdots, x_n$ は A 上に1次独立である. したがって M が有限生成または $\mathfrak{m}$ がべき零なら, M の任意の極小底 (§2 参照) は M の基底になり, M は自由加群である.

証明. n に関する帰納法. $n=1$ のとき, $a \in A$, $ax_1=0$ とすると, 定理 6

により $b_1, \cdots, b_s \in A$ があって $ab_i=0$, $x_1 \in \sum b_i M$. 仮定から $x_1 \notin \mathfrak{m}M$ であるから b_i の中に $\mathfrak{m}$ に入らないものがある．そのような元は単元であるから $a=0$ でなくてはならない．

$n>1$ のとき，$\sum a_i x_i=0$ とすると $b_{ij} \in A$ と $y_j \in M$ $(1 \leqslant j \leqslant s)$ があって $\sum a_i b_{ij}=0$, $x_i=\sum b_{ij} y_j$. さて $x_n \notin \mathfrak{m}M$ だから b_{nj} の中の少くとも 1 つは単元である．よって a_n は $a_1, \cdots, a_{n-1}$ の 1 次結合になる：$a_n=\sum_{i=1}^{n-1} a_i c_i$, $c_i \in A$. よって

$$a_1(x_1+c_1 x_n)+\cdots+a_{n-1}(x_{n-1}+c_{n-1} x_n)=0$$

となるが，$\bar{M}$ の元 $\bar{x}_1+\bar{c}_1 \bar{x}_n, \cdots, \bar{x}_{n-1}+\bar{c}_{n-1} \bar{x}_n$ は $A/\mathfrak{m}$ 上 1 次独立だから帰納法の仮定で $a_1=\cdots=a_{n-1}=0$ である．よって a_n も 0 である．∎

定理 7.11. A を環，M と N を A 加群とし，B を平坦な A 代数とする．M が有限表示ならば

$$\mathrm{Hom}_A(M, N) \otimes_A B = \mathrm{Hom}_B(M \otimes_A B, N \otimes_A B).$$

証明．N と B を固定し，A 加群 M の反変関手として

$$F(M)=\mathrm{Hom}_A(M, N) \otimes_A B, \quad G(M)=\mathrm{Hom}_B(M \otimes_A B, N \otimes_A B)$$

とおくと，関手の準同形 $\lambda: F \longrightarrow G$ が $\lambda(f \otimes b)=b \cdot (f \otimes 1_B)$ $(f \in \mathrm{Hom}_A(M, N),\ b \in B)$ で定義できる．F も G も左完全関手である．

さて M が有限表示なら $A^p \longrightarrow A^q \longrightarrow M \longrightarrow 0$ という形の完全列が存在し，これから可換図形

$$\begin{array}{ccccccc}
0 \longrightarrow & F(M) & \longrightarrow & F(A^q) & \longrightarrow & F(A^p) \\
& \lambda\downarrow & & \lambda\downarrow & & \lambda\downarrow \\
0 \longrightarrow & G(M) & \longrightarrow & G(A^q) & \longrightarrow & G(A^p)
\end{array}$$

が得られ，その上の行，下の行は共に完全列である．さて $F(A^p)=N^p \otimes B$, $G(A^p)=(N \otimes B)^p$ だから右側の λ は同形，同様に中央の λ も同形である．したがって容易にわかるように左の λ も同形となる．∎

系. A, M, N を上の定理の通りとし，$\mathfrak{p}$ を A の素イデアルとすれば

$$\mathrm{Hom}_A(M, N)\otimes_A A_{\mathfrak{p}} = \mathrm{Hom}_{A_{\mathfrak{p}}}(M_{\mathfrak{p}}, N_{\mathfrak{p}}).$$

定理 7.12. A を環，M を有限表示 A 加群とする．M が射影加群であるためには，A のすべての極大イデアル $\mathfrak{m}$ について $M_{\mathfrak{m}}$ が自由 $A_{\mathfrak{m}}$ 加群であることが必要十分である．

証明．（必要）M が射影的なら，自由加群の直和因子であり，局所化してもこの性質は不変，よって $M_{\mathfrak{m}}$ は $A_{\mathfrak{m}}$ 上の射影加群だから自由加群である（定理 2.5）．

（十分）$N_1\longrightarrow N_2\longrightarrow 0$ を A 加群の完全列とする．

$$\mathrm{Hom}_A(M, N_1)\longrightarrow \mathrm{Hom}_A(M, N_2)$$

の余核を C とおくと，A の任意の極大イデアル $\mathfrak{m}$ に対し

$$C_{\mathfrak{m}}=\mathrm{Coker}(\mathrm{Hom}_{A_{\mathfrak{m}}}(M_{\mathfrak{m}}, (N_1)_{\mathfrak{m}})\longrightarrow \mathrm{Hom}_{A_{\mathfrak{m}}}(M_{\mathfrak{m}}, (N_2)_{\mathfrak{m}}))=0$$

となり，定理 4.6 により $C=0$，それが証明すべきことであった．▮

§7 の問題 次の命題を証明せよ．

【7.1】 B が忠実平坦な A 代数なら，A 加群 M に対し

$B\otimes_A M$ が B 平坦（または B 忠実平坦）$\Longleftrightarrow$ M が A 平坦（A 忠実平坦）．

【7.2】 A, B を整域，$A\subset B$ とし，A と B の商体が等しいとするとき，B が A 上忠実平坦ならば $A=B$ である．

【7.3】 B が忠実平坦な A 代数，M が A 加群なら $M\subset B\otimes_A M$ とみなせる（定理 7.5）．このとき，M の部分集合 $\{m_\lambda\}$ が B 上 $B\otimes M$ を生成すれば，$\{m_\lambda\}$ は A 上に M を生成する．

【7.4】 A をネータ環，$\{M_\lambda\}_{\lambda\in\Lambda}$ を平坦な A 加群の族とすれば，直積加群 $\prod_\lambda M_\lambda$ も平坦である．とくに，形式的べき級数環 $A[[X_1,\cdots,X_n]]$ は平坦な A 代数である（Chase の定理）．

【7.5】 A を環，N を平坦な A 加群とするとき，$a\in A$ が A 正則なら N 正則でもある．

【7.6】 A を環，$C.$ を A 加群の複体，N を A 加群とするとき複体 $\cdots\longrightarrow C_{i+1}\otimes N\longrightarrow C_i\otimes N\longrightarrow\cdots$ を $C.\otimes N$ で表わす．N が A 平坦ならば $H_i(C.)\otimes N=H_i(C.\otimes N)$ $(\forall i)$ である．

【7.7】 A を環，B を平坦な A 代数，M と N を A 加群とすれば

$$\mathrm{Tor}_i^A(M,N)\otimes_A B=\mathrm{Tor}_i^B(M\otimes B, N\otimes B)\quad(\forall i)$$

となり，さらに M が有限生成で A がネータ環なら

$$\mathrm{Ext}_A^i(M,N)\otimes_A B=\mathrm{Ext}_B^i(M\otimes_A B, N\otimes B)\quad(\forall i).$$

となる．

【7.8】 定理 7.4 の i）は無限個の部分加群 N_i の交わりに対しては成り立たない．なぜか．またその反例を作れ．

【7.9】 B が忠実平坦な A 代数で，B がネータ環なら A もネータ環である．

§ 8.　完備化と Artin-Rees の補題

A を環，M を A 加群，Λ を有向集合とし，Λ で添字付けられた M の部分加群の族 $\mathscr{F}=\{M_\lambda\}_{\lambda\in\Lambda}$ が $\lambda<\mu\Rightarrow M_\lambda\supset M_\mu$ をみたすとする．このとき，$\mathscr{F}$ を 0 の近傍系として M は（加法に関し）位相群になる．この位相は各元 $x\in M$ の近傍系として $\{x+M_\lambda\}_{\lambda\in\Lambda}$ をとって得られる位相である．M では和，差が連続であるのみならず，A の元 a によるスカラー積 $x\mapsto ax$ も M から M への連続写像になる．$M=A$ のときには M_λ はイデアルであるから，積も連続になる：

$$(a+M_\lambda)(b+M_\lambda)\subset ab+M_\lambda.$$

このような位相を加群 M の**線形位相**（linear topology）という．この位相が分離的（=Hausdorff）であるための必要十分条件は $\bigcap_\lambda M_\lambda=0$ である．各 M_λ は M の開集合であり，coset　$x+M_\lambda$ も開集合，M_λ の補集合 $M-M_\lambda$ は cosets の和集合だからやはり開集合．したがって M_λ は開かつ閉である．剰余加群 M/M_λ は（商空間の位相で）ディスクリート空間になる．

$M/\bigcap_\lambda M_\lambda$ を M の**分離化**または **Hausdorff 化**という．また，$\lambda<\mu$ ならば自然な線形写像 $\varphi_{\lambda\mu}: M/M_\mu\to M/M_\lambda$ が存在するから，A 加群の逆系 $\{M/M_\lambda;\varphi_{\lambda\mu}\}$ ができる．その逆極限 $\varprojlim M/M_\lambda$ を $\hat{M}$ と書き M の**完備化**（completion）という．各 M/M_λ にディスクリート位相を与え，直積 $\prod_\lambda M/M_\lambda$ に積位相を入れて，$\hat{M}$ にその部分空間としての位相を入れる．自然な A 線

形写像 $M \to \hat{M}$ を ψ とおくと，ψ は連続であり，$\psi(M)$ は $\hat{M}$ で稠密である．$p_\lambda: \hat{M} \to M/M_\lambda$ を射影とし $\mathrm{Ker}(p_\lambda)=M_\lambda^*$ とおくと，$\hat{M}$ の位相は $\mathscr{F}^*=\{M_\lambda^*\}_{\lambda\in\Lambda}$ で定義された線形位相と一致することが容易にわかる．p_λ は全射である．(実際 $p_\lambda(\psi(M))=M/M_\lambda$.) よって $\hat{M}/M_\lambda^*\simeq M/M_\lambda$ であり，したがって $\hat{M}$ の完備化は自分自身に一致する．一般に，$\psi: M \to \hat{M}$ が同形写像になるとき M を**完備** (complete) であるという．(注．Bourbaki 流なら“完備かつ分離的”ということになる．本書では単に完備ということにする．)

$\mathscr{F}'=\{M'_\gamma\}_{\gamma\in\Gamma}$ を別の有向集合で添字づけられた部分加群の族とすれば，$\mathscr{F}$ と $\mathscr{F}'$ とが M に同じ位相を定めるための条件は各 M_λ に対し $M'_\gamma\subset M_\lambda$ となる $\gamma\in\Gamma$ があり，各 M'_γ に対し $M_\mu\subset M'_\gamma$ となる $\mu\in\Lambda$ が存在することである．このとき $\varprojlim(M/M_\lambda)\simeq\varprojlim(M/M'_\gamma)$ であることが容易にわかり，またこの同形は位相同形でもある．したがって $\hat{M}$ は M の位相のみによって定まる．M の完備性についても同様.

$M=A$ のときは $\{M/M_\lambda, \varphi_{\lambda\mu}\}$ は環の逆系になるから，$\hat{M}=\hat{A}$ は環であり，$\psi: A\to\hat{A}$ は環の射である．M_λ^* は $\hat{A}$ の A 部分加群であるだけでなく，$\hat{A}$ のイデアルである．それは射影 $p_\lambda: \hat{A} \to A/M_\lambda$ が環の射であるから明らか.

N が M の部分加群なら，N の M における閉包 $\bar{N}$ は次の式で与えられる：

(公式 1)
$$\bar{N} = \bigcap_\lambda (N+M_\lambda).$$

なぜなら

$$\begin{aligned} x\in\bar{N} &\iff \forall\lambda \quad (x+M_\lambda)\cap N\neq\emptyset \\ &\iff \forall\lambda \quad x\in N+M_\lambda. \end{aligned}$$

剰余加群 M/N における M_λ の像を M'_λ とすれば，M/N の上の商位相は $\{M'_\lambda\}_{\lambda\in\Lambda}$ によって定義された線形位相にほかならない．実際，$G'\subset M/N$ とし G' の M における全逆像を G とすれば，G' が M/N の商位相で 開 $\iff G$ が M で 開 $\iff$ 任意の $x\in G$ に対し M_λ が存在して $x+M_\lambda\subset G \iff$ 任意の $x'\in G'$ に対し M'_λ が存在して $x'+M'_\lambda\subset G'$．したがって，M/N が分離的

になるのは $\bigcap_\lambda M'_\lambda=0$ のとき，すなわち $\bigcap(N+M_\lambda)=N$ のとき，換言すれば N が M の閉集合のときである．一方，N に M の部分空間としての位相を入れるとこれは明らかに $\{N\cap M_\lambda\}_{\lambda\in\Lambda}$ で定義された線形位相である．$M/N=M'$ とおくと

$$0\longrightarrow N/(N\cap M_\lambda)\longrightarrow M/M_\lambda\longrightarrow M'/M'_\lambda=M/(N+M_\lambda)\longrightarrow 0$$

は完全列，したがって逆極限をとれば

$$0\longrightarrow \hat{N}\longrightarrow \hat{M}\longrightarrow (M/N)^\wedge$$

が完全列である．$\hat{N}$ を $\hat{M}$ の部分加群とみなせば，$\xi=(\xi_\lambda)_{\lambda\in\Lambda}\in\hat{M}$ が $\hat{N}$ に属するための条件は各 ξ_λ が N の元で代表されること，いいかえればすべての λ に対して $\xi\in\psi(N)+M^*_\lambda$ であることである．したがって $\hat{N}$ は $\psi(N)$ の $\hat{M}$ での閉包に一致する．$\hat{M}\longrightarrow(M/N)^\wedge$ は一般に全射であるかどうかわからないが，$\Lambda=\{1,2,\cdots\}$ のときには全射になる．実際，このとき

$$(M/N)^\wedge \;=\; \varprojlim_n M/(N+M_n)$$

であり，その元 $\xi'=(\xi'_1,\xi'_2,\cdots)$，$\xi'_n\in M/(N+M_n)$，を与えるとき，$\xi'_1$ の M における原像 x_1 をとり，次に ξ'_2 の M における原像のひとつを y_2 とすれば $y_2-x_1\in N+M_1$，ゆえに

$$y_2-x_1=t+m_1,\qquad t\in N,\qquad m_1\in M_1$$

と書ける．$x_2=y_2-t$ とおけば x_2 も ξ'_2 の M における原像で $x_2-x_1\in M_1$ をみたす．同様にして，ξ'_n の M における原像 x_n を順次選んで $x_{n+1}-x_n\in M_n$ $(n=1,2,\cdots)$ が成り立つようにすることができる．$\xi_n\in M/M_n$ を x_n の像とすれば，作り方から $\xi=(\xi_1,\xi_2,\cdots)$ は $\varprojlim(M/M_n)=\hat{M}$ の元であり，その $(M/N)^\wedge$ における像は ξ' である．こうして次の定理が得られた．

定理 8.1. A を環，M を線形位相をもつ A 加群，N をその部分加群とする．N には M の部分空間の位相，M/N には M の商空間の位相を入れると，どちらも線形位相であって，

i) $0\longrightarrow\hat{N}\longrightarrow\hat{M}\longrightarrow(M/N)^\wedge$ は完全列で，$\hat{N}$ は $\psi(N)$ の $\hat{M}$ における閉包に一致する．ここに $\psi: M\longrightarrow\hat{M}$ は自然な射．

ii）M の位相が部分加群の減少列 $M_1 \supset M_2 \supset \cdots$ で定義されているときは

$$0 \longrightarrow \hat{N} \longrightarrow \hat{M} \longrightarrow (M/N)^{\wedge} \longrightarrow 0$$

が完全列である．いいかえれば

$$(M/N)^{\wedge} \simeq \hat{M}/\hat{N}.$$

今度は M, N を線形位相をもった2つの A 加群とし，$f: M \longrightarrow N$ を連続な線形写像とする．M, N がそれぞれ $\{M_\lambda\}_{\lambda\in\Lambda}$，$\{N_\gamma\}_{\gamma\in\Gamma}$ で位相づけられているとすると，任意の $\gamma\in\Gamma$ に対し，$M_\lambda \subset f^{-1}(N_\gamma)$ をみたす $\lambda\in\Lambda$ が存在する．$\varphi_\gamma: \hat{M} \longrightarrow N/N_\gamma$ を $\hat{M} \longrightarrow \hat{M}/M_\lambda^* \longrightarrow N/N_\gamma$（第1の矢は自然な射，第2の矢は f からひき起されたもの）の合成で定義すると，φ_γ が $M_\lambda \subset f^{-1}(N_\gamma)$ をみたす λ の取り方によらないことはすぐわかる．また，$\gamma<\gamma'$ のとき自然な射 $N/N_{\gamma'} \longrightarrow N/N_\gamma$ を $\psi_{\gamma\gamma'}$ で表わせば $\varphi_\gamma = \psi_{\gamma\gamma'} \circ \varphi_{\gamma'}$ が成り立つことも見やすい．したがって $(\varphi_\gamma)_{\gamma\in\Gamma}$ により連続な線形写像 $\hat{f}: \hat{M} \longrightarrow \hat{N}$ が定義される．次の図形は可換である．（垂直の矢は自然な写像）しかも，$\hat{f}$ はこの可換図形によって一意的に定まる．

$$\begin{array}{ccc} M & \xrightarrow{f} & N \\ \downarrow & & \downarrow \\ \hat{M} & \xrightarrow{\hat{f}} & \hat{N} \end{array}$$

同様に，A と B が線形位相をもつ環で $f: A \longrightarrow B$ が連続な環準同形なら，f は $\hat{A}$ から $\hat{B}$ への連続な環準同形 $\hat{f}$ をひきおこす．

線形位相の中で，イデアルによって定まるものが特に重要である．I を A のイデアル，M を A 加群とするとき，$\{I^n M\}_{n=1,2,\cdots}$ で定義される M の位相を I 進位相（I-adic topology）という．A にも I 進位相を入れて A, M の完備化（I 進完備化という）$\hat{A}$, $\hat{M}$ を作れば，$\hat{M}$ は $\hat{A}$ 加群になることが容易にわかる：$\alpha=(a_1, a_2, \cdots)\in\hat{A}$，$a_n \in A/I^n$ $(\forall n)$，$\xi=(x_1, x_2, \cdots)\in\hat{M}$，$x_n \in M/I^n M$ $(\forall n)$ に対し，次のように定義すればよい．

$$a\xi=(a_1x_1, a_2x_2, \cdots)\in\hat{M}.$$

容易にわかるように，M が I 進位相で完備ということは，M の元の列 $x_1, x_2, \cdots$ が $x_i - x_{i+1} \in I^i M$ ($\forall i$) をみたすとき，$x - x_i \in I^i M$ ($\forall i$) をみたす $x \in M$ が1つかつただ1つ存在することと同値である．M における Cauchy 列を通常のように定義すれば（$\{x_i\}$ が Cauchy 列 $\Longleftrightarrow$ 任意の正整数 r に対し番号 n_0 があって，$n > n_0$ なら $x_{n+1} - x_n \in I^r M$ が成り立つ），完備性は Cauchy 列が一意的な極限をもつことであるといい表わせる．

定理 8.2. A を環，I をイデアル，M を A 加群とする．

i) A が I 進位相で完備なら $I \subset \mathrm{rad}(A)$,

ii) M が I 進位相で完備で $a \in I$ なら，$1+a$ を乗ずることは M の自己同形である．

証明. i) $a \in I$ なら $1 - a + a^2 - a^3 + \cdots$ は A で収束し，$1+a$ の逆元を表わす．したがって $1+a$ は A の単元である．これは $I \subset \mathrm{rad}(A)$ を意味する（§1).

ii) M は $\hat{A}$ 加群でもあり，$1+a$（の $\hat{A}$ での像）は $\hat{A}$ の単元であるから明らか. ∎

次の2つの定理は完備性の有用さを示すものである．

定理 8.3. (Hensel の補題) $(A, \mathfrak{m}, k)$ を局所環とし，A が $\mathfrak{m}$ 進位相で完備だとする．$F(X) \in A[X]$ をモニック多項式とし，その係数を $\mathrm{mod}\,\mathfrak{m}$ で考えた多項式を $\bar{F} \in k[X]$ とする．$\bar{F} = g \cdot h$, $(g \cdot h) = 1$ となるモニック多項式 $g, h \in k[X]$ があれば，$F = G \cdot H$, $\bar{G} = g$, $\bar{H} = h$ となる A 係数のモニック多項式 G, H が存在する．

証明. $g = \bar{G}_1$, $h = \bar{H}_1$ となるモニック多項式 $G_1, H_1 \in A[X]$ をとると $F \equiv G_1 H_1 \bmod \mathfrak{m}[X]$. 以下帰納法でモニックな G_n, H_n が $F \equiv G_n H_n \bmod \mathfrak{m}^n[X]$, $\bar{G}_n = g$, $\bar{H}_n = h$ をみたすように作られたとすると，

$$F - G_n H_n = \sum \omega_i U_i(X), \qquad \omega_i \in \mathfrak{m}^n, \qquad \deg U_i < \deg F$$

と書ける．$(g, h) = 1$ だから $\bar{U}_i = g v_i + h w_i$ となる $v_i, w_i \in k[X]$ が見出せる．

v_i を h で割った余りでおきかえ，それに応じて w_i を修正すれば $\deg v_i < \deg h$ としてよい．すると $\deg hw_i = \deg(\bar{U}_i - gv_i) < \deg F$，よって

$$\deg w_i < \deg g$$

である．$V_i, W_i \in A[X]$ を $\bar{V}_i = v_i$, $\deg V_i = \deg v_i$, $\bar{W}_i = w_i$, $\deg W_i = \deg w_i$ となるようにえらび，$G_{n+1} = G_n + \sum \omega_i W_i$, $H_{n+1} = H_n + \sum \omega_i V_i$ とおくと

$$F \equiv G_{n+1} H_{n+1} \mod \mathfrak{m}^{n+1}[X].$$

こうして多項式の列 G_n, H_n $(n=1, 2, \cdots)$ を作れば，明らかに $\lim G_n = G$, $\lim H_n = H$ が存在し $F = GH$ をみたす．$\bar{G} = \bar{G}_1 = g$, $\bar{H} = \bar{H}_1 = h$ も明らかである．▮

定理 8.4. A を環，I をイデアル，M を A 加群とする．A が I 進完備であり，M が I 進位相で分離的であると仮定する．このとき M/IM が A/I 上 $\bar{\omega}_1, \cdots, \bar{\omega}_n$ で生成されるならば，ω_i を $\bar{\omega}_i$ の M における勝手な原像とすると M は A 上 $\omega_1, \cdots, \omega_n$ で生成される．

証明． 仮定から $M = \sum_1^n A\omega_i + IM$，したがって $M = \sum A\omega_i + I(\sum A\omega_i + IM) = \sum A\omega_i + I^2 M$，同様にして $M = \sum A\omega_i + I^\nu M$ $(\forall \nu > 0)$．M の任意の元 ξ に対し，$\xi = \sum a_i \omega_i + \xi_1$, $\xi_1 \in IM$，と表わし，次に $\xi_1 = \sum a_{i,1} \omega_i + \xi_2$, $a_{i,1} \in I$, $\xi_2 \in I^2 M$，と書き，順次 $a_{i,\nu} \in I^\nu$ と $\xi_\nu \in I^\nu M$ を

$$\xi_\nu = \sum a_{i,\nu} \omega_i + \xi_{\nu+1} \quad (\nu = 1, 2, \cdots)$$

が成り立つように定めれば，$a_i + a_{i,1} + a_{i,2} + \cdots$ は A で収束する．その和を b_i とおくと

$$\xi - \sum_1^n b_i \omega_i \in \bigcap_{\nu > 0} I^\nu M = (0). \quad ▮$$

この定理は M の有限性を証明するのに大変重宝である．次に A をネータ環とすると，I 進位相はさらにいくつかの重要な性質をもつ．その基礎となるのが，E. Artin と Rees とによって独立に証明された次の定理である．

定理 8.5. (Artin-Rees の補題) A をネータ環, M を有限 A 加群, N を M の部分加群, I を A のイデアルとする. このとき適当に正整数 c をとれば, c より大きいすべての n に対し

$$I^nM\cap N = I^{n-c}(I^cM\cap N).$$

証明. $\supset$ は明らかであるから $\subset$ を示せばよい. I が r 個の元 $a_1, \cdots, a_r$ で, M が s 個の元 $\omega_1, \cdots, \omega_s$ で生成されているとする. I^nM の元は $\sum_1^s f_i(a)\omega_i$ の形に書ける, ただし $f_i(X)=f_i(X_1, \cdots, X_r)$ は A 係数の n 次同次多項式である. そこで $A[X_1, \cdots, X_r]=B$ とおき, 各 $n>0$ に対し

$$J_n = \{(f_1, \cdots, f_s)\in B^s \mid f_i \text{ は } n \text{ 次同次で } \sum_1^s f_i(a)\omega_i\in N\}$$

とおいて, $\bigcup_{n>0} J_n$ で生成される B^s の B 部分加群を C とする. B はネータ環であるから C は有限 B 加群になる: $C=\sum_{j=1}^t Bu_j$, ここで各 u_j は $\bigcup J_n$ の元の1次結合だから, 結局 C は $\bigcup J_n$ から取った有限個の元の1次結合である. よって

$$C = Bu_1+\cdots+Bu_t, \qquad u_j = (u_{j1}, \cdots, u_{js}) \in J_{d_j} \quad (1\leqslant j\leqslant t)$$

とする. $c=\max\{d_1, \cdots, d_t\}$ とおく. さて $\eta\in I^nM\cap N$ なら, $\eta=\sum f_i(a)\omega_i$, $(f_1, \cdots, f_s)\in J_n$, と書けるから

$$(f_1, \cdots, f_s) = \sum p_j(X)u_j, \qquad p_j \in B = A[X_1, \cdots, X_r],$$

と書ける. 左辺は n 次同次式のみを成分とするベクトルであるから, 右辺において n 次でない項は打ち消し合って0になる. よって $p_j(X)$ は $n-d_j$ 次同次式としてよい. すると $\eta=\sum f_i(a)\omega_i=\sum_j p_j(a)\sum_i u_{ji}(a)\omega_i$, $\sum_i u_{ji}(a)\omega_i \in I^{d_j}M\cap N$ であり, $n>c$ なら $p_j(a)\in I^{n-c}I^{c-d_j}$ であるから

$$\eta \in I^{n-c}(I^cM\cap N) \quad (n>c) \ \blacksquare$$

定理 8.6. 上の定理の記号で, N の I 進位相は M の I 進位相からひきおこされた位相(すなわち M の部分空間としての位相)に一致する.

証明. 前定理により, $n>c$ に対し $I^nN\subset I^nM\cap N\subset I^{n-c}N$ が成り立つ. M の部分空間としての N の位相は $\{I^nM\cap N\}_{n=1,2,\cdots}$ で定義された線形位相

で，上式はこれが $\{I^n N\}_{n=1,2,\cdots}$ と同じ位相を定めることを意味する． ▌

定理 8.7. A をネータ環，I をイデアル，M を有限 A 加群とする．M, A の I 進完備化を $\hat{M}$, $\hat{A}$ とすれば

$$M\otimes_A \hat{A} \simeq \hat{M}$$

である．したがって A が I 進完備なら M もそうである．

証明. 定理 1 と定理 6 によれば，有限 A 加群の完全列に I 進完備化を行うとまた完全列になる．さて M に対し $A^p \longrightarrow A^q \longrightarrow M \longrightarrow 0$ の形の完全列をとれば，完備化は直和と可換であるから，可換な図形

$$\begin{array}{ccccccc} \hat{A}^p & \longrightarrow & \hat{A}^q & \longrightarrow & \hat{M} & \longrightarrow & 0 \\ \uparrow & & \uparrow & & \uparrow & & \\ A^p\otimes\hat{A} & \longrightarrow & A^q\otimes\hat{A} & \longrightarrow & M\otimes\hat{A} & \longrightarrow & 0 \end{array}$$

の各行は完全列である．ここに垂直の矢は自然な射を表わし，左の 2 本は明らかに同形写像，したがって右の矢も同形写像である．それが証明すべきことであった． ▌

定理 8.8. A をネータ環，I をイデアル，$\hat{A}$ を A の I 進完備化とすれば，$\hat{A}$ は A 平坦である．

証明. 定理 7.7 により，A の任意のイデアル $\mathfrak{a}$ に対し $\mathfrak{a}\otimes\hat{A} \to \hat{A}$ が単射ならばよいが，$\mathfrak{a}\otimes\hat{A}=\hat{\mathfrak{a}}$ であり，定理 1 と定理 6 により $\hat{\mathfrak{a}}\to\hat{A}$ は単射である． ▌

定理 8.9. (Krull) A をネータ環，I をイデアル，M を有限 A 加群とするとき，$\bigcap_{n>0} I^n M = N$ とおけば，$a\equiv 1 \bmod I$, $aN=0$ をみたす $a\in A$ が存在する．

証明. NAK により，$N=IN$ を示せばよい．Artin-Rees の補題から，十分大きな n に対し $I^n M\cap N\subset IN$ であるが，N の定義から左辺は N に一致

する． ▮

定理 8.10. (Krull の共通部分定理)

i) A がネータ環，I が $\mathrm{rad}(A)$ に含まれるイデアルならば，任意の有限 A 加群は I 進位相で分離的であり，その任意の部分加群は閉集合である．

ii) A がネータ整域，I が A の真のイデアルならば

$$\bigcap_{n>0} I^n = (0).$$

証明. i) 前定理の a は今の場合 A の単元であるから $N=0$，よって M は分離的である．M' を M の部分加群とすれば M/M' も I 進位相で分離的であり，それは M' が M の閉集合であることにほかならない．

ii) 前定理で $M=A$ とすれば，$1 \notin I$ により $a \neq 0$，よって a は A の零因子でないから $N=0$． ▮

定理 8.11. A をネータ環，I をイデアル，M を有限 A 加群，$\hat{M}$ を M の I 進完備化とすると，$\hat{M}$ の位相は A 加群としては I 進位相，$\hat{A}$ 加群としては $I\hat{A}$ 進位相である．

証明. $\hat{M}=\varprojlim(M/I^nM)$ から M/I^nM への射影の核を M_n^* とすれば，$\hat{M}$ の位相は $\{M_n^*\}$ で定義されるのであった．したがって $M_n^*=I^n\hat{M}$ を示せばよい．$I^n=\sum_{i=1}^{r} a_iA$ とし，$\varphi: M^r \to M$ を $(\xi_1, \cdots \xi_r) \mapsto \sum a_i\xi_i$ で定義すれば

$$M^r \xrightarrow{\varphi} M \xrightarrow{\psi} M/I^nM \longrightarrow 0$$

は完全列．その I 進完備化をとって

$$\hat{M}^r \xrightarrow{\hat{\varphi}} \hat{M} \xrightarrow{\hat{\psi}} (M/I^nM)^\wedge \longrightarrow 0$$

も完全列であるが，M/I^nM は I 進位相でディスクリート，したがって完備であって，$\hat{\psi}$ は射影 $\hat{M} \longrightarrow M/I^nM$ と一致する．したがって $M_n^*=\mathrm{Ker}\,\hat{\psi}=\mathrm{Im}\,\hat{\varphi}=\sum a_i\hat{M}=I^n\hat{M}$．また $I^n\hat{M}$ は $(I^n\hat{A})\hat{M}$ とも表わせ，$I^n\hat{A}$ は $I\hat{A}$ の n 乗に一致するから，$\hat{M}$ の位相は $I\hat{A}$ 進位相でもある． ▮

定理 8.12. A をネータ環，I と J を A のイデアル，M を有限 A 加群とし，A 加群の I 進完備化を ^ で表わすことにする．$\psi: M \to \hat{M}$ を自然な写像とする．このとき

$$(JM)^{\wedge} = \psi(JM) \text{ の } \hat{M} \text{ での閉包} = J\hat{M}, \quad (M/JM)^{\wedge} = \hat{M}/J\hat{M}.$$

証明． 第1の等号は定理1ですでに示した．

前定理の証明で，$I^n\hat{M}$ が $\hat{M}\to(M/I^nM)^{\wedge}$ の核であることを示したのと同様にして，$J\hat{M}$ は $\hat{M}\to(M/JM)^{\wedge}$ の核であることがわかる．それは定理1により $\psi(JM)$ の閉包に等しいから第2の等号が成立つ．最後の式はこのことと定理1から従う．▌

容易にわかるように，環 A の上の多項式環 $A[X_1, \cdots, X_n]$ の $(X_1, \cdots, X_n)$ 進完備化は形式的べき級数環 $A[[X_1, \cdots, X_n]]$ と同一視できる．このことを用いて次の定理を得る．

定理 8.13. A をネータ環，$I=(a_1, \cdots, a_n)$ を A のイデアルとすれば，A の I 進完備化 $\hat{A}$ は $A[[X_1, \cdots, X_n]]/(X_1-a_1, \cdots, X_n-a_n)$ と同形である．したがって $\hat{A}$ はネータ環である．

証明． $B=A[X_1, \cdots, X_n]$，$I'=\sum X_iB$，$J=\sum(X_i-a_i)B$ とおけば，$B/J\simeq A$ で，B 加群 B/J としての A の I' 進位相は A の I 進位相と一致する．B 加群の I' 進完備化を ^ をつけて表わせば

$$\hat{A} = \hat{B}/\hat{J} = \hat{B}/J\hat{B} = A[[X_1, \cdots, X_n]]/(X_1-a_1, \cdots, X_n-a_n). \quad ▌$$

定理 8.14. A をネータ環，I をイデアルとする．A に I 進位相を入れて考えるとき，次の条件はすべて同値である：

（1） $I\subset \mathrm{rad}(A)$，

（2） A のすべてのイデアルが閉集合，

（3） A の I 進完備化 $\hat{A}$ が A 上に忠実平坦．

証明. （1）⇒（2）は既知. （2）⇒（3） $\hat{A}$ は A 上平坦であるから，A の任意の極大イデアル $\mathfrak{m}$ に対し $\mathfrak{m}\hat{A}\neq\hat{A}$ であることをいえばよい. 仮定により $\{0\}$ は A の閉集合，したがって $A\subset\hat{A}$ と考えてよく，$\mathfrak{m}\hat{A}$ は $\mathfrak{m}$ の $\hat{A}$ における閉包である（定理 12). しかるに $\mathfrak{m}$ は A で閉集合であるから $\mathfrak{m}\hat{A}\cap A=\mathfrak{m}$, よって $\mathfrak{m}\hat{A}\neq\hat{A}$. （3）⇒（1） A の任意の極大イデアル $\mathfrak{m}$ に対し $\mathfrak{m}\hat{A}\cap A=\mathfrak{m}$ が成り立つ（定理 7.5). 一方 $\mathfrak{m}\hat{A}$ は $\hat{A}$ の閉集合で，自然な写像 $A\to\hat{A}$ は連続だから $\mathfrak{m}=\mathfrak{m}\hat{A}\cap A$ は A の閉集合. もし $I\not\subset\mathfrak{m}$ ならすべての $n>0$ に対し $I^n+\mathfrak{m}=A$ となり $\mathfrak{m}$ は閉集合でないことになる. よって $I\subset\mathfrak{m}$. ▮

上の定理の条件がみたされているとき，位相環 A を **Zariski 環**, I をそのひとつの**定義イデアル** (ideal of definition) という. 定義イデアルは一意的なものでなく，同じ位相を定めるものなら何でもよい. Zariski 環の最も重要な例は，ネータ局所環 $(A,\mathfrak{m})$ に $\mathfrak{m}$ 進位相を入れたものである. 局所環の完備化というときは，とくに断らない限り $\mathfrak{m}$ 進完備化をさすものとする.

定理 8.15. A を半局所環とし，その極大イデアルを $\mathfrak{m}_1,\cdots,\mathfrak{m}_r$ とする. $I=\mathrm{rad}(A)=\mathfrak{m}_1\mathfrak{m}_2\cdots\mathfrak{m}_r$ とおくと，A の I 進完備化 $\hat{A}$ は

$$\hat{A} = \hat{A}_1\times\cdots\times\hat{A}_r$$

と直積分解される，ここに $A_i=A_{\mathfrak{m}_i}$ で，$\hat{A}_i$ は局所環 A_i の完備化を表わす.

証明. $i\neq j$ なら $\mathfrak{m}_i^n+\mathfrak{m}_j^n=A$ が任意の $n>0$ に対して成り立つから定理 1.4 により

$$A/I^n = A/\mathfrak{m}_1^n\times\cdots\times A/\mathfrak{m}_r^n \quad (n>0).$$

これから極限をとれば

$$\hat{A} = \varprojlim A/I^n = (\varprojlim A/\mathfrak{m}_1^n)\times\cdots\times(\varprojlim A/\mathfrak{m}_r^n)$$

となる. A の $\mathfrak{m}_i$ に関する局所化を A_i とおけば，$A/\mathfrak{m}_i^n$ はすでに局所環であるから

$$A/\mathfrak{m}_i^n = (A/\mathfrak{m}_i^n)_{\mathfrak{m}_i} = A_i/(\mathfrak{m}_iA_i)^n,$$

よって $\varprojlim A/\mathfrak{m}_i^n$ は $\hat{A}_i$ と同一視できる. ▮

ネータ局所環について，この § で証明された主な性質をまとめておこう. $(A, \mathfrak{m})$ をネータ局所環とすると

1) $\bigcap_{n>0} \mathfrak{m}^n = (0)$.

2) M を有限 A 加群，N をその部分加群とすると

$$\bigcap_{n>0} (N+\mathfrak{m}^n M) = N.$$

3) A の完備化 $\hat{A}$ は A 上忠実平坦である. したがって $A \subset \hat{A}$ で，A の任意のイデアル I に対し $I\hat{A} \cap A = I$.

4) $\hat{A}$ もネータ局所環で，その極大イデアルは $\mathfrak{m}\hat{A}$，剰余体は A の剰余体に等しい. さらに $\hat{A}/\mathfrak{m}^n\hat{A} = A/\mathfrak{m}^n$ $(\forall n>0)$.

5) A が完備局所環なら，任意のイデアル $I \neq A$ に対し A/I も完備局所環である.

注 1. A が完備でも，A の素イデアル $\mathfrak{p}$ による局所化 $A_\mathfrak{p}$ は一般に完備でない局所環である.

注 2. アルティン局所環 $(A, \mathfrak{m})$ は完備局所環である. 実際，定理 3.2 の証明で明らかなように $\mathfrak{m}^\nu = 0$ となる ν が存在するから $\hat{A} = \varprojlim A/\mathfrak{m}^n = A$.

§ 8 の問題 次の命題を示せ.

【8.1】 A をネータ環，I と J をイデアルとし，A が I 進位相でも J 進位相でも完備とすれば，A は $(I+J)$ 進位相でも完備であることを示せ.

【8.2】 A をネータ環，$I \supset J$ をイデアルとする. A が I 進完備なら J 進完備でもある.

【8.3】 A を Zariski 環，$\hat{A}$ をその完備化とする. $\mathfrak{a}$ が A のイデアルで $\mathfrak{a}\hat{A}$ が単項イデアルならば $\mathfrak{a}$ も単項イデアルである.

【8.4】 定理 8.13 によれば，$y \in \bigcap_\nu I^\nu$ ならば

$$y \in \sum_{i=1}^{n} (X_i - a_i) A[[X_1, \cdots, X_n]]$$

である. $I = eA$，$e^2 = e$ の場合についてこれを直接にたしかめよ.

【8.5】 A をネータ環，I を真のイデアルとする. § 4 の例 3 の積閉集合 $S = 1 + I$ を考える. A_S は IA_S を定義イデアルとして Zariski 環であり，その完備化は A の I 進完備化と一致する.

【8.6】 環 A が I 進完備なら，$B=A[[X]]$ は $(IB+XB)$ 進完備である．

【8.7】 $(A,\mathfrak{m})$ を完備なネータ環，$\mathfrak{a}_1\supset\mathfrak{a}_2\supset\cdots$ を A のイデアルの列で $\bigcap_\nu \mathfrak{a}_\nu=(0)$ をみたすものとすれば，各 n について $\mathfrak{a}_{\nu(n)}\subset\mathfrak{m}^n$ となる番号 $\nu(n)$ が存在する．いいかえれば，$\{\mathfrak{a}_\nu\}_{\nu=1,2,\cdots}$ で定義される線形位相は $\mathfrak{m}$ 進位相より強いか等しい (Chevalley の定理)．

【8.8】 A をネータ環，$\mathfrak{a}_1,\cdots,\mathfrak{a}_r$ をイデアル，M を有限 A 加群，N を M の部分加群とすれば，$c>0$ があって

$$n_1\geqq c,\cdots,n_r\geqq c \quad\Rightarrow\quad \mathfrak{a}_1^{n_1}\cdots\mathfrak{a}_r^{n_r}M\cap N=\mathfrak{a}_1^{n_1-c}\cdots\mathfrak{a}_r^{n_r-c}(\mathfrak{a}_1^c\cdots\mathfrak{a}_r^cM\cap N).$$

§9. 整　拡　大

A が環 B の部分環であるとき，B を A の拡大環という．このとき，B の元 b が A 上に**整** (integral) であるとは，b が A に係数をもつモニック多項式の根となること，すなわち $b^n+a_1b^{n-1}+\cdots+a_n=0$, $a_i\in A$, という形の関係式が成り立つことである．もし B のすべての元が A 上整ならば，B は A 上整であるとか，B は A の整拡大であるとかいう．

定理 9.1. A を環，B を A の拡大環とする．

i) B の元 b が A 上に整であるためには，$A\subset C\subset B$ かつ $b\in C$ をみたす環 C で A 加群として有限生成のものが存在することが必要十分である．

ii) B の元で A 上整なるものの全体を $\tilde{A}$ とすると，これは B の部分環である．

証明． i) b が $f(X)=X^n+a_1X^{n-1}+\cdots+a_n$ の根ならば，任意の $P(X)\in A[X]$ に対し，P を f で割った余りを $r(X)$ とすれば $P(b)=r(b)$, $\deg r<n$. したがって

$$A[b]\ =\ A+Ab+\cdots+Ab^{n-1}$$

となるから，C として $A[b]$ をとればよい．逆に A の拡大環 C が有限 A 加群なら C の元はすべて A 上整である．実際，$C=A\omega_1+\cdots+A\omega_n$, $b\in C$ なら

$$b\omega_i = \sum_j a_{ij}\omega_j, \quad a_{ij} \in A$$

となり，定理 2.1 により $b^n + a_1 b^{n-1} + \cdots + a_n = 0$ の形の関係式（左辺は $\det(b\delta_{ij} - a_{ij})$ を展開したもの）が得られるからである．

ii） $b, b' \in \tilde{A}$ なら，容易にわかるように $A[b, b']$ は A 加群として有限生成，したがってその元である bb', $b \pm b'$ は A 上整である． ▮

上の定理の $\tilde{A}$ を，A の B における**整閉包** (integral closure) という．$A = \tilde{A}$ のとき，A は B の中で**整閉** (integrally closed) であるという．とくに A が整域で，かつその商体の中で整閉であるとき，単に A は**整閉整域**であるという．環 A の各素イデアル $\mathfrak{p}$ に対し $A_\mathfrak{p}$ が整閉整域であるとき，A を**正規環** (normal ring) とよぶ．［注． 正規環の語を整閉整域の意に用いる人も多い．本書では Serre や Grothendieck の用例に従った．A がネータ環で上の意味で正規なら，$\mathfrak{p}_1, \cdots, \mathfrak{p}_r$ を極小素イデアルの全体とすれば，どんな素イデアル $\mathfrak{p}$ についても $A_\mathfrak{p}$ が整域ということから $(0) = \mathfrak{p}_1 \cap \cdots \cap \mathfrak{p}_r$, $\mathfrak{p}_i + \mathfrak{p}_j = A$ $(i \neq j)$，したがって $A = A/\bigcap \mathfrak{p}_i = A/\mathfrak{p}_1 \times \cdots \times A/\mathfrak{p}_r$ となり，各 $A/\mathfrak{p}_i$ は整閉整域である．逆に有限個の整閉整域の直積は正規環である．］

$A \subset C \subset B$ が環の増大列で，B の元 b が C 上整であり C が A 上整ならば，b は A 上に整である．実際，$b^n + c_1 b^{n-1} + \cdots + c_n = 0$, $c_i \in C$ ならば $A[c_1, \cdots, c_n, b] = \sum_{\nu=0}^{n-1} A[c_1, \cdots, c_n] b^\nu$ であり，$A[c_1, \cdots, c_n]$ は有限 A 加群，したがって $A[c_1, \cdots, c_n, b]$ も有限 A 加群であるから．とくに，C として A の B での整閉包 $\tilde{A}$ をとれば，$\tilde{A}$ が B の中で整閉であることがわかる．

例 1. UFD は整閉整域である．証明は容易．

例 2. k を体，t を k 上の不定元とし，$A = k[t^2, t^3] \subset B = k[t]$ とおく．A, B は同じ商体 $K = k(t)$ をもつ．B は UFD だから K で整閉であり，t は A 上整だから，B が A の K における整閉包である．

この例において $A \simeq k[X, Y]/(Y^2 - X^3)$ であることを注意しておく．つまり A は平面代数曲線 $Y^2 = X^3$ の座標環であり，この曲線は原点を特異点とする．この特異点の存在が，A が整閉でないことに関係するのである．

例 3. B を A の拡大環，$S\subset A$ を積閉集合，$\tilde{A}$ を A の B における整閉包とすれば，A_S の B_S における整閉包は $\tilde{A}_S$ である．証明は容易．このことからわかるように，A が整閉整域なら A_S もそうである．

定理 9.2. A を整閉整域，K をその商体，L を K の代数拡大体とする．L の元 α が A 上整であるためには，α の K 上の既約方程式の係数がすべて A に入ることが必要十分である．

証明．$f(X)=X^n+a_1X^{n-1}+\cdots+a_n$ を α の K 上の既約方程式とする．$f(\alpha)=0$ だから，すべての a_i が A の元なら α は A 上に整である．逆に α が A 上整ならば，L の代数的閉包を $\bar{L}$ とし $f(X)$ を $\bar{L}[X]$ で1次因子に分解して $f(X)=(X-\alpha_1)\cdots(X-\alpha_n)$ を得たとすると，各 α_i は α の K 上の共役，したがって K の元を動かさず α を α_i に写す同形対応 $K[\alpha]\simeq K[\alpha_i]$ が存在するから，α_i も A 上に整である．$a_1,\cdots,a_n\in A[\alpha_1,\cdots,\alpha_n]$ であるから各 a_i も A 上整であるが，$a_i\in K$ で A は整閉だから $a_i\in A$．▌

例 4. A が UFD で 2 が A の単元であるとする．f が A のどの素元の平方でも割れない A の元（いわゆる square-free な元）ならば，$A[\sqrt{f}]$ は整閉整域である．

証明．α を f の平方根のひとつとする．K を A の商体とすれば，例1により A は K で整閉だから，$\alpha\in K$ なら $\alpha\in A$，$A[\alpha]=A$ で主張は自明となる．$\alpha\notin K$ なら $A[\alpha]$ の商体は $K(\alpha)=K+K\alpha$ で，$K(\alpha)$ の元 ξ は $\xi=x+y\alpha$, $x,y\in K$，と一意的に書ける．ξ の K 上の既約方程式は $X^2-2xX+(x^2-y^2f)$ であるから，ξ が A 上整なら前定理から $2x\in A$, $x^2-y^2f\in A$．仮定により $2x\in A$ から $x\in A$ が出る．したがって $y^2f\in A$．これから，もし y の分母が A の素元 p で割れれば $p^2|f$ となり仮定に反する．よって $y\in A$ であり $\xi\in A+A\alpha=A[\alpha]$，ゆえに $A[\alpha]$ は $K(\alpha)$ で整閉である．▌

補題 1. B を整域，A をその部分環とし，B が A 上に整であるとする．このとき

$$A \text{ が体} \iff B \text{ が体}.$$

証明．($\Rightarrow$) $0 \neq b \in B$ なら，$b^n + a_1 b^{n-1} + \cdots + a_n = 0$, $a_i \in A$，のような関係式が存在し，B が整域であるから $a_n \neq 0$ としてよい．すると

$$b^{-1} = -a_n^{-1}(b^{n-1} + a_1 b^{n-2} + \cdots + a_{n-1}) \in B.$$

($\Leftarrow$) $0 \neq a \in A$ なら，$a^{-1} \in B$ だから $a^{-n} + c_1 a^{-n+1} + \cdots + c_n = 0$，$c_i \in A$，のような関係式が存在する．すると

$$a^{-1} = -(c_1 + c_2 a + \cdots + c_n a^{n-1}) \in A.$$

補題 2. A を環，B を A 上に整な拡大環とする．P が B の極大イデアルならば $P \cap A$ は A の極大イデアルである．逆に $\mathfrak{p}$ が A の極大イデアルなら，$\mathfrak{p}$ の上にのっている B の素イデアルが存在し，それらはすべて B の極大イデアルである．

証明．$P \in \mathrm{Spec}(B)$，$P \cap A = \mathfrak{p}$ とすると B/P は $A/\mathfrak{p}$ の整拡大環である．よって上の補題により，P が極大 $\iff$ $\mathfrak{p}$ が極大．次に $\mathfrak{p}$ を A の極大イデアルとするときその上にのっている P の存在を示すには，$\mathfrak{p}B \neq B$ を示せばよい．なぜなら，そのとき $\mathfrak{p}B$ を含む B の任意の極大イデアル P について $P \cap A \supset \mathfrak{p}$, $1 \notin P \cap A$ したがって $P \cap A = \mathfrak{p}$ となるから．仮に $\mathfrak{p}B = B$ とすると $1 = \sum_1^n \pi_i b_i$, $b_i \in B$, $\pi_i \in \mathfrak{p}$，のような関係が成り立つ．$C = A[b_1, \cdots, b_n]$ とおくと C は有限 A 加群で，$\mathfrak{p}C = C$ である．$C = Au_1 + \cdots + Au_r$ とすると $u_i = \sum \pi_{ij} u_j$, $\pi_{ij} \in \mathfrak{p}$，よって $\Delta = \det(\delta_{ij} - \pi_{ij})$ とおくと $\Delta \cdot u_j = 0$ ($\forall j$)，したがって $\Delta \cdot C = 0$．C は1を含むから $\Delta = 0$，一方 $\Delta \equiv 1 \bmod \mathfrak{p}$，ゆえに $1 \in \mathfrak{p}$ となり矛盾．

定理 9.3. A を環，B を A の整拡大環，$\mathfrak{p}$ を A の素イデアルとする．

i） $\mathfrak{p}$ の上にのっている B の素イデアルは存在する．

ii） $\mathfrak{p}$ の上にのっている B の素イデアルたちの間には包含関係はない．

iii）A が整閉整域，K がその商体，L が K の正規拡大体（すなわち L は K の代数拡大体で，L の元の K 上の共役元はすべて L に含まれる），B が A の L における整閉包ならば，$\mathfrak{p}$ の上にのっている B の素イデアルたちは互いに K 上共役である．

証明．完全列 $0 \longrightarrow A \longrightarrow B$ を $\mathfrak{p}$ で局所化して得られる $0 \longrightarrow A_\mathfrak{p} \longrightarrow B_\mathfrak{p} = B \otimes_A A_\mathfrak{p}$ も完全列で，$B_\mathfrak{p}$ は $A_\mathfrak{p}$ の整拡大環である．可換図形

$$\begin{array}{ccc} A_\mathfrak{p} & \longrightarrow & B_\mathfrak{p} \\ \uparrow & & \uparrow \\ A & \longrightarrow & B \end{array}$$

からわかるように，$A_\mathfrak{p}$ の極大イデアル $\mathfrak{p}A_\mathfrak{p}$ の上にのっている $B_\mathfrak{p}$ の素イデアルと，$\mathfrak{p}$ の上にのっている B の素イデアルとは1対1に対応する．よって i），ii）は $\mathfrak{p}$ が極大イデアルのときを示せばよいが，それは補題2で実行ずみである．

残るは iii）である．P_1, P_2 を $\mathfrak{p}$ の上にのっている B の素イデアルとする．まず $[L:K]<\infty$ のときを考えよう．L の K 上の自己同形群を $G=\{\sigma_1, \cdots, \sigma_r\}$ とする．P_2 がどの $\sigma_j^{-1}(P_1)$ とも一致しないなら，ii）によって $P_2 \not\subset \sigma_j^{-1}(P_1)$ だから $x \in P_2$, $x \notin \sigma_j^{-1}(P_1)$ $(1 \leqq j \leqq r)$ をみたす元 x が存在する．K が標数0なら $q=1$，標数 p なら $q=p^\nu$（ν は十分大きい整数）とおき $y=(\prod_j \sigma_j(x))^q$ とおけば，$y \in K$ で A 上整だから $y \in A$ となる．一方 σ_j の中には恒等写像もあるから $y \in P_2$，ゆえに $y \in P_2 \cap A = \mathfrak{p} \subset P_1$ となり，$\sigma_j(x) \notin P_1$ $(\forall j)$ に矛盾する．ゆえに適当な j について $P_2 = \sigma_j^{-1}(P_1)$ が成り立つ．

$[L:K]=\infty$ のときには無限次 Galois 理論が必要である．$G=\mathrm{Aut}(L/K)$ による L の不変部分体を K' とすれば L は K' 上 Galois 拡大で，K' は K の純非分離拡大である．$K' \neq K$ なら K は標数 $p>0$ で，A の K' での整閉包を A' とし

$$\mathfrak{p}' = \{x \in A' \mid \text{ある } q=p^\nu \text{ に対し } x^q \in \mathfrak{p}\}$$

とおくと $\mathfrak{p}'$ が $\mathfrak{p}$ 上にのっている唯一の A' の素イデアルであることが容易にわかる．したがって K を K' でおきかえて，L が K の Galois 拡大だとし

てよい．このとき，L に含まれる K の任意の有限次 Galois 拡大 L' に対して

$$F(L') = \{\sigma\in G \mid \sigma(P_1\cap L')=P_2\cap L'\}$$

とおくと，すでに示した有限次の場合により $F(L')\neq\emptyset$ で，また $F(L')$ は G の Krull 位相で閉集合である．(G の Krull 位相とは，G を有限群 Aut(L'/K) の直積群 $\prod_{L'}\mathrm{Aut}(L'/K)$ の中に埋め込むことによりひきおこされる位相で，これに関し G はコンパクトである．詳しくは体論の教科書を見よ．) $L\supset L'_i$ $(1\leqslant i\leqslant n)$ が K の有限次 Galois 拡大なら，それらが生成する拡大体 L'' も K の有限次 Galois 拡大で，$\bigcap F(L'_i)\supset F(L'')\neq\emptyset$ となるから，G の閉集合族 $\{F(L')\mid L'$ は L に含まれる K の有限次 Galois 拡大$\}$ は有限交性をもち，G がコンパクトであるから $\bigcap F(L')\neq\emptyset$．よって $\sigma\in\bigcap_{L'}F(L')$ とすれば，明らかに $\sigma(P_1)=P_2$ である．▮

環 A と A 代数 B との間に**上昇定理** (going-up theorem) が成立するとは，A の2つの素イデアル $\mathfrak{p}\subset\mathfrak{p}'$ と，$\mathfrak{p}$ の上にのっている B の素イデアル P とが与えられたとき，$P\subset P'$, $P'\cap A=\mathfrak{p}'$ をみたす $P'\in\mathrm{Spec}(B)$ が必ず存在することをいう．同様に，$\mathfrak{p}\subset\mathfrak{p}'$ と $\mathfrak{p}'$ の上にのっている $P'\in\mathrm{Spec}(B)$ とが与えられたとき $P\subset P'$, $P\cap A=\mathfrak{p}$ をみたす P が必ず存在するならば，A と B の間に**下降定理** (going-down theorem) が成り立つという．

定理 9.4. i) B が A の整拡大環なら上昇定理が成り立つ．
ii) さらに A が整閉整域，B が整域なら下降定理も成り立つ．

証明． i) $\mathfrak{p}\subset\mathfrak{p}'$ と P を上のように与える．$P\cap A=\mathfrak{p}$ だから B/P は $A/\mathfrak{p}$ の拡大環と考えられ，B の元が A 上に整という関係は $B\to B/P$ の準同形によって保たれるから B/P は $A/\mathfrak{p}$ 上に整である．よって前定理 i) により $\mathfrak{p}'/\mathfrak{p}$ 上にのっている B/P の素イデアルがあり，その B における全逆像を P' とすれば $P'\in\mathrm{Spec}(B)$, $P'\cap A=\mathfrak{p}'$ である．

ii) A の商体を K とし，K の正規拡大 L で B を含むものをとり，L における A の整閉包を C とする．A の素イデアル $\mathfrak{p}\subset\mathfrak{p}'$ と，$P'\cap A=\mathfrak{p}'$ を

みたす $P'\in\mathrm{Spec}(B)$ が与えられたとき，$Q'\cap B=P'$ をみたす $Q'\in\mathrm{Spec}(C)$ をとる．また，$\mathfrak{p}$ 上にのっている C の素イデアル Q をとり，上昇定理を用いれば，Q を含み $\mathfrak{p}'$ 上にのっている C の素イデアル Q_1 を見出すことができる．Q_1 も Q' も $\mathfrak{p}'$ 上にのっているから，前定理 iii）により $\sigma\in\mathrm{Aut}(L/K)$ があって $\sigma(Q_1)=Q'$ となる．この σ により $\sigma(Q)=Q_2$ とおけば $Q_2\subset Q'$, $Q_2\cap A=Q\cap A=\mathfrak{p}$ であるから，$P=Q_2\cap B$ とおけば $P\cap A=\mathfrak{p}$, $P\subset Q'\cap B=P'$. ▮

下降定理が成り立つもうひとつの重要な場合をここでのべておこう．

定理 9.5. A が環，B が平坦な A 代数なら，A と B の間に下降定理が成り立つ．

証明．$\mathfrak{p}\subset\mathfrak{p}'$ を A の素イデアル，P' を $\mathfrak{p}'$ 上にのっている B の素イデアルとすれば，$B_{P'}$ は $A_{\mathfrak{p}'}$ 上に忠実平坦であり，したがって $\mathrm{Spec}(B_{P'})\to\mathrm{Spec}(A_{\mathfrak{p}'})$ は全射である（定理 7.3）．ゆえに $B_{P'}$ の素イデアル $\mathfrak{P}$ で $\mathfrak{p}A_{\mathfrak{p}'}$ の上にのっているものがある．$\mathfrak{P}\cap B=P$ とおけば明らかに $P\subset P'$, $P\cap A=\mathfrak{p}$. ▮

定理 9.6. A が整閉整域，B が A の拡大整域で A 上に整ならば，標準的写像 $f:\mathrm{Spec}(B)\to\mathrm{Spec}(A)$ は開写像である．より精密に，$t\in B$ を根とする A 係数のモニック多項式の中で最低次のものを $X^n+a_1X^{n-1}+\cdots+a_n$ とすると，§4 の記号で

$$f(D(t)) = \bigcup_{i=1}^{n} D(a_i).$$

証明．(H. Seydi [130])．定理 2 により $F(X)=X^n+a_1X^{n-1}+\cdots+a_n$ は A の商体上で既約であり，$C=A[t]$ とおくと $C\simeq A[X]/(F(X))$ で，したがって C は $1, t, t^2, \cdots, t^{n-1}$ を基底とする自由 A 加群であるから A 上忠実平坦である．$P\in D(t)$ すなわち $P\in\mathrm{Spec}(B)$, $t\notin P$ とし，$\mathfrak{p}=P\cap A$ とおく．仮に $\forall a_i\in\mathfrak{p}$ とすれば，$t^n\in P$ したがって $t\in P$ となって矛盾するから，

$\exists i: a_i \notin \mathfrak{p}$, すなわち

$$\mathfrak{p} \in \bigcup_i D(a_i)$$

である．逆に $\mathfrak{p} \in \bigcup_i D(a_i)$ が与えられたとすると，もし $t \in \sqrt{\mathfrak{p}C}$ なら十分大きい m に対し $t^m = \sum_{i=1}^{n} b_i t^{n-i}$, $b_i \in \mathfrak{p}$ となる．$m > n$ としてよい．すると $X^m - \sum_1^n b_i X^{n-i}$ は $A[X]$ において $F(X)$ で割れる．$(A/\mathfrak{p})[X]$ で考えれば X^m が $\bar{F}(X) = X^n + \sum \bar{a}_i X^{n-i}$ で割れることになり，$\bar{a}_i$ の中には 0 でないものがあるから矛盾である．ゆえに $t \notin \sqrt{\mathfrak{p}C}$ となるから，$t \notin Q$, $\mathfrak{p}C \subset Q$ となる $Q \in \mathrm{Spec}(C)$ が存在する．$Q \cap A = \mathfrak{q}$ とおくと $\mathfrak{p} \subset \mathfrak{q}$ であり，前定理により $P_1 \cap A = \mathfrak{p}$, $P_1 \subset Q$ をみたす $P_1 \in \mathrm{Spec}(C)$ が存在する．B は C 上整だから P_1 上にのっている $P \in \mathrm{Spec}(B)$ が存在する．仮に $t \in P$ とすると $t \in P \cap C = P_1 \subset Q$ となり $t \notin Q$ に矛盾する．ゆえに $P \in D(t)$．これで

$$f(D(t)) = \bigcup D(a_i)$$

が示された． Spec(B) の任意の開集合は $D(t)$ の形の開集合の和として表わせるから，$f: \mathrm{Spec}(B) \to \mathrm{Spec}(A)$ は開写像である． ▮

§9 の問題　次の命題を証明せよ．

【9.1】 A を環，B を A の整拡大環，$\mathfrak{p}$ を A の素イデアルとする．$\mathfrak{p}$ の上にのっている B の素イデアルがただ1つなら，それを P とするとき $B_P = B_{\mathfrak{p}}$ が成り立つ．

【9.2】 A を環，B を A の整拡大環とすれば

$$\dim A = \dim B.$$

【9.3】 A を環，B を A 上有限生成の整拡大環，$\mathfrak{p}$ を A の素イデアルとすると，$\mathfrak{p}$ 上にのっている B の素イデアルは有限個である．

【9.4】 A を整域，K をその商体とする．$x \in K$ が A の上に**概整** (almost integral) であるとは，$0 \neq a \in A$ が存在して，$ax^n \in A$ $(\forall n > 0)$ が成り立つことをいう．x が A 上整なら概整であり，A がネータ環なら逆も成り立つ．

【9.5】 A, K は前問と同様とする．K の元で A 上概整なものはすべて A に属するとき，A は**完整閉** (completely integrally closed) であるといわれる．A が完整閉整域ならば $A[[X]]$ もそうである．

【9.6】 A を整閉整域，K をその商体，$f(X)$ を A 係数の1変数モニック多項式とするとき，f が $K[X]$ で可約なら $A[X]$ でも可約である．

【9.7】 $m\in\boldsymbol{Z}$ が平方因子をもたないとき，$\boldsymbol{Q}(\sqrt{m})$ における $\boldsymbol{Z}$ の整閉包を A とすれば，$m\equiv 1 \pmod 4$ なら $A=\boldsymbol{Z}[(1+\sqrt{m})/2]$，その他のとき $A=\boldsymbol{Z}[\sqrt{m}]$ である．

【9.8】 A を環，B を A の整拡大環，P を B の素イデアル，$\mathfrak{p}=P\cap A$ とすれば $\mathrm{ht}\,P\leqslant \mathrm{ht}\,\mathfrak{p}$ である．

【9.9】 A を環，B を A 代数とし，A と B の間で下降定理が成り立つとする．P を B の素イデアル，$\mathfrak{p}=P\cap A$ とすれば $\mathrm{ht}\,P\geqslant \mathrm{ht}\,\mathfrak{p}$ である．

【9.10】 K を体，L を K の拡大体とする．P を $L[X_1,\cdots,X_n]$ の素イデアルとし $\mathfrak{p}=P\cap K[X_1,\cdots,X_n]$ とすれば $\mathrm{ht}\,P\geqslant \mathrm{ht}\,\mathfrak{p}$ で，L が K 上代数的なら等号が成り立つ．また，$K[X_1,\cdots,X_n]$ の2元 $f(X)$，$g(X)$ が $K[X_1,\cdots,X_n]$ で共通因子を持たなければ $L[X_1,\cdots,X_n]$ でも持たない．

第4章　付　値　環

Hensel の p 進数の理論に始まる，いわゆる付値論は，数論や1変数代数関数論における重要な武器であるが，それは普通の数の絶対値の概念の一般化である乗法付値というものを主な対象とする．これに対し Krull はより環論的な立場から付値環を定義し研究した（[52] 1931）．彼の理論はすぐに Zariski によって代数幾何学に応用された．§10 では彼等の理論の初歩をのべる．次の §11 では離散的付値環 (DVR) や Dedekind 環という古典的な対象を論ずるが，Krull-秋月の定理もここに入れたから，この節は1次元ネータ環の理論といってもよい．§12 は Dedekind 環の自然な拡張ともいうべき Krull 環について述べ，最近の西村純一の定理にまで及ぶ．本書の主な対象はネータ環であるが，一般付値環と Krull 環はネータ環のカテゴリーに含まれない環のうちで最も重要なものである．本章はネータ環論の補足のようなつもりで書いたので，付値論としては書き残したことも多い．読者は［岩沢］，［弥永］，［永田 1］，［B 6,7］その他の教科書で補っていただきたい．

§10.　一　般　付　値

整域 R が**付値環** (valuation ring) であるとは，その商体 K の各元 x について

$$x \notin R \ \Rightarrow\ x^{-1} \in R$$

が成り立つことをいう．（R の0でない元の逆元の集合を R^{-1} で表わせば，上の条件は $R \cup R^{-1} = K$ と表現できる．）このとき，R を体 K の付値環ともいう．$R=K$ のときは自明な付値環という．

R が付値環ならば，R のイデアル I, J について，$I \subset J$ または $J \subset I$ が成り立つ．なぜなら，$x \in I$, $x \notin J$ とすると，任意の $0 \neq y \in J$ について，$x/y \in R$ でありえないから $y/x \in R$，したがって $y = x \cdot (y/x) \in I$ で，$J \subset I$ が成り立つ．こうして R のイデアルの集合は全順序集合となる．とくに，極大イデアルがただ1つしか存在しないから R は局所環である．R の極大イデアルを $\mathfrak{m}$

とすれば，容易にわかるように $K-R=\{x\in K^* \mid x^{-1}\in\mathfrak{m}\}$ である，ここに K^* は乗法群 $K-\{0\}$ を表わす．よって R は K と $\mathfrak{m}$ によって決定される．

R を体 K の付値環とし，R' を R と K の間にある環とすれば R' も付値環であることは明らかであるが，さらに強く次のことが成り立つ．

定理 10.1. R, R', K を上の通りとし，R の極大イデアルを $\mathfrak{m}$, R' のそれを $\mathfrak{p}$ とし $R\neq R'$ とすれば，

i） $\mathfrak{p}\subset\mathfrak{m}\subset R\subset R'$, $\mathfrak{p}\neq\mathfrak{m}$.

ii） $\mathfrak{p}$ は R の素イデアルでもあり，$R'=R_{\mathfrak{p}}$ である．

iii） $R/\mathfrak{p}$ は体 $R'/\mathfrak{p}$ の付値環である．

iv） 体 $R'/\mathfrak{p}$ の任意の付値環 $\bar{S}$ に対し，その R' における全逆像を S とおけば S は R' と同じ商体 K をもつ付値環である．

証明． i） $x\in\mathfrak{p}$ なら $x^{-1}\notin R'$, よって $x^{-1}\notin R$, ゆえに $x\in R$ である．x は R の非単元であるから $x\in\mathfrak{m}$. なお $R\neq R'$ であるから $\mathfrak{p}\neq\mathfrak{m}$.

ii） $\mathfrak{p}\subset R$ が示されたから $\mathfrak{p}=\mathfrak{p}\cap R$ であり，これは R の素イデアルである．$R-\mathfrak{p}\subset R'-\mathfrak{p}=\{R'$ の単元$\}$ だから $R_{\mathfrak{p}}\subset R'$, 一方 $R_{\mathfrak{p}}$ の極大イデアルは作り方から R' の極大イデアル $\mathfrak{p}$ に含まれる．ゆえに i）により $R_{\mathfrak{p}}=R'$.

iii） R' から $R'/\mathfrak{p}$ への自然な写像を φ とし，$x\in R'-\mathfrak{p}$ とすれば，$x\in R$ なら $\varphi(x)\in R/\mathfrak{p}$, $x\notin R$ なら $\varphi(x)^{-1}=\varphi(x^{-1})\in R/\mathfrak{p}$ であるから $R/\mathfrak{p}$ は $R'/\mathfrak{p}$ の付値環である．

iv） $\mathfrak{p}\subset S$, $S/\mathfrak{p}=\bar{S}$ であることに注意すれば，R' の元 x で S に入らないものは R' の単元であり，$\varphi(x)\notin\bar{S}$ である．よって $\varphi(x^{-1})=\varphi(x)^{-1}\in\bar{S}$, ゆえに $x^{-1}\in S$. また $x\in K-R'$ なら $x^{-1}\in\mathfrak{p}\subset S$ だから，$S\cup S^{-1}=K$ が示された．▌

上の定理の iv）にいう付値環 S を R' と $\bar{S}$ との**合成** (composite) という．iii）によれば，R' に含まれる K の付値環はすべて R' と $R'/\mathfrak{p}$ の付値環との合成として得られる．

一般に局所環 R の極大イデアルを $\mathfrak{m}_R$ で表わすことにする．R, S が局所環で $R\supset S$, $\mathfrak{m}_R\cap S=\mathfrak{m}_S$ が成り立つとき，R は S を**支配する** (dominate) といい $R\geqslant S$ と書く．$R\geqslant S$ かつ $R\neq S$ なら $R>S$ と書く．

定理 10.2. K を体，A をその部分環，$\mathfrak{p}$ を A の素イデアルとすると，K の付値環 R で

$$R\supset A, \qquad \mathfrak{m}_R\cap A=\mathfrak{p}$$

をみたすものが存在する．

証明． A を $A_\mathfrak{p}$ でおきかえて，A が局所環で $\mathfrak{p}=\mathfrak{m}_A$ としてよい．このとき，A を含む K の部分環 B で $1\notin\mathfrak{p}B$ をみたすものの集合を $\mathscr{F}$ とする．$A\in\mathscr{F}$ であり，また $\mathscr{L}\subset\mathscr{F}$ が包含関係で全順序集合になっているならば $\mathscr{L}$ に属するすべての B の合併集合は再び $\mathscr{F}$ の元であるから，Zorn の補題で $\mathscr{F}$ に（包含関係で）極大な元が存在する．その1つを R としよう．$\mathfrak{p}R\neq R$ だから $\mathfrak{p}R$ を含む R の極大イデアル $\mathfrak{m}$ が存在する．すると $R\subset R_\mathfrak{m}\in\mathscr{F}$ だから $R=R_\mathfrak{m}$, すなわち R は局所環である．また $\mathfrak{p}\subset\mathfrak{m}$ で $\mathfrak{p}$ が A の極大イデアルだから $\mathfrak{m}\cap A=\mathfrak{p}$. よって R が K の付値環であることを示せばよい．$x\in K$, $x\notin R$ とすると $R[x]\notin\mathscr{F}$，したがって $1\in\mathfrak{p}R[x]$ だから

$$1=a_0+a_1x+\cdots+a_nx^n, \qquad a_i\in\mathfrak{p}R$$

の形の関係が成り立つ．$1-a_0$ は R の単元だから，上式を変形して

$$(*) \qquad 1=b_1x+\cdots+b_nx^n, \qquad b_i\in\mathfrak{m}$$

の形の関係が得られる．このような関係の中で n が最小になるものをとっておく．同様に，もし $x^{-1}\notin R$ なら

$$(**) \qquad 1=c_1x^{-1}+\cdots+c_mx^{-m}, \qquad c_i\in\mathfrak{m}$$

の形の関係式があり，その中で m が最小になるものをとっておく．$n\geqslant m$ なら (**) に b_nx^n をかけて (*) から引けば (*) の形の式で n より低い次数のものを作ることができて矛盾，$n<m$ としても x と x^{-1} の立場が変わるだけであるから同様に矛盾を生ずる．よって $x\notin R$ なら $x^{-1}\in R$ でなければならない． ∎

定理 10.3. 付値環は整閉である.

証明. 体 K の元 x が, K の付値環 R の上に整であるとする: $x^n+a_1x^{n-1}+\cdots+a_n=0$, $a_i\in R$. もし $x\notin R$ なら $x^{-1}\in\mathfrak{m}_R$ となるが, そうすると

$$1+a_1x^{-1}+\cdots+a_nx^{-n}=0$$

となり $1\in\mathfrak{m}_R$ という矛盾が生ずる. よって $x\in R$. ∎

定理 10.4. K を体, A を K の部分環, B を A の K における整閉包とすると, B は K の付値環で A を含むものすべての共通部分に等しい.

証明. K の付値環で A を含むものたちの共通部分を B' とすれば, 前定理により $B'\supset B$ である. 逆の包含関係を示すには, $x\in K$ が A 上整でなければ A を含み x を含まない K の付値環があることを示せばよい. $x^{-1}=y$ とおく. $A[y]$ のイデアル $yA[y]$ は1を含まない. なぜなら, もし $1=a_1y+a_2y^2+\cdots+a_ny^n$, $a_i\in A$ ならば, x が A 上整になり仮定に反するから. よって $yA[y]$ を含む $A[y]$ の極大イデアル $\mathfrak{p}$ があり, 定理 10.2 により K の付値環 R で $R\supset A[y]$, $\mathfrak{m}_R\cap A[y]=\mathfrak{p}$ となるものがある. $y=x^{-1}\in\mathfrak{m}_R$ から $x\notin R$ を得る. ∎

K を体, A を K の部分環とする. K の付値環 R が A を含むとき, R は A に中心をもつといい, A の素イデアル $\mathfrak{m}_R\cap A$ を R の A における**中心** (center) という. A に中心をもつ K の付値環の集合を $\mathrm{Zar}(K,A)$ と書き K の A 上の **Zariski 空間** または **Zariski-Riemann 空間** という. これは次のように位相を入れて位相空間として扱う:

$x_1,\cdots,x_n\in K$ に対し $U(x,\cdots,x_n)=\mathrm{Zar}(K,A[x_1,\cdots,x_n])$ とおく.

$$U(x_1,\cdots,x_n)\cap U(y_1,\cdots,y_m)=U(x_1,\cdots,x_n,y_1,\cdots,y_m)$$

であるから, $\mathscr{F}=\{U(x_1,\cdots,x_n)\mid x_i\in K,\ n\text{ は任意の自然数}\}$ を開集合の基として $\mathrm{Zar}(K,A)$ に位相が入る. すなわち $\mathscr{F}$ の元の和集合として表わせるものを開集合とよぶことにするのである. Spec の場合と同様, この位相も Zariski 位相の名でよばれる.

定理 10.5. $\mathrm{Zar}(K, A)$ は擬コンパクトである.

証明. “閉集合族 $\mathscr{A}$ が有限交性（$\mathscr{A}$ から有限個の元をとり出せば，それらの共通部分は空でない，という性質）をもてば，$\mathscr{A}$ のすべての元の共通部分が空でない”を示せばよい．Zorn の補題により，$\mathscr{A}$ を含み有限交性をもつ閉集合族の集合に極大元 $\mathscr{A}'$ がある．$\mathscr{A}'$ の元の共通部分が空でなければよいから，$\mathscr{A}=\mathscr{A}'$ としてよい．すると $\mathscr{A}$ は次の性質をもつことが容易にわかる：

α） $F_1, \cdots, F_r \in \mathscr{A} \Rightarrow F_1 \cap \cdots \cap F_r \in \mathscr{A}$,

β） $Z_1, \cdots, Z_n$ が閉集合で $Z_1 \cup \cdots \cup Z_n \in \mathscr{A} \Rightarrow \exists i : Z_i \in \mathscr{A}$,

γ） 閉集合 F が $\mathscr{A}$ の元を含めば $F \in \mathscr{A}$.

補集合を表わすには肩に c をつけることにすると，$F \in \mathscr{A}$，$F^c = \bigcup_\lambda U_\lambda$ なら $F = \bigcap_\lambda U_\lambda^c$ であり，また $U(x_1, \cdots, x_n)^c = \bigcup_{i=1}^n U(x_i)^c \in \mathscr{A}$ なら上の β）によりどれかの $U(x_i)^c$ が $\mathscr{A}$ に属する．よって $\mathscr{A}$ の元の共通部分は $\mathscr{A}$ に属する $U(x)^c$ の形の集合の共通部分に等しい.

$$\Gamma = \{y \in K \mid U(y^{-1})^c \in \mathscr{A}\}$$

とおく．$R \in \mathrm{Zar}(K, A)$ が $U(y^{-1})^c$ に属するための条件は $y \in \mathfrak{m}_R$ であるから

$$\mathscr{A} \text{ のすべての元の共通部分} = \{R \in \mathrm{Zar}(K, A) \mid \mathfrak{m}_R \supset \Gamma\}$$

である．Γ が生成する $A[\Gamma]$ のイデアルを I としよう．$1 \notin I$ ならば定理 2 により上記の共通部分が $\neq \emptyset$ となり，われわれの目的が達せられる．もし $1 \in I$ なら，Γ の有限部分集合 $\{y_1, \cdots, y_r\}$ があって $1 \in \sum y_i A[y_1, \cdots, y_r]$ となる．これは $U(y_1^{-1})^c \cap \cdots \cap U(y_r^{-1})^c = \emptyset$ を意味するから，$\mathscr{A}$ の有限交性に矛盾する. ▮

Zariski は，標数 0 の代数的閉体 k 上の代数関数体（つまり k 上有限生成の体）K の付値環で k を含むものを分類し，その結果と上の結果とを有効に用いて，2次元および3次元の代数多様体（標数 0）の特異点解消の代数的証明に成功した．しかし広中による一般次元の場合の特異点解消（標数 0）は，

別の方法によって，付値論を用いることなしに遂行された.

本節のはじめに見たように，付値環 R のイデアルたちは包含関係で全順序集合をなす．このことはイデアルのみならず K に含まれる任意の R 加群についても成り立つ．とくに，

$$G = \{xR \mid x\in K, x\neq 0\}$$

とおくと G は包含関係で全順序集合であるが，われわれは G に包含関係と逆の順序を入れることにする．すなわち

$$xR\leqslant yR \iff xR\supset yR.$$

一方，G は乗法 $(xR)\cdot(yR)=xyR$ に関してアーベル群になる．一般に，加法的に書いたアーベル群 H が全順序をもち，公理

$$x\geqslant y,\ z\geqslant t \Rightarrow x+z\geqslant y+t$$

をみたすとき，H を順序群 (ordered group) という．公理から，

（1） $x>0, y\geqslant 0 \Rightarrow x+y>0$,　（2） $x\geqslant y \Rightarrow -y\geqslant -x$

などが従う．H に，H のどの元よりも大きい元 ∞ を付加して得られる全順序集合 $H\cup\{\infty\}$ を考え，$\infty+\alpha=\infty$ $(\alpha\in H)$，$\infty+\infty=\infty$ と規約する．体 K から $H\cup\{\infty\}$ への写像 v が

1) $v(xy) = v(x)+v(y)$,

2) $v(x+y) \geqslant \min\{v(x), v(y)\}$,

3) $v(x)=\infty \iff x=0$

をみたすとき，v を K の**加法付値**または単に**付値** (valuation) という．K の乗法群を K^* で表わすと，v は $K^*\to H$ の準同形を定める．その像は H の部分群で，これを v の**値群** (value group) という．また

$$R_v=\{x\in K \mid v(x)\geqslant 0\},\qquad m_v=\{x\in K \mid v(x)>0\}$$

とおけば，R_v は K の付値環で m_v がその極大イデアルである．R_v を v の付値環，m_v を v の付値イデアルという．逆に R が K の付値環なら，先に考えた群 $G=\{xR \mid x\in K^*\}$ は順序群で，対応 $v: K \to G\cup\{\infty\}$ を $v(0)=\infty$, $v(x)=xR$ $(x\in K^*)$ で定義すれば，v は G を値群とする加法付値になり

(G の積を和の形に書くかどうかは本質的なことではない)，v の付値環が R である．付値環 R に対応する加法付値は全く一意的ではないが，H, H' を値群とする K の 2 つの加法付値 v, v' が共に R を付値環としてもてば，H から H' の上への順序を保つ同形写像 φ があって $v'=\varphi v$ が成り立つ（証明してみよ)．こうして付値環と加法付値とは，同じものの 2 つの側面とみなせる．

順序群の例をいくつかあげよう：

1) 実数の加法群 $\boldsymbol{R}$（これは正の実数の乗法群とも同形である)，およびその任意の部分群，

2) 有理整数の群 $\boldsymbol{Z}$,

3) $\boldsymbol{Z}$ の n 個の直積 $\boldsymbol{Z}^n$ に辞書式の順序

$$(a_1, \cdots, a_n)<(b_1, \cdots, b_n) \iff b_1-a_1, \cdots, b_n-a_n \text{ の中ではじめて } 0 \text{ でないものが正}$$

を入れたもの．

順序群 G が $\boldsymbol{R}$ の適当な部分群と（順序もこめて）同形になるとき archimedian であるといわれる．それは，次の定理の条件が Archimedes の公理とよばれるからである．

定理 10.6. 順序群 G が archimedian であることは次の条件と同値である：
$a, b\in G$, $a>0$, ならば，$na>b$ となるような自然数 n が存在する．

証明．必要性は明らか．十分性を示そう．$G=\{0\}$ ならたしかに G は $\boldsymbol{R}$ に埋め込める．$G\neq\{0\}$ としよう．$0<x\in G$ をひとつ固定する．任意の $y\in G$ に対し，$nx\leqslant y$ となる $n\in\boldsymbol{Z}$ の中で最大のものが定まる．($y\geqslant 0$ なら仮定から明らか．$y<0$ なら，$-y\leqslant mx$ となる自然数 m の中で最小のものをとり $n=-m$ とおけばよい．) それを n_0 とする．$y_1=y-n_0x$ とおき $nx\leqslant 10\,y_1$ となる最大の整数 n を n_1 とおけば $0\leqslant n_1<10$ である．$y_2=10\,y_1-n_1x$ とおき，$nx\leqslant 10\,y_2$ となる最大の整数 n を n_2 とする．以下同様にして $n_0, n_1, n_2, \cdots$ を

求め，$n_0+0.n_1n_2n_3\cdots$ を 10 進法表示とする実数 α を $\varphi(y)$ とおけば，φ: $G\to \boldsymbol{R}$ が順序集合として準同形，すなわち $y<y'$ ならば $\varphi(y)\leqslant\varphi(y')$ であることが容易にたしかめられる．

さらに φ は単射である．それを見るには，$y<y'$ なら $x<10^r(y'-y)$ となる自然数 r が存在することを注意すればよい．（詳細は読者に委ねる．）

次に φ が群の準同形であることを見よう．$y\in G$ に対し $\varphi(y)$ を小数第 r 桁までとったものを $n/10^r$, $n\in\boldsymbol{Z}$, とおけば n は $nx\leqslant 10^r y<(n+1)x$ という性質で定まる．$y'\in G$, $n'x\leqslant 10^r y'<(n'+1)x$ なら

$$(n+n')x\leqslant 10^r(y+y')<(n+n'+2)x$$

であり，これから

$$\varphi(y+y')-(n+n')\cdot 10^{-r}<10^{-r},$$
$$|\varphi(y+y')-\varphi(y)-\varphi(y')|<3\cdot 10^{-r}$$

となり，r は任意だから $\varphi(y+y')=\varphi(y)+\varphi(y')$. ∎

$\boldsymbol{R}$ の部分群と順序まで含めて同形な順序群（$\neq 0$）は**階数**（rank）が 1 であるといわれる．階数 1 の順序群を，$\boldsymbol{R}$ の部分群とみるとき，$\boldsymbol{Z}$ 上に 1 次独立な元の最大個数を G の**有理階数**（rational rank）という．たとえば加法群 $G=\boldsymbol{Z}+\boldsymbol{Z}\sqrt{2}$ は階数 1，有理階数 2 の順序群である．

定理 10.7. 付値環 R の値群を G とすると

$$G \text{ が階数 } 1 \iff R \text{ の Krull 次元が } 1.$$

証明．（$\Rightarrow$）$G\neq 0$ だから R は体ではない．$\mathfrak{p}$ を $\mathfrak{m}_R$ とことなる R の素イデアルとする．$\mathfrak{p}$ に属さない $\mathfrak{m}_R$ の元 ξ をとり，$v(\xi)=x$ とおく（ここに v は R に対応する加法付値）．もし $0\neq\eta\in\mathfrak{p}$ なら，$y=v(\eta)$ とおけば $y\in G$, $x>0$, したがって十分大きな自然数 n に対して $nx>y$. これは $\xi^n/\eta\in R$ を意味する．すると $\xi^n\in\eta R\subset\mathfrak{p}$ となり，$\mathfrak{p}$ は素イデアルであるから $\xi\in\mathfrak{p}$ という矛盾を生ずる．よって $\mathfrak{p}=\{0\}$ である．R の素イデアルは $\mathfrak{m}_R$ と $\{0\}$ だけであるから $\dim R=1$.

(⇐) $0\neq\eta\in\mathfrak{m}_R$ なら，$\mathfrak{m}_R$ は ηR を含む唯一の素イデアルだから $\sqrt{\eta R}$ に一致する．よって $\mathfrak{m}_R$ の各元 ξ に対し $\xi^n\in\eta R$ をみたす自然数 n が存在する．これから G が Archimedes の公理をみたすことは見易い．∎

§10 の問題 次の命題を証明せよ．

【10.1】 付値環においては，有限生成のイデアルは単項イデアルである．

【10.2】 R を付値環とすれば，R 加群 M が平坦であるための条件は M に**ねじれがない** ($0\neq a\in R,\ 0\neq x\in M \Rightarrow ax\neq 0$) ことである．

【10.3】 定理 10.4 において A が局所環ならば，B は A を支配する K の付値環たちの共通部分である．

【10.4】 R を Krull 次元 $\geqslant 2$ の付値環とすれば，R 上の形式的べき級数環 $R[[X]]$ は整閉でない．([B 5 p. 76 Ex. 27], [100])

【10.5】 R を Krull 次元 1 の付値環，K をその商体とすると，K と R の間に中間の環は存在しない．すなわち R は K の真の部分環の間で極大であり，逆に体 K の部分環 R が K の体でない極大真部分環なら，R は Krull 次元 1 の付値環である．

【10.6】 v が体 K の加法付値，α と β が K の元で $v(\alpha)\neq v(\beta)$ ならば $v(\alpha+\beta)=\min(v(\alpha),v(\beta))$ である．

【10.7】 v が体 K の加法付値で $\alpha_1,\cdots,\alpha_n\in K$，$\alpha_1+\cdots+\alpha_n=0$ なら $v(\alpha_i)=v(\alpha_j)$ となる番号 i,j $(i\neq j)$ が存在する．

【10.8】 L を体 K の n 次代数拡大体とし，S を L の付値環，$R=S\cap K$ とする．S,R の剰余体を k,k' とし，$[k:k']=f$ とおく．また S の値群を G，加法付値 $L^*\to G$ による K^* の像を G' とし $|G:G'|=e$ とおく．このとき $ef\leqslant n$ が成り立つ．(f,e をそれぞれ付値環の拡大 S/R の次数，分岐指数という．)

【10.9】 L,K,S,R を上の通りとし，S_1 が L の付値環で $S_1\cap K=R$，$S_1\neq S$ ならば，S と S_1 の間に包含関係はない．

§11. DVR, Dedekind 環

値群が $\boldsymbol{Z}$ と同形な付値環を**離散付値** (discrete valuation ring)，略して **DVR** という．discrete といっても，局所環としての位相が discrete なわけではなく，値群が $\boldsymbol{R}$ の discrete 部分群だという意味である．

定理 11.1. R を付値環とすると次の条件は同値である：

(1) R は DVR である，

（2） R は単項イデアル環である，

（3） R はネータ環である．

証明． R の商体を K，極大イデアルを $\mathfrak{m}$ とおく．

（1）⇒（2） R を付値環とする加法付値で，値群が Z のものを v_R とする．（これを R に対応する**正規化された加法付値**という．）$v_R(t)=1$ となる $t\in\mathfrak{m}$ が存在する．$0\neq x\in\mathfrak{m}$ なら $v_R(x)$ は正整数で，これを n とすれば $v_R(x/t^n)=0$，したがって $x=t^n u$，u は R の単元，と書ける．とくに $\mathfrak{m}=tR$ である．I を 0 でない任意のイデアルとすると $\{v_R(a)\mid 0\neq a\in I\}$ は非負整数の集合だから最小値をもつ．それを n とせよ．$n=0$ なら I は単元を含むから $I=R$．$n>0$ なら，$v_R(x)=n$ となる $x\in I$ をとれば $I=xR=t^nR$ となる．よって R は単項イデアル環で，しかも R の 0 でないイデアルはすべて $\mathfrak{m}=tR$ のべきである．

（2）⇒（3） は自明．

（3）⇒（2） 一般に付値環では任意の2つのイデアルの間に包含関係があるから，有限生成のイデアル $a_1R+\cdots+a_rR$ はどれかの a_iR に一致し単項イデアルである．よって R がネータ環ならすべてのイデアルが単項．

（2）⇒（1） $\mathfrak{m}=xR$ と書ける．$I=\bigcap_{\nu=1}^{\infty}x^{\nu}R$ とおけばこれも単項イデアルであるから $I=yR$ と書ける．$y=xz$ とおけば，$y\in x^{\nu}R$ から $z\in x^{\nu-1}R$ が従うが，これがすべての ν について成り立つから $z\in I$，ゆえに $z=yu$ と書ける．$y=xz=xyu$，したがって $y(1-xu)=0$．しかるに $x\in\mathfrak{m}$ であるから $y=0$ でなくてはならない．すなわち $I=(0)$．よって R の 0 でない元 a に対し $a\in x^{\nu}R$，$a\notin x^{\nu+1}R$ となる整数 $\nu\geqq 0$ が定まる．このとき $v(a)=\nu$ とおくことにする．$a,b,c,d\in R-\{0\}$，$a/b=c/d$ ならば

$$v(a)-v(b)=v(c)-v(d)$$

となることが容易にわかるから，K^* の元 $\xi=a/b$ に対し $v(\xi)=v(a)-v(b)\in\boldsymbol{Z}$ とおけば，v は K の加法付値を定めその付値環が R になることは見易い．v の値群は明らかに $\boldsymbol{Z}$ であるから R は DVR である． ∎

R が DVR で $\mathfrak{m}$ がその極大イデアルのとき，$\mathfrak{m}=tR$ となる元 t を R の**素元**という．

注．付値環 S の極大イデアル $\mathfrak{m}_S$ が単項イデアルであっても S が DVR であるとは限らない．**反例**：K を体，R を K の DVR，$k=R/\mathfrak{m}_R$，$\mathfrak{R}$ を k の DVR，S を R と $\mathfrak{R}$ の合成とする．f を R の素元，$g\in S$ を $\mathfrak{R}$ の素元のひとつの原像とする．$\mathfrak{m}_R=fR\subset\mathfrak{m}_S\subset S\subset R$ であって，$\mathfrak{m}_S/\mathfrak{m}_R=\bar{g}\mathfrak{R}=\bar{g}(S/\mathfrak{m}_R)$ だから

$$\mathfrak{m}_S=\mathfrak{m}_R+gS.$$

一方 $g^{-1}\in R$ だから $h\in\mathfrak{m}_R$ なら $h/g\in\mathfrak{m}_R\subset S$，ゆえに $\mathfrak{m}_R\subset gS$ であり，したがって

$$\mathfrak{m}_S=gS$$

である．しかし $\mathfrak{m}_R=fR$ は S のイデアルとしては有限生成でなく，$f, fg^{-1}, fg^{-2}, \cdots$ によって生成される．S の値群は $\boldsymbol{Z}^2$ で，$v: K^* \to \boldsymbol{Z}^2$ は

$$v(x)=(n, m),\qquad n=v_R(x),\qquad m=v_{\mathfrak{R}}(\varphi(xf^{-n}))$$

で与えられる，ここに $\varphi: R \to R/\mathfrak{m}_R=k$ は自然準同形．

前定理は付値環の間で DVR を特徴づけるものであるが，今度は付値環という条件をはずして考える．

定理 11.2.　R を環とすれば次の条件は同値である：

（1）　R は DVR である，

（2）　R は体でない局所環で，単項イデアル整域である，

（3）　R はネータ局所環で，$\dim R>0$ であり，極大イデアル $\mathfrak{m}_R$ は単項である，

（4）　R は1次元のネータ局所環で，正規である．

証明．（1）⇒（2）は前定理で見た．

（2）⇒（3）は自明．

（3）⇒（1）　R の極大イデアルを xR とする．Krull の共通部分定理（定理 8.10（i））により $\bigcap_{\nu=1}^{\infty} x^\nu R=(0)$ である．また x がべき零なら $\dim R=0$ となるから $x^\nu\neq 0$ $(\forall\nu)$．よって $0\neq y\in R$ ならば $y\in x^\nu R$，$y\notin x^{\nu+1}R$ という ν が定まる．$y=x^\nu u$ とおけば $u\notin xR$ だから u は R の単元である．同様に $0\neq z\in R$ なら $z=x^\mu v$．v は R の単元，と書ける．したがって $yz=x^{\nu+\mu}uv\neq 0$ となるから R は整域である．更に，R の商体の任意の元 t は $t=x^\nu u$，u は

R の単元で $\nu\in\boldsymbol{Z}$, という形に表わされ, $v(t)=\nu$ とおけば v は R の商体の加法付値で R がその付値環であることが容易にわかる.

（1）⇒（4） DVR のイデアルは極大イデアルのべきと (0) だけであるから, R の素イデアルは極大イデアルと (0) だけで, したがって $\dim R=1$. また R は前定理によりネータ環で, 付値環だから正規である.

（4）⇒（3） R は仮定により整域である. その商体を K, 極大イデアルを $\mathfrak{m}$ とすれば $\mathfrak{m}\neq 0$, したがって定理 8.10（i）により $\mathfrak{m}\neq\mathfrak{m}^2$ であるから, $x\in\mathfrak{m}-\mathfrak{m}^2$ をひとつえらんでおく. $\dim R=1$ により $\mathfrak{m}$ は xR の素因子であり, $xR:y=\mathfrak{m}$ となる $y\in R$ が存在する. $a=yx^{-1}$ とおくと $a\notin R$, $a\mathfrak{m}\subset R$ である. そこで $\mathfrak{m}^{-1}=\{b\in K\mid b\mathfrak{m}\subset R\}$ とおけば $R\subset\mathfrak{m}^{-1}$, また $a\in\mathfrak{m}^{-1}$ により $R\neq\mathfrak{m}^{-1}$. さて $\mathfrak{m}^{-1}\mathfrak{m}$ は R のイデアルになり, $R\subset\mathfrak{m}^{-1}$ から $\mathfrak{m}\subset\mathfrak{m}^{-1}\mathfrak{m}$ が出る. 仮に $\mathfrak{m}=\mathfrak{m}^{-1}\mathfrak{m}$ とすれば $a\mathfrak{m}\subset\mathfrak{m}$ となり定理 2.1 によって a は R 上整, したがって $a\in R$ となって矛盾する. よって $\mathfrak{m}^{-1}\mathfrak{m}=R$ でなくてはならない. $x\mathfrak{m}^{-1}$ も R のイデアルであるが, 仮に $x\mathfrak{m}^{-1}\subset\mathfrak{m}$ ならば $xR=x\mathfrak{m}^{-1}\mathfrak{m}\subset\mathfrak{m}^2$ となり $x\notin\mathfrak{m}^2$ に反する. ゆえに $x\mathfrak{m}^{-1}=R$, したがって $xR=x\mathfrak{m}^{-1}\mathfrak{m}=\mathfrak{m}$ となり $\mathfrak{m}$ は単項イデアルである. ∎

一般に R を整域, K をその商体とするとき, K の 0 でない R 部分加群 I で適当な R の元 $\alpha\neq 0$ をかけて $\alpha I\subset R$ となるものを, R の分数イデアルとよぶのであった (§ 3 問 4). R 加群として $I\simeq\alpha I$ であるから, R がネータ整域なら任意の分数イデアルは有限生成である. 分数イデアル I に対し $I^{-1}=\{\alpha\in K\mid\alpha I\subset R\}$ とおき, $I^{-1}I=R$ が成り立つとき I が可逆であるという.

定理 11.3. R を整域, I を R の分数イデアルとすると次の条件は同値である:

（1） I は可逆,

（2） I は R 加群として射影的,

（3） I は有限生成で, R の各極大イデアル P に対し $I_P=IR_P$ が R_P の単項イデアル.

証明．（1）⇒（2）　$I^{-1}I=R$ ならば $\sum_1^n b_ia_i=1$ となる $a_i\in I$, $b_i\in I^{-1}$ が存在する．$x\in I$ なら $\sum(xb_i)a_i=x$, $xb_i\in R$ となるから $a_1,\cdots,a_n$ が I を生成する．$F=Re_1+\cdots+Re_n$ を，$e_1,\cdots,e_n$ を基底とする自由加群とし，R 線形写像 $\varphi:F\to I$ を $\varphi(e_i)=a_i$ で定義すると，φ は全射である．$\psi_i:I\to R$ を $\psi_i(x)=b_ix$ で定義し，$\psi:I\to F$ を $\psi(x)=\sum\psi_i(x)e_i$ で定義すれば $\varphi\psi(x)=x$. ゆえに φ は分解し，I は F の直和因子と同形になるから射影的である．

（2）⇒（1）　I から R への R 線形写像はすべて K の元による乗法で得られる（証明せよ）．自由加群 $F=\oplus Re_i$ から I への全射 $\varphi:F\to I$ をとれば，仮定により $\psi:I\to F$ が存在して，$\varphi\psi=1$ が成り立つ．$x\in I$ に対し $\psi(x)=\sum\lambda_i(x)e_i$ と書くと，各 λ_i に対し $b_i\in K$ が定まって $\lambda_i(x)=b_ix$ であるが，個々の x に対しては $\lambda_i(x)\neq 0$ となる i は有限個だから，結局有限個を除き $b_i=0$ である．0 でない b_i を $b_1,\cdots,b_n$ とすれば，$x\in I$ に対し $\sum a_ib_ix=x$ が成り立つ，ただし $a_i=\varphi(e_i)$. よって $\sum_1^n a_ib_i=1$. しかも $b_iI=\lambda_i(I)\subset R$ だから $b_i\in I^{-1}$. ゆえに $II^{-1}=R$.

（1）⇒（3）　すでに見たように I は有限生成である．また，$\sum a_ib_i=1$, $a_i\in I$, $b_i\in I^{-1}$ とし P を任意の素イデアルとすると，少くとも1つの i に対し a_ib_i が R_P の単元となり，そのとき $I_P=a_iR_P$ となるから I_P は単項イデアルである．

（3）⇒（1）　I が有限生成なら $(I^{-1})_P=(I_P)^{-1}$ である．実際，$\subset$ は無条件で成り立つし，$x\in(I_P)^{-1}$, $I=a_1R+\cdots+a_nR$ なら $xa_i\in R_P$, よって $xa_ic_i\in R$ となる $c_i\in R-P$ が存在し，$c=c_1\cdots c_n$ とおけば $(cx)a_i\in R$ $(\forall i)$, したがって $cx\in I^{-1}$, $x\in(I^{-1})_P$ となるから $\supset$ も成り立つ．I_P が単項イデアルだから $I_P\cdot(I_P)^{-1}=R_P$. もし $II^{-1}\neq R$ なら $II^{-1}\subset P$ となる極大イデアル P をとれば $I_P\cdot(I_P)^{-1}=I_P\cdot(I^{-1})_P\subset PR_P$ となり矛盾．ゆえに $II^{-1}=R$ でなくてはならない．∎

定理 11.4. R をネータ整域とし $P\neq(0)$ を素イデアルとする．P が可逆なら $\mathrm{ht}\,P=1$ であり R_P は DVR である．

証明．P が可逆なら R_P の極大イデアル PR_P は単項，したがって定理2の条件（3）がみたされて，R_P は DVR であり1次元である．∎

定理 11.5. R を正規ネータ整域とすると

i） R の0でない単項イデアルの素因子はすべて高度1である．

ii） $R=\bigcap_{\mathrm{ht}\,P=1} R_P$.

証明．i） $0\neq a\in R$ とし，P を aR の素因子の1つとすれば，$aR:b=P$ となる元 $b\in R$ が存在する．$PR_P=\mathfrak{m}$ とおくと $aR_P:b=\mathfrak{m}$，したがって $ba^{-1}\in\mathfrak{m}^{-1}$，$ba^{-1}\notin R_P$ である．もし $ba^{-1}\mathfrak{m}\subset\mathfrak{m}$ とすれば ba^{-1} は R_P 上整となり（行列式の技巧），R_P が整閉であることに矛盾する．よって $ba^{-1}\mathfrak{m}=R_P$，したがって $\mathfrak{m}^{-1}\mathfrak{m}=R_P$ となり前定理から $\mathrm{ht}\,\mathfrak{m}=\mathrm{ht}\,P=1$ を得る．

ii） $a,b\in R$，$a\neq0$ とし，$\mathrm{ht}\,P=1$ なるすべての $P\in\mathrm{Spec}(R)$ に対し $b\in aR_P$ と仮定して $b\in aR$ を示せばよい．aR の素因子を $P_1,\cdots,P_n$ とし，$aR=\mathfrak{q}_1\cap\cdots\cap\mathfrak{q}_n$ を準素分解とする（$\mathfrak{q}_i$ は P_i に属する準素イデアル）．すると $\mathrm{ht}\,P_i=1$ だから $b\in aR_{P_i}\cap R=\mathfrak{q}_i$ $(i=1,\cdots,n)$，したがって $b\in\bigcap\mathfrak{q}_i=aR$. ∎

系． R をネータ整域とする．R が正規であるためには次の2条件が成り立つことが必要十分である：

（a） P が高度1の素イデアルなら R_P は DVR,

（b） R の単項イデアル（$\neq0$）の素因子はすべて高度 1.

証明．必要性はすでに見た．十分性：上の ii）の証明によれば条件（b）から $R=\bigcap_{\mathrm{ht}\,(P)=1} R_P$ が出る．条件（a）により各 R_P は正規であるから R も正規である．∎

定義． 0 でないイデアルがすべて可逆であるような整域を **Dedekind 環** (Dedekind ring または Dedekind domain) という．

定理 11.6. 整域 R について次の条件は同値である：

（1） R は Dedekind 環である，

（2） R は体であるか，または1次元ネータ正規環である，

（3） R の0でないイデアルは有限個の素イデアルの積として表わせる．

なお，このとき（3）の表示は順序を除いて一意的である．

証明. （1）⇒（2） 任意のイデアル ($\neq 0$) が可逆，したがって有限生成であるから，R はネータ環である．P を R の0でない素イデアルとすれば定理4により R_P は DVR で $\mathrm{ht}\,P=1$，したがって R が体でなければ $\dim R=1$ であり，また定理4.7により R は P がすべての極大イデアルを動くときの R_P の共通部分であるが各 R_P が DVR であるから R は正規である．

（2）⇒（1） R が体なら問題ない．体でなければ，P を R の極大イデアルとすると R_P は1次元ネータ局所環で正規であるから定理2により単項イデアル環，したがって定理3により R は Dedekind 環である．

（1）⇒（3） I を0でないイデアルとする．$I=R$ のときは0個の素イデアルの積とみなす．I 自身が極大イデアルのときは1個の素イデアルの積である．R はすでにみたようにネータ環だから，I の大きさについての上からの帰納法が使える．$I\neq R$ のとき I を含む極大イデアル P が存在し，$I\subset IP^{-1}\subset R$ である．仮に $IP^{-1}=I$ とすれば $P^{-1}P=R$ により $I=IP$ となり NAK によって矛盾を生ずるから $IP^{-1}\neq I$，ゆえに帰納法の仮定で $IP^{-1}=Q_1\cdots Q_r$，$Q_i\in \mathrm{Spec}(R)$，と書ける．この両辺に P をかけて $I=Q_1\cdots Q_rP$ が得られる．

（3）⇒（1） これは少しむつかしいので数段に分けて証明する．

（第1段） 一般に R を任意の整域とするとき，単項イデアル aR ($a\neq 0$) は明らかに可逆である．また I, J を0でない分数イデアルとし $B=IJ$ とすると，I と J が可逆なら B も可逆であることは明らかであるが，逆も成り立つ．なぜなら，$I^{-1}J^{-1}B\subset R$ から $I^{-1}J^{-1}\subset B^{-1}$ が得られ，一方 B が可逆なら $B^{-1}IJ\subset R$ から $B^{-1}I\subset J^{-1}$, $B^{-1}J\subset I^{-1}$，これらを辺々相乗じて $B^{-1}=B^{-1}B^{-1}IJ$

$\subset I^{-1}J^{-1}$, よって $B^{-1}=I^{-1}J^{-1}$ が成り立つ．したがって

$$R = BB^{-1} = IJI^{-1}J^{-1} = (II^{-1})(JJ^{-1})$$

となるが，これは $II^{-1}=R$, $JJ^{-1}=R$ でなくては成り立たない．

（第2段） P を0でない素イデアルとする．I が P より真に大きいイデアルなら $IP=P$ であることを示す．$I=P+aR$, $a\notin P$, のときに $P\subset IP$ を示せば十分である．I^2 と a^2R+P をそれぞれ素イデアルの積に表わしたものを $I^2=P_1\cdots P_r$, $a^2R+P=Q_1\cdots Q_s$ とする．P_i, Q_j は I を含むから P より本当に大きい素イデアルである．さて $\bar{R}=R/P$ とおき，R の元やイデアルの $\bar{R}$ における像を上にバーをつけて表わすことにすれば，

$$(*) \qquad \bar{P}_1\cdots\bar{P}_r = \bar{a}^2\bar{R} = \bar{Q}_1\cdots\bar{Q}_s$$

であり，$\bar{R}$ に第1段を適用すれば $\bar{P}_i$, $\bar{Q}_j$ はすべて可逆であり，しかも $\bar{R}$ の素イデアルである．$\bar{P}_1$ が $\{\bar{P}_1,\cdots,\bar{P}_r\}$ の中で極小であるとしてよい．また $\bar{Q}_1,\cdots,\bar{Q}_s$ の中の少くとも1つは $\bar{P}_1$ に含まれるから $\bar{Q}_1\subset\bar{P}_1$ としてよく，$\bar{Q}_1$ も素イデアルで $\bar{P}_1\cdots\bar{P}_r\subset\bar{Q}_1$ であるから $\bar{Q}_1\supset\bar{P}_i$ となる i が存在する．すると $\bar{P}_i\subset\bar{Q}_1\subset\bar{P}_1$ となり，$\bar{P}_1$ の極小性から $\bar{P}_i=\bar{P}_1=\bar{Q}_1$ となる．$\bar{P}_1^{-1}$ を $(*)$ の両辺に乗じて

$$\bar{P}_2\cdots\bar{P}_r = \bar{Q}_2\cdots\bar{Q}_s$$

となる．以下同様にして，$r=s$ であること，適当に $\bar{Q}_i$ を並べかえると $\bar{P}_i=\bar{Q}_i$ $(1\leqslant i\leqslant r)$ としてよいことがわかる．これから $P_i=Q_i$ となるから $a^2R+P=(P+aR)^2=P^2+aP+a^2R$. すると P の任意の元 x を

$$x=y+az+a^2t, \qquad y\in P^2,\ z\in P,\ t\in R$$

と表わせる．$a\notin P$ であるから $t\in P$, よって望み通り $P\subset P^2+aP=(P+aR)P$ が得られた．

（第3段） b を R の0でない元とすれば，$bR=P_1\cdots P_r$ と素イデアルの積に書くとき，各 P_i は R の極大イデアルである．なぜなら，I が P_i より本当に大きいイデアルなら $IP_i=P_i$ であるが，P_i は第1段により可逆だから $I=R$.

（第4段） P を R の素イデアルとし，$0\neq a\in P$ とする．$aR=P_1\cdots P_r$,

$P_i \in \mathrm{Spec}(R)$，とすると P はどれかの P_i を含むが，前段により P_i は極大イデアルだから $P=P_i$，よって P は極大イデアルでかつ可逆であることを知る．0以外のすべての素イデアルが可逆なら，任意のイデアル（$\neq 0$）が（可逆イデアルの積として書けるから）可逆である．これで（3）から（1）が出ることがわかった．

なお，（1），（2），（3）が成り立つとき，（3）の表示の一意性は上の第2段の中で見たように，R の素イデアルが可逆であることの帰結である．∎

定理 11.7. (Krull-秋月の定理) A を1次元ネータ整域，K をその商体，L を K の有限次代数拡大体，B を L と A の中間にある環とすると，B も高々1次元のネータ環であり，$J\neq(0)$ を B のイデアルとすれば B/J は長さ有限の A 加群である．

証明．秋月 [2] の証明を線形代数的に整理した [B 5] の方法に従って，まず次の補題を証明する．

補題． A, K を上の定理の通りとし，M をねじれのない A 加群（【10.2】参照）で階数 $r<\infty$ をもつものとする．このとき $0\neq a\in A$ ならば

$$l(M/aM) \leqslant r\cdot l(A/aA).$$

注．整域 A 上の加群 M の階数とは，A 上1次独立な M の元の最大個数をいう．これは K 上のベクトル空間 $M\otimes_A K$ の次元に等しい．

補題の証明．まず M が有限生成と仮定する．M の中に A 上1次独立な元 $\xi_1,\cdots,\xi_r$ をとり $E=\sum A\xi_i$ とおくと，任意の $\eta\in M$ に対し，$t\eta\in E$ となるような A の元 $t\neq 0$ が見出せる．$C=M/E$ とおけば，仮定により C も有限生成だから，$0\neq t\in A$ を適当にとれば $tC=0$ となる．C に定理 6.4 を適用して

$$C=C_0\supset C_1\supset\cdots\supset C_m=0,\qquad C_i/C_{i+1}\simeq A/\mathfrak{p}_i,\qquad \mathfrak{p}_i\in\mathrm{Spec}(A)$$

とすれば $t\in\mathfrak{p}_i$ で，A は1次元だから各 $\mathfrak{p}_i$ は極大イデアル，したがって $l(C)=m<\infty$ である．$0\neq a\in A$ なら $E/a^nE\to M/a^nM\to C/a^nC\to 0$ が完

全系列だから

$$(*)\qquad l(M/a^nM) \leqslant l(E/a^nE)+l(C) \quad (\forall n>0).$$

一方 E, M はねじれのない A 加群だから，容易にわかるように $a^iM/a^{i+1}M \simeq M/aM$, E についても同様，よって $(*)$ は $n\cdot l(M/aM) \leqslant n\cdot l(E/aE)+l(C)$ $(\forall n>0)$ と書ける．これから $l(M/aM) \leqslant l(E/aE)$ が得られ，$E \simeq A^r$ だから $l(E/aE)=r\cdot l(A/aA)$ である．よって M が有限生成の場合には証明できた．M が有限生成でないときには，$\bar{M}=M/aM$ の有限生成部分加群 $\bar{N}=A\bar{\omega}_1+\cdots+A\bar{\omega}_s$ をとり，各 $\bar{\omega}_i$ の M における原像 ω_i をえらんで，$M_1=\sum A\omega_i$ とおけば，

$$l(\sum A\bar{\omega}_i) = l(M_1/M_1\cap aM) \leqslant l(M_1/aM_1) \leqslant r\cdot l(A/aA).$$

この右辺は $\bar{N}$ のとり方に関しないから，結局 $\bar{M}$ は有限生成でしかも $l(\bar{M}) \leqslant r\cdot l(A/aA)$.

定理の証明に戻る．まず L を B の商体でおきかえてよい．$[L:K]=r$ とおけば，B は A 加群としてねじれがなく階数 r をもつ．したがって補題により任意の $0 \neq a \in A$ に対し $l_A(B/aB)<\infty$. いま $J \neq 0$ を B のイデアルとし $0 \neq b \in J$ とすれば，b は A 上に代数的だから

$$a_m b^m + a_{m-1} b^{m-1} + \cdots + a_1 b + a_0 = 0, \qquad a_i \in A$$

という形の関係式をみたす．B は整域だから $a_0 \neq 0$ としてよい．すると $0 \neq a_0 \in J \cap A$, したがって

$$l_A(B/J) \leqslant l_A(B/a_0B) < \infty.$$

また $l_B(J/a_0B) \leqslant l_A(J/a_0B) \leqslant l_A(B/a_0B) < \infty$ からわかるように J/a_0B が有限 B 加群，したがって J 自身も有限 B 加群，よって B はネータ環である．P を B の 0 でない素イデアルとすれば，B/P はアルティン環で整域であるから体である．よって P は極大イデアルで $\dim B=1$.

系. A を 1 次元ネータ整域，K をその商体，L を K の有限次代数拡大体，B を A の L における整閉包とすれば，B は Dedekind 環であり，A のひとつの極大イデアル P の上にのっている B の極大イデアルは有限個しか

存在しない.

証明. B は定理により1次元ネータ整域で，更に作り方から正規環であるから Dedekind 環である. PB を有限個の極大イデアルの積として $PB=Q_1^{\alpha_1}\cdots Q_r^{\alpha_r}$ と表わせば，$Q_1,\cdots,Q_r$ が P の上にのっている B の極大イデアルの全体であることは見易い.

§11 の問題 次の命題を証明せよ.

【11.1】 A を DVR, K をその商体, $\bar{K}$ を K の代数的閉包とするとき，A を支配する $\bar{K}$ の付値環は DVR でない1次元の付値環である.

【11.2】 A を DVR, K をその商体, L を K の n 次拡大体とすれば，A を支配する L の付値環はすべて DVR である.

【11.3】 A を DVR, $\mathfrak{m}$ をその極大イデアルとすれば，A の $\mathfrak{m}$ 進位相による完備化 $\hat{A}$ もまた DVR である.

【11.4】 $v: K\to \boldsymbol{R}\cup\{\infty\}$ を体 K の archimedian 加法付値とし，c を1より小さい正の実数とする. K の元 α,β に対し $d(\alpha,\beta)=c^{v(\alpha-\beta)}$ とおけば，d は距離の公理 $(d(\alpha,\beta)\geqslant 0,\ d(\alpha,\beta)=0\Longleftrightarrow\alpha=\beta,\ d(\alpha,\beta)=d(\beta,\alpha),\ d(\alpha,\gamma)\leqslant d(\alpha,\beta)+d(\beta,\gamma))$ をみたし，d が定める K の位相は c の取り方によらない. また v の付値環を R, 付値イデアルを $\mathfrak{m}$ とするとき，R が DVR なら d の定める位相を R に制限したものは R の $\mathfrak{m}$ 進位相である.

【11.5】 Dedekind 環のイデアルは高々2個の元で生成される.

【11.6】 $\boldsymbol{Q}(\sqrt{10})$ における $\boldsymbol{Z}$ の整閉包を A とすれば，A は単項イデアル環でない Dedekind 環である.

【11.7】 Dedekind 環 A が半局所環ならば単項イデアル環である.

§12. Krull 環

A を整域, K をその商体とし，K の乗法群を K^* で表わす. A が Krull 環であるとは，K を商体とする DVR の族 $\mathscr{F}=\{R_\lambda\}_{\lambda\in\Lambda}$ があって，R_λ に対応する正規化された加法付値を v_λ とするとき

(1) $A=\bigcap_\lambda R_\lambda$,

(2) K^* の各元 x に対し，$v_\lambda(x)\neq 0$ となる $\lambda\in\Lambda$ は高々有限個である,

の2条件が成り立つことをいう. このとき DVR 族 $\mathscr{F}$ は A を定義するとい

う. DVR は完整閉であるから Krull 環も完整閉である. A が Krull 環なら, K の任意の部分体 K' に対し $A \cap K'$ も Krull 環である.

定理 12.1. A が Krull 環, $S \subset A$ が積閉集合なら A_S もそうである. $\mathscr{F} = \{R_\lambda\}_{\lambda \in \Lambda}$ が A を定義するとき, $\Gamma = \{\lambda \in \Lambda \mid R_\lambda \supset A_S\}$ とおけば $\{R_\lambda\}_{\lambda \in \Gamma}$ が A_S を定義する.

証明. R_λ の極大イデアルを $\mathfrak{m}_\lambda$ とおけば

$$\lambda \in \Gamma \iff S \cap \mathfrak{m}_\lambda = \emptyset$$

である. $0 \neq x \in \bigcap_{\lambda \in \Gamma} R_\lambda$ とするとき, $v_\lambda(x) < 0$ となる $\lambda \in \Lambda$ は高々有限個だから, その全体を $\Delta = \{\lambda_1, \cdots, \lambda_n\}$ とする. $\lambda \in \Delta$ なら $\lambda \notin \Gamma$ だから $t_\lambda \in \mathfrak{m}_\lambda \cap S$ がとれる. t_λ をその適当なべきでおきかえて $v_\lambda(t_\lambda x) > 0$ としてよい. $t = \prod_{\lambda \in \Delta} t_\lambda$ とおけばすべての $\lambda \in \Lambda$ に対し $v_\lambda(tx) \geqq 0$ であるから $tx \in A$, 一方 $t \in S$, よって $x \in A_S$ となり $A_S \supset \bigcap_{\lambda \in \Gamma} R_\lambda$ が示された. 逆の包含関係は明らかである. 有限性条件 (2) は Λ で成り立つからなおさら Γ でも成り立つ. ▮

有限個の DVR で定義される Krull 環は簡単な構造をもつ.

補題 1. (永田) K を体, $R_1, \cdots, R_n$ を K の付値環とする. $A = \bigcap R_i$ とおく. $a \in K$ が与えられたとき,

$$(1+a+\cdots+a^{s-1})^{-1}, \qquad a \cdot (1+a+\cdots+a^{s-1})^{-1}$$

が共に A に属するような自然数 $s \geqq 2$ が存在する.

証明. 各 R_i について考える. $a \notin R_i$ なら任意の $s \geqq 2$ が条件をみたす. $a \in R_i$ のときは, $(1-a)(1+a+\cdots+a^{s-1}) = 1-a^s$ であるから, $1-a^t \equiv 0 (\mathfrak{m}_i)$ となるような t が存在しなければ任意の $s \geqq 2$ でよい. もし $1-a \equiv 0$ $(\mathfrak{m}_i)$ なら, s が $R_i/\mathfrak{m}_i$ の標数の倍数でなければよい. $1-a \not\equiv 0$ $(\mathfrak{m}_i)$ だが $1-a^t \equiv 0$ $(\mathfrak{m}_i)$ となる $t \geqq 2$ が存在するときには, そのような最小の t を t_0 とすれば, $1-a^s \equiv 0$ $(\mathfrak{m}_i)$ となるのは s が t_0 の倍数のときであるからそれを避ければよい. こうして, 各 i について具合の悪い s は (もしあっても) ある数 $d_i > 1$ の倍数だけであるから, どの d_i でも割れないように s をえらべばよい. ▮

定理 12.2. K を体，$R_1, \cdots, R_n$ を K の付値環で $R_i \not\subset R_j$ $(i \neq j)$ をみたすものとする．$\mathfrak{m}_i = \mathrm{rad}(R_i)$ とおく．このとき，$A = \bigcap_{i=1}^{n} R_i$ は $\mathfrak{p}_i = \mathfrak{m}_i \cap A$ $(1 \leqslant i \leqslant n)$ を極大イデアルの全体とする半局所環で，$A_{\mathfrak{p}_i} = R_i$ が成り立つ．各 R_i が DVR ならば A は単項イデアル環である．

証明．$A_{\mathfrak{p}_i} \subset R_i$ は明らか．逆に $a \in R_i$ のとき，$s \geqslant 2$ を上の補題のようにとって $u = (1 + a + \cdots + a^{s-1})^{-1}$ とおけば $u \in A$, $au \in A$. 明らかに u は R_i の単元であるから $u \in A - \mathfrak{p}_i$ となり，$a = (au)/u \in A_{\mathfrak{p}_i}$. ゆえに $A_{\mathfrak{p}_i} = R_i$ が示された．これから $\mathfrak{p}_1, \cdots, \mathfrak{p}_n$ の間には包含関係がないことがわかる．A の極大イデアル I がどの $\mathfrak{p}_i$ にも含まれないとすると，I の元 x で $\bigcup_{i=1}^{n} \mathfrak{p}_i$ に入らないものが存在するが，x は各 R_i で単元，したがって A で単元となり矛盾．よって I はどれかの $\mathfrak{p}_i$ と一致する．

逆に各 $\mathfrak{p}_j$ に対しそれを含む極大イデアル I があり，$I = \mathfrak{p}_i$ なら $\mathfrak{p}_j \subset \mathfrak{p}_i$ したがって $\mathfrak{p}_j = \mathfrak{p}_i = I$ となるから $\mathfrak{p}_j$ は極大である．各 R_i が DVR なら $\mathfrak{m}_i \neq \mathfrak{m}_i^2$, よって $\mathfrak{p}_i \neq \mathfrak{p}_i^{(2)}$ である（$\mathfrak{p}^{(2)}$ は $\mathfrak{p}^2 A_{\mathfrak{p}} \cap A$ を意味する）．したがって $\mathfrak{p}_i$ の元 x_i で $\mathfrak{p}_i^{(2)}$ にも入らず，どの $\mathfrak{p}_j$ $(j \neq i)$ にも入らないものが存在する．すると $\mathfrak{p}_i = x_i A$ である．I を A の任意のイデアルとし $IR_i = x_i^{\nu_i} R_i$ とおけば $I = x_1^{\nu_1} \cdots x_n^{\nu_n} A$ であることが容易にわかる．▮

Krull 環 A が無限個の DVR によって定義されるときには，A を定義する DVR 族は必ずしも一意的でないが，それらの中に最小のものがあることが次の定理からわかる．

定理 12.3. A を Krull 環，K をその商体，$\mathfrak{p}$ を A の高度1の素イデアルとし，K を商体とする DVR の族 $\mathscr{F} = \{R_\lambda\}_{\lambda \in \Lambda}$ が A を定義するならば，$A_{\mathfrak{p}} \in \mathscr{F}$ である．$\mathscr{F}_0 = \{A_{\mathfrak{p}} \mid \mathfrak{p} \in \mathrm{Spec}(A),\ \mathrm{ht}(\mathfrak{p}) = 1\}$ とおくと，A は $\mathscr{F}_0$ によっても定義される．したがって $\mathscr{F}_0$ は A を定義する最小の DVR 族である．

証明．定理 1 により $A_{\mathfrak{p}}$ は $\mathscr{F}$ の部分集合 $\mathscr{F}_1 = \{R_\lambda \mid A_{\mathfrak{p}} \subset R_\lambda\}$ で定義

されるが，$A_{\mathfrak{p}} \subset R_\lambda$ なら $A-\mathfrak{p}$ の元は R_λ の単元であるから $\mathfrak{p} \supset \mathfrak{m}_\lambda \cap A$. もし $\mathfrak{m}_\lambda \cap A=(0)$ なら $R_\lambda \supset K$ となり矛盾するから $\mathfrak{m}_\lambda \cap A \neq (0)$，ゆえに $\mathfrak{p}=\mathfrak{m}_\lambda \cap A$ である．よって $0 \neq x \in \mathfrak{p}$ を1つえらぶと，$R_\lambda \in \mathscr{F}_1$ ならば $v_\lambda(x)>0$ となるから，$\mathscr{F}_1$ は有限集合である．すると前定理により $A_{\mathfrak{p}}$ の極大イデアルの数は $\mathscr{F}_1$ の元の数に等しいから，$\mathscr{F}_1$ はただ1つの元から成り，$A_{\mathfrak{p}} \in \mathscr{F}$ である．いいかえれば $\mathscr{F}_0 \subset \mathscr{F}$.

A が $\mathscr{F}_0$ で定義されることをいうには $A \supset \bigcap_{\mathrm{ht}\,\mathfrak{p}=1} A_{\mathfrak{p}}$ を示せばよい．すなわち

$$a, b \in A,\ a \neq 0,\ b \in aA_{\mathfrak{p}} (\forall A_{\mathfrak{p}} \in \mathscr{F}_0) \quad \Rightarrow \quad b \in aA$$

をいえばよい．容易にわかるように，これは aA が高度1の準素イデアルの共通部分として表わせることと同値である．$aR \neq R$ となる $R \in \mathscr{F}$ は有限個であるからそれらを $R_1, \cdots, R_t$ としよう．

$$aR_i \cap A = \mathfrak{q}_i, \quad \mathrm{rad}(R_i) \cap A = \mathfrak{p}_i$$

とおけば $\mathfrak{q}_i$ は $\mathfrak{p}_i$ に属する準素イデアルであり $aA=\mathfrak{q}_1 \cap \cdots \cap \mathfrak{q}_t$ である．この表示から余分なものを削ってむだのない表示にしたものを $aA=\mathfrak{q}_1 \cap \cdots \cap \mathfrak{q}_r$ としよう．このとき $\mathrm{ht}\,\mathfrak{p}_i=1$ $(1 \leqslant i \leqslant r)$ であればよい．仮に $\mathrm{ht}\,\mathfrak{p}_1>1$ であったとする．$A_{\mathfrak{p}_1}$ は定理1により $\mathscr{F}'=\{R \in \mathscr{F} \mid A_{\mathfrak{p}_1} \subset R\}$ によって定義される Krull 環であるがそれ自身は DVR でないから，定理2により $\mathscr{F}'$ は無限集合である．よって $aR'=R'$ となる $R' \in \mathscr{F}'$ が存在する．$\mathfrak{p}'=\mathrm{rad}(R') \cap A$ とおく．$a \notin \mathfrak{p}'$ であり，また $A_{\mathfrak{p}_1} \subset R'$ から $\mathfrak{p}' \subset \mathfrak{p}_1$ が従う．さて仮定により $aA \neq \mathfrak{q}_2 \cap \cdots \cap \mathfrak{q}_r$ であり，R_1 は DVR だから適当な $\nu>0$ に対し $\mathrm{rad}(R_1)^\nu \subset aR_1$，したがって $\mathfrak{p}_1^\nu \subset \mathfrak{q}_1$ となる．よって

$$aA \not\supset \mathfrak{p}_1^i \cap \mathfrak{q}_2 \cap \cdots \cap \mathfrak{q}_r, \quad aA \supset \mathfrak{p}_1^{i+1} \cap \mathfrak{q}_2 \cap \cdots \cap \mathfrak{q}_r$$

をみたす $i \geqslant 0$ が存在する．ゆえに $b \notin aA$, $b\mathfrak{p}_1 \subset aA$ をみたす A の元 b が存在する．とくに $b\mathfrak{p}' \subset aA$ が成り立つが，a は R' の単元であるから

$$(b/a)\mathfrak{p}' \subset A \cap \mathrm{rad}(R') = \mathfrak{p}'$$

となる．よって $0 \neq c \in \mathfrak{p}'$ をとればすべての $n>0$ に対し $(b/a)^n c \in \mathfrak{p}' \subset A$ となり，A は完整閉だから $b/a \in A$ となって矛盾．よって $\mathrm{ht}\,\mathfrak{p}_i=1$ $(1 \leqslant i \leqslant r)$

が証明できた. ∎

系. A を Krull 環とし A の高度1の素イデアルの集合を $\mathscr{P}$ とする. $0 \neq a \in A$, $\mathfrak{p} \in \mathscr{P}$ に対し $v_{\mathfrak{p}}(a) = n_{\mathfrak{p}}$ とおくと

$$aA = \bigcap_{\mathfrak{p} \in \mathscr{P}} \mathfrak{p}^{(n_{\mathfrak{p}})}.$$

証明. 定理により $aA = \bigcap_{\mathfrak{p} \in \mathscr{P}} (aA_{\mathfrak{p}} \cap A)$ であるが, $aA_{\mathfrak{p}} = \mathfrak{p}^{n_{\mathfrak{p}}} A_{\mathfrak{p}}$, したがって $aA_{\mathfrak{p}} \cap A = \mathfrak{p}^{(n_{\mathfrak{p}})}$ である. ここに $\mathfrak{p}^{(n)}$ は記号的 n 乗 $\mathfrak{p}^n A_{\mathfrak{p}} \cap A$ を表わす. ∎

定理 12.4. i) ネータ正規整域は Krull 環である.

ii) A を整域, K を A の商体, L を K の拡大体とする. L に含まれる Krull 環の族 $\{A_i\}_{i \in I}$ があって, (1) $A = \bigcap A_i$, (2) $0 \neq a \in A$ なら有限個の i を除いて $aA_i = A_i$, の2条件が成り立つならば, A は Krull 環である.

iii) A が Krull 環ならば $A[X]$, $A[[X]]$ もそうである.

証明. i) 定理 11.5 と, 各 $a \in A$ $(a \neq 0)$ に対し aA を含む高度1の素イデアルは (aA の素因子であるから) 有限個しかないことからわかる.

ii) 容易であるから読者に委ねる.

iii) $K[X]$ は単項イデアル環であるから Krull 環である. また, A の高度1の素イデアルの集合を $\mathscr{P}$ とすると, $\mathfrak{p} \in \mathscr{P}$ に対し $\mathfrak{p}[X]$ は $A[X]$ の素イデアルで, $A[X]_{\mathfrak{p}[X]}$ は定理 11.2 (3) により $K(X)$ の DVR である. ($A_{\mathfrak{p}}$ を付値環とする K の加法付値を v とすれば, 多項式

$$F(X) = a_0 + a_1 X + \cdots + a_r X^r \quad (a_i \in A)$$

に対し $v(F(X)) = \min\{v(a_i)\}$ とおき, 有理式 $F(X)/G(X)$ に対しては $v(F/G) = v(F) - v(G)$ とおくことにより v が $K(X)$ の加法付値にまで拡張され, その付値環が $A[X]_{\mathfrak{p}[X]}$ である.) さて $K[X] \cap A[X]_{\mathfrak{p}[X]} = A_{\mathfrak{p}}[X]$ である (証明せよ) から,

$$A[X] = K[X] \cap \Big(\bigcap_{\mathfrak{p} \in \mathscr{P}} A[X]_{\mathfrak{p}[X]} \Big)$$

となり, ii) によって $A[X]$ も Krull 環である. 次に $A[[X]]$ について

は，A を定義する K の DVR 族 $\{R_\lambda\}_{\lambda\in\Lambda}$ をとれば，$K[[X]]$ の中で $A[[X]]=\bigcap_\lambda R_\lambda[[X]]$ が成り立ち，$R_\lambda[[X]]$ は問題【9.5】により整閉でネータ環だから i）により Krull 環である．しかし元 X はすべての $R_\lambda[[X]]$ で非単元だから，このままでは ii）が使えないので，$R_\lambda[[X]][X^{-1}]=B_\lambda$ とおけば，$A[[X]]=K[[X]]\cap(\bigcap_\lambda B_\lambda)$ が成り立ち，今度は ii）の条件が容易にたしかめられる．実際，

$$\varphi(X)=a_rX^r+a_{r+1}X^{r+1}+\cdots\in A[[X]],\quad a_r\neq 0,$$

が B_λ の非単元であるためには a_r が R_λ の非単元であることが必要十分であり，そのような λ は有限個しかない．よって $A[[X]]$ は Krull 環である． ▮

注 1．$A[[X]]$ の商体は一般に $K[[X]]$ の商体より小さいことを注意しておく．
注 2．上の B_λ はユークリッド環である（[B7] §1, ex.9）．

定理 12.5. Dedekind 環と1次元の Krull 環とは同じ概念である．

証明．Dedekind 環は正規ネータ整域だから Krull 環である．逆に A が1次元の Krull 環ならば，ネータ環であることを示そう．I を0でない A のイデアルとし，$0\neq a\in I$ とする．A/aA がネータ環であれば I/aA が，したがって I が有限生成になる．$aA=\mathfrak{q}_1\cap\cdots\cap\mathfrak{q}_r$，$\mathfrak{q}_i$ は素イデアル $\mathfrak{p}_i$ の記号的べきで $\mathfrak{p}_i\neq\mathfrak{p}_j$ $(i\neq j)$，というように表わされ（定理 3. 系），各 $\mathfrak{p}_i$ は極大イデアルであるから定理 1.3 および定理 1.4 により

$$A/aA=A/\mathfrak{q}_1\times\cdots\times A/\mathfrak{q}_r$$

であり，$A/\mathfrak{q}_i$ は $\mathfrak{p}_i/\mathfrak{q}_i$ を極大イデアルとする局所環だから $A/\mathfrak{q}_i\simeq A_{\mathfrak{p}_i}/\mathfrak{q}_iA_{\mathfrak{p}_i}$ である．$A_{\mathfrak{p}_i}$ は DVR だから，A/aA はネータ環である．（実はアルティン環でもある．）よって A は1次元ネータ整域で正規，すなわち Dedekind 環である． ▮

定理 12.6. A を Krull 環，K を A の商体とし，A の高度1の素イデアルの集合を $\mathscr{P}$ で表わす．$\mathfrak{p}_1,\cdots,\mathfrak{p}_r\in\mathscr{P}$ と $e_1,\cdots,e_r\in\boldsymbol{Z}$ を任意に与えるとき，$x\in K$ で

$$v_i(x)=e_i \quad (1\leqslant i\leqslant r), \qquad v_\mathfrak{p}(x)\geqslant 0 \quad (\forall \mathfrak{p}\in\mathscr{P}-\{\mathfrak{p}_1,\cdots,\mathfrak{p}_r\})$$

をみたすものが存在する．ただし v_i は $A_{\mathfrak{p}_i}$ に，$v_\mathfrak{p}$ は $A_\mathfrak{p}$ に対応する正規化された加法付値とする．

証明． $y_1\in A$ を $\mathfrak{p}_1$ に属し $\mathfrak{p}_1^{(2)}\cup\mathfrak{p}_2\cup\cdots\cup\mathfrak{p}_r$ に属さない元とすれば $v_i(y_1)=\delta_{1i}$ $(1\leqslant i\leqslant r)$ である．同様に $y_2,\cdots,y_r\in A$ を $v_i(y_j)=\delta_{ij}$ となるように取る．

$$y = \prod_{i=1}^{r} y_i^{e_i}$$

とおき，$\mathfrak{p}\in\mathscr{P}-\{\mathfrak{p}_1,\cdots,\mathfrak{p}_r\}$ で $v_\mathfrak{p}(y)<0$ となるものの全部を $\mathfrak{p}_1',\cdots,\mathfrak{p}_s'$ とする．$\mathfrak{p}_1\cup\cdots\cup\mathfrak{p}_r$ に入らず $\mathfrak{p}_j'$ に入る元 t_j を $j=1,\cdots,s$ についてえらび，十分大きな ν に対し

$$x = y(t_1\cdots t_s)^\nu$$

とおけば，この x が定理の要求をみたす． ▮

定理 12.7. (森誉四郎・西村純一) $A,\mathscr{P}$ を前定理と同様とする．各 $\mathfrak{p}\in\mathscr{P}$ に対し $A/\mathfrak{p}$ がネータ環ならば A もネータ環である．

証明．(西村純一) $\mathfrak{p}\in\mathscr{P}$ のとき，任意の $n>0$ に対し $A/\mathfrak{p}^{(n)}$ がネータ環であればよい (定理 5 の証明参照)． $n=1$ のとき，これは仮定によって正しい．$n>1$ のときには次のようにすればよい．前定理を $r=1$, $e=-1$ に対して用いれば，A の商体の元 x で $v_\mathfrak{p}(x)=1$, $\mathfrak{p}$ 以外のすべての $\mathfrak{q}\in\mathscr{P}$ に対し $v_\mathfrak{q}(x)\leqslant 0$ となるものの存在がわかる．$B=A[x]$ とおく．$y\in\mathfrak{p}$ なら $y/x\in A$ であり，逆に $B\subset A_\mathfrak{p}$, $xB\subset\mathfrak{p}A_\mathfrak{p}$ であるから $\mathfrak{p}=xB\cap A$, また $B=A+xB$, したがって

$$B/xB \simeq A/\mathfrak{p}$$

である．$x^iB/x^{i+1}B\simeq B/xB$ であるから i についての帰納法で B/x^iB がすべての $i>0$ についてネータ B 加群であり，したがってネータ環であることがわかる．

$$x^nB\cap A \subset x^nA_\mathfrak{p}\cap A = \mathfrak{p}^{(n)}$$

であり，B/x^nB は $A/(x^nB\cap A)$ 加群として $1, x, \cdots, x^{n-1}$ の像で生成されるから，Eakin-永田の定理 (3.7) により $A/(x^nB\cap A)$ もネータ環，したがってその準同形像である $A/\mathfrak{p}^{(n)}$ もネータ環である． ▮

注． A をネータ整域，K をその商体とすれば，A の K 内での整閉包は必ずしもネータ環でないが Krull 環である [N 1](33.10)．これは局所環の場合を森誉四郎 (1952) が，一般の場合を永田雅宜 (1955) が証明した．定理 12.7 は森 [70] (1955) によってネータ環の整閉包についての定理として証明された．その証明は（多少の，容易に修正できるきずはあったが）正しく，大変興味あるものであるが，かなり難解であったのと目立たぬ所に発表されたのとで，この結果はほとんど忘れられかけていた．それが Marot [62] (1973) によって有効に用いられてから改めて注目され，西村純一 [129] (1975) がこれを上のように Krull 環の定理の形に直してエレガントな証明を与えたのである．

なお，Krull 環については [N 1], [B 7], [F] などに述べられている．

§ 12 の問題 次の命題を証明せよ．

【12.1】 L を体 K の有限次代数拡大体，R を K の付値環とすれば，R を支配する L の付値環は有限個であり，L が K 上正規ならばそれらはガロア群 $\mathrm{Aut}_K(L)$ の元で互いに共役である．

【12.2】 R を体 K の付値環，L を K の代数拡大体（無限次でもよい），$\bar{R}$ を R の L における整閉包とすれば，$\bar{R}$ の極大イデアルによる局所環は R を支配する L の付値環であり，逆に R を支配する L の付値環はすべてこのようにして得られる．

【12.3】 A を Krull 環，K を A の商体，L を K の有限次代数拡大体，B を A の L における整閉包とすれば，B も Krull 環である．

【12.4】 A を整域，K をその商体とする．分数イデアル I に対し $\tilde{I}=(I^{-1})^{-1}$ とおく．$I=\tilde{I}$ が成り立つとき I は**因子的** (divisorial) であるといわれる．A が Krull 環のとき，A のイデアルが因子的であるためには，有限個の高度 1 の準素イデアルの交わりとして表わせることが必要十分である．

第5章 次 元 論

ネータ環の次元論は Krull の数多い業績の中でも最大のものであろう．彼の単項イデアル定理（定理 13.5）によってネータ環論は数学としての深みを獲得したといってよい．一方，重複度の理論はまず Chevalley によって厳密でかなり一般的な取り扱いがなされたが，Samuel が Samuel 関数による定義を与えてわかり易い理論にした．

本書では EGA 等の方法に従い，Samuel 関数を通じて定理 13.4 を証明し，単項イデアル定理を系として出す．Samuel 関数は広中による解析空間の特異点解消の証明でも特異性の尺度として重要であるが，本書では基礎的なことだけしか述べられない．§ 15 では巴系の概念を有効に使って，環準同形のファイバーの次元や，有限生成の拡大環の次元公式などを論ずる．

§ 13. 次数環，Hilbert 関数，Samuel 関数

G を，単位元 0 をもつ可換半群［すなわち算法 $+$ が定義され，結合律 $(x+y)+z=x+(y+z)$，交換律 $x+y=y+x$ および $0+x=x$ が成り立つような集合］とする．環 R において加法群としての直和分解 $R=\bigoplus_{i\in G} R_i$ が与えられており，$R_iR_j\subset R_{i+j}$ がみたされているときに，R を G 型の次数環（graded ring）という．同様に，R 加群 M において直和分解 $M=\bigoplus_{i\in G} M_i$ が与えられ $R_iM_j\subset M_{i+j}$ が成り立っているとき，M を**次数 R 加群**（graded R-module）という．M の元 x が**斉次元**（homogeneous element）であるとは，ある $i\in G$ に対し $x\in M_i$ となることである．このとき i を x の**次数**（degree）という．M の一般の元は $x=\sum_{i\in G} x_i$，$x_i\in M_i$，と一意的に書ける，ただし x_i は有限個をのぞいて 0 である．x_i を x の i 次斉次部分という．

M の部分加群 N が斉次元で生成されるとき**斉次部分加群**（homogeneous submodule, graded submodule）という．この条件はまた次のいずれの条件とも同値である：

（1） M の元 x が N に入れば，x の各斉次部分も N に入る，

（2） $N=\sum_{i\in G}(N\cap M_i)$.

一般に，N が斉次部分加群ならば $M/N=\bigoplus_{i\in G} M_i/N_i$，ただし $N_i=M_i\cap N$，となり M/N も次数 R 加群である．

定義からわかるように R_0 は R の部分環であり，R 上の次数加群 M の各斉次部分 M_i は R_0 加群である．

次数環の概念がもっともよく使われるのは，G が非負整数の加法半群 $\{0,1,2,\cdots\}$ のときである．この半群を $\boldsymbol{N}$ で表わすことにする．このとき，$R^+=\sum_{n>0}R_n$ とおけば R^+ は R のイデアルで $R/R^+\simeq R_0$.

環 R_0 上の多項式環 $R=R_0[X_1,\cdots,X_n]$ は，普通は単項式 $X_1^{\alpha_1}\cdots X_n^{\alpha_n}$ の次数を全次数 $\alpha_1+\cdots+\alpha_n$ で定義して $\boldsymbol{N}$ 型の次数環とみなすが，そのほかにも有用な次数づけが存在する．たとえば上の単項式の次数を $(\alpha_1,\cdots,\alpha_n)$ として $\boldsymbol{N}^n$ 型の次数づけができる[1)]．また，各 X_i に適当な**重さ**（weight）d_i を与え，上の単項式の次数を $\sum\alpha_i d_i$ とおくことによって R の $\boldsymbol{N}$ 型の次数づけができる．例：$R_0[X,Y,Z]/(f)$，$f=a_1X^\alpha+a_2Y^\beta+a_3Z^\gamma$，は X, Y, Z の像にそれぞれ重さ $\beta\gamma$，$\gamma\alpha$，$\alpha\beta$ を与えると次数環とみなせる．

A を環，I を A のイデアル，t を A 上の不定元とする．多項式環 $A[t]$ を普通のやり方で次数環とみる．$R=R(A,I)=\{\sum a_nt^n \mid a_n\in I^n\}=\bigoplus_n I^nt^n$ とおけば R は $A[t]$ の部分環で，やはり次数環である．これを A の I に関する Rees 環とよぶ[2)]．$I=u_1A+\cdots+u_rA$ なら $R=A[u_1t,\cdots,u_rt]$ と表わせるから，A がネータ環なら R もそうである．

環 A にイデアルの減少列 $J_1\supset J_2\supset\cdots$ が与えられ $J_nJ_m\subset J_{n+m}$ をみたすとき，A に **filtration** が与えられたという．これから A に線形位相が定まり，また次数環 $\mathrm{gr}(A)$ が次のように定義される．まず加法群として

$$\mathrm{gr}_n(A)=J_n/J_{n+1}\quad(n\geqslant 0,\ J_0=A),$$

1） これを積極的に用いることのホモロジー代数における有用性を明らかにしたのは，渡辺敬一，後藤四郎の両氏である．

2） Rees 自身が使ったのは，R よりもむしろ，$\boldsymbol{Z}$ 型の次数環 $A[t,t^{-1}]$ の部分環 $R'=R[t^{-1}]$ であって，これも Rees 環とよばれている．

$$\mathrm{gr}(A) = \bigoplus_{n\in \boldsymbol{N}} \mathrm{gr}_n(A)$$

とおき,

$$x\in J_n,\ y\in J_m \ \Rightarrow\ (x+J_{n+1})\cdot(y+J_{m+1})=xy+J_{n+m+1}$$

として積を定義すれば, $\mathrm{gr}(A)$ が次数環になることは容易にわかる. $J_1\supset J_2\supset\cdots$ が定める位相での A の完備化 $\hat{A}$ には filtration $J_1^*\supset J_2^*\supset\cdots$ が入り (§8 参照), $\hat{A}/J_n^*\simeq A/J_n$ $(\forall n)$ したがって $J_n^*/J_{n+1}^*\simeq J_n/J_{n+1}$ であるから

$$\mathrm{gr}(A) = \mathrm{gr}(\hat{A})$$

である.

A を環, I をイデアルとし, I のべきによる filtration $I\supset I^2\supset\cdots$ から作った次数環を B としよう. (B を表わすには $\mathrm{gr}_I(A)$, $\mathrm{gr}^I(A)$, $G_A(I)$ など人によっていろいろな記法が用いられている.) $B_n=I^n/I^{n+1}$ の元は $B_1=I/I^2$ の元を n 個かけ合せたものの1次結合として表わせるから, B は部分環 $B_0=A/I$ の上に B_1 の元で生成される. $I=Ax_1+\cdots+Ax_r$ のときには, x_i の $B_1=I/I^2$ での像を ξ_i とすると

$$B = \mathrm{gr}_I(A) = (A/I)[\xi_1,\cdots,\xi_r]$$

であり, B は多項式環 $(A/I)[X_1,\cdots,X_r]$ の次数環としての準同形像になっている. 先に定義した Rees 環 $R=A[x_1t,\cdots,x_rt]$ との関係は $B\simeq R/IR$ で与えられる. また $R'=R[t^{-1}]$ (前頁脚注2) 参照) との関係は, $u=t^{-1}$ とおくと $B\simeq R'/uR'$ で与えられる. $R'_n=I^nt^n$ $(n>0)$, $R'_n=At^n$ $(n\leqslant 0)$ だからである.

定理 13.1. $\boldsymbol{N}$ 型の次数環 $R=\bigoplus_{n\geqslant 0} R_n$ がネータ環であるためには, R_0 がネータ環で R が R_0 上有限生成の環であることが必要十分である.

証明. 十分性は明らか. 必要性: R をネータ環とする. $R_0\simeq R/R^+$ であるから R_0 もネータ環である. R^+ は斉次イデアルで有限生成だから, 斉次元 $x_1,\cdots,x_r$ で生成されているとしてよい. このとき, $R=R_0[x_1,\cdots,x_r]$ であることが容易にわかる. 実際, すべての n について $R_n\subset R_0[x_1,\cdots,x_r]$ を示せばよいが, x_i の次数を d_i とすれば

(*)　$R_n=x_1R_{n-d_1}+x_2R_{n-d_2}+\cdots+x_rR_{n-d_r}$

と書ける．なぜなら，$y\in R_n$ を $y=\sum x_if_i$, $f_i\in R$, と表わし，f_i の $n-d_i$ 次斉次部分を g_i とすれば（$n-d_i<0$ のときは $g_i=0$ とおく）$y=\sum x_ig_i$ も成り立つからである．(*) から n についての帰納法で $R_n\subset R_0[x_1,\cdots,x_r]$ が得られる．▌

$R=\bigoplus_{n\geqslant 0}R_n$ をネータ的次数環，$M=\bigoplus_{n\geqslant 0}M_n$ を有限生成の次数 R 加群とすれば，各 M_n は有限生成の R_0 加群である．実際，$M=R$ の場合にはこれは上の (*) から明らかである．一般の場合には，M は有限個の斉次元 ω_i で生成される：$M=R\omega_1+\cdots+R\omega_s$. いま ω_i の次数を e_i とすれば，上と同様にして

$$M_n = R_{n-e_1}\omega_1+\cdots+R_{n-e_s}\omega_s \quad (i<0 \text{ のとき } R_i=0 \text{ とおく})$$

となるから M_n も有限 R_0 加群である．とくに R_0 がアルティン環であれば，R_0 加群としての長さを $l(\ )$ で表わすと $l(M_n)<\infty$ である．このとき，M の **Poincaré 級数** $P(M,t)$ を次式で定義する：

$$P(M,t)=\sum_{n=0}^{\infty}l(M_n)t^n\in \boldsymbol{Z}[[t]].$$

[数列 $a_0,a_1,a_2,\cdots$ に対し母関数 (generating function) $\sum a_it^i$ を考えることは組合せ論で常用の手法である．]

定理 13.2.　$R=\bigoplus_{n\geqslant 0}R_n$ をネータ的次数環で R_0 がアルティン的なものとし，M を有限生成の次数 R 加群とする．$R=R_0[x_1,\cdots,x_r]$, x_i は d_i 次斉次元，とし $P(M,t)$ を上のようにおけば，$P(M,t)$ は t の有理関数となり次のように表わせる：

$$P(M,t) = f(t)\,/\prod_{i=1}^{r}(1-t^{d_i}),$$

ここに $f(t)$ は $\boldsymbol{Z}$ 係数の多項式である．

証明．R の生成元の数 r についての帰納法．$r=0$ のときは $R=R_0$, したがって M_n は十分大きい n に対し 0 になり，べき級数 $P(M,t)$ は多項式と

なる．$r>0$ とすると，x_r を M_n の元に乗ずることにより R_0 線形写像 $M_n \to M_{n+d_r}$ が得られる．その核を K_n，余核を L_{n+d_r} とおく：

$$0 \longrightarrow K_n \longrightarrow M_n \xrightarrow{x_r} M_{n+d_r} \longrightarrow L_{n+d_r} \longrightarrow 0.$$

$K=\oplus K_n$，$L=\oplus L_n$ とおけば K は M の部分加群であり，$L=M/x_rM$ だから，K も L も有限 R 加群で，しかも $x_rK=0$，$x_rL=0$ だから R/x_rR 加群とみられる．したがって $P(K,t)$，$P(L,t)$ に帰納法の仮定が適用される．一方，上の完全列から

$$l(K_n)-l(M_n)+l(M_{n+d_r})-l(L_{n+d_r}) = 0$$

が得られ，これに t^{n+d_r} をかけて n について加えると

$$t^{d_r}P(K,t)-t^{d_r}P(M,t)+P(M,t)-P(L,t) = g(t),$$

ここに $g(t)\in \boldsymbol{Z}[t]$，となる．これから定理は直ちに従う．▮

上の定理から，$l(M_n)$ の値について多くの情報が得られる．とくに簡単なのは $d_1=\cdots=d_r=1$ のとき，すなわち R が1次斉次元で R_0 上生成されているときである．このとき $P(M,t)=f(t)\cdot(1-t)^{-r}$ となるが，$f(t)$ が $(1-t)$ を因子としてもてば約分して

$$P(M,t)=f(t)(1-t)^{-d},\quad f\in\boldsymbol{Z}[t],\quad d\geqq 0,\quad d>0 \text{ なら } f(1)\neq 0$$

の形にできる．このとき $d=d(M)$ と書くことにする．$(1-t)^{-1}=1+t+t^2+\cdots$ から，両辺を t で微分してゆけば

$$(1-t)^{-d} = \sum_{n=0}^{\infty}\binom{d+n-1}{d-1}t^n$$

が得られる．[もちろん，$(1+t+t^2+\cdots)^d$ を直接計算してもよい．] したがって，$f(t)=a_0+a_1t+\cdots+a_st^s$ なら

$$(*)\quad l(M_n) = a_0\binom{d+n-1}{d-1}+a_1\binom{d+n-2}{d-1}+\cdots+a_s\binom{d+n-s-1}{d-1}$$

である．ただし $m<d-1$ のときは $\binom{m}{d-1}=0$ とみなす．上式の右辺は形式的に n の有理係数の多項式として整頓できる．これを $\varphi(n)$ とすると

$$\varphi(X) = \frac{f(1)}{(d-1)!}X^{d-1}+(\text{低次の項})$$

よって次のことがわかる：

系． 定理 2 で $d_1=\cdots=d_r=1$ のとき，$d=d(M)$ を上のように定めると，有理係数で $d-1$ 次の多項式 $\varphi_M(X)$ があって，$n\geqslant s$ ならば $l(M_n)=\varphi_M(n)$ が成り立つ．ここに s は多項式 $(1-t)^d P(M,t)$ の次数である．ここに現われた多項式 φ_M を次数加群 M の **Hilbert 多項式**とよぶ[3]．これに対し $l(M_n)$ 自身を n の関数とみるとき M の Hilbert 関数とよぶ．

例 1． $R=R_0[X_0, X_1, \cdots, X_r]$ のとき，n 次の単項式の数は $\binom{n+r}{r}$ だから

$$l(R_n) = l(R_0)\cdot\binom{n+r}{r}$$

がすべての $n\geqslant 0$ について成り立ち，この右辺が $\varphi_R(n)$ である．すなわち $\varphi_R(X)=(l(R_0)/r!)(X+r)(X+r-1)\cdots(X+1)$.

例 2． k を体とし，$F(X_0, \cdots, X_r)$ を s 次の斉次多項式とすれば，$R=k[X_0, \cdots, X_r]/(F(X))$ とおくとき，$n\geqslant s$ なら

$$l(R_n) = \binom{n+r}{r}-\binom{n-s+r}{r},$$

したがって，$\binom{n+r}{r}=(1/r!)n^r+a_1n^{r-1}+\cdots$ とおくと，次のようになる．

$$\begin{aligned}\varphi_R(X) &= \frac{1}{r!}[X^r-(X-s)^r]+a_1[X^{r-1}-(X-s)^{r-1}]+\cdots\\ &= \frac{s}{(r-1)!}X^{r-1}+(\text{低次の項})\end{aligned}$$

例 3． k を体とし $R=k[X_1, \cdots, X_r]/P=k[\xi_1, \cdots, \xi_r]$，$P$ は斉次素イデアル，とする．R の k 上の超越次数を t とし，$\xi_1, \cdots, \xi_t$ が k 上代数的独立とすると，$\xi_1, \cdots, \xi_t$ の n 次単項式は $\binom{n+t-1}{t-1}$ 個ありそれらは k 上 1 次独立だから $l(R_n)\geqslant\binom{n+t-1}{t-1}$，よって $d\geqslant t$ である．実は $d=t$ であることを後に証明する（定理 8）．

3) $d_1, \cdots, d_r$ が一般の場合は，$l(M_n)$ が 1 つの多項式で表わせるとは限らない．

体 k 上の多項式環 $k[X_0, \cdots, X_r]$ の斉次イデアルは，r 次元射影空間 $\boldsymbol{P}^r$ の中の代数的多様体を定義するわけで，Hilbert 多項式は代数幾何学で重要な役割を果たす．たとえば例2では φ_R の最高次係数の分子は F の次数に等しいことに注意されたい．これはもっと一般的に成り立つことなのであるが，詳しくは代数幾何学の教科書に譲らねばならない（[Ha]).

一般のネータ局所環 $(A, \mathfrak{m})$ の研究が，$\mathrm{gr}_{\mathfrak{m}}(A)$ を考えることによって体上の多項式環のイデアル論と結びつくというのは，ネータ環論における記念碑的な論文“局所環の次元論” [54] において Krull が導入した重要な思想である．$\mathfrak{m}$ が r 個の元で生成されれば $\mathrm{gr}_{\mathfrak{m}}(A)$ は $k[X_1, \cdots, X_r]/I$ ($k=A/\mathfrak{m}$, I は斉次イデアル）の形をしている．しかしこの次数環の Hilbert 関数を環 A の重複度の研究に用い始めたのは P. Samuel (1951) であった．

Samuel 関数

少し一般に，A をネータ半局所環，$\mathfrak{m}$ を A の Jacobson 根基とする．A のイデアル I が，ある $\nu>0$ に対して $\mathfrak{m}^\nu \subset I \subset \mathfrak{m}$ をみたすとき，I を A の**定義イデアル** (ideal of definition) とよぶ．I 進位相が $\mathfrak{m}$ 進位相に一致するから，$\mathfrak{m}$ 進位相を定義するイデアルという意味である．M を有限生成の A 加群とする．

$$\mathrm{gr}_I(M) = \bigoplus_{n \geqslant 0} I^n M / I^{n+1} M$$

とおけば，自然なやり方でこれは $\mathrm{gr}_I(A) = \oplus I^n/I^{n+1}$ の上の次数加群になる．簡単のため $\mathrm{gr}_I(A)=A'$, $\mathrm{gr}_I(M)=M'$ と書くことにしよう．$A_0'=A/I$ はアルティン環であり，$I=\sum_1^r x_i A$ ならば x_i の I/I^2 における像を ξ_i とすれば $A'=A_0'[\xi_1, \cdots, \xi_r]$ である．また $M=\sum_1^s A\omega_i$ ならば $M'=\sum A'\bar{\omega}_i$ ($\bar{\omega}_i$ は ω_i の $M_0'=M/IM$ における像）が成り立つから，定理2やその系が M' に適用できる．$l(M_n')=l(I^n M/I^{n+1}M)$（ただし左辺の l は A_0' 加群としての，右辺の l は A 加群としての長さ）であることに注意すれば，

$$\sum_{i=0}^n l(M_i') = l(M/I^{n+1}M)$$

である．われわれは $\chi_M^I(n)=l(M/I^{n+1}M)$ とおく．とくに $\chi_M^{\mathfrak{m}}(n)$ は単に

$\chi_M(n)$ と書いて，これを A 加群 M の Samuel 関数とよぶことにする．

よく知られた公式 $\binom{m}{n}=\binom{m-1}{n-1}+\binom{m-1}{n}$ をくり返し用いればわかるように

$$\sum_{\nu=0}^{n}\binom{d+\nu-1}{d-1} = \binom{d+n}{d}$$

が成り立つから，116 頁の公式 (*) から

$$\chi_M^I(n) = a_0\binom{d+n}{d}+a_1\binom{d+n-1}{d}+\cdots+a_s\binom{d+n-s}{d}, \quad a_i\in \boldsymbol{Z}$$

が得られる．これは $n\geqslant s$ のとき n について d 次の多項式である．この次数 d は M によって定まり I によらない．なぜなら，I, J が共に A の定義イデアルならば $I^a\subset J$, $J^b\subset I$ となる自然数 a, b が存在するから

$$\chi_M^J(an+a-1) \geqslant \chi_M^I(n), \quad \chi_M^I(bn+b-1) \geqslant \chi_M^J(n)$$

が成り立つからである．よって $d=d(M)$ と書くことにする．$d(M)$ を，M の大きさのひとつの尺度と考えるのは自然であろう．

定理 13.3. A をネータ半局所環，$0 \to M' \to M \to M'' \to 0$ を有限 A 加群の完全列とすれば

$$d(M) = \max(d(M'), d(M''))$$

である．A の任意の定義イデアル I について $\chi_M^I-\chi_{M''}^I$ は $\chi_{M'}^I$ と最高次の項を共有する．

証明．$M''=M/M'$ とみなすと，$M''/I^nM''=M/(M'+I^nM)$ だから

$$\begin{aligned} l(M/I^nM) &= l(M/M'+I^nM)+l(M'+I^nM/I^nM) \\ &= l(M''/I^nM'')+l(M'/M'\cap I^nM). \end{aligned}$$

よって $\varphi(n)=l(M'/M'\cap I^{n+1}M)$ とおくと $\chi_M^I=\chi_{M''}^I+\varphi$．そして $\chi_{M''}^I$ も φ も正の値のみをとるから，$d(M)$ は $d(M'')$ と $\deg\varphi$ との大きいほうに一致する．一方 Artin-Rees の定理から，$c>0$ があって

$$n>c \Rightarrow I^{n+1}M' \subset M'\cap I^{n+1}M \subset I^{n-c+1}M'$$

であるから

$$\chi^I_{M'}(n) \geqslant \varphi(n) \geqslant \chi^I_{M'}(n-c),$$

ゆえに φ と $\chi^I_{M'}$ は最高次の項を共有する. ▌

M の次元に関係して，もうひとつの量 $\delta(M)$ を次のように定義しよう: $l(M/(x_1M+\cdots+x_nM))<\infty$ となる $x_1, \cdots, x_n \in \mathfrak{m}$ が存在するような最小の n を $\delta(M)$ とおく. ただし $l(M)<\infty$ なら $\delta(M)=0$ と解釈する. I を A の任意の定義イデアルとすれば，$l(M/IM)<\infty$ だから，I の生成元の数 $\geqslant\delta(M)$ である.

さてわれわれは，いよいよ次元論の基本定理に到達した.

定理 13.4. A をネータ半局所環，M を有限 A 加群とすると，

$$\dim M = d(M) = \delta(M)$$

が成り立つ.

証明. (第1段) $d(M), \delta(M)$ は有限だが，$\dim M$ の有限性はまだ示していなかった. まず $M=A$ の場合に $d(A)\geqslant\dim A$ を示そう. $d(A)$ についての帰納法. $\mathfrak{m}=\mathrm{rad}(A)$ とおく. $d(A)=0$ ならば $l(A/\mathfrak{m}^n)$ が $n\gg 0$ に対し定数，したがってある n に対し $\mathfrak{m}^n=\mathfrak{m}^{n+1}=\cdots$ となり，NAK により $\mathfrak{m}^n=0$. よって A の任意の素イデアルは極大イデアルとなるから $\dim A=0$.

次に $d(A)>0$ とする. $\dim A=0$ ならよい. $\dim A>0$ のときは，A の素イデアルの真増大列 $\mathfrak{p}_0\subset\mathfrak{p}_1\subset\cdots\subset\mathfrak{p}_e$ をとり，元 $x\in\mathfrak{p}_1-\mathfrak{p}_0$ をひとつえらんで $B=A/(\mathfrak{p}_0+xA)$ とおくと，完全列

$$0 \longrightarrow A/\mathfrak{p}_0 \xrightarrow{x} A/\mathfrak{p}_0 \longrightarrow B \longrightarrow 0$$

と前定理とから $d(B)<d(A)$，ゆえに帰納法の仮定で

$$\dim B \leqslant d(B) \leqslant d(A)-1.$$

[$d(B)$ や $\dim B$ は，B を A 加群と考えるか B 加群と考えるかによらない. これは定義から容易にわかる.] B には $\mathfrak{p}_1\subset\cdots\subset\mathfrak{p}_e$ の像である長さ $e-1$ の素イデアル列が存在するから

$$e-1 \leqslant \dim B \leqslant d(A)-1.$$

よって $e \leqslant d(A)$. これが A の任意の素イデアル列について成り立つから, $\dim A \leqslant d(A)$ が示された. 一般の M に対しては,

$$0=M_0 \subset M_1 \subset \cdots \subset M_q=M, \qquad M_i/M_{i-1} \simeq A/\mathfrak{p}_i, \qquad \mathfrak{p}_i \in \operatorname{Spec}(A),$$

となるような部分加群 M_i が存在する (定理 6.4). $0 \to M' \to M \to M'' \to 0$ が有限 A 加群の完全列なら

$$\begin{aligned}\operatorname{Supp}(M) &= \operatorname{Supp}(M') \cup \operatorname{Supp}(M''),\\ \dim M &= \max(\dim M', \dim M'')\end{aligned}$$

が成り立つことは容易にわかるから

$$d(M)=\max\{d(A/\mathfrak{p}_i)\} \geqslant \max\{\dim(A/\mathfrak{p}_i)\}=\dim M.$$

(第2段) $d(M) \leqslant \delta(M)$ を示す. $\delta(M)=0$ なら $l(M)<\infty$ で $\chi_M(n)$ は有界, したがって $d(M)=0$ である. つぎに $\delta(M)=s>0$ とし, $x_1, \cdots, x_s \in \mathfrak{m}$ を $l(M/x_1M+\cdots+x_sM)<\infty$ となるようにとり $M_i=M/x_1M+\cdots+x_iM$ とおけば, 明らかに $\delta(M_i)=\delta(M)-i$. 一方

$$\begin{aligned} l(M_1/\mathfrak{m}^n M_1) &= l(M/x_1M+\mathfrak{m}^n M) = l(M/\mathfrak{m}^n M) - l(x_1M/x_1M \cap \mathfrak{m}^n M)\\ &= l(M/\mathfrak{m}^n M) - l(M/(\mathfrak{m}^n M : x_1))\\ &\geqslant l(M/\mathfrak{m}^n M) - l(M/\mathfrak{m}^{n-1} M)\end{aligned}$$

だから $d(M_1) \geqslant d(M)-1$. これをくり返して $d(M_s) \geqslant d(M)-s$ を得るが, $\delta(M_s)=0$ したがって $d(M_s)=0$ だから $s \geqslant d(M)$.

(第3段) $\dim M \geqslant \delta(M)$ を示す. $\dim M$ についての帰納法. $\dim M=0$ なら $\operatorname{Supp}(M) \subset \text{m-Spec}(A)=V(\mathfrak{m})$, したがって十分大きい n に対し $\mathfrak{m}^n \subset \operatorname{ann}(M)$ となるから $l(M)<\infty$, ゆえに $\delta(M)=0$. つぎに $\dim M>0$ とし, $\operatorname{ann}(M)$ の極小素因子の中 $\operatorname{coht}=\dim M$ のものを $\mathfrak{p}_i$ $(1 \leqslant i \leqslant t)$ とすれば, これらは極大イデアルではないから $\mathfrak{m}$ を含まない. したがって $x_1 \in \mathfrak{m}$ をどの $\mathfrak{p}_i$ にも入らないようにとれる. $M_1=M/x_1M$ とおけば $\dim M_1<\dim M$. ゆえに帰納法の仮定で $\delta(M_1) \leqslant \dim M_1$ だが, 明らかに $\delta(M) \leqslant \delta(M_1)+1$ だから $\delta(M) \leqslant \dim M_1+1 \leqslant \dim M$. ▌

定理 13.5. A をネータ環，$I=(a_1,\cdots,a_r)$ を r 個の元で生成されたイデアル，$\mathfrak{p}$ を I の極小素因子とすれば $\mathrm{ht}\,\mathfrak{p}\leqq r$ である．したがって，A の真のイデアルの高度は常に有限である．

証明． $A_\mathfrak{p}$ で $IA_\mathfrak{p}$ は極大イデアルに属する準素イデアルであるから，$\mathrm{ht}\,\mathfrak{p}=\dim A_\mathfrak{p}=\delta(A_\mathfrak{p})\leqq r$.

注． Krull はこの定理を r についての帰納法で証明した．その際 $r=1$ のときの証明が一番むずかしいので，$r=1$ のときを**単項イデアル定理** (Hauptidealsatz) とよんだ．定理 5 全体をこの名でよぶこともある．ここでは定理 5 は定理 4 の系にすぎないが，定理 4 の $\dim M=\delta(M)$ を定理 5 から導くこともできる．定理 5 の証明としては，Samuel 関数の助けをかりない Krull の証明のほうが簡単である．高度の定義は抽象的で，下限は求められても上限は定義だけからは求まらないので，この定理は大変重要である．単項イデアル定理は“方程式を 1 つ増すと解の空間の次元が高々 1 つ減る”という，幾何や物理でしばしば直観的にあるいは経験的に自明視される（厳密にいえば，必ずしも正しくない）命題に対応する定理である．次のように，定理 5 の逆も成り立つ．

定理 13.6. P がネータ環 A の素イデアルで $\mathrm{ht}\,P=r$ ならば，P は r 個の元で生成されたイデアル $(a_1,\cdots,a_r)$ の極小素因子である．またこのとき $\mathrm{ht}(P/(a_1,\cdots,a_i))=r-i$ $(1\leqq i\leqq r)$ が成り立つ．

証明． A_P は r 次元局所環であるから，定理 4 により，r 個の元 $a_1,\cdots,a_r\in PA_P$ をとって $(a_1,\cdots a_r)A_P$ が極大イデアルのべきを含むように取れる．a_i は P の元と A_P の単元との積の形であるから，$a_i\in P$ として一般性を失わない．すると A のイデアル $I=(a_1,\cdots,a_r)A$ と P との間には素イデアルがないから，P は I の極小素因子である．$\bar{P}=P/(a_1,\cdots,a_i)$，$\bar{A}=A/(a_1,\cdots,a_i)$，$\mathrm{ht}\,\bar{P}=s$ とおくと，$\bar{P}$ は $(\bar{a}_{i+1},\cdots,\bar{a}_r)$ の極小素因子だから $s\leqq r-i$. また s 個の元で生成された $\bar{A}$ のイデアル $(\bar{b}_1,\cdots,\bar{b}_s)$ があって $\bar{P}$ はその極小素因子となるから，P は $(a_1,\cdots,a_i,b_1,\cdots,b_s)$ の極小素因子となり $r\leqq i+s$. ゆえに $s=r-i$ である．

定理 13.7. $A=\bigoplus_{n\geqq 0}A_n$ をネータ的次数環とする．

i） I を斉次イデアルとし P を I の素因子とすれば，P も斉次イデアルである．

ii） P を高度 r の斉次素イデアルとすれば，r 個の斉次元 b_i で生成されたイデアル $I=(b_1, \cdots, b_r)$ が存在して P は I の極小素因子となる．また，斉次素イデアルのみから成る長さ r の列 $P=P_0 \supset P_1 \supset \cdots \supset P_r$ が存在する．

証明． i） P は次数 A 加群 A/I の適当な元 x によって $P=\mathrm{ann}(x)$ と表わされる．$a \in P$ とし，$x=x_0+x_1+\cdots+x_r$，$a=a_p+a_{p+1}+\cdots+a_q$ を斉次成分への分解とする．$ax=0$ から

$$a_p x_0=0, \quad a_p x_1+a_{p+1}x_0=0, \quad a_p x_2+a_{p+1}x_1+a_{p+2}x_0=0, \cdots$$

となって，これから $a_p^2 x_1=0$，$a_p^3 x_2=0, \cdots$ が出る．よって $a_p^{r+1}x=0$. したがって $a_p^{r+1} \in P$ だが P は素イデアルだから $a_p \in P$. すると $a_{p+1}+\cdots+a_q \in P$ だから同様に $a_{p+1} \in P$. 以下同様にして a のすべての斉次成分が P に入るから P は斉次イデアルである．

ii） $r=0$ なら問題はない $(I=(0))$. $r>0$ とする．定理 6 により $a_1, \cdots, a_r \in P$ を，P が $(a_1, \cdots, a_r)$ の極小素因子になるようにえらべる．$J=(a_1, \cdots, a_r)$ とおき，a_i の j 次斉次成分を a_{ij} とする．JA_P は $\{a_{ij}\}_{i,j}$ で生成されるから，$\{a_{ij}\}$ の中から極小底を取り出すことができる．したがって r 個の斉次元 $b_1, \cdots, b_r \in P$ で $JA_P=(b_1, \cdots, b_r)A_P$ となるものが存在する．すると P は $(b_1, \cdots, b_r)A$ の極小素因子である．

後半を証明するには，まず A が整域であるとしてよい．(長さ r の素イデアル列 $P=\mathfrak{p}_0 \supset \mathfrak{p}_1 \supset \cdots \supset \mathfrak{p}_r$ をとれば，$\mathfrak{p}_r$ は 0 の極小素因子だから i）により斉次イデアル．よって A の代りに $A/\mathfrak{p}_r$ で考えればよい．) ここで斉次元 $b_1, \cdots, b_r$ を上のようにとれば，$b_1 \neq 0$ だから $\mathrm{ht}(b_1A)=1$. 一方，定理 6 により $\mathrm{ht}(P/b_1A)=r-1$ だから，b_1A の極小素因子 Q で $\mathrm{ht}(P/Q)=r-1$ のものがあり，$Q \neq (0)$ だから Q は高度 1 の斉次素イデアルである．r についての帰納法の仮定を P/Q に用いて，$P=P_0 \supset P_1 \supset \cdots \supset P_{r-1}=Q$ という，長さ $r-1$ の斉次素イデアル列が存在するから，これに (0) を付加して長さ r の列を得ることができる． ∎

局所環と次数環の関係をもっと詳しく調べよう．

定理 13.8.　k を体，$R=k[\xi_1,\cdots,\xi_r]$ を1次の元 $\xi_1,\cdots,\xi_r$ で生成された次数環とし，$M=\sum\xi_iR$，$A=R_M$，$\mathfrak{m}=MA$ とおく．

i）局所環 A の Samuel 関数を χ，次数環 R の Hilbert 関数を φ とすると $\varphi(n)=\chi(n)-\chi(n-1)$.

ii）$\dim R=\operatorname{ht}M=\dim A=\deg\varphi+1$.

iii）次数環として $\operatorname{gr}_{\mathfrak{m}}(A)\simeq R$.

証明．　M は R の極大イデアルだから

$$\mathfrak{m}^n/\mathfrak{m}^{n+1}\simeq M^n/M^{n+1}\simeq R_n,$$

よって $\chi(n)-\chi(n-1)=l(\mathfrak{m}^n/\mathfrak{m}^{n+1})=l(R_n)=\varphi(n)$，したがって $\dim A=\deg\chi=1+\deg\varphi$ であり，$A=R_M$ だから $\dim A=\operatorname{ht}M$. あと $\dim R=\operatorname{ht}M$ を示せばよい．いま R が整域であるとすると，Hilbert 関数の所の例3と定理 5.6 によって

$$1+\deg\varphi\geqslant \operatorname{tr.deg}_k R=\dim R\geqslant \operatorname{ht}M$$

となり，$\operatorname{ht}M=\dim A=1+\deg\varphi$ とあわせて $\dim R=\operatorname{ht}M$. 次に R が一般の場合には，$P_1,\cdots,P_t$ を R の極小素イデアルとするとこれらはすべて斉次イデアル（定理 7）だから，各 R/P_i も次数環である．$\dim R=\dim R/P_1$ となるように P_1 をとり，これに上の結果を用いれば

$$\dim R=\dim R/P_1=\operatorname{ht}M/P_1\leqslant\operatorname{ht}M\leqslant\dim R,$$

よって望み通り $\dim R=\operatorname{ht}M$ である．$R_n\subset M^n\subset\mathfrak{m}^n$，$\mathfrak{m}^n/\mathfrak{m}^{n+1}\simeq R_n$ だから，R_n の元 x にその $\mathfrak{m}^n/\mathfrak{m}^{n+1}$ における像を対応させて標準的な1対1写像 $R\rightarrow\operatorname{gr}_{\mathfrak{m}}(A)$ が得られるが，これが環としての同形であることも定義から明らかである．▮

定理 13.9.　$(A,\mathfrak{m},k)$ をネータ局所環とし，$G=\operatorname{gr}_{\mathfrak{m}}(A)$ とおけば $\dim A=\dim G$.

証明．　G の Hilbert 関数を φ とすると $\dim A=1+\deg\varphi$（定理 4），一

方前定理によればこれは $\dim G$ に等しい. ∎

実は, より一般に次の定理が成り立つ. "A をネータ局所環, I を A の真のイデアル, $G=\mathrm{gr}_I(A)$ とすれば $\dim A=\dim G$." これはもう少し先で証明する (定理 15.7).

§13 の問題 次の命題を証明せよ.

【13.1】 $R=R_0+R_1+\cdots$ を次数環とし, u を R_0 の単元とすれば, $T_u(x_0+x_1+\cdots+x_n)=x_0+x_1u+\cdots+x_nu^n$ $(x_i\in R_i)$ で定義される写像 T_u は R の自己同形写像である. R_0 が無限体 k を含むときは, R のイデアル I が斉次イデアルであるためには $T_\alpha(I)=I$ $(\forall\alpha\in k)$ が必要十分である.

【13.2】 $R=R_0+R_1+\cdots$ を次数環, I を R のイデアル, t を R 上の不定元とする. $R'=R[t,t^{-1}]$ とおき, t の次数を 0 として R' を次数環とみなす $(R'_n=R_n[t,t^{-1}])$. このとき, I が斉次イデアルであるためには $T_t(IR')=IR'$ が必要十分である.

【13.3】 A が非弧立素因子をもつネータ環, $a\in A$ が $\bigcap_{n=1}^{\infty}a^nA=(0)$ をみたす A 正則元ならば, $A/(a)$ も非弧立素因子をもつ.

【13.4】 $R=\bigoplus_{n\in\boldsymbol{Z}}R_n$ を $\boldsymbol{Z}$ 型の次数環とする. I が R のイデアルであるとき, I に含まれる最大の斉次イデアル, すなわち I に入るすべての斉次元で生成された R のイデアルを I^* で表わす.

i) P が素イデアルなら P^* もそうである.

ii) P が斉次素イデアル, Q が P 準素イデアルなら Q^* も P 準素である.

【13.5】 R が $\boldsymbol{Z}$ 型の次数環で, 整域であるとする. R の 0 でないすべての斉次元から成る積閉集合を S とする. このとき, R_S は次数環で, その 0 次斉次部分 $(R_S)_0=K$ は体であり, $R\neq R_0$ なら $R_S\simeq K[X,X^{-1}]$ である. ただし X の次数は S の元の次数の最大公約数に等しいものとする.

【13.6】 R を $\boldsymbol{Z}$ 型の次数環とし, P を R の非斉次素イデアルとすれば, P^* と P との間には素イデアルは存在しない. もし $\mathrm{ht}\,P<\infty$ なら $\mathrm{ht}\,P=\mathrm{ht}\,P^*+1$ が成り立つ (Matijevic-Roberts [66]).

§14. 巴系と重複度

$(A,\mathfrak{m})$ を r 次元のネータ局所環とすれば, r 個の元で生成された $\mathfrak{m}$-準素イデアルが存在し, r 個より少い数の元で生成された $\mathfrak{m}$-準素イデアルは存在しない（定理 13.4）. $a_1, \cdots, a_r \in \mathfrak{m}$ が $\mathfrak{m}$-準素イデアルを生成するとき，$\{a_1, \cdots, a_r\}$ を A の**パラメタ系** (system of parameters)，略して**巴系**または **s. o. p.** という．M が有限 A 加群で $\dim M=s$ ならば，$l(M/(y_1, \cdots, y_s)M)<\infty$ となる $y_1, \cdots, y_s \in \mathfrak{m}$ が存在する．$\{y_1, \cdots, y_s\}$ を $\boldsymbol{M}$ **の巴系**という．

$A/\mathfrak{m}=k$ とおけば，$\mathfrak{m}$ 自身を生成するに必要な元の最小数は $\mathrm{rank}_k\, \mathfrak{m}/\mathfrak{m}^2$ である．（ただし rank_k は k 上の自由加群としての階数，すなわちベクトル空間としての次元を表わす．）これを A の**埋入次元** (embedding dimension) とよび $\mathrm{em}\dim A$ と書くこともある．一般に

$$\dim A \leqslant \mathrm{em}\dim A$$

である．ここで等号が成り立つとき，すなわち $\mathfrak{m}$ 自身が r 個の元で生成されるとき A を**正則局所環** (regular local ring) といい，$\mathfrak{m}$ を生成する巴系を**正則巴系**という．

定理 14.1. $(A, \mathfrak{m})$ をネータ局所環，$x_1, \cdots, x_r$ を巴系とする．

i) $\dim A/(x_1, \cdots, x_i) = r-i \qquad (1 \leqslant i \leqslant r)$.

ii) $\mathrm{ht}(x_1, \cdots, x_i)=i$ は任意の巴系について成り立つとはいえないが，巴系を適当に取って，その任意の部分集合 F が生成するイデアルの高度が F の含む元の数に等しいようにすることができる．

証明．　i) は定理 13.6 に含まれる．ii) の後半を示そう．$r \leqslant 1$ なら自明．$r>1$ とする．A の高度 0 の素イデアルを $\mathfrak{p}_{0j}$ $(1 \leqslant j \leqslant e_0)$ とする．$x_1 \in \mathfrak{m}$ をどの $\mathfrak{p}_{0j}$ にも入らぬように取ると $\mathrm{ht}(x_1)=1$. 次に (x_1) の極小素因子を $\mathfrak{p}_{1j}$ $(1 \leqslant j \leqslant e_1)$ とすると $\mathrm{ht}\,\mathfrak{p}_{1j}=1$ だから，$\mathfrak{m}$ の元 x_2 をどの $\mathfrak{p}_{0j}$ にも $\mathfrak{p}_{1j}$ にも入らないように取ると $\mathrm{ht}(x_2)=1$，$\mathrm{ht}(x_1, x_2)=2$ となる．$r=2$ ならこれでよい．$r>2$ なら $x_3 \in \mathfrak{m}$ を，(0)，(x_1)，(x_2)，(x_1, x_2) のいずれの極小素因子にも入らないように取り，以下同様につづければよい．

$\mathrm{ht}(x_1, \cdots, x_i)<i$ となる例をあげよう．k を体とし $R=k[[X, Y, Z]]$ とおく．また $I=(X)\cap(Y, Z)$，$A=R/I$ とおき，X, Y, Z の A における像を x, y, z とする．(x) と (y, z) が A の極小素イデアルで，$A/(x) \simeq R/(X)$

$\simeq k[[Y,Z]]$ は 2 次元，$A/(y,z)\simeq R/(Y,Z)\simeq k[[X]]$ は 1 次元であるから $\dim A=2$ となる．$\{y, x+z\}$ は A の巴系である．実際 $xy=xz=0$ だから $x^2=x(x+z)\in(y,x+z)$，$z^2=z(x+z)\in(y,x+z)$．しかし y は A の極小素イデアル (y,z) に入るから $\mathrm{ht}(y)=0$．▮

定理 14.2. $(R,\mathfrak{m})$ を n 次元の正則局所環とし，$x_1,\cdots,x_i$ を $\mathfrak{m}$ の元とするとき，次の条件は互いに同値である：

（1） $x_1,\cdots,x_i$ は R の正則巴系の一部分になる，

（2） $x_1,\cdots,x_i$ の $\mathfrak{m}/\mathfrak{m}^2$ における像が $R/\mathfrak{m}$ 上 1 次独立，

（3） $R/(x_1,\cdots,x_i)$ が $n-i$ 次元の正則局所環．

証明．（1）⇒（2） $x_1,\cdots,x_i,x_{i+1},\cdots,x_n$ が正則巴系なら，これらの像が $\mathfrak{m}/\mathfrak{m}^2$ を $k=R/\mathfrak{m}$ 上に生成するが，$\mathrm{rank}_k\,\mathfrak{m}/\mathfrak{m}^2=n$ だからこれらの像は k 上 1 次独立である．

（1）⇒（3） $\dim R/(x_1,\cdots,x_i)=n-i$ は既知，そうして $x_{i+1},\cdots,x_n$ の像が $R/(x_1,\cdots,x_i)$ の極大イデアルを生成する．

（3）⇒（1） $R/(x_1,\cdots,x_i)$ の極大イデアル $\mathfrak{m}/(x_1,\cdots,x_i)$ が $y_1,\cdots,y_{n-i}\in\mathfrak{m}$ の像で生成されれば，$\mathfrak{m}$ は $x_1,\cdots,x_i$，$y_1,\cdots,y_{n-i}$ で生成される．

注．（3）⇒（1）では，R が正則という仮定は不要である．

（2）⇒（1） $\mathrm{rank}_k\,\mathfrak{m}/\mathfrak{m}^2=n$ を用いて，$x_1,\cdots,x_n$ の $\mathfrak{m}/\mathfrak{m}^2$ における像が $\mathfrak{m}/\mathfrak{m}^2$ の基底になるように $x_{i+1},\cdots,x_n\in\mathfrak{m}$ をえらべば，$x_1,\cdots,x_n$ は $\mathfrak{m}$ を生成するから正則巴系である．▮

定理 14.3. 正則局所環は整域である．

証明．$(R,\mathfrak{m})$ を n 次元正則局所環とする．n についての帰納法．$n=0$ なら $\mathfrak{m}$ は 0 個の元で生成されたイデアル，すなわち (0) である．$\mathfrak{m}=(0)$ は R が体であることを意味する．0 次元正則局所環は体の別名にすぎないのである．

$n=1$ のときは $\mathfrak{m}=xR$ と単項イデアルになり，$\mathrm{ht}\,\mathfrak{m}=1$，よって $\mathfrak{m}\supset\mathfrak{p}$，$\mathfrak{m}\neq\mathfrak{p}$ となる素イデアル $\mathfrak{p}$ が存在する．$y\in\mathfrak{p}$ なら $y=xa$，$a\in R$，と書けて，$x\notin\mathfrak{p}$ だから $a\in\mathfrak{p}$ である．ゆえに $\mathfrak{p}=x\mathfrak{p}$ となり，NAK によって $\mathfrak{p}=(0)$．ゆえに R は整域である．(少しちがった証明が定理 11.2 の証明の中にある．そこで示されたように，1次元の正則局所環は DVR の別名である．)

$n>1$ のとき，R の極小素イデアルを $\mathfrak{p}_1,\cdots,\mathfrak{p}_r$ とすれば，$\mathfrak{m}\not\subset\mathfrak{m}^2$，$\mathfrak{m}\not\subset\mathfrak{p}_i$ $(\forall i)$ だから，$\mathfrak{m}^2$，$\mathfrak{p}_1,\cdots,\mathfrak{p}_r$ のいずれにも入らない $\mathfrak{m}$ の元 x が存在する (問題【1.6】)．すると x の像が $\mathfrak{m}/\mathfrak{m}^2$ で 0 でないから，R/xR は前定理によって $n-1$ 次元の正則局所環である．ゆえに帰納法の仮定で R/xR は整域，いいかえれば xR は R の素イデアルである．xR に含まれる極小素イデアルの1つを $\mathfrak{p}_1$ とすれば，$x\notin\mathfrak{p}_1$ だから $n=1$ のときと同様の議論で $\mathfrak{p}_1=x\mathfrak{p}_1$，したがって $\mathfrak{p}_1=(0)$ となる． ▮

定理 14.4. $(A,\mathfrak{m},k)$ が d 次元正則局所環なら

$$\mathrm{gr}_{\mathfrak{m}}(A)\simeq k[X_1,\cdots,X_d],$$

また A の Samuel 関数を $\chi(n)$ とすれば

$$\chi(n)=\binom{n+d}{d}\quad(\forall n\geqq 0).$$

証明．$\mathfrak{m}$ が d 個の元で生成されるから $\mathrm{gr}_{\mathfrak{m}}(A)$ は $k[X_1,\cdots,X_d]/I$ の形である，ただし I は斉次イデアル．さて，もし $I\neq(0)$ ならば $f\in I$ を 0 でない r 次斉次元とすれば，$n>r$ に対して $k[X]/I$ の n 次の部分の長さは高高 $\binom{n+d-1}{d-1}-\binom{n-r+d-1}{d-1}$ であり，これは n の $d-2$ 次式である．したがって A の Samuel 関数は高々 $d-1$ 次式となり $\dim A=d$ に反する．よって $I=(0)$．定理の後半は前半から従う． ▮

$(A,\mathfrak{m})$ をネータ局所環とする．$\mathfrak{m}$ の元 $y_1,\cdots,y_r$ が次の性質をもつとき，**解析的独立** (analytically independent) であるという：

"$F(Y_1,\cdots,Y_r)$ が A 係数の n 次斉次式で $F(y_1,\cdots,y_r)=0$ ならば，F の係数はすべて $\mathfrak{m}$ に入る"

もし $y_1, \cdots, y_r$ が解析的独立で，A が体 k を含み，$F(Y_1, \cdots, Y_r)$ が k 係数の 0 でない斉次式ならば，$F(y) \neq 0$ である．

定理 14.5. $(A, \mathfrak{m})$ を d 次元ネータ局所環，$x_1, \cdots, x_d$ を A の巴系とすれば，$x_1, \cdots, x_d$ は解析的独立である．

証明．$\mathfrak{q} = \sum x_i A$ とおく．$\mathfrak{q}$ は A の定義イデアルであるから，$\chi_A^{\mathfrak{q}}(n) = l(A/\mathfrak{q}^n)$ は $n \gg 0$ に対し n の d 次の多項式である（定理 13.4）．$A/\mathfrak{m} = k$ とおき，$k[X_1, \cdots, X_d]$ の n 次斉次式 $f(X)$ で，その係数の A における原像を任意にとって作った A 係数の斉次式 $F(X)$ が $F(x_1, \cdots, x_d) \in \mathfrak{q}^n \mathfrak{m}$ をみたすものを，$\mathfrak{q}$ の零形式という．$\mathfrak{q}$ の零形式の全体で生成された $k[X_1, \cdots, X_d]$ のイデアルを $\mathfrak{n}$ とすると，

$$k[X]/\mathfrak{n} \simeq \oplus \mathfrak{q}^n/\mathfrak{q}^n \mathfrak{m}$$

であり，$k[X]/\mathfrak{n}$ の Hilbert 多項式を φ とすれば $\varphi(n) = l(\mathfrak{q}^n/\mathfrak{q}^n \mathfrak{m})$ $(n \gg 0)$ であるが，この右辺は $\mathfrak{q}^n$ の極小底の濃度にほかならないから，$\varphi(n) \cdot l(A/\mathfrak{q}) \geqq l(\mathfrak{q}^n/\mathfrak{q}^{n+1})$ である．

$$l(\mathfrak{q}^n/\mathfrak{q}^{n+1}) = \chi_A^{\mathfrak{q}}(n) - \chi_A^{\mathfrak{q}}(n-1)$$

は n の $d-1$ 次の多項式，したがって $\deg \varphi \geqq d-1$ であるが，$\mathfrak{n} \neq (0)$ ならこれは不可能，ゆえに $\mathfrak{n} = (0)$．定理の主張はこれから直ちに従う．∎

重複度． $(A, \mathfrak{m})$ を d 次元のネータ局所環，M を有限 A 加群，$\mathfrak{q}$ を A の定義イデアル（すなわち $\mathfrak{m}$-準素イデアル）とする．§13 で見たように，Samuel 関数 $l(M/\mathfrak{q}^{n+1}M) = \chi_M^{\mathfrak{q}}(n)$ は $n \gg 0$ に対し n の有理係数多項式で表わされ，その次数は $\dim M$ に等しいから高々 d である．さらにこの多項式は $n \gg 0$ で常に整数値をとるという性質があるから，d に関する帰納法で容易にわかるように（$\chi(n+1) - \chi(n)$ も同じ性質をもつことを使う），

$$\chi_M^{\mathfrak{q}}(n) = \frac{e}{d!} n^d + \text{低次の項}, \qquad e \in \boldsymbol{Z}$$

の形である．この e を $e(\mathfrak{q}, M)$ と書くことにする．定義から次を得る．

公式 14.1.　$e(\mathfrak{q}, M)=\lim_{n\to\infty}\frac{d!}{n^d}l(M/\mathfrak{q}^n M)$,

　とくに $d=0$ のときは $e(\mathfrak{q}, M)=l(M)$.

これから容易に次のことがわかる.

公式 14.2.　$e(\mathfrak{q}, M)>0$ $(\dim M=d)$, $e(\mathfrak{q}, M)=0$ $(\dim M<d)$.

公式 14.3.　$e(\mathfrak{q}^r, M)=e(\mathfrak{q}, M)r^d$.

公式 14.4.　$\mathfrak{q}, \mathfrak{q}'$ が $\mathfrak{m}$-準素イデアルで $\mathfrak{q}\supset\mathfrak{q}'$ なら

$$e(\mathfrak{q}, M)\leqslant e(\mathfrak{q}', M).$$

$e(\mathfrak{q}, A)=e(\mathfrak{q})$ とおき, これをイデアル $\mathfrak{q}$ の**重複度** (multiplicity) という. また, 極大イデアルの重複度 $e(\mathfrak{m})$ のことを局所環 A の重複度といい, これを $e(A)$ と書くこともある. たとえば A が正則局所環なら, 定理 4 からわかるように $e(A)=1$ である.

定理 14.6.　$0\to M'\to M\to M''\to 0$ が有限 A 加群の完全列なら

$$e(\mathfrak{q}, M) = e(\mathfrak{q}, M')+e(\mathfrak{q}, M'').$$

証明.　M' を M の部分加群とみなせば

$$l(M/\mathfrak{q}^n M) = l(M''/\mathfrak{q}^n M'')+l(M'/M'\cap\mathfrak{q}^n M)$$

で, 明らかに $\mathfrak{q}^n M'\subset M'\cap\mathfrak{q}^n M$, 一方 Artin-Rees により

$$M'\cap\mathfrak{q}^n M \subset \mathfrak{q}^{n-c}M' \quad (n>c)$$

となる $c>0$ が存在する. ゆえに

$$l(M'/\mathfrak{q}^{n-c}M') \leqslant l(M'/M'\cap\mathfrak{q}^n M) \leqslant l(M'/\mathfrak{q}^n M').$$

これと公式 14.1 から容易に

$$e(\mathfrak{q}, M)-e(\mathfrak{q}, M'') = \lim_{n\to\infty}\frac{d!}{n^d}l(M'/M'\cap\mathfrak{q}^n M) = e(\mathfrak{q}, M').$$

定理 14.7.　A の極小素因子 $\mathfrak{p}$ で $\dim A/\mathfrak{p}=d$ をみたすものの全体を $\{\mathfrak{p}_1, \cdots, \mathfrak{p}_t\}$ とすると

$$e(\mathfrak{q}, M) = \sum_{i=1}^{t} e(\bar{\mathfrak{q}}_i, A/\mathfrak{p}_i)l(M_{\mathfrak{p}_i}),$$

ここに $l(M_{\mathfrak{p}})$ は $A_{\mathfrak{p}}$ 加群としての $M_{\mathfrak{p}}$ の長さ，$\bar{\mathfrak{q}}_i$ は $\mathfrak{q}$ の $A/\mathfrak{p}_i$ における像を表わす．

証明．（永田 [N 1] による．） $\sigma=\sum_i l(M_{\mathfrak{p}_i})$ とおき，σ についての帰納法．$\sigma=0$ のときは $\dim M<d$ となり左辺$=0$，右辺はもちろん 0，よって $\sigma>0$ とする．このとき $M_{\mathfrak{p}}\neq 0$ となる $\mathfrak{p}\in\{\mathfrak{p}_1,\cdots,\mathfrak{p}_t\}$ がある．すると $\mathfrak{p}$ は $\mathrm{Supp}(M)$ の極小元だから $\mathfrak{p}\in\mathrm{Ass}(M)$ で，M は $A/\mathfrak{p}$ と同形な部分加群を含む．これを N とすれば，

$$e(\mathfrak{q},M)=e(\mathfrak{q},N)+e(\mathfrak{q},M/N).$$

一方 $N_{\mathfrak{p}}\simeq A_{\mathfrak{p}}/\mathfrak{p}A_{\mathfrak{p}}$，$N_{\mathfrak{p}_i}=0$ ($\mathfrak{p}_i\neq\mathfrak{p}$) だから $l(N_{\mathfrak{p}})=1$ で，また M/N については σ が 1 だけ減るので定理は M/N について成り立つ．しかも定義から

$$e(\mathfrak{q},N)=e(\mathfrak{q},A/\mathfrak{p})=e(\bar{\mathfrak{q}},A/\mathfrak{p}),\qquad \text{ここに}\quad \bar{\mathfrak{q}}=(\mathfrak{q}+\mathfrak{p})/\mathfrak{p}.$$

以上を総合して，定理が M について成り立つことがわかる． ▮

この定理によって，$e(\mathfrak{q},M)$ の研究は A が整域で $M=A$ の場合に帰着できる．とくに A を整域とすると，$l(M_{(0)})$ は M の階数にほかならないから次の定理が成り立つ．

定理 14.8. A をネータ局所整域，$\mathfrak{q}$ を A の定義イデアル，M を有限 A 加群，$s=\mathrm{rank}\,M$ とすると

$$e(\mathfrak{q},M)=e(\mathfrak{q})\cdot s.$$

定理 14.9. $(A,\mathfrak{m})$ をネータ局所環，$\mathfrak{q}$ を A の定義イデアル，$x_1,\cdots,x_d$ を $\mathfrak{q}$ に含まれる A の巴系とし，

$$x_i\in\mathfrak{q}^{\nu_i}\quad(1\leqslant i\leqslant d)$$

とする．M を有限 A 加群とすれば，$s=1,\cdots,d$ に対し

$$e(\mathfrak{q}/(x_1,\cdots,x_s),M/(x_1,\cdots,x_s)M)\geqslant \nu_1\nu_2\cdots\nu_s\,e(\mathfrak{q},M).$$

とくに $s=d$ のときを考えれば

$$l(M/(x_1,\cdots,x_d)M)\geqslant \nu_1\nu_2\cdots\nu_d\,e(\mathfrak{q},M).$$

証明．$s=1$ の場合を示せば十分である．$A'=A/x_1A$，$\mathfrak{q}'=\mathfrak{q}/x_1A$，$M'=$

M/x_1M, $\nu=\nu_1$ とおく．定理 1 から $\dim A'=d-1$. 一方

$$l(M'/\mathfrak{q}'^n M')=l(M/x_1M+\mathfrak{q}^nM)=l(M/\mathfrak{q}^nM)-l(x_1M+\mathfrak{q}^nM/\mathfrak{q}^nM).$$

また $(x_1M+\mathfrak{q}^nM)/\mathfrak{q}^nM \simeq x_1M/x_1M\cap\mathfrak{q}^nM \simeq M/(\mathfrak{q}^nM : x_1)$ と $\mathfrak{q}^{n-\nu}M \subset \mathfrak{q}^nM:x_1$ とから

$$-l(x_1M+\mathfrak{q}^nM/\mathfrak{q}^nM) \geqslant -l(M/\mathfrak{q}^{n-\nu}M),$$

したがって

$$l(M'/\mathfrak{q}'^nM') \geqslant l(M/\mathfrak{q}^nM)-l(M/\mathfrak{q}^{n-\nu}M).$$

この右辺は $n\gg 0$ のとき

$$\frac{e(\mathfrak{q}, M)}{d!}[n^d-(n-\nu)^d]+(n \text{ の } d-2 \text{ 次式})$$

$$= \frac{e(\mathfrak{q}, M)}{(d-1)!}\nu\cdot n^{d-1}+(n \text{ の } d-2 \text{ 次式})$$

となるから主張は明らかである． ▮

上の定理の特に簡単な，しかし重要な場合を，定理としてあげておく．

定理 14.10. $(A, \mathfrak{m})$ を d 次元ネータ局所環，$x_1, \cdots, x_d$ を A の巴系，$\mathfrak{q}=(x_1, \cdots, x_d)$ とすると

$$l(A/\mathfrak{q}) \geqslant e(\mathfrak{q}),$$

また $x_i\in\mathfrak{m}^\nu$ $(\forall i)$ なら $l(A/\mathfrak{q}) \geqslant \nu^d e(\mathfrak{m})$.

定理 14.11. $A, \mathfrak{m}, x_i, \mathfrak{q}$ を上と同じとする．M を有限 A 加群とし，$A'=A/x_1A$, $M'=M/x_1M$, $\mathfrak{q}'=\mathfrak{q}/x_1A=\sum_2^d x_iA'$ とおく．もし x_1 が M 正則なら次の等式が成り立つ:

$$e(\mathfrak{q}, M) = e(\mathfrak{q}', M').$$

証明. $l(M'/\mathfrak{q}'^{n+1}M')=l(M/x_1M+\mathfrak{q}^{n+1}M)$ だから

$$l(M/\mathfrak{q}^{n+1}M)-l(M'/\mathfrak{q}'^{n+1}) = l(x_1M+\mathfrak{q}^{n+1}M/\mathfrak{q}^{n+1}M)$$

$$= l(x_1M/x_1M\cap\mathfrak{q}^{n+1}M) = l(M/(\mathfrak{q}^{n+1}M : x_1))$$

$$= l(M/\mathfrak{q}^nM)-l((\mathfrak{q}^{n+1}M : x_1)/\mathfrak{q}^nM).$$

一方，$\mathfrak{a}=\sum_{2}^{d} x_i A$ とおくと $\mathfrak{q}=x_1A+\mathfrak{a}$，$\mathfrak{q}^{n+1}=x_1\mathfrak{q}^n+\mathfrak{a}^{n+1}$，したがって

$$\mathfrak{q}^{n+1}M : x_1 \ = \ \mathfrak{q}^n M+\mathfrak{a}^{n+1}M : x_1.$$

また Artin-Rees により $c>0$ があって，$n>c$ に対し $\mathfrak{a}^{n+1}M\cap x_1M=\mathfrak{a}^{n-c}(\mathfrak{a}^{c+1}M\cap x_1M)$ だから $\mathfrak{a}^{n+1}M : x_1\subset\mathfrak{a}^{n-c}M$. ゆえに

$$\begin{aligned}(\mathfrak{q}^{n+1}M : x_1)/\mathfrak{q}^n M &= (\mathfrak{q}^n M+\mathfrak{a}^{n+1}M : x_1)/\mathfrak{q}^n M\\ &\subset (\mathfrak{q}^n M+\mathfrak{a}^{n-c}M)/\mathfrak{q}^n M\\ &\simeq \mathfrak{a}^{n-c}M/\mathfrak{a}^{n-c}M\cap\mathfrak{q}^n M.\end{aligned}$$

$\mathfrak{a}^{n-c}M/\mathfrak{a}^{n-c}M\cap\mathfrak{q}^nM$ は $A/\mathfrak{q}^c$ 上の加群で，$\mathfrak{a}$ は $d-1$ 個の元で生成されるから $\mathfrak{a}^{n-c}$ は $\binom{n-c+d-2}{d-2}$ 個の元で生成される．ゆえに $n>c$ に対し

$$l(\mathfrak{a}^{n-c}M/\mathfrak{a}^{n-c}M\cap\mathfrak{q}^nM) \leqslant \binom{n-c+d-2}{d-2}\cdot l(A/\mathfrak{q}^c)m.$$

ただし m は M の生成元の数とする．この右辺は n の $d-2$ 次式だから

$$\begin{aligned}e(\mathfrak{q}', M') &= (d-1)!\lim_{n\to\infty} l(M'/\mathfrak{q}'^{n+1}M')/n^{d-1}\\ &= (d-1)!\lim_{n\to\infty}[l(M/\mathfrak{q}^{n+1}M)-l(M/\mathfrak{q}^nM)]/n^{d-1}\\ &= e(\mathfrak{q}, M). \quad \blacksquare\end{aligned}$$

定理 14.12. (Lech の補題) A を d 次元ネータ局所環，$x_1, \cdots, x_d$ を A の巴系，$\mathfrak{q}=(x_1, \cdots, x_d)$，$M$ を有限 A 加群とすると

$$e(\mathfrak{q}, M) = \lim_{\min(\nu_i)\to\infty}\frac{l(M/(x_1^{\nu_1}, \cdots, x_d^{\nu_d})M)}{\nu_1\cdots\nu_d}.$$

証明. $d=0$ のとき両辺は $l(M)$ に等しい．$d=1$ のときは右辺は $e(\mathfrak{q}, M)$ を定義する公式 14.1 にほかならない．$d>1$ とし d に関する帰納法を用いる．

$N_j=\{m\in M \mid x_1^j m=0\}$ とおくと $N_1\subset N_2\subset\cdots$ だから $N_c=N_{c+1}=\cdots$ となる $c>0$ がある．$M'=x_1^cM$ とおくと x_1 は M' 正則であり，$0\longrightarrow N_c\longrightarrow M\longrightarrow M'\longrightarrow 0$ という完全列が存在する．N_c は A/x_1^cA 上の加群だから $\dim N_c<d$，したがって $e(\mathfrak{q}, M)=e(\mathfrak{q}, M')$．一方

$$\begin{aligned} & l(M/(x_1^{\nu_1},\cdots,x_d^{\nu_d})M)-l(M'/(x_1^{\nu_1},\cdots,x_d^{\nu_d})M') \\ &= l(N_c+(x_1^{\nu_1},\cdots,x_d^{\nu_d})M/(x_1^{\nu_1},\cdots,x_d^{\nu_d})M) \\ &= l(N_c/N_c\cap(x_1^{\nu_1},\cdots,x_d^{\nu_d})M) \\ &\leqslant l(N_c/(x_1^{\nu_1},\cdots,x_d^{\nu_d})N_c). \end{aligned}$$

$\nu_1>c$ なら $x_1^{\nu_1}N_c=0$ で，また N_c は $d-1$ 次元局所環 A/x_1^cA 上の加群，したがって帰納法の仮定から，定数 C があって，$\min(\nu_i)\to\infty$ のとき

$$l(N_c/(x_1^{\nu_1},\cdots,x_d^{\nu_d})N_c) = l(N_c/(x_2^{\nu_2},\cdots,x_d^{\nu_d})N_c) < C\cdot\nu_2\cdots\nu_d.$$

ゆえに

$$\lim\,[l(M/(x_1^{\nu_1},\cdots,x_d^{\nu_d})M)-l(M'/(x_1^{\nu_1},\cdots,x_d^{\nu_d})M')]/\nu_1\cdots\nu_d = 0.$$

このことは，定理で M を M' でおきかえてよく，したがって x_1 が M で零因子でないと仮定してよいことを意味する．すると前定理から $e(\mathfrak{q},M)=e(\bar{\mathfrak{q}},\bar{M})$，（ただし $\bar{\mathfrak{q}}=\mathfrak{q}/x_1A$, $\bar{M}=M/x_1M$）さらに

$$E=(x_2^{\nu_2},\cdots,x_d^{\nu_d})M,\qquad F=M/E$$

とおけば，定理 9 から

$$\begin{aligned} e(\mathfrak{q},M)\cdot\nu_1\cdots\nu_d &\leqslant l(M/(x_1^{\nu_1},\cdots,x_d^{\nu_d})M) = l(F/x_1^{\nu_1}F) \\ &= \sum_{i=1}^{\nu_1} l(x_1^{i-1}F/x_1^iF) \leqslant \nu_1 l(F/x_1F) = \nu_1 l(M/x_1M+E) \\ &= \nu_1 l(\bar{M}/(x_2^{\nu_2},\cdots,x_d^{\nu_d})\bar{M}). \end{aligned}$$

ゆえに d に関する帰納法の仮定から

$$\begin{aligned} \lim l(M/(x_1^{\nu_1},\cdots,x_d^{\nu_d})M)/\nu_1\cdots\nu_d &= \lim l(\bar{M}/(x_2^{\nu_2},\cdots,x_d^{\nu_d})\bar{M})/\nu_2\cdots\nu_d \\ &= e(\mathfrak{q},M). \quad \blacksquare \end{aligned}$$

本書では用いないが参考のために，重複度が Koszul 複体（§ 16 にのべる）のホモロジー群のオイラー標数の形に表わされるという Serre の著しい結果を，証明なしでのべておく．

定理． A を d 次元ネータ局所環，$x_1,\cdots,x_d$ を A の巴系，$\mathfrak{q}=(x_1,\cdots,x_d)$，$M$ を有限 A 加群とすると

$$e(\mathfrak{q},M) = \sum(-1)^i l(H_i(x,M)).$$

証明はたとえば Auslander-Buchsbaum [6] を見よ．

これまでのいくつかの定理が示すように，巴系で生成されたイデアルの重複度はいろいろ好都合な性質をもっている．一般の場合は，ある意味ではこの場合に帰着できることを次に見よう．Northcott-Rees [131] の方法による．

一般に A を環，$\mathfrak{a}$ をイデアルとする．イデアル $\mathfrak{b}$ が次の条件をみたすとき $\mathfrak{a}$ の**節減** (reduction) という：

$$\mathfrak{b}\subset\mathfrak{a},\ \text{ある}\ r>0\ \text{に対し}\ \mathfrak{a}^{r+1}=\mathfrak{b}\mathfrak{a}^{r}.$$

$\mathfrak{b}$ が $\mathfrak{a}$ の節減で $\mathfrak{a}^{r+1}=\mathfrak{b}\mathfrak{a}^{r}$ ならば，任意の $n>0$ に対し $\mathfrak{a}^{r+n}=\mathfrak{b}^{n}\mathfrak{a}^{r}$ が成り立つ．

定理 14.13.　$(A,\mathfrak{m})$ がネータ局所環，$\mathfrak{q}$ が $\mathfrak{m}$-準素イデアルで $\mathfrak{b}$ が $\mathfrak{q}$ の節減ならば，$\mathfrak{b}$ も $\mathfrak{m}$-準素イデアルで，任意の有限 A 加群 M に対し

$$e(\mathfrak{q},M)\ =\ e(\mathfrak{b},M).$$

証明．$\mathfrak{q}^{r+1}=\mathfrak{b}\cdot\mathfrak{q}^{r}$ ならば $\mathfrak{q}^{r+1}\subset\mathfrak{b}\subset\mathfrak{q}$，したがって $\mathfrak{b}$ も $\mathfrak{m}$-準素イデアルである．また

$$l(M/\mathfrak{b}^{n+r}M)\ \geqslant\ l(M/\mathfrak{q}^{n+r}M)\ =\ l(M/\mathfrak{b}^{n}\mathfrak{q}^{r}M)\ \geqslant\ l(M/\mathfrak{b}^{n}M)$$

だから容易に $e(\mathfrak{q},M)=e(\mathfrak{b},M)$ が従う．▮

定理 14.14.　$(A,\mathfrak{m})$ が d 次元ネータ局所環で $A/\mathfrak{m}$ が無限体であるとし，$\mathfrak{q}=(u_1,\cdots,u_s)$ を $\mathfrak{m}$-準素イデアルとする．このとき，$u_1,\cdots,u_s$ の“十分一般な” d 個の1次結合 $y_i=\sum a_{ij}u_j$ $(1\leqslant i\leqslant d)$ をとれば，$\mathfrak{b}=(y_1,\cdots,y_d)$ は $\mathfrak{q}$ の節減であり，$\{y_1,\cdots,y_d\}$ は A の巴系である．

証明．$d=0$ なら $\mathfrak{q}^{r}=(0)$ となる $r>0$ があり，(0) が $\mathfrak{q}$ の節減になるから定理は成り立つ．以下 $d>0$ とする．

（第1段）$A/\mathfrak{m}=k$ とおき，多項式環 $k[X_1,\cdots,X_s]$ ($k[X]$ と略記) を考える．$\phi(X)=\phi(X_1,\cdots,X_s)\in A[X]$ を n 次斉次式とし，その係数を mod $\mathfrak{m}$ で考えた k 係数の多項式を $\bar{\phi}(X)$ とする．$\phi(u_1,\cdots,u_s)\in\mathfrak{q}^{n}\mathfrak{m}$ であるとき，$\bar{\phi}$ を $\mathfrak{q}$ の零形式というのであった（定理5の証明）．この概念は $\mathfrak{q}$ だけでなく

$u_1, \cdots, u_s$ に依存する．一方，$\bar{\phi}$ をきめれば ϕ の取り方にはよらない．$\mathfrak{q}$ のすべての零形式で生成された $k[X]$ のイデアルを Q とし，$\mathfrak{q}$ の**零形式イデアル**という．容易にわかるように，Q に含まれる斉次元はすべて零形式であり，次数環 $k[X]/Q$ の n 次部分は $\mathfrak{q}^n/\mathfrak{q}^n\mathfrak{m}$ と同形であるから

$$k[X]/Q \simeq \bigoplus_{n\geqq 0} \mathfrak{q}^n/\mathfrak{q}^n\mathfrak{m} = \mathrm{gr}_{\mathfrak{q}}(A) \otimes_{A/\mathfrak{q}} k$$

が成り立つ．$k[X]/Q$ の Hilbert 関数を $\varphi(n)$ とすると，

$$\varphi(n) = l(\mathfrak{q}^n/\mathfrak{q}^n\mathfrak{m}) \leqslant l(\mathfrak{q}^n/\mathfrak{q}^{n+1}) \leqslant \varphi(n)\cdot l(A/\mathfrak{q})$$

である（定理5の証明参照）．$l(\mathfrak{q}^n/\mathfrak{q}^{n+1})$ は $n\gg 0$ に対して n の $d-1$ 次多項式 $(d=\dim A)$ であることをわれわれはすでに知っている．したがって上の不等式から φ も $d-1$ 次の多項式であり，定理13.8 ii）により

$$\dim k[X]/Q = d$$

となる．$V=\sum_1^s kX_i$ とおき，$P_1, \cdots, P_t$ を Q の極小素因子とすれば，$d>0$ の仮定により $P_i \not\supset V$ だから，$P_i \cap V$ は V の真の部分ベクトル空間である．k が無限体だから，

$$V \neq \bigcup_{i=1}^{t} (V\cap P_i).$$

よって1次形式 $l_1(X)\in V$ をどの P_i にも入らないように取れる．$d>1$ なら同様にして $l_2(X)\in V$ をイデアル $(Q, l_1(X))$ のどの極小素因子にも入らないように取れる．以下同様にして，$l_1(X), \cdots, l_d(X)\in V$ を，$(Q, l_1, \cdots, l_d)$ が $(X_1, \cdots, X_s)$ に属する準素イデアルになるように取れる．

（第2段） $u_1, \cdots, u_s$ の A 係数の1次結合 $L_i(u)=\sum a_{ij}u_j$ $(1\leqslant i\leqslant t)$ が生成するイデアルを $\mathfrak{b}$ とすると，$\mathfrak{b}$ が $\mathfrak{q}$ の節減であるためには，$l_i(X)=\bar{L}_i(X)=\sum \bar{a}_{ij}X_j$ とおくとき $k[X]$ のイデアル $(Q, l_1, \cdots, l_t)$ が $(X_1, \cdots, X_s)$ に属する準素イデアルであることが必要十分である．必要性：$\mathfrak{b}\mathfrak{q}^r=\mathfrak{q}^{r+1}$ とする．$M=M(X)$ を $X_1, \cdots, X_s$ の $r+1$ 次の単項式とすれば

$$M(u) = \sum_1^t L_i(u)F_i(u),$$

ここに $F_i(X)$ は A 係数の r 次斉次式．したがって

$$\bar{M}(X)-\sum l_i(X)\bar{F}_i(X) \in Q$$

である．よって

$$(X_1, \cdots, X_s)^{r+1} \subset (Q, l_1, \cdots, l_t).$$

十分性：今の議論を逆にたどって，$\bar{M}-\sum l_i\bar{F}_i \in Q$ なら

$$M(u)-\sum L_i(u)F_i(u) \in \mathfrak{q}^{r+1}\mathfrak{m},$$

したがって $\mathfrak{q}^{r+1}\subset \mathfrak{b}\mathfrak{q}^r+\mathfrak{q}^{r+1}\mathfrak{m}$，よって NAK により $\mathfrak{q}^{r+1}=\mathfrak{b}\mathfrak{q}^r$．

（第3段） 第1段と第2段をあわせると，$\mathfrak{q}$ が d 個の元から生成される節減 $\mathfrak{b}=(y_1, \cdots, y_d)$ をもつことがわかった．$\mathfrak{q}$ と共に $\mathfrak{b}$ も $\mathfrak{m}$-準素イデアルだから，$y_1, \cdots, y_d$ は A の巴系である．次に，sd 個の不定元 Z_{ij} $(1\leqslant i\leqslant d,\ 1\leqslant j\leqslant s)$ についての有限個の多項式 $D_\alpha(Z_{ij})$，$1\leqslant\alpha\leqslant v$，が存在して，$y_i=\sum a_{ij}u_j$ $(1\leqslant i\leqslant d)$ が $\mathfrak{q}$ の節減を生成するためには $D_\alpha(\bar{a}_{ij})$ の中に0にならないものがあることが必要十分であることを示そう．（定理にいう“十分一般な d 個の1次結合をとれば”は漠然とした表現であるが，今の場合上のような強い意味に解釈してよいのである.）

Q の生成元の組 $G_1(X), \cdots, G_m(X)$ をひとつ取る．ただし G_j は e_j 次斉次式とする．α_{ij} $(1\leqslant i\leqslant d,\ 1\leqslant j\leqslant s)$ を k の任意の元として $l_i(X)=\sum \alpha_{ij}X_j$ とおく．$k[X_1, \cdots, X_s]$ の斉次イデアル I の n 次斉次部分を I_n で表わし，とくに $(X_1, \cdots, X_s)_n=V_n$ と書けば，

$$(X_1, \cdots, X_s)^n\subset(Q, l_1, \cdots, l_d) \iff V_n=(Q, l_1, \cdots, l_d)_n$$

である．$\dim_k V_n=c_n$ とおく．

$$(Q, l_1, \cdots, l_d)_n=\{\sum l_iF_i+\sum G_jH_j \mid F_i\in V_{n-1}, H_j\in V_{n-e_j}\}$$

である．$\sum l_iF_i+\sum G_jH_j$ において各 F_i が V_{n-1} の基底を，各 H_j が V_{n-e_j} の基底をそれぞれ独立に動くとき得られる有限個の元を $K_1, \cdots, K_w$ とすれば，これらは明らかに $(Q, l_1, \cdots, l_d)_n$ を張る．$K_1, \cdots, K_w$ の（X に関する）係数を並べて c_n 行 w 列の行列が得られ，その成分は α_{ij} の1次式である．この行列の c_n 次小行列式を $\phi_{n\nu}(\alpha_{ij})$ $(1\leqslant\nu\leqslant p_n)$ とすると，$(X_1, \cdots, X_s)^n\subset(Q, l_1, \cdots, l_d)$ となるための必要十分条件は $\phi_{n\nu}(\alpha_{ij})$ の中に0でないものが存在することである．したがって，$(Q, l_1, \cdots, l_d)$ が $(X_1, \cdots, X_s)$-準素イデアル

にならないための必要十分条件は α_{ij} が $\phi_{n\nu}(\alpha_{ij})=0$ ($\forall n, \nu$) をみたすことであるが，$k[Z_{ij}]$ はネータ環だから，すべての $\phi_{n\nu}(Z_{ij})$ で生成される $k[Z_{ij}]$ のイデアルは有限個の元 $D_\alpha(Z_{ij})$ ($1\leqq\alpha\leqq v$) で生成できる．これらの D_α がわれわれの目的にかなうことは明らかである． ∎

注．上の $D_\alpha(Z_{ij})$ は実は同次方程式系 $l_1(X)=\cdots=l_d(X)=G_1(X)=\cdots=G_m(X)=0$ が non-trivial な解をもつために係数がみたすべき条件として，終結式系とよばれるものである．ここでは終結式の古典理論を引用する代りに，Shafarevitch : *Basic Algebraic Geometry* にある方法に従った．

$k=A/\mathfrak{m}$ が有限体のときは定理 14 はすぐには使えないので，次のような技巧を用いる．x を A 上の不定元とし，$A[x]-\mathfrak{m}[x]=S$ とおくと，S は係数の中に A の単元が現われるような多項式の集合で，$A[x]$ の零因子を含まないので，$A\subset A[x]\subset A[x]_S(=A[x]_{\mathfrak{m}[x]})$ となる．$A[x]_S$ を永田 [N 1] に従って $A(x)$ と書く．これは A を含むネータ局所環で，その極大イデアルは $\mathfrak{m}A(x)$ であり，その剰余体 $A(x)/\mathfrak{m}A(x)$ は $A[x]/\mathfrak{m}[x]=k[x]$ の商体，すなわち k 上の有理関数体 $k(x)$ であるから無限体である．$\mathfrak{q}$ が極大イデアルに属する準素イデアルなら $\mathfrak{q}A(x)$ もそうである．$A(x)$ は A 上平坦だから，一般に $I\supset I'$ が A のイデアル列で $I/I'\simeq k$ なら

$$IA(x)/I'A(x) \simeq (I/I')\otimes_A A(x) \simeq k\otimes A(x) = A(x)/\mathfrak{m}A(x)$$

である．これから $l_A(A/\mathfrak{q}^n)=l_{A(x)}(A(x)/\mathfrak{q}^nA(x))$ であることがわかり，したがって

$$\dim A = \dim A(x), \qquad e(\mathfrak{q}) = e(\mathfrak{q}A(x))$$

であるから，$e(\mathfrak{q})$ の性質を $A(x)$ で論じてよいことが多く，$A(x)$ では定理 14 が使えるのである．

§14 の問題　次の命題を証明せよ．

【14.1】 $(A,\mathfrak{m})$ をネータ局所環とし $G=\mathrm{gr}_\mathfrak{m}(A)$ とおく．

i） G が整域なら A もそうである．（したがって，定理 14.3 は 14.4 からも出る．）

ii） k を体，$A=k[[X,Y]]/(Y^2-X^3)$ とすると，A は整域であるが G はべき零元をもつ.

【14.2】 上の記号で，$a\in\mathfrak{m}^i$, $a\notin\mathfrak{m}^{i+1}$ のとき a の $\mathfrak{m}^i/\mathfrak{m}^{i+1}$ における像を G の元とみて，a^* で表わし a の**初項形式**という．$0^*=0$ とおく．このとき

i） $a^*b^*\neq 0$ なら $a^*b^*=(ab)^*$ である.

ii） a^* と b^* の次数が等しく $a^*+b^*\neq 0$ なら，$a^*+b^*=(a+b)^*$ である.

iii） $I\subset\mathfrak{m}$ を A のイデアルとする．I の元の初項形式の全体で生成された G のイデアルを I^* と書き，$B=A/I$, $\mathfrak{n}=\mathfrak{m}/I$ とおけば $\mathrm{gr}_{\mathfrak{n}}(B)=G/I^*$ である.

【14.3】 上の記号で，G が整域で $I=aA$ なら $I^*=a^*G$ が成り立つ．$I=(a_1,\cdots,a_r)$, $r>1$ なら，$I^*=(a_1^*,\cdots,a_r^*)$ は成り立たないこともある．そのような例を作れ.

【14.4】 $(A,\mathfrak{m})$ を正則局所環，K をその商体とする.

i） A の 0 でない元 a に対し，$a\in\mathfrak{m}^i$, $a\notin\mathfrak{m}^{i+1}$ のとき $v(a)=i$ と定義すれば，v は K の加法付値に拡張できる.

ii） この v の付値環を R とすれば，R は A を支配する DVR である．$x_1,\cdots,x_d$ を A の正則巴系とし，$B=A[x_2/x_1,\cdots,x_d/x_1]$, $P=x_1B$ とおくと P は B の素イデアルで $R=B_P$ である.

【14.5】 $(A,\mathfrak{m})$ を正則局所環，$f\in\mathfrak{m}$, $v(f)=e$ とすると $A/(f)$ の重複度は e に等しい.

【14.6】（重複度の結合公式） A を d 次元ネータ局所環，$x_1,\cdots,x_d$ を A の巴系，$\mathfrak{q}=(x_1,\cdots,x_d)$, $s\leqslant d$, $\mathfrak{a}=(x_1,\cdots,x_s)$ とし，$\mathfrak{a}$ の素因子 $\mathfrak{p}$ で $\mathrm{ht}\,\mathfrak{p}=s$, $\mathrm{coht}\,\mathfrak{p}=d-s$ を満足するものの全体を Γ とする．M を有限 A 加群とする．Lech の補題を用いて次式を示せ.

$$e(\mathfrak{q},M)=\sum_{\mathfrak{p}\in\Gamma}e(\mathfrak{q}+\mathfrak{p}/\mathfrak{p})\cdot e(\mathfrak{a}A_{\mathfrak{p}},M_{\mathfrak{p}})$$

（したがって Γ は空でない.）

【14.7】 $(A,\mathfrak{m})$ を n 次元ネータ局所整域，$n>1$ とする．$0\neq f\in\mathfrak{m}$ ならば，A_f は **Jacobson 環**（＝任意の素イデアルが，それを含む極大イデアルの共通部分として表わせる環）である.

§15. 拡大環の次元

1. ファイバー

$\varphi:A\to B$ を環の準同形とし，$\mathfrak{p}\in\mathrm{Spec}(A)$, $\kappa(\mathfrak{p})=A_{\mathfrak{p}}/\mathfrak{p}A_{\mathfrak{p}}$ とするとき，$\mathrm{Spec}(B\otimes\kappa(\mathfrak{p}))$ を φ の $\mathfrak{p}$ 上の**ファイバー** (fibre) という（§7），これは φ

がひきおこす連続写像 ${}^a\varphi:\mathrm{Spec}(B)\to\mathrm{Spec}(A)$ による，$\mathrm{Spec}(A)$ の点 $\mathfrak{p}$ の逆像と同一視できる．環 $B\otimes_A\kappa(\mathfrak{p})$ を $\mathfrak{p}$ 上のファイバー環と呼ぶことにする．$(A,\mathfrak{m})$ が局所環のときは，$\mathfrak{m}$ が $\mathrm{Spec}(A)$ のただひとつの閉点だから，$B\otimes\kappa(\mathfrak{m})=B/\mathfrak{m}B$ の Spec を**閉ファイバー** (closed fibre) という．A が整域で K がその商体なら，$B\otimes_A K=B\otimes_A\kappa(0)$ の Spec を**生成ファイバー** (generic fibre) という．

定理 15.1. $\varphi:A\to B$ をネータ環の準同形とし，P を B の素イデアル，$\mathfrak{p}=P\cap A$ とすれば

i） $\mathrm{ht}\,P\leqslant\mathrm{ht}\,\mathfrak{p}+\dim B_P/\mathfrak{p}B_P$,

ii） φ が平坦であるか，またはより一般に，A と B との間に下降定理が成り立つとすれば，i）において等号が成立する．

証明． A, B を $A_{\mathfrak{p}}$, B_P でおきかえてよいから，$(A,\mathfrak{m})$, $(B,\mathfrak{n})$ が局所環，$\mathfrak{m}B\subset\mathfrak{n}$ のときに考えればよい．すると i）は

$$\dim B\leqslant\dim A+\dim B/\mathfrak{m}B$$

と書けて，幾何学的内容がはっきりする．これを証明するために A の巴系 $x_1,\cdots,x_r$ をとり，また $y_1,\cdots,y_s\in B$ をその $B/\mathfrak{m}B$ における像が $B/\mathfrak{m}B$ の巴系になるようにとると，十分大きい ν, μ に対し $\mathfrak{n}^\nu\subset\mathfrak{m}B+\sum y_iB$, $\mathfrak{m}^\mu\subset\sum x_jA$ が成り立つ．これから $\mathfrak{n}^{\nu\mu}\subset\sum y_iB+\sum x_jB$ となり，$\dim B\leqslant r+s$ が得られる．

ii） $\dim B/\mathfrak{m}B=s$ とし，$\mathfrak{n}=P_0\supset P_1\supset\cdots\supset P_s$ を $\mathfrak{n}$ と $\mathfrak{m}B$ との間の B の素イデアルの真減少列とする．明らかに $P_i\cap A=\mathfrak{m}$ $(0\leqslant i\leqslant s)$ である．次に $\dim A=r$ とおき $\mathfrak{m}=\mathfrak{p}_0\supset\mathfrak{p}_1\supset\cdots\supset\mathfrak{p}_r$ を A の素イデアルの真減少列とすれば，下降定理により

$$P_s\supset P_{s+1}\supset\cdots\supset P_{s+r},\qquad P_{s+i}\cap A=\mathfrak{p}_i$$

となる B の素イデアルの真減少列が作れる．よって $\dim B\geqslant r+s$ で，i）と合せて等号を得る． ▌

定理 15.2. $\varphi: A \to B$ をネータ環の準同形とし，A と B の間に上昇定理が成り立つものとする．$\mathfrak{p}$, $\mathfrak{q}$ が A の素イデアルで $\mathfrak{p} \supset \mathfrak{q}$ ならば

$$\dim B \otimes \kappa(\mathfrak{p}) \geqslant \dim B \otimes \kappa(\mathfrak{q}).$$

証明．$r = \dim B \otimes \kappa(\mathfrak{q})$, $s = \mathrm{ht}(\mathfrak{p}/\mathfrak{q})$ とおく．$\mathfrak{q}$ の上にのっている B の素イデアルの真増大列 $Q_0 \subset Q_1 \subset \cdots \subset Q_r$ と，A の素イデアルの真増大列 $\mathfrak{q} = \mathfrak{p}_0 \subset \mathfrak{p}_1 \subset \cdots \subset \mathfrak{p}_s = \mathfrak{p}$ とを取る．上昇定理により B の素イデアル列 $Q_r \subset Q_{r+1} \subset \cdots \subset Q_{r+s}$ が存在し $Q_{r+i} \cap A = \mathfrak{p}_i$ をみたす．$P = Q_{r+s}$ とおくと

$$\mathrm{ht}\,(P/\mathfrak{q}B) \geqslant r+s, \qquad P \cap A = \mathfrak{p}.$$

よって，φ がひきおこす準同形 $A/\mathfrak{q} \to B/\mathfrak{q}B$ に前定理を適用して $r+s \leqslant \mathrm{ht}\,(P/\mathfrak{q}B) \leqslant s + \dim B_P/\mathfrak{p}B_P$，したがって

$$r \leqslant \dim B_P/\mathfrak{p}B_P \leqslant \dim B \otimes \kappa(\mathfrak{p}). \quad \blacksquare$$

定理 15.3. $\varphi: A \to B$ をネータ環の準同形とし，A と B との間に下降定理が成り立ち，B が鎖状環であるとする．$\mathfrak{p}, \mathfrak{q}$ が A の素イデアルで $\mathfrak{p} \supset \mathfrak{q}$ ならば

$$\dim B \otimes \kappa(\mathfrak{p}) \leqslant \dim B \otimes \kappa(\mathfrak{q}).$$

証明．$\mathrm{ht}(\mathfrak{p}/\mathfrak{q}) = 1$ のときに示せば十分．$r = \dim B \otimes \kappa(\mathfrak{p})$ とおき，$\mathfrak{p}$ 上にのっている B の素イデアルの真減少列 $P = P_0 \supset P_1 \supset \cdots \supset P_r$ をとる．下降定理により $P_r \supset Q'$, $Q' \cap A = \mathfrak{q}$ をみたす $Q' \in \mathrm{Spec}\,B$ が存在する．明らかに

$$\mathrm{ht}\,(P/Q') \geqslant r+1.$$

一方 $x \in \mathfrak{p} - \mathfrak{q}$ とすると $\mathfrak{q} + xA$ は $\mathfrak{p}$ に属する準素イデアルである．$y_1, \cdots, y_r \in P$ を，その像が $B_P/\mathfrak{p}B_P$ の巴系になるようにとれば，$(x, y_1, \cdots, y_r, \mathfrak{q})B_P$ は B_P の極大イデアルのべきを含む．ゆえに

$$\mathrm{ht}(P/Q') \leqslant \dim B_P/\mathfrak{q}B_P \leqslant r+1$$

となるから $\mathrm{ht}(P/Q') = r+1$ で，$\{x, y_1, \cdots, y_r\}$ の像が $B_P/Q'B_P$ の巴系になる．$Q' + \sum_1^r y_i B$ の極小素因子で P に含まれるもののひとつを Q とすると $\mathrm{ht}(Q/Q') \leqslant r$ であるから $Q \neq P$，したがって $x \notin Q$，ゆえに $Q \cap A \neq \mathfrak{p}$，一方

$Q\cap A\supset\mathfrak{q}$ であるから $Q\cap A=\mathfrak{q}$ でなくてはならない．P は $Q+xB$ の極小素因子であるから $\mathrm{ht}(P/Q)=1$，B は鎖状環としたから

$$\mathrm{ht}(Q/Q') = \mathrm{ht}(P/Q')-\mathrm{ht}(P/Q) = r$$

である．よって $\dim B\otimes\kappa(\mathfrak{q})\geqq\mathrm{ht}\,(Q/Q')=r$． ▮

2. 多項式環とべき級数環

定理 15.4. A をネータ環，$X_1,\cdots,X_n$ を A 上の不定元とすれば

$$\dim A[X_1,\cdots,X_n] = \dim A[[X_1,\cdots,X_n]] = \dim A+n.$$

証明．$n=1$ のときを考えれば十分，任意の $\mathfrak{p}\in\mathrm{Spec}\,A$ に対し，$A[X]\otimes_A\kappa(\mathfrak{p})=\kappa(\mathfrak{p})[X]$ は単項イデアル環だから1次元で，$A[X]$ は A 上に自由加群でありしたがって忠実平坦であるから，定理 1 の ii）により $\dim A[X]=\dim A+1$.

$A[[X]]$ については，$A[[X]]\otimes_A\kappa(\mathfrak{p})$ は一般に $\kappa(\mathfrak{p})[[X]]$ と一致しない．しかし $\mathfrak{m}$ が A の極大イデアルなら

$$A[[X]]\otimes\kappa(\mathfrak{m}) = A[[X]]\otimes(A/\mathfrak{m}) = (A/\mathfrak{m})[[X]]$$

が成り立ち，このファイバー環は1次元である．そうして $A[[X]]$ の任意の極大イデアル $\mathfrak{M}$ に対し $X\in\mathfrak{M}$ だから（定理 8.2），$\mathfrak{M}$ の $A[[X]]/(X)\simeq A$ における像を $\mathfrak{m}$ とすれば $\mathfrak{m}$ は A の極大イデアルで $\mathfrak{M}=(\mathfrak{m},X)$，したがって $\mathfrak{M}\cap A=\mathfrak{m}$ である．よって $\mathfrak{M}$ が $A[[X]]$ の極大イデアルなら

$$\mathrm{ht}\,\mathfrak{M} = \mathrm{ht}(\mathfrak{M}\cap A)+1,$$

逆に $\mathfrak{m}$ が A の極大イデアルなら $\mathrm{ht}(\mathfrak{m},X)=\mathrm{ht}\,\mathfrak{m}+1$ となり，これらをあわせて $\dim A[[X]]=\dim A+1$ を得る． ▮

注 1. $A[X]$ の極大イデアルは A の極大イデアルの上にのっているとは限らない．たとえば A を DVR，t をその素元，K を A の商体とすると $A[t^{-1}]=K$ であるから，$A[X]/(tX-1)\simeq K$，したがって $(tX-1)$ は $A[X]$ の極大イデアルであるが，$(tX-1)\cap A=(0)$.

注 2. $A\to A[[X_1,\cdots,X_n]]$ のファイバー環の次元は n より大きいことがむしろ普通である．たとえば，k を体とし $A=k[Y,Z]$ とおく．$k[[X]]$ の商体の $k(X)$ 上

の超越次数は ∞ であることはよく知られている．（[ZS] II p. 220）．$u(X)$，$v(X)\in k[[X]]$ を k 上代数的独立な元とし，

$$\varphi : A[[X]] \to k[[X]]$$

を $\varphi(X)=X$，$\varphi(Y)=u(X)$，$\varphi(Z)=v(X)$ によって定まる k 上の（X 進位相で連続な）準同形とする．$\mathrm{Ker}\,\varphi=P$ とおけば $P\cap A=(0)$ であり，$A[[X]]/P\simeq k[[X]]$ は 1次元である．$A[[X]]$ の任意の極大イデアルは高度3をもつ．そうして後にわかるように $A[[X]]$ は鎖状環であるから，$\mathrm{ht}\,P=2$ である．よって $A\to A[[X]]$ の生成ファイバーは2次元であることがわかる．

3. 有限生成拡大環

環 A が**強鎖状**（universally catenary）であるとは，A がネータ環で，どんな有限型 A 代数も鎖状環であることをいう．n 個の元で生成された A 代数は $A[X_1, \cdots, X_n]$ の準同形像で，鎖状環の準同形像はまた鎖状環だから，ネータ環 A が強鎖状であるためには，すべての $n\geqslant 0$ に対し $A[X_1, \cdots, X_n]$ が鎖状であることが必要十分である．（実は $A[X_1]$ が鎖状であれば十分なことが知られている．）

定理 15.5. A をネータ整域，B を A の拡大整域で A 上有限生成なものとする．$P\in\mathrm{Spec}(B)$，$\mathfrak{p}=P\cap A$ とするとき，一般に次の不等式が成り立つ．（これを**次元不等式**とよぶ．）

$$(*) \qquad \mathrm{ht}\,P \leqslant \mathrm{ht}\,\mathfrak{p} + \mathrm{t.d.}_A B - \mathrm{t.d.}_{\kappa(\mathfrak{p})}\kappa(P)$$

ここに $\mathrm{t.d.}_A B$ は B の商体の，A の商体上の超越次数を表わす．

証明．B が A 上1つの元で生成される場合を証明すれば十分である．よって $B=A[x]$ とする．A を $A_\mathfrak{p}$，B を $B_\mathfrak{p}=A_\mathfrak{p}[x]$ でおきかえてよいから，A が局所環で $\mathfrak{p}$ がその極大イデアルだとする．$k=A/\mathfrak{p}$，$I=\{f(X)\in A[X]\mid f(x)=0\}$ とおくと $B=A[X]/I$.

$I=(0)$ のときは $\mathrm{t.d.}_A B=1$，$B/\mathfrak{p}B=k[X]$ で，$\mathrm{ht}(P/\mathfrak{p}B)=1$ なら $\kappa(P)$ は $k=\kappa(\mathfrak{p})$ 上に代数的，$\mathrm{ht}(P/\mathfrak{p}B)=0$ なら $P=\mathfrak{p}B$，$\mathrm{t.d.}_{\kappa(\mathfrak{p})}\kappa(P)=1$．また定理 1 により $\mathrm{ht}\,P=\mathrm{ht}\,\mathfrak{p}+\mathrm{ht}(P/\mathfrak{p}B)$．よって（$*$）は等式で成り立つ．

$I\neq(0)$ のときは $\mathrm{t.d.}_A B=0$．一方 A は B の部分環だから $I\cap A=(0)$，

したがって A の商体を K とすれば $\mathrm{ht}\,I=\mathrm{ht}\,IK[X]=1$. また, P の $A[X]$ への逆像を P^* とすれば

$$P = P^*/I, \quad \kappa(P)=\kappa(P^*), \quad \mathrm{ht}\,P \leqslant \mathrm{ht}\,P^* - \mathrm{ht}\,I = \mathrm{ht}\,P^*-1.$$

すでに示したことから $\mathrm{ht}\,P^*=\mathrm{ht}\,\mathfrak{p}+1-\mathrm{t.d.}_{\kappa(\mathfrak{p})}\kappa(P^*)$ であるから

$$\mathrm{ht}\,P \leqslant \mathrm{ht}\,\mathfrak{p} - \mathrm{t.d.}_{\kappa(\mathfrak{p})}\kappa(P). \quad ▮$$

注. $B=A[X_1, \cdots, X_n]$ のときは, 上の証明からわかるように (*) で等式が成り立つ.

定義. A, B が上の定理の条件をみたすとする. 等式

$$\mathrm{ht}\,P = \mathrm{ht}\,\mathfrak{p} + \mathrm{t.d.}_A B - \mathrm{t.d.}_{K(\mathfrak{p})}\kappa(P) \quad (\mathfrak{p}=P\cap A)$$

がすべての $P\in\mathrm{Spec}\,B$ について成立するとき, A と B の間で**次元公式** (dimension formula) が成立するという.

定理 15.6. (Ratliff) ネータ環 A が強鎖状であるためには, A の任意の素イデアル $\mathfrak{p}$ と $A/\mathfrak{p}$ の任意の有限生成拡大整域 B について, $A/\mathfrak{p}$ と B の間で次元公式が成立することが必要十分である.

証明. (必要) A が強鎖状なら $A/\mathfrak{p}$ もそうであるから A が整域で B が A の有限生成拡大整域の場合を考えればよい. 前定理の証明で $I\neq 0$ のとき, $A[X]$ が鎖状なら $\mathrm{ht}\,P=\mathrm{ht}\,(P^*/I)=\mathrm{ht}\,P^*-\mathrm{ht}\,I$ となるから, (*) は等号になる.

(十分) A が強鎖状でないとすると, 有限型 A 代数 B で鎖状でないものがある. B は整域であるとして一般性を失わない. A から B への標準的射の核を $\mathfrak{p}$ とする. B の素イデアル P, Q で

$$P \subset Q, \quad \mathrm{ht}(Q/P)=d, \quad \mathrm{ht}\,Q > \mathrm{ht}\,P+d$$

をみたすものがある. $\mathrm{ht}\,P=h$ とおき, $a_1, \cdots, a_h\in P$ を $\mathrm{ht}\,(a_1, \cdots, a_h)=h$ となるようにとり, $I=(a_1, \cdots, a_h)$ とおく. P は I の極小素因子であるから,

$$I = \mathfrak{q}_1\cap\cdots\cap\mathfrak{q}_r$$

を最短準素分解とし $\mathfrak{q}_1$ の素因子が P であるとすれば, $b\in Q\mathfrak{q}_2\cdots\mathfrak{q}_r-P$ とす

るとき

$$I : b^{\nu}B = \mathfrak{q}_1 \quad (\nu=1, 2, \cdots)$$

である．$y_i=a_i/b$ $(1\leqslant i\leqslant h)$ とおき，

$$C = B[y_1, \cdots, y_h], \qquad J = (y_1, \cdots, y_h)C, \qquad M = J+QC = J+Q$$

とおく．C の各元は適当な k に対し u/b^k, $u\in(I+bB)^k$, の形に書けるから，$z\in J\cap B$ なら $zb^{\nu}\in I$ が十分大きな ν に対して成り立つ．したがって $z\in I : b^{\nu}=\mathfrak{q}_1$. 逆に $\mathfrak{q}_1\subset J\cap B$ は明白，よって $J\cap B=\mathfrak{q}_1$ である．これから

$$M\cap B = (J+Q)\cap B = (J\cap B)+Q = Q,$$
$$C/J \simeq B/\mathfrak{q}_1, \qquad C/M \simeq B/Q.$$

したがって $C_M/JC_M=B_Q/\mathfrak{q}_1B_Q$ は d 次元の局所環で，J は h 個の元で生成されているから

$$\operatorname{ht} M = \dim C_M \leqslant h+d < \operatorname{ht} Q.$$

一方 C と B とは同じ商体をもち，また $\kappa(M)=\kappa(Q)$ であるから，上の不等式は B と C の間で次元公式が成立しないことを示す．これは矛盾である．なぜなら，仮定により $A/\mathfrak{p}$ と B, $A/\mathfrak{p}$ と C の間で次元公式が成立するから，容易にわかるように B と C の間でも成立しなければならない． ▌

さいごに，次元不等式の応用として，§ 13 で触れた Rees 環や $\mathrm{gr}_I(A)$ の次元について考えよう．

A をネータ環，$I=\sum_1^r a_iA$ を A の真のイデアルとする．t を A 上の不定元とし

$$u = t^{-1}, \qquad R = R(A, I) = A[u, a_1t, \cdots, a_rt], \qquad G = \mathrm{gr}_I(A)$$

とおく．$R\subset A[t, u]$, $R/uR\simeq G$ である（定理 13.1 の前を見よ）．A の任意のイデアル $\mathfrak{a}$ に対し

$$\mathfrak{a}' = \mathfrak{a}A[t, u]\cap R$$

とおく．$\mathfrak{a}'\cap A=\mathfrak{a}A[t, u]\cap A=\mathfrak{a}$ であるから，$\mathfrak{a}_1\neq\mathfrak{a}_2$ なら $\mathfrak{a}_1'\neq\mathfrak{a}_2'$ である．また $\mathfrak{p}$ が A の素イデアルなら $\mathfrak{p}'$ は R の素イデアルであり，準素イデアルに関しても同様である．$0=\mathfrak{q}_1\cap\cdots\cap\mathfrak{q}_n$ が A における 0 の準素分解ならば，

$0=\mathfrak{q}_1'\cap\cdots\cap\mathfrak{q}_n'$ は R における 0 の準素分解である．よって，A の極小素イデアルが $\mathfrak{p}_{0i}$ $(1\leqslant i\leqslant m)$ ならば R の極小素イデアルの全体は $\{\mathfrak{p}_{0i}'\}_{1\leqslant i\leqslant m}$ である．$\mathfrak{p}$ を A の素イデアル，$\mathrm{ht}\,\mathfrak{p}=h$ とし，$\mathfrak{p}=\mathfrak{p}_0\supset\mathfrak{p}_1\supset\cdots\supset\mathfrak{p}_h$ を素イデアルの真減少列とすれば，$\mathfrak{p}'\supset\mathfrak{p}_1'\supset\cdots\supset\mathfrak{p}_h'$ も素イデアルの真減少列だから

$$\mathrm{ht}\,\mathfrak{p} \leqslant \mathrm{ht}\,\mathfrak{p}'$$

である．逆に $P\in\mathrm{Spec}(R)$，$P\cap A=\mathfrak{p}$ とする．P に含まれる R の極小素イデアル $\mathfrak{p}_{0i}'$ で $\mathrm{ht}\,P = \mathrm{ht}(P/\mathfrak{p}_{0i}')$ となるものをとれば，$R/\mathfrak{p}_{0i}'\supset A/\mathfrak{p}_{0i}$ で，次元不等式から

$$\mathrm{ht}\,P = \mathrm{ht}(P/\mathfrak{p}_{0i}') \leqslant \mathrm{ht}(\mathfrak{p}/(\mathfrak{p}_{0i})+1-\mathrm{t.d.}_{\kappa(\mathfrak{p})}\kappa(P)$$
$$\leqslant \mathrm{ht}\,\mathfrak{p}+1.$$

したがって $\dim R\leqslant\dim A+1$ が成り立つ．一方 $A[u,t]=R[u^{-1}]$ は R の局所化だから $\dim R\geqslant\dim A[u,t]=\dim A+1$，よって結局

$$\dim R = \dim A+1$$

である．また，任意の $\mathfrak{p}\in\mathrm{Spec}\,A$ に対し，$\alpha_i=a_i \bmod \mathfrak{p}$ とおけば $R/\mathfrak{p}'=(A/\mathfrak{p})[u,\alpha_1 t,\cdots,\alpha_r t]$ だから $\mathrm{t.d.}_{\kappa(\mathfrak{p})}\kappa(\mathfrak{p}')=1$ であり，次元不等式を使った先の計算で P に $\mathfrak{p}'$ を代入すれば $\mathrm{ht}\,\mathfrak{p}' \leqslant \mathrm{ht}(\mathfrak{p})$，よって結局

$$\mathrm{ht}\,\mathfrak{p} = \mathrm{ht}\,\mathfrak{p}'$$

が得られた．

I を含む A の極大イデアル $\mathfrak{m}$ をとれば，$R/\mathfrak{m}'=(A/\mathfrak{m})[u]$ となるから $\mathfrak{M}=(\mathfrak{m}',u)$ は R の極大イデアルで，$\mathfrak{M}\neq\mathfrak{m}'$，したがって $\mathrm{ht}\,\mathfrak{M}>\mathrm{ht}\,\mathfrak{m}'$ である．一方，次元不等式から $\mathrm{ht}\,\mathfrak{M}\leqslant\mathrm{ht}\,\mathfrak{m}+1=\mathrm{ht}\,\mathfrak{m}'+1$．よって

$$\mathrm{ht}\,\mathfrak{M} = \mathrm{ht}\,\mathfrak{m}'+1 = \mathrm{ht}\,\mathfrak{m}+1$$

である．u は R の非零因子だから，巴系の考察から $\mathrm{ht}\,(\mathfrak{M}/uR)=\mathrm{ht}\,\mathfrak{M}-1=\mathrm{ht}\,\mathfrak{m}$ がみちびかれる．したがって，もし I を含む A の極大イデアル $\mathfrak{m}$ で $\mathrm{ht}\,\mathfrak{m}=\dim A$ となるものが存在すれば（とくに，A が局所環なら）

$$\dim G = \dim(R/uR) = \dim A$$

である．以上をまとめて次の定理を得る．

定理 15.7. A をネータ環，I を真のイデアル，$R=R(A,I)$，$G=\mathrm{gr}_I(A)$ とおけば

$$\dim R = \dim A+1, \qquad \dim G \leqslant \dim A.$$

さらに A が局所環ならば

$$\dim G = \dim A.$$

§ 15 の問題　k を体とする．

【15.1】　$A=k[X, Y]\subset B=k[X, Y, X/Y]$ において，$P=(Y, X/Y)B$，$\mathfrak{p}=(X, Y)A$ とすれば $P\cap A=\mathfrak{p}$，$\mathrm{ht}\,P=\mathrm{ht}\,\mathfrak{p}=2$，$\dim B_P/\mathfrak{p}B_P=1$ であり，したがって

$$\mathrm{ht}\,P < \mathrm{ht}\,\mathfrak{p}+\dim B_P/\mathfrak{p}B_P$$

であることをたしかめよ．また，A と B の間で下降定理が成り立たないことを具体的に示せ．

【15.2】　$A=k[X]\subset B=k[X, Y]$ では上昇定理が成り立つか？

【15.3】　定理 15.7 で $\dim G<\dim A$ となる例を作れ．

【15.4】　Eisenbnd-Evans [1] をよめ．

第6章 正 則 列

1950 年代にホモロジー代数が可換環論へ取り入れられて新しい局面が開かれた．本章ではこの方面からいくつかの基本的な話題をとり上げる．

§ 16 では正則列，深さ，Koszul 複体を定義する．深さは幾何学的でないので考えにくいが極めて重要な量である．これを論ずるには Ext による方法と Koszul 複体による方法とがあるが両方書いておく．正則列と準正則列の関係は Rees による簡明な扱い方で論ずる．§ 17 では Cohen-Macaulay 環（略して CM 環）の定義と主な性質をのべる．CM 環の準同形像はすべて鎖状環であるという定理は，次元論で重要な意義をもつ．§ 18 では，CM 環の中で更にきわ立った性質をもつ Gorenstein 環についてのべる．これは H. Bass の方法では入射加群に関する Matlis の理論を用いるのであるが，ここではまず Greco に従って初等的に Gorenstein 環を論じ，そのあとで Matlis 理論を解説することにする．

§ 16. 正則列と Koszul 複体

A を環，M を A 加群とする．元 $a \in A$ が M 正則とは，$0 \neq x \in M$ なら $ax \neq 0$ となることであった．A の元の列 $a_1, \cdots, a_n$ が $\boldsymbol{M}$ **列**（M 正則列ともいう）であるとは，

1) a_1 が M 正則，a_2 が (M/a_1M) 正則，$\cdots$，a_n が $(M/\sum_1^{n-1} a_iM)$ 正則，

2) $M/\sum_1^n a_iM \neq 0$,

の 2 条件がみたされていることである．M 列の元を並べかえると M 列でなくなることもある．

定理 16.1. $a_1, \cdots, a_n$ が M 列ならば，任意の正整数 $\nu_1, \nu_2, \cdots, \nu_n$ に対して $a_1^{\nu_1}, \cdots, a_n^{\nu_n}$ も M 列である．

証明．$a_1, \cdots, a_n$ が M 列なら $a_1^{\nu}, a_2, \cdots, a_n$ もそうであることをいえばよい．なぜなら，$a_1^{\nu_1}, a_2, \cdots, a_n$ が M 列なら $M_1 = M/a_1^{\nu_1}M$ とおけば $a_2, \cdots, a_n$

が M_1 列，したがって $a_2^{\nu_2}, a_3, \cdots, a_n$ が M_1 列，以下同様である．なお，第2の条件 $M \neq \sum_1^n a_i^{\nu_i} M$ は明らかである．

$b_1, b_2, \cdots, b_n$ が M 列で $b_1\xi_1 + \cdots + b_n\xi_n = 0$, $\xi_i \in M$, ならば，すべての ξ_i が $b_1M + \cdots + b_nM$ に入ることを，n についての帰納法で示そう．まず M 列の条件から

$$\xi_n = \sum_1^{n-1} b_i \eta_i$$

と書ける．すると $\sum_1^{n-1} b_i(\xi_i + b_n\eta_i) = 0$. よって帰納法の仮定から

$$\xi_i + b_n\eta_i \in b_1M + \cdots + b_{n-1}M \quad (1 \leqslant i \leqslant n-1),$$

したがって $\xi_i \in b_1M + \cdots + b_nM$ $(1 \leqslant i \leqslant n-1)$. ξ_n については既知である．

さて，$\nu > 1$ のときにも $a_1^\nu, a_2, \cdots, a_n$ が M 列であることを ν についての帰納法で示す．a_1 が M 正則だから a_1^ν もそうである．$i > 1$ について，M の元 ω が

$$a_i\omega = a_1^\nu\xi_1 + a_2\xi_2 + \cdots + a_{i-1}\xi_{i-1}, \qquad \xi_j \in M$$

と書けたとすると，$a_1^{\nu-1}, a_2, \cdots, a_i$ は M 列だから

$$\omega = a_1^{\nu-1}\eta_1 + \cdots + a_{i-1}\eta_{i-1}, \qquad \eta_j \in M$$

と書ける．したがって

$$0 = a_1^{\nu-1}(a_1\xi_1 - a_i\eta_1) + a_2(\xi_2 - a_i\eta_2) + \cdots + a_{i-1}(\xi_{i-1} - a_i\eta_{i-1}).$$

前段によって $a_1\xi_1 - a_i\eta_1 \in a_1^{\nu-1}M + a_2M + \cdots + a_{i-1}M$. よって $a_i\eta_1 \in a_1M + a_2M + \cdots + a_{i-1}M$. ゆえに $\eta_1 \in a_1M + \cdots + a_{i-1}M$, したがって望み通り $\omega \in a_1^\nu M + a_2M + \cdots + a_{i-1}M$. ▌

A を環，$X_1, \cdots, X_n$ を A 上の不定元，M を A 加群とする．$M \otimes_A A[X_1, \cdots, X_n]$ の元は，M 係数の多項式

$$F(X) = F(X_1, \cdots, X_n) = \sum \xi_{(\alpha)} X_1^{\alpha_1} \cdots X_n^{\alpha_n}, \qquad \xi_{(\alpha)} \in M,$$

と考えることができる．したがって $M \otimes A[X_1, \cdots, X_n]$ を $M[X_1, \cdots, X_n]$ と書く．これは $A[X_1, \cdots, X_n]$ 加群とも A 加群ともみなせる．$a_1, \cdots, a_n$ が A の元ならば，$F(X) \in M[X_1, \cdots, X_n]$ の各 X_i にこれら a_i を代入した

$F(a_1, \cdots, a_n)$ は M の元である.

定義. $a_1, \cdots, a_n \in A$, $I = \sum_1^n a_i A$ とする. A 加群 M が, $IM \neq M$ で, すべての ν について

(*) $F(X_1, \cdots, X_n) \in M[X_1, \cdots, X_n]$ が ν 次斉次式で $F(a) \in I^{\nu+1}M$ ならば, F の係数はすべて IM に入る

という条件をみたしているとき, $a_1, \cdots, a_n$ は **M 準正則列**であるという. 明らかに, この概念は $a_1, \cdots, a_n$ の並び方によらない.

上の定義で, "$F(a) \in I^{\nu+1}M$" というところを "$F(a)=0$" としても同じことである. 実際, F が ν 次斉次式で $F(a) \in I^{\nu+1}M$ なら, $\nu+1$ 次同次式 $G(X) \in M[X_1, \cdots, X_n]$ があって $F(a)=G(a)$ となる. $G(X)=\sum_1^n X_i G_i(X)$, G_i は ν 次斉次式, と表わし $F^*(X)=F(X)-\sum a_i G_i(X)$ とおけば F^* は ν 次斉次で $F^*(a)=0$. そして F^* の係数がすべて IM の元なら F の係数もそうである.

写像 $\varphi : (M/IM)[X_1, \cdots, X_n] \longrightarrow \mathrm{gr}_I M = \bigoplus_{\nu \geqq 0} I^\nu M / I^{\nu+1} M$ を次のように定義する:

ν 次斉次式 $F(X) \in M[X]$ に $F(a)$ の $I^\nu M/I^{\nu+1}M$ での剰余類を対応させることにより, $M[X]$ から $\mathrm{gr}_I M$ への, 次数を保つ準同形写像 (加法群としての) が得られる. $IM[X]$ はその核に入るから

$$\varphi : M[X]/IM[X] = (M/IM)[X] \longrightarrow \mathrm{gr}_I M$$

がひきおこされる. この φ は明らかに上への準同形である. $a_1, \cdots, a_n$ が準正則列であるということは, φ が単射であり, したがって同形写像であるということにほかならない.

定理 16.2. A を環, M を A 加群, $a_1, \cdots, a_n \in A$, $I=(a_1, \cdots, a_n)A$ とおけば次のことが成り立つ:

i) $a_1, \cdots, a_n$ が M 列なら M 準正則列である.

ii) $a_1, \cdots, a_n$ が M 準正則列, $x \in A$, $IM : x = IM$ ならば, 任意の $\nu > 0$ に対し $I^\nu M : x = I^\nu M$.

証明.（Rees [90] による）まず ii）を ν についての帰納法で証明する．$\nu=1$ のときは仮定そのもの．$\nu>1$ とする．$\xi\in M$, $x\xi\in I^\nu M$ なら $x\xi\in I^{\nu-1}M$ でもあるから帰納法の仮定で $\xi\in I^{\nu-1}M$, よって M 係数の $\nu-1$ 次斉次式 $F(X_1, \cdots, X_n)$ によって $\xi=F(a)$ と表わせる．$x\xi=xF(a)\in I^\nu M$ だから準正則列の定義から $xF(X)$ の各係数 $\in IM$. ここで $IM:x=IM$ を再び用いて，$F(X)$ の係数 $\in IM$ がわかる．よって $\xi=F(a)\in I^\nu M$.

次に i）を n についての帰納法で証明する．$n=1$ のときは容易に確かめられる．(a_1 が M 準正則なら，$a_1\xi=0$ から $\xi\in\bigcap_\nu a_1^\nu M$ となることをついでに確かめよ.）$n>1$ とし，$n-1$ までは正しいとする．特に $a_1, \cdots, a_{n-1}$ は M 準正則列である．さて $F(X_1, \cdots, X_n)$ を M 係数の ν 次斉次式とし $F(a)=0$ とする．F の係数が IM に入ることを，ν についての帰納法で示す．$F(X)$ を，X_n を含む項と含まない項とに分けて

$$F(X) = G(X_1, \cdots, X_{n-1})+X_n\cdot H(X_1, \cdots, X_n)$$

と書く．ここに G は ν 次，H は $\nu-1$ 次の斉次式である．すると，すでに証明した ii）により

$$H(a) \in (a_1, \cdots, a_{n-1})^\nu M : a_n = (a_1, \cdots, a_{n-1})^\nu M \subset I^\nu M$$

だから，ν についての帰納法の仮定から，$H(X)$ の係数は IM に入る．また，上式によれば M 係数の ν 次斉次式 $h(X_1, \cdots, X_{n-1})$ があって $H(a)=h(a_1, \cdots, a_{n-1})$ と書けるから，

$$G(X_1, \cdots, X_{n-1})+a_nh(X_1, \cdots, X_{n-1}) = g(X)$$

とおけば，$a_1, \cdots, a_{n-1}$ が M 準正則だから g の係数 $\in (a_1, \cdots, a_{n-1})M$, したがって G の係数 $\in (a_1, \cdots, a_n)M$. ▮

この定理は任意の A, M で成り立つが，次の定理に見るように，多少の条件をつけると逆に　準正則　⇒　正則　が言える．このときには，M 列と M 準正則列の概念が一致するから，M 列を並べかえたものも M 列になるわけである．

定理 16.3. A をネータ環, $M \neq 0$ を A 加群, $a_1, \cdots, a_n \in A$ とし, $I=(a_1, \cdots, a_n)A$ とおく. 条件

(*) $M, M/a_1M, \cdots, M/(a_1, \cdots, a_{n-1})M$ がすべて I 進位相で分離的である,

が成り立つとき, $a_1, \cdots, a_n$ が M 準正則列ならば M 列である.

注. 仮定 (*) は次のどちらの場合にも成り立つ:

α) M が有限生成で $I \subset \mathrm{rad}(A)$,

β) A が $\boldsymbol{N}$ 型の次数環, M が $\boldsymbol{N}$ 型の次数加群, 各 a_i が次数 >0 の斉次元.

しかし A がネータ的でない局所環で $M=A$, $I \subset \mathrm{rad}(A)$ でも定理が成り立たない例がある [132].

証明. まず a_1 が M 正則であることを示そう. $\xi \in M$, $a_1\xi=0$ とすると仮定により $\xi \in IM$. よって $\xi=\sum a_i\eta_i$ とおくと $0=\sum a_1a_i\eta_i$ から $\eta_i \in IM$. 以下同様にして $\xi \in \bigcap I^\nu M=(0)$.

次に $M_1=M/a_1M$ とおき, $a_2, \cdots, a_n$ が M_1 準正則列であることを示せば, n についての帰納法で証明が完成する. (M が I 進位相で分離的で $M \neq 0$ だから $M \neq IM$ である.) そこで, $f(X_2, \cdots, X_n)$ を M_1 に係数をもつ ν 次斉次式とし, $f(a_2, \cdots, a_n)=0$ とする. $F(X_2, \cdots, X_n)$ を, M 係数の ν 次斉次式で係数を $\mathrm{mod}\, a_1M$ で考えると f になるものとすると $F(a_2, \cdots, a_n) \in a_1M$. いま $F(a_2, \cdots, a_n)=a_1\omega$ とおき, $\omega \in I^iM$ とすると, M 係数 i 次斉次式 $G_i(X_1, \cdots, X_n)$ があって $\omega=G_i(a)$ と書ける.

$$F(a_2, \cdots, a_n) = a_1G_i(a_1, \cdots, a_n)$$

で, $i<\nu-1$ ならこれから G_i の係数 $\in IM$, したがって $\omega \in I^{i+1}M$ となり, この議論を繰返してゆけば $\omega \in I^{\nu-1}M$ がわかる. 上式で $i=\nu-1$ とすれば, F は X_1 を含まないから, $F(X_2, \cdots, X_n)-X_1G_{n-1}(X_1, \cdots, X_n)$ に準正則の定義を適用すると F の係数 $\in IM$ がわかる. ゆえに f の係数 $\in IM_1$ である. ▌

系. A をネータ環, M を A 加群とし, $a_1, \cdots, a_n$ を M 列とする. 上の定理の注の条件 α) または β) が成り立てば, $a_1, \cdots, a_n$ を並べかえたものも M 列である.

M 列を並べかえて M 列でなくなる例: k を体, $A=k[X,Y,Z]$, $a_1=X(Y-1)$, $a_2=Y$, $a_3=Z(Y-1)$ とおく. $(a_1,a_2,a_3)A=(X,Y,Z)A\neq A$ で, a_1,a_2,a_3 は A 列であるが a_1,a_3,a_2 はそうでない.

Koszul 複体.　A を環, $x_1,\cdots,x_n\in A$ とするとき, 複体 $K.$ を次のように定義する: $K_0=A$ とし, $1\leqslant p\leqslant n$ に対しては K_p は $\{e_{i_1\cdots i_p}\mid 1\leqslant i_1<\cdots<i_p\leqslant n\}$ という記号の集合を基底とする, 階数 $\binom{n}{p}$ の自由 A 加群 $K_p=\oplus Ae_{i_1\cdots i_p}$ とし, $0\leqslant p\leqslant n$ 以外の p に対しては $K_p=0$ とする. 微分作用素 $d:K_p\longrightarrow K_{p-1}$ は

$$d(e_{i_1\cdots i_p}) = \sum_{r=1}^{p}(-1)^{r-1}x_{i_r}e_{i_1\cdots\hat{i}_r\cdots i_p}$$

($p=1$ なら $d(e_i)=x_i$) によって定める. $dd=0$ となることは容易に確かめられる. この複体を $K.(x_1,\cdots,x_n)$ または $K.(\underline{x})$ または $K._{x,1\cdots n}$ と書き, Koszul 複体とよぶ. A 加群 M に対しては $K.(\underline{x},M)=M\otimes_A K.(\underline{x})$ とおく. また, A 加群の複体 $C.$ に対しては $C.(\underline{x})=C.\otimes K.(\underline{x})$ とおく. とくに $n=1$ のとき, $K.(x)$ は

$$\cdots\longrightarrow 0\longrightarrow 0\longrightarrow A\xrightarrow{x} A\longrightarrow 0$$

の形の複体であり, $K.(x_1,\cdots,x_n)=K.(x_1)\otimes\cdots\otimes K.(x_n)$ であることが容易にわかる. 複体のテンソル積については $L.\otimes M.\simeq M.\otimes L.$ が成り立つから, Koszul 複体は $x_1,\cdots,x_n$ の順序を変えても (同形をのぞいて) 不変である. Koszul 複体 $K.(\underline{x},M)$ のホモロジー群 $H_p(K.(\underline{x},M))$ を $H_p(\underline{x},M)$ と略記する. 一般に

$$H_0(\underline{x},M) \simeq M/\underline{x}M$$

である. ここに $\underline{x}M$ は $\sum x_iM$ の略記. また

$$H_n(\underline{x},M) \simeq \{\xi\in M\mid x_1\xi=\cdots=x_n\xi=0\}.$$

定理 16.4.　x を A の元とし $C.$ を A 加群の複体とすれば

$$0\longrightarrow C.\longrightarrow C.(x)\longrightarrow C'_.\longrightarrow 0$$

という複体の完全列が得られる. ここに $C'_.$ は $C.$ の次数を1だけ増して得ら

れる複体（すなわち $C'_{p+1}=C_p$ とし，C' の微分作用素は C のそれとする）である．さらに，これから得られる長完全列は

$$\cdots \longrightarrow H_p(C.) \longrightarrow H_p(C.(x)) \longrightarrow H_{p-1}(C.) \xrightarrow{(-1)^{p-1}x} H_{p-1}(C.) \longrightarrow \cdots$$

である．また $x\cdot H_p(C.(x))=0$ $(\forall p)$ が成り立つ．

証明．複体のテンソル積の定義と $K_1(x)=Ae_1$, $K_0(x)=A$ とから，$C_p(x)$ は $C_p \oplus C_{p-1}$ と同一視できて，そのとき $\xi\in C_p$, $\eta\in C_{p-1}$ なら

$$d(\xi,\eta) = (d\xi+(-1)^{p-1}x\eta,\ d\eta)$$

である．最初の主張はこれから明らか．また $H_p(C'_.)=H_{p-1}(C.)$ も明らかであり，$C'_p=C_{p-1}$ の元 η が $d\eta=0$ をみたすとき，$C.(x)$ では $d(0,\eta)=((-1)^{p-1}x\eta,0)$ であるから，長完全列は定理にのべられた形になる．最後に，$d(\xi,\eta)=0$ なら $d\eta=0$, $d\xi=(-1)^p x\eta$ であるから $x\cdot(\xi,\eta)=d(0,(-1)^p\xi)\in dC_{p+1}(x)$ となる．すなわち $x\cdot H_p(C.(x))=0$ である．▮

この定理を $K.(\underline{x},M)$ に適用すると，複体のテンソル積の可換性によって，ホモロジー群 $H_p(\underline{x},M)$ は $\underline{x}$ の生成するイデアル $(\underline{x})=(x_1,\cdots,x_n)$ で零化されることがわかる：

$$(\underline{x})\cdot H_p(\underline{x},M) = 0 \quad (\forall p).$$

定理 16.5.

i）A を環，M を A 加群，$x_1,\cdots,x_n$ を M 列とすれば

$$H_p(\underline{x},M) = 0 \quad (p>0), \qquad H_0(\underline{x},M)=M/\underline{x}M.$$

ii）次の α), β) のいずれかが成り立つとする：

α）$(A,\mathfrak{m})$ が局所環で $x_1,\cdots,x_n\in\mathfrak{m}$, M は有限 A 加群,

β）A が $\boldsymbol{N}$ 型の次数環，M が $\boldsymbol{N}$ 型の次数 A 加群，$x_1,\cdots,x_n$ が次数 >0 の斉次元．

そのとき i）の逆が次のような強い形で成立する：$H_1(\underline{x},M)=0$, $M\neq 0$ ならば $x_1,\cdots,x_n$ は M 列である．

証明．n に関する帰納法で証明する．

i） $n=1$ のとき $H_1(x,M)=\{\xi\in M\mid x\xi=0\}=0$ だから成立. $n>1$ のとき, $p>1$ については前定理から

$H_p(x_1,\cdots,x_{n-1},M)=0\longrightarrow H_p(x_1,\cdots,x_n,M)\longrightarrow H_{p-1}(x_1,\cdots,x_{n-1},M)=0$

が完全列だから $H_p(x_1,\cdots,x_n,M)=0$. また $M_i=M/(x_1,\cdots,x_i)M$ とおけば $p=1$ のとき

$$0\longrightarrow H_1(\underline{x},M)\longrightarrow H_0(x_1,\cdots,x_{n-1},M)=M_{n-1}\xrightarrow{\pm x_n}M_{n-1}\longrightarrow$$

が完全列で, x_n は M_{n-1} 正則だからやはり $H_1(\underline{x},M)=0$.

ii） α）または β）なら, $M\neq 0$ から $M_i\neq 0$ $(1\leqslant i\leqslant n)$ が従う. 前定理と仮定とから

$$H_1(x_1,\cdots,x_{n-1},M)\xrightarrow{\pm x_n}H_1(x_1,\cdots,x_{n-1},M)\longrightarrow H_1(\underline{x},M)=0$$

が完全列であり, 一般に $H_p(\underline{x},M)$ は α）のときには有限 A 加群, β）のときには $\boldsymbol{N}$ 型の次数 A 加群になるから, NAK により $H_1(x_1,\cdots,x_{n-1},M)=0$. よって $x_1,\cdots,x_{n-1}$ は M 列である. 一方 $p=0$ では i）のときと同じ完全列から, x_n が M_{n-1} 正則であることがわかる. したがって $x_1,\cdots,x_n$ は M 列である. ▌

A を環, M を A 加群, I を A のイデアルとする. I の元 $a_1,\cdots,a_r$ が I の中の極大 M 列であるとは, $a_1,\cdots,a_r$ は M 列であるが, どんな $b\in I$ をとっても $a_1,\cdots,a_r,\ b$ が M 列にならないことと定義する. $a_1,\cdots,a_r$ が M 列なら $a_1M,(a_1,a_2)M,\cdots,(a_1,\cdots,a_r)M$ は真増大列になる. したがってイデアルの列 $(a_1),(a_1,a_2),\cdots,$ も真増大列になるから, A がネータなら無限に延ばすわけにはゆかないので, どんな M 列も延長してゆけば遂には極大 M 列に到達するわけである.

付記. 以下の定理 6〜8 で, 'M が有限 A 加群' という仮定は, 証明をよめばわかるように, '$A\to B$ がネータ環の射で M が有限 B 加群' という形に弱めることができる. それは, $\mathrm{Ass}_B(M)=\{P_1,\cdots,P_r\}$, $P_i\cap A=\mathfrak{p}_i$ とおくとき, M 非正則元のみから成る A のイデアルは $\bigcup\mathfrak{p}_i$ に, したがって適当なひとつの $\mathfrak{p}_i$ に含まれるからである. なお [M](9, A) によれば $\mathrm{Ass}_A(M)=\{\mathfrak{p}_1,\cdots,\mathfrak{p}_r\}$ が成り立つ.

定理 16.6. A をネータ環, M を有限 A 加群, I を A のイデアルとし, $IM \neq M$ とする. 与えられた整数 $n>0$ に対し次の条件は互いに同値である:

（1） $\mathrm{Supp}(N) \subset V(I)$ をみたす任意の有限 A 加群 N に対し $\mathrm{Ext}_A^i(N, M) = 0$ $(\forall i<n)$,

（2） $\mathrm{Ext}_A^i(A/I, M) = 0$ $(\forall i<n)$,

（2′） $\mathrm{Ext}_A^i(N, M) = 0$ $(\forall i<n)$, $\mathrm{Supp}(N) = V(I)$ が成り立つような有限 A 加群 N が存在する,

（3） I の中から長さ n の M 列がとり出せる.

証明. （1）⇒（2）⇒（2′）は自明. （2′）⇒（3）もし I が M 非正則元のみから成るならば, I を含む M の素因子 P が存在する. （ここに M の有限性が必要である.）よって単射 $A/P \longrightarrow M$ が存在する. これを P で局所化して $\mathrm{Hom}_{A_P}(k, M_P) \neq 0$, ここに $k = (A/P)_P = A_P/PA_P$. さて $P \in V(I) = \mathrm{Supp}(N)$ だから $N_P \neq 0$. したがって NAK により $N_P/PN_P = N \otimes_A k \neq 0$. ゆえに $N \otimes k$ は 0 でない k 上のベクトル空間であるから, $\mathrm{Hom}_k(N \otimes k, k) \neq 0$. これらを合せて, $N_P \longrightarrow N \otimes k \longrightarrow k \longrightarrow M_P$ という道筋をたどると $\mathrm{Hom}_{A_P}(N_P, M_P) \neq 0$ が得られる. 左辺は $(\mathrm{Hom}_A(N, M))_P$ に等しいから $\mathrm{Hom}_A(N, M) \neq 0$. これは仮定に反す. よって I は M 正則元 f を含む. 仮定により $M/IM \neq 0$ だから, $n=1$ ならこれでよい. $n>1$ のときは $M_1 = M/fM$ とおけば完全列

$$0 \longrightarrow M \xrightarrow{f} M \longrightarrow M_1 \longrightarrow 0$$

から $\mathrm{Ext}_A^i(N, M_1) = 0$ $(i<n-1)$ が得られるから, n に関する帰納法で M_1 列 $f_2, \cdots, f_n$ が I の中から取れる.

次に（3）⇒（1）を出すのには, A がネータ的とか M が有限加群とかの条件はいらない. $f_1, \cdots, f_n \in I$ が M 列なら完全列

$$0 \longrightarrow M \xrightarrow{f_1} M \longrightarrow M_1 \longrightarrow 0$$

と, $n>1$ なら帰納法で $\mathrm{Ext}_A^i(N, M_1) = 0$ $(i<n-1)$ となることから

$$0 \longrightarrow \mathrm{Ext}_A^i(N,M) \xrightarrow{f_1} \mathrm{Ext}_A^i(N,M) \quad (i<n)$$

も完全列であるが，$\mathrm{Ext}_A^i(N,M)$ は $\mathrm{ann}(N)$ の元で消される．$\mathrm{Supp}(N) = V(\mathrm{ann}(N)) \subset V(I)$ から $I \subset \sqrt{\mathrm{ann}(N)}$ となるので，f_1 の十分高いべきは $\mathrm{Ext}_A^i(N,M)$ を零化するはずである．よって $\mathrm{Ext}_A^i(N,M)=0$ $(i<n)$ が成立する． ∎

M, I を上の定理の通りとすれば，（2）⇒（3）の証明を見ればわかるように，$\mathrm{Ext}_A^n(A/I,M)=0$ ならさらに $a_{n+1}\in I$ をとって $a_1,\cdots,a_{n+1}$ が M 列になるようにできる．よって $a_1,\cdots,a_n$ が極大なら $\mathrm{Ext}_A^n(A/I,M)\neq 0$ でなくてはならない．こうして次の定理が得られる．

定理 16.7. A をネータ環，I を A のイデアル，M を有限 A 加群で $M\neq IM$ なるものとするとき，I の中の極大 M 列の長さは一定であり，それを n とすれば

$$\mathrm{Ext}_A^i(A/I,M) = 0 \quad (i<n), \qquad \mathrm{Ext}_A^n(A/I,M) \neq 0.$$

I の中の極大 M 列の長さを M の I **深度** (I-depth) といい $\mathrm{depth}(I,M)$ で表わす．($M=IM$ のときは I 深度を ∞ と規約する.) 上の定理は

$$\mathrm{depth}(I,M) = \inf\{i \mid \mathrm{Ext}_A^i(A/I,M)\neq 0\}$$

と書ける．特に $(A,\mathfrak{m},k)$ をネータ局所環とするとき，$\mathrm{depth}(\mathfrak{m},M)$ を単に M の深度といい $\mathrm{depth}\,M$ または $\mathrm{depth}_A M$ と書く：

$$\mathrm{depth}\,M = \inf\{i \mid \mathrm{Ext}_A^i(k,M)\neq 0\}.$$

定理 6 によれば，$V(I)=V(I')$ なら $\mathrm{depth}(I,M)=\mathrm{depth}(I',M)$ である．このことはまた定理 1 からも容易に従う．

$\mathrm{ann}(M)=\mathfrak{a}$, $A/\mathfrak{a}=\bar{A}$ とおけば M は $\bar{A}$ 加群でもある．自然準同形 $A \longrightarrow \bar{A}$ による A の元 a の像を $\bar{a}$，イデアル I の像を $\bar{I}$ で表わせば，I の元の列 $a_1,\cdots,a_r$ が M 列であることと $\bar{a}_1,\cdots,\bar{a}_r$ が M 列であることとは明

らかに同じことである．したがって $\operatorname{depth}(I,M) = \operatorname{depth}(\bar{I},M)$ である．$I+\mathfrak{a}=J$ とおけば $\bar{I}=\bar{J}$ であるから，$\operatorname{depth}(I,M) = \operatorname{depth}(J,M)$ も成り立つわけである．

Koszul 複体を用いても極大 M 列の長さが一定であることが示される．

定理 16.8. A をネータ環，$I=(y_1,\cdots,y_n)$ を A のイデアル，M を有限 A 加群で $M\neq IM$ なるものとする．$\sup\{i\,|\,H_i(\underline{y},M)\neq 0\}=q$ とおくと，I の中の任意の極大 M 列の長さは $n-q$ に等しい．

証明．$x_1,\cdots,x_s$ を I の中の極大 M 列とする．s に関する帰納法．$s=0$ ならば I の各元が M 非正則元であり，したがって I を含む M の素因子 P がある．定義から，適当な $\xi\in M$ があって $P=\operatorname{ann}(\xi)$，よって $I\xi=0$ である．よって $\xi\in H_n(\underline{y},M)$ で，$q=n$ となるからこの場合主張は正しい．

$s>0$ なら $M_1=M/x_1M$ とおけば，完全列

$$0\longrightarrow M\xrightarrow{x_1}M\longrightarrow M_1\longrightarrow 0$$

と，$IH_i(\underline{y},M)=0$ (定理 4) とから

$$0\longrightarrow H_i(\underline{y},M)\longrightarrow H_i(\underline{y},M_1)\longrightarrow H_{i-1}(\underline{y},M)\longrightarrow 0$$

がすべての i に対して完全列，よって $H_{q+1}(\underline{y},M_1)\neq 0$, $H_i(\underline{y},M)=0$ $(i>q+1)$ となり，$x_2,\cdots,x_s$ は I の中の極大 M_1 列だから帰納法で $q+1=n-(s-1)$，したがって $q=n-s$ である．▌

すなわち depth (I,M) は，$H_n(\underline{y},M), H_{n-1}(\underline{y},M),\cdots,H_0(\underline{y},M)$ $(=M/IM\neq 0)$ において左端からつづく 0 の個数に等しい．この事実を “Koszul 複体の depth sensitivity” と呼ぶことがある．

grade. Rees [90] は Auslander-Buchsbaum [6] より少し早く，正則列に関連した grade という概念を導入してその理論を作った．A をネータ環，$M\neq 0$ を有限 A 加群とする．このとき Rees は

$$\operatorname{grade} M = \inf\{i\,|\,\operatorname{Ext}_A^i(M,A)\neq 0\}$$

と定義する．また A の真のイデアル J に対して grade(A/J) をイデアル J の grade とよび grade J と書く．$\mathfrak{a}=\mathrm{ann}(M)$ とおけば $\mathrm{Supp}(M)=V(\mathfrak{a})$ であるから定理 6 によれば

$$\mathrm{grade}\, M = \mathrm{depth}(\mathfrak{a}, A)$$

であることがわかる．また，$g=\mathrm{grade}\, M$ なら $\mathrm{Ext}_A^g(M, A)\neq 0$ だから

$$\mathrm{grade}\, M \leqslant \mathrm{proj.\,dim}\, M$$

である．I がイデアルなら，$\mathrm{grade}\, I(=\mathrm{grade}(A/I))=\mathrm{depth}(I, A)$ はすなわち I の中の極大 A 列の長さであるが，一般に $a_1, \cdots, a_r$ が A 列なら定理 13.5 から容易にわかるように $\mathrm{ht}\,(a_1, \cdots, a_r)=r$ である．したがって，$a_1, \cdots, a_r$ が I の中の極大 A 列なら

$$r = \mathrm{ht}\,(a_1, \cdots, a_r) \leqslant \mathrm{ht}\, I$$

となるから，イデアルについては

$$\mathrm{grade}\, I \leqslant \mathrm{ht}\, I$$

が成り立つ．

定理 16.9. A をネータ環，$M\,(\neq 0)$ と N を有限 A 加群とし，$\mathrm{grade}\, M=k$, $\mathrm{proj.\,dim}\, N=l<k$ だとすると

$$\mathrm{Ext}_A^i(M, N) = 0 \quad (i<k-l).$$

証明．l についての帰納法．$l=0$ なら，N は適当な自由加群 A^n の直和因子であり，したがって $N=A$ のときについて言えばよいが，そのときは主張は grade の定義そのものである．$l>0$ として $0\longrightarrow N_1\longrightarrow L_0\longrightarrow N\longrightarrow 0$ (L_0 は有限自由加群) のような完全列をとれば，$\mathrm{proj.\,dim}\, N_1=l-1$ だから帰納法の仮定で

$$\mathrm{Ext}_A^i(M, L_0) = 0 \quad (i<k), \qquad \mathrm{Ext}_A^{i+1}(M, N_1) = 0 \quad (i<k-l).$$

これから主張が従う．∎

§16 の問題 次の命題を証明せよ.

【16.1】 $(A, \mathfrak{m})$ をネータ局所環，$M \neq 0$ を有限 A 加群，$a_1, \cdots, a_r \in \mathfrak{m}$ を M 列，$M' = M/(a_1, \cdots, a_r)M$ とすれば

$$\dim M' = \dim M - r.$$

【16.2】 A をネータ環，$\mathfrak{a}$, $\mathfrak{b}$ を A のイデアル，$\operatorname{grade} \mathfrak{a} > \operatorname{proj.dim} A/\mathfrak{b}$ とすれば $\mathfrak{b} : \mathfrak{a} = \mathfrak{b}$ となる.

【16.3】 A をネータ環とする．A の真のイデアル I が $\operatorname{grade} I = \operatorname{proj.dim} A/I$ をみたすとき**完全イデアル** (perfect ideal) という．I が grade k の完全イデアルならば，I の素因子はすべて grade k をもつ.

【16.4】 $f : A \longrightarrow B$ が平坦な環準同形，M が A 加群，$a_1, \cdots, a_r \in A$ が M 列で $(M/(a_1, \cdots, a_r)M) \otimes B \neq 0$ ならば，$f(a_1), \cdots, f(a_r)$ は $M \otimes B$ 列である.

【16.5】 A をネータ局所環，M を有限 A 加群，P を A の素イデアルとすると $\operatorname{depth}(P, M) \leqslant \operatorname{depth}_{A_P} M_P$ であることを示し，等号が成り立たない例を作れ.

【16.6】 A を環とし，$a_1, \cdots, a_n \in A$ を A 準正則列とする．A が体 k を含めば，$a_1, \cdots, a_n$ は k 上代数的独立である.

【16.7】 $(A, \mathfrak{m}), (B, \mathfrak{n})$ をネータ局所環とし，$A \subset B$, $\mathfrak{n} \cap A = \mathfrak{m}$ で $\mathfrak{m}B$ が $\mathfrak{n}$ に属する準素イデアルとする．M を有限 B 加群とすると（P.155 の付記参照）

$$\operatorname{depth}_B M = \operatorname{depth}_A M.$$

【16.8】 A を環，$P_1, \cdots, P_r$ を素イデアル，I をイデアル，x を A の元とする．$xA + I \not\subset P_1 \cup \cdots \cup P_r$ ならば $y \in I$ を適当にえらべば $x + y \notin P_1 \cup \cdots \cup P_r$ となる (E. Davis).

【16.9】 前問を用いて次のことを示せ: A をネータ環，$I \neq A$ を n 個の元で生成されたイデアルとすると $\operatorname{grade} I \leqslant n$ であり，$\operatorname{grade} I = n$ のときは I は A 列で生成される([K] Th. 125)．また，同じことを定理 16.8 から導け.

§ 17. Cohen-Macaulay 環

定理 17.1. (Ischebeck) $(A, \mathfrak{m})$ をネータ局所環，M と N を0でない有限 A 加群とし，$\operatorname{depth} M = k$, $\dim N = r$ とすれば

$$\operatorname{Ext}^i_A(N, M) = 0 \quad (i < k - r).$$

証明. r についての帰納法．$r = 0$ なら $\operatorname{Supp}(N) = \{\mathfrak{m}\}$ だから定理 16.6

によって主張は正しい．$r>0$ とする．定理 6.4 により

$$N=N_0\supset N_1\supset\cdots\supset N_n=(0),\qquad N_j/N_{j+1}\simeq A/P_j$$

となるような部分加群 N_j と素イデアル P_j とが存在する．容易にわかるように，$\mathrm{Ext}_A^i(N_j/N_{j+1},M)=0$ がすべての j について成り立てば $\mathrm{Ext}_A^i(N,M)=0$ であり，$\dim N_j/N_{j+1}\leqslant\dim N=r$ であるから，$N=A/P$, $P\in\mathrm{Spec}\,A$, $\dim N=r$ として $\mathrm{Ext}_A^i(N,M)=0$ $(i<k-r)$ を証明すればよい．$r>0$ だから元 $x\in\mathfrak{m}-P$ をひとつ取れば

$$0\longrightarrow N\overset{x}{\longrightarrow}N\longrightarrow N'\longrightarrow 0$$

という完全列が得られ，$N'=A/(P,x)$, $\dim N'<r$ であるから帰納法の仮定で $\mathrm{Ext}_A^i(N',M)=0$ $(i<k-r+1)$. よって $i<k-r$ に対し

$$0\longrightarrow\mathrm{Ext}_A^i(N,M)\overset{x}{\longrightarrow}\mathrm{Ext}_A^i(N,M)\longrightarrow\mathrm{Ext}_A^{i+1}(N',M)=0$$

が完全列となる．$x\in\mathfrak{m}$ であるから NAK により $\mathrm{Ext}_A^i(N,M)=0$ が得られる．▮

定理 17.2. A をネータ局所環，M を有限 A 加群，$P\in\mathrm{Ass}(M)$ とすれば $\dim(A/P)\geqslant\mathrm{depth}\,M$.

証明．$P\in\mathrm{Ass}(M)$ なら $\mathrm{Hom}_A(A/P,M)\neq 0$ であるから，前定理から $\dim A/P<\mathrm{depth}\,M$ ではありえない．▮

定義． $(A,\mathfrak{m},k)$ をネータ局所環，M を有限 A 加群とする．$M\neq 0$ で $\mathrm{depth}\,M=\dim M$ が成り立つとき，または $M=0$ のとき，M は **Cohen-Macaulay 加群**，略して **CM 加群**とよばれる．A 自身が CM 加群であるとき，A は **CM 環**または **Macaulay 環**とよばれる．

定理 17.3. A をネータ局所環，M を有限 A 加群とする．

i) M が CM 加群なら，任意の $P\in\mathrm{Ass}(M)$ に対して $\dim(A/P)=\dim M=\mathrm{depth}\,M$ が成り立つ．したがって M は非孤立素因子をもたない．

ii） $a_1, \cdots, a_r \in \mathfrak{m}$ が M 列なら，$M' = M/(a_1, \cdots, a_r)M$ とおくとき

$$M \text{ が CM 加群} \iff M' \text{ が CM 加群}.$$

iii） M が CM 加群なら，任意の $P \in \mathrm{Spec}(A)$ に対し，M_P は A_P 加群として CM 加群であり，$M_P \neq 0$ なら

$$\mathrm{depth}(P, M) = \mathrm{depth}_{A_P} M_P.$$

証明．i）$\dim M = \sup\{\dim A/P \mid P \in \mathrm{Ass}\, M\} \geqq \inf\{\dim A/P \mid P \in \mathrm{Ass}\, M\} \geqq \mathrm{depth}\, M$ が一般に成り立つから自明．

ii） 定義から $\mathrm{depth}\, M' = \mathrm{depth}\, M - r$，一方 $\dim M' = \dim M - r$（問題【16.1】），よって明らかである．

iii） $M_P \neq 0$ の場合を考えればよい．したがって $P \supset \mathrm{ann}(M)$．このとき，一般に $\dim M_P \geqq \mathrm{depth}\, M_P \geqq \mathrm{depth}(P, M)$ だから

$$\dim M_P = \mathrm{depth}\,(P, M)$$

を示せばよい．これを $\mathrm{depth}(P, M)$ についての帰納法で示す．$\mathrm{depth}(P, M) = 0$ なら P は M の素因子に含まれるが，$P \supset \mathrm{ann}(M)$ であり，M の素因子は i）によりすべて極小だから，P 自身が M の極小素因子であり，したがって $\dim M_P = 0$ である．$\mathrm{depth}(P, M) > 0$ のときには，P の中に M 正則元 a をとれる．$M' = M/aM$ とおく．

$$\mathrm{depth}(P, M') = \mathrm{depth}(P, M) - 1$$

であり，また M' は CM 加群で $M'_P \neq 0$ だから帰納法の仮定で $\dim M'_P = \mathrm{depth}(P, M')$．一方 PA_P の元としての a は M_P 正則であり $M'_P = M_P/aM_P$ であるから再び【16.1】により $\dim M'_P = \dim M_P - 1$．これらを合せて $\mathrm{depth}(P, M) = \dim M_P$ が得られる．

定理 17.4. $(A, \mathfrak{m})$ を CM 局所環とする．

i） I が真のイデアルならば

$$\mathrm{ht}\, I = \mathrm{depth}(I, A) = \mathrm{grade}\, I, \qquad \mathrm{ht}\, I + \dim A/I = \dim A.$$

ii） A は鎖状環である．

iii） $\mathfrak{m}$ の元の列 $a_1, \cdots, a_r$ に対し次の条件は互いに同値：

（1） $a_1, \cdots, a_r$ は A 列である，

（2） $\mathrm{ht}(a_1, \cdots, a_i)=i \quad (1 \leqslant i \leqslant r)$，

（3） $\mathrm{ht}(a_1, \cdots, a_r)=r$，

（4） $a_1, \cdots, a_r$ は A の巴系の一部分になる．

証明. iii) （1）⇒（2）は，A 列の定義から $0<\mathrm{ht}(a_1)<\mathrm{ht}(a_1, a_2)<\cdots$ となることと，定理 13.5 とから従う．

（2）⇒（3）は自明．

（3）⇒（4） $\dim A=r$ なら自明，$\dim A>r$ なら $\mathfrak{m}$ は $(a_1, \cdots, a_r)$ の極小素因子ではないから，$a_{r+1} \in \mathfrak{m}$ を $(a_1, \cdots, a_r)$ のどの極小素因子にも含まれぬようにとれば $\mathrm{ht}(a_1, \cdots, a_{r+1})=r+1$ となる．以下同様につづければよい．(ここまでは A が CM 環という仮定は不要である.)

（4）⇒（1） A の任意の巴系 $x_1, \cdots, x_n$ $(n=\dim A)$ が A 列であることをいえばよい．$P \in \mathrm{Ass}(A)$ ならば $\dim A/P=n$ (定理 3 i))，ゆえに $x_1 \notin P$. これは x_1 が A 正則であることを意味する．したがって $A/x_1A=A'$ とおけば前定理から A' は $n-1$ 次元の CM 局所環で，$x_2, \cdots, x_n$ の像は A' の巴系．ゆえに n についての帰納法で $x_1, \cdots, x_n$ が A 列であることがわかる．

i) $\mathrm{ht}\, I=r$ なら，$a_1, \cdots, a_r \in I$ を $\mathrm{ht}(a_1, \cdots, a_i)=i$ $(1 \leqslant i \leqslant r)$ となるように取れる．すると iii) により $a_1, \cdots, a_r$ は A 列である．ゆえに $r \leqslant \mathrm{grade}\, I$. 逆に $b_1, \cdots, b_s \in I$ が A 列なら $\mathrm{ht}(b_1, \cdots, b_s)=s \leqslant \mathrm{ht}\, I$. ゆえに $r \geqslant \mathrm{grade}\, I$ だから等号が成り立つ．第2の等式については，イデアル I の極小素因子の集合を S とすると

$$\mathrm{ht}\, I = \inf\{\mathrm{ht}\, P \mid P \in S\}, \quad \dim(A/I) = \sup\{\dim A/P \mid P \in S\}$$

だから，各 $P \in S$ について $\mathrm{ht}\, P=\dim A-\dim A/P$ が成り立てばよい．$\mathrm{ht}\, P=\dim A_P=r$，$\dim A=n$ とおく．前定理 iii) により A_P は CM 環で $r=\mathrm{depth}(P, A)$ が成り立つ．P の中から A 列 $a_1, \cdots, a_r$ を取れば $A/(a_1, \cdots, a_r)$ は $n-r$ 次元の CM 環 (前定理 ii)) で，$\mathrm{ht}\,(a_1, \cdots, a_r) = r = \mathrm{ht}\, P$ により

P は $(a_1, \cdots, a_r)$ の極小素因子であるから $\dim A/P = \dim A/(a_1, \cdots, a_r) = n-r$ (前定理 i)).

ii) $P \supset Q$ を A の2つの素イデアルとする. A_P は CM 環だから上の i) から $\dim A_P = \operatorname{ht} QA_P + \dim A_P/QA_P$, いいかえれば $\operatorname{ht} P - \operatorname{ht} Q = \operatorname{ht}(P/Q)$ である. ▮

ネータ局所環 A の巴系で A 列になるものが1組あれば, $\operatorname{depth} A = \dim A$ となるから A は CM 環, したがって上の定理により任意の巴系が A 列をなす.

定理 17.5. A をネータ局所環, $\hat{A}$ をその完備化とすれば

i) $\operatorname{depth} A = \operatorname{depth} \hat{A}$.

ii) A が CM $\Longleftrightarrow$ $\hat{A}$ が CM.

証明. i) はたとえば $\operatorname{Ext}^i_A(A/\mathfrak{m}, A) \otimes \hat{A} = \operatorname{Ext}^i_{\hat{A}}(\hat{A}/\mathfrak{m}\hat{A}, \hat{A})$ $(\forall i)$ から出る. ii) は i) と $\dim A = \dim \hat{A}$ から従う.

定義. ネータ環 A の真のイデアル I は, その素因子の高度がすべて等しいとき, **純** (unmixed) であるといわれる. 次の命題は**純性定理**の名でよばれる.

"r 個の元で生成され高度 r をもつ A のイデアルは必ず純である"

ここで r は0も含み任意の非負整数とするので, とくに (0) が純であることもこの命題に含まれる. 命題の条件をみたすイデアル I の極小素因子はすべて高度 r をもつ (定理 13.5) のだから, I が純であるということは非孤立素因子をもたないということである.

すべての極大イデアル $\mathfrak{m}$ について $A_\mathfrak{m}$ が CM 局所環になるようなネータ環 A は **CM 環**とよばれる. 定理 3 iii) により, A が CM 環ならその任意の局所化 $S^{-1}A$ も CM 環である.

定理 17.6. ネータ環 A が CM 環であるための必要十分条件は, A において純性定理が成り立つことである.

証明. まず A が CM 環であるとし，$I=(a_1, \cdots, a_r)$ が A のイデアルで $\mathrm{ht}\, I=r$ とする. I の素因子 P が非弧立だとして矛盾を出す. P で局所化して，A が CM 局所環であるとしてよい. すると定理 4 の iii) によって $a_1, \cdots, a_r$ は A 列で，したがって A/I も CM 局所環，よって I は非弧立素因子をもたないことになり矛盾する. 次に A で純性定理が成り立つとする. $P \in \mathrm{Spec}(A)$，$\mathrm{ht}\, P=r$ とすれば，$a_1, \cdots, a_r \in P$ を

$$\mathrm{ht}\,(a_1, \cdots, a_i) = i \quad (1 \leqslant i \leqslant r)$$

となるように取れる. すると純性定理によって $(a_1, \cdots, a_i)$ の素因子はすべて高度 i をもつから a_{i+1} を含まない. したがって a_{i+1} は $A/(a_1, \cdots, a_i)$ 正則元である. いいかえれば $a_1, \cdots, a_r$ は A 列をなす. ゆえに $\mathrm{depth}\, A_P=r=\dim A_P$ となり，A_P は CM 局所環である. P は任意だったから A は CM 環である. ▮

体の上の多項式環で純性定理が成り立つことを天才 Macaulay が早く 1916 年に証明し，正則局所環でも純性定理が成り立つことを I. S. Cohen [13] が 1946 年に証明した. これが Cohen-Macaulay 環の名の由来である. 彼らの定理を証明することは，ここまでくれば容易である.

定理 17.7. A が CM 環なら $A[X_1, \cdots, X_n]$ もそうである.

証明. $n=1$ のときを考えれば十分. $B=A[X]$ とおき P を B の極大イデアルとする. $P \cap A=\mathfrak{m}$ とおくと，B_P は $A_\mathfrak{m}[X]$ の局所化でもあるから，A を $A_\mathfrak{m}$ でおきかえて，A が CM 局所環で $\mathfrak{m}$ がその極大イデアルであるとして B_P が CM 局所環であることを示せばよい. $A/\mathfrak{m}=k$ とすれば

$$B/\mathfrak{m}B = k[X]$$

だから，$P/\mathfrak{m}B$ は $k[X]$ の既約モニック多項式 $\varphi(X)$ によって生成される単項イデアルである. $\varphi(X)$ の原像となる $A[X]$ のモニック多項式 $f(X)$ をとれば，$P=(\mathfrak{m}, f)$ である. A の巴系 $a_1, \cdots, a_n$ をとれば，$a_1, \cdots, a_n, f$ は B_P の巴系である. B は A 上に平坦だから，$a_1, \cdots, a_n$ は A 列であると共に

B 列でもある．$A/(a_1,\cdots,a_n)=A'$ とおけば，f の $A'[X]$ における像は（モニック多項式だから）$A'[X]$ 正則，したがって $a_1,\cdots,a_n,f$ は B 列であり，

$$\operatorname{depth} B_P \geqslant \operatorname{depth}(P,B) \geqslant n+1 = \dim B_P$$

となる．ゆえに B_P は CM 環である．▮

注．A が CM 局所環なら $A[[X]]$ もそうであることは，上と同様に（そしてより簡単に）証明される．A が局所環でない CM 環のときも同じことが言えるのだが，証明はもう少し複雑になるので後回しにする（§ 23）．

定理 17.8.　正則局所環は CM 環である．

証明．$(A,\mathfrak{m})$ を正則局所環，$x_1,\cdots,x_n$ $(n=\dim A)$ を正則巴系とすれば，定理 14.2, 14.3 により $(x_1),(x_1,x_2),\cdots,(x_1,\cdots,x_n)$ は素イデアルの真増大列であり，したがって $x_1,\cdots,x_n$ は A 正則列である．▮

定理 17.9.　CM 環の準同型像は強鎖状環である．

証明．定理 7 と定理 4 とから明らか．▮

定理 17.10.　ネータ環 $(A,\mathfrak{m},k)$ が正則であるための必要十分条件は，$\mathrm{gr}_\mathfrak{m}(A)$ が次数 k 代数として k 上の多項式環と同形であることである．

証明．A が正則なら，$x_1,\cdots,x_r$ を正則巴系すなわち $\mathfrak{m}$ の極小底とすれば，これは A 列になるから，16.2 により $\mathrm{gr}_\mathfrak{m}(A)\simeq k[X_1,\cdots,X_r]$．逆に $\mathrm{gr}_\mathfrak{m}(A)\simeq k[X_1,\cdots,X_r]$ なら，1 次同次部分を比べて，$\mathfrak{m}/\mathfrak{m}^2\simeq kX_1+\cdots+kX_r$ であることがわかる．一方 $k[X_1,\cdots,X_r]$ の n 次斉次部分の k 上の次元は $\binom{n+r-1}{r-1}$ であるから A の Samuel 関数は

$$\chi_A(n) = l(A/\mathfrak{m}^{n+1}) = \sum_{i=0}^{n}\binom{i+r-1}{r-1} = \binom{n+r}{r}$$

であり，したがって $\dim A=r$ となる．よって A は正則である．▮

CM 局所環を，重複度の性質によって特徴づけることもできる．A をネー

タ局所環とする．A の巴系によって生成されたイデアルを**巴系イデアル** (parameter ideal) という．$\mathfrak{q}$ が巴系イデアルなら $l(A/\mathfrak{q})\geqslant e(\mathfrak{q})$ が成り立つ (定理 14.9)．ここで等号が成り立つことが，次に示すように CM 局所環の特徴である．

定理 17.11. ネータ局所環 $(A,\mathfrak{m})$ について次の3条件は同値である：

(1) A は CM 環,

(2) A の任意の巴系イデアル $\mathfrak{q}$ に対し $l(A/\mathfrak{q})=e(\mathfrak{q})$,

(3) A の1つの巴系イデアル $\mathfrak{q}$ に対し $l(A/\mathfrak{q})=e(\mathfrak{q})$.

証明. (1) ⇒ (2) $x_1,\cdots,x_d$ が A の巴系で $\mathfrak{q}=(x_1,\cdots,x_d)$ ならば，定理 16.2 により $\mathrm{gr}_{\mathfrak{q}}(A)\simeq(A/\mathfrak{q})[X_1,\cdots,X_d]$，したがって前定理の証明と同様にして $\chi^{\mathfrak{q}}(n)=l(A/\mathfrak{q})\cdot\binom{n+d}{d}$ であるから $e(\mathfrak{q})=l(A/\mathfrak{q})$.

(2) ⇒ (3) は自明.

(3) ⇒ (1) 巴系イデアル $\mathfrak{q}=(x_1,\cdots,x_d)$ が $e(\mathfrak{q})=l(A/\mathfrak{q})$ をみたすとする．$B=(A/\mathfrak{q})[X_1,\cdots,X_d]$ とおけば，B の斉次イデアル $\mathfrak{b}$ があって $\mathrm{gr}_{\mathfrak{q}}(A)\simeq B/\mathfrak{b}$ となる．B, $\mathfrak{b}$ の Hilbert 多項式 (§ 13) を $\varphi_B(n)$, $\varphi_{\mathfrak{b}}(n)$ とおけば

$$\varphi_B(n)=l(A/\mathfrak{q})\binom{n+d-1}{d-1}$$

であり，$n\gg 0$ に対し $l(\mathfrak{q}^n/\mathfrak{q}^{n+1})=\varphi_B(n)-\varphi_{\mathfrak{b}}(n)$．この左辺は $e(\mathfrak{q})/(d-1)!$ を n^{d-1} の係数とする n の $d-1$ 次式である．仮定により $e(\mathfrak{q})=l(A/\mathfrak{q})$ であるから，$\varphi_{\mathfrak{b}}(n)$ は n について高々 $d-2$ 次の多項式でなくてはならない．しかし，もし $\mathfrak{b}\neq(0)$ なら，$\mathfrak{b}$ から0でない斉次元 $f(X)$ をとり出せる．$\mathfrak{m}^r\subset\mathfrak{q}$ とし $\mathfrak{m}/\mathfrak{q}=\overline{\mathfrak{m}}$ とおけば B において $\overline{\mathfrak{m}}^r=(0)$，ゆえに f に $\overline{\mathfrak{m}}$ の適当な元を乗じたもので f をおきかえて $f\neq 0$, $\overline{\mathfrak{m}}f=0$ としてよい．すると

$$\mathfrak{b}\supset fB\simeq(A/\mathfrak{m})[X_1,\cdots,X_d]$$

となるから，$\deg f=p$ なら $\varphi_{\mathfrak{b}}(n)$ は $(A/\mathfrak{m})[X_1,\cdots,X_d]$ の $n-p$ 次斉次部分の長さ $\binom{n-p+d-1}{d-1}$ より大きいか等しい．これは $\deg\varphi_{\mathfrak{b}}<d-1$ に矛盾する．

よって $\mathfrak{b}=(0)$ で，

$$\mathrm{gr}_{\mathfrak{q}}(A) \simeq B = (A/\mathfrak{q})[X_1, \cdots, X_d]$$

となり，$\{x_1, \cdots, x_d\}$ は A 列である（定理 16.3）．ゆえに A は CM 環である． ▮

§17 の問題 次の命題を証明せよ．

【17.1】（イ） 0次元のネータ環は CM 環である．

（ロ） 1次元のネータ環は，被約（＝べき零元なし）なら CM 環である．また，CM 環でない1次元ネータ環の例を作れ．

【17.2】 k を体，x, y を k 上の不定元とし，$A=k[x^3, x^2y, xy^2, y^3]\subset k[x,y]$，$P=(x^3, x^2y, xy^2, y^3)A$，$R=A_P$ とおく．R は CM 環か？

【17.3】 2次元のネータ正規環は CM 環である．

【17.4】 A を CM 環，$a_1, \cdots, a_n$ を A 列，$J=(a_1, \cdots, a_n)$ とおくと，任意の正整数 ν について A/J^ν は CM 環であり，したがって J^ν は純である．

【17.5】 A をネータ局所環，$P\in \mathrm{Spec}\, A$ とする．

i） $\mathrm{depth}\, A \leqslant \mathrm{depth}(P, A)+\dim A/P$.

ii） $\dim A-\mathrm{depth}\, A$ を **codepth** A とよぶ．このとき $\mathrm{codepth}\, A\geqslant \mathrm{codepth}\, A_P$ である．

【17.6】 A をネータ環，$P\in\mathrm{Spec}\, A$，$G=\mathrm{gr}_P(A)$ とする．もし G が整域ならば，$P^n=P^{(n)}$ $(\forall n>0)$ が成り立つ．（これは Robbiano が注意した．これから，P が A列で生成された素イデアルなら $P^n=P^{(n)}$ であることがわかる．）

§18. Gorenstein 環

補題 1. A を環，M を A 加群，$n\geqslant 0$ を与えられた整数とすると

$$\mathrm{inj.dim}\, M \leqslant n \iff \text{すべてのイデアル } I \text{ に対し } \mathrm{Ext}_A^{n+1}(A/I, M)=0.$$

A がネータ環なら，この右辺において“すべてのイデアル”の代りに“すべての素イデアル”としてよい．

証明．（⇒）は Ext を M の入射分解で計算すれば明らか．（⇐）$n=0$ のときは，$\mathrm{Ext}_A^1(A/I, M)=0$ と $0\to I\to A\to A/I\to 0$ とから $\mathrm{Hom}(A, M)\to \mathrm{Hom}(I, M)\to 0$ が完全列になる．これが任意の I について成り立つ

から付録の定理 B 3 によって M は入射加群. 次に $n>0$ とする.

$$0 \longrightarrow M \longrightarrow Q^0 \longrightarrow Q^1 \longrightarrow \cdots \longrightarrow Q^{n-1} \longrightarrow C \longrightarrow 0,$$

各 Q^i は入射加群, という完全列が存在する. (M の入射分解を Q^{n-1} の所まで作って $Q^{n-2} \longrightarrow Q^{n-1}$ の余核を C とおけばよい.) 容易にわかるように $\mathrm{Ext}_A^{n+1}(A/I, M) \simeq \mathrm{Ext}_A^1(A/I, C)$ であるから, $n=0$ のときの結論により C は入射加群, よって $\mathrm{inj.dim}\, M \leqslant n$ である.

A がネータ環のときは, 任意の有限 A 加群 N に対して $N=N_0 \supset N_1 \supset \cdots \supset N_{r+1}=0$, $N_j/N_{j+1} \simeq A/P_j$, $P_j \in \mathrm{Spec}\, A$, となるような部分加群の列 $\{N_j\}$ が存在する (定理 6.4). これから, すべての素イデアル P に対し $\mathrm{Ext}_A^i(A/P, M)=0$ となれば, すべての有限 A 加群 N に対しても $\mathrm{Ext}_A^i(N, M)=0$ となる. このことを $i=n+1$, $N=A/I$ のときに適用すればよい. ▮

補題 2. A を環, M, N を A 加群, $x \in A$ とし, x が A 正則かつ M 正則であり $xN=0$ であるとする. $B=A/xA$, $\bar{M}=M/xM$ とおくと

$$\mathrm{Hom}_A(N, M) = 0, \qquad \mathrm{Ext}_A^{n+1}(N, M) \simeq \mathrm{Ext}_B^n(N, \bar{M}) \quad (n \geqslant 0).$$

証明. 最初の式は明らか. 次の式は, $T^n(N)=\mathrm{Ext}_A^{n+1}(N, M)$ とおいて T^n を B 加群の圏からアーベル群の圏への反変関手とみなすと, まず完全列

$$0 \longrightarrow M \xrightarrow{x} M \longrightarrow \bar{M} \longrightarrow 0$$

から $T^0(N)=\mathrm{Hom}_A(N, \bar{M})=\mathrm{Hom}_B(N, \bar{M})$. また, x が A 正則だから $\mathrm{proj.dim}_A B=1$, したがって $T^n(B)=0$ $(n>0)$ となるから, 任意の B 射影加群 L に対して $T^n(L)=0$ $(n>0)$. さいごに, B 加群の短完全列 $0 \longrightarrow N' \longrightarrow N \longrightarrow N'' \longrightarrow 0$ に対して長完全列

$$\begin{aligned} 0 \longrightarrow T^0(N'') \longrightarrow T^0(N) \longrightarrow T^0(N') \\ \longrightarrow T^1(N'') \longrightarrow T^1(N) \longrightarrow \cdots \end{aligned}$$

が成立する. よって $T^i(\cdot)$ は関手 $\mathrm{Hom}_B(\cdot, \bar{M})$ の導来関手 $\mathrm{Ext}_B^i(\cdot, \bar{M})$ に一致する. ▮

注. 補題2の仮定の下に, $\mathrm{Ext}_A^i(M,N)\simeq\mathrm{Ext}_B^i(\bar{M},N)$, $\mathrm{Tor}_i^A(M,N)\simeq\mathrm{Tor}_i^B(\bar{M},N)$ が成り立つ. これは, 容易にわかるように $\mathrm{Tor}_i^A(B,M)=0$ $(i>0)$ であり, したがって M の自由分解 $L.\longrightarrow M\longrightarrow 0$ に対し $L.\otimes B\longrightarrow \bar{M}\longrightarrow 0$ が完全列で B 加群 $\bar{M}$ の自由分解になっていることから直ちに従う.

補題 3. $(A,\mathfrak{m},k)$ をネータ局所環, M を有限 A 加群とし, $P\in\mathrm{Spec}\,A$, $\mathrm{ht}(\mathfrak{m}/P)=1$ とすると

$$\mathrm{Ext}_A^{i+1}(k,M)=0 \;\Rightarrow\; \mathrm{Ext}_A^i(A/P,M)=0.$$

証明. $x\in\mathfrak{m}-P$ を取ると, $0\longrightarrow A/P\xrightarrow{x}A/P\longrightarrow A/(P+xA)\longrightarrow 0$ が完全列で, $P+Ax$ は $\mathfrak{m}$ に属する準素イデアルだから $N=A/(P+Ax)$ とおけば

$$N=N_0\supset N_1\supset\cdots\supset N_r=0,\qquad N_i/N_{i+1}\simeq k,$$

のような部分加群の列が存在する. したがって $\mathrm{Ext}_A^{i+1}(k,M)=0$ から $\mathrm{Ext}_A^{i+1}(A/(P+xA),M)=0$ が得られる. よって

$$\mathrm{Ext}_A^i(A/P,M)\xrightarrow{x}\mathrm{Ext}_A^i(A/P,M)\longrightarrow 0$$

が完全列で, NAK により $\mathrm{Ext}_A^i(A/P,M)=0$.

補題 4. $(A,\mathfrak{m},k)$ をネータ局所環, M を有限 A 加群, $P\in\mathrm{Spec}(A)$, $\mathrm{ht}(\mathfrak{m}/P)=d$ とすると

$$\mathrm{Ext}_A^{i+d}(k,M)=0 \;\Rightarrow\; \mathrm{Ext}_{A_P}^i(\kappa(P),M_P)=0.$$

証明. $\mathfrak{m}=P_0\supset P_1\supset\cdots\supset P_d=P$, $P_i\in\mathrm{Spec}\,A$, とすれば補題3から

$$\mathrm{Ext}_A^{i+d-1}(A/P_1,M)=0,$$

これを P_1 で局所化して

$$\mathrm{Ext}_{A_{P_1}}^{i+d-1}(\kappa(P_1),M_{P_1})=0.$$

以下同様. ∎

定理 18.1. $(A, \mathfrak{m}, k)$ を n 次元のネータ局所環とすれば次の条件はすべて同値である:

(1) $\text{inj.dim}\, A < \infty$,

(1′) $\text{inj.dim}\, A = n$,

(2) $\text{Ext}^i_A(k, A) = 0\ (i \neq n),\ \simeq k\ (i = n)$,

(3) $\text{Ext}^i_A(k, A) = 0$ となるような $i > n$ が存在する,

(4) $\text{Ext}^i_A(k, A) = 0\ (i < n),\ \simeq k\ (i = n)$,

(4′) A は CM 環で $\text{Ext}^n_A(k, A) \simeq k$,

(5) A は CM 環で, A のどんな巴系イデアルも既約,

(5′) A は CM 環で, 既約な巴系イデアルが存在する.

注. イデアル I が既約とは, $I = J \cap J'$ となれば $I = J$ または $I = J'$ となることである.

定義. 上の同値な条件が成り立つようなネータ局所環は **Gorenstein** であるといわれる.

定理の証明. (1) ⇒ (1′) $\text{inj.dim}\, A = r$ とおく. P が $\text{ht}(\mathfrak{m}/P) = \dim A = n$ となるような A の極小素イデアルならば, $PA_P \in \text{Ass}(A_P)$ したがって $\text{Hom}(\kappa(P), A_P) \neq 0$ だから補題 4 から $\text{Ext}^n_A(k, A) \neq 0$, よって $n \leqq r$. $r = 0$ ならこれから $n = r = 0$ となるからよい. $r > 0$ とし, $\text{Ext}^r_A(\cdot, A) = T(\cdot)$ とおくとこれは右完全反変関手で, 補題 1 によりある素イデアル P に対し $T(A/P) \neq 0$. ここで $P \neq \mathfrak{m}$ なら $x \in \mathfrak{m} - P$ をとれば,

$$0 \longrightarrow A/P \xrightarrow{x} A/P$$

から

$$T(A/P) \xrightarrow{x} T(A/P) \longrightarrow 0$$

が完全列で, NAK により $T(A/P) = 0$ となって矛盾, よって $P = \mathfrak{m}$, すな

わち $T(k)\neq 0$ である．仮に $\mathfrak{m}\in \mathrm{Ass}(A)$ なら $0\longrightarrow k\longrightarrow A$ という完全列が存在し，これから

$$T(A)=\mathrm{Ext}_A^r(A, A)=0\longrightarrow T(k)\longrightarrow 0$$

が完全列となって矛盾．ゆえに $\mathfrak{m}\notin \mathrm{Ass}(A)$ で，$\mathfrak{m}$ の中に A 正則元 x がとれる．$B=A/xA$ とおくと補題2により $\mathrm{Ext}_B^i(N, B)=\mathrm{Ext}_A^{i+1}(N, A)$ が任意の B 加群 N について成り立つから，$\mathrm{inj.dim}\, B=r-1$ となる．r についての帰納法で $r-1=\dim B=n-1$，ゆえに $r=n$.

(1′) ⇒ (2)　$n=0$ のときは $\mathfrak{m}\in \mathrm{Ass}(A)$，よって完全列 $0\to k\to A$ が存在し，$\mathrm{inj.dim}\, A=0$ から

$$A=\mathrm{Hom}(A, A)\longrightarrow \mathrm{Hom}(k, A)\longrightarrow 0$$

が完全，よって $\mathrm{Hom}(k, A)$ は1つの元で生成される．一方 $\mathrm{Hom}(k, A)\neq 0$ であるから $\mathrm{Hom}(k, A)\simeq k$ でなくてはならない．A は仮定により入射加群だから $\mathrm{Ext}_A^i(k, A)=0$ $(i>0)$．よって $n=0$ の場合は片付いた．$n>0$ のとき，上で見たように $\mathfrak{m}$ の中に A 正則元 x がとれて，$B=A/Ax$ とおけば $\dim B=\mathrm{inj.dim}\, B=n-1$ であるから補題2と n についての帰納法とで

$$\mathrm{Ext}_A^i(k, A)=\mathrm{Ext}_B^{i-1}(k, B)=\begin{cases}0 & (0<i\neq n)\\ k & (i=n),\end{cases}\qquad \mathrm{Hom}_A(k, A)=0.$$

(2) ⇒ (3) は自明．

(3) ⇒ (1) を n についての帰納法で示す．ある $i>n$ について $\mathrm{Ext}_A^i(k, A)=0$ だとする．$n=0$ のときは，$\mathfrak{m}$ が唯一の素イデアルだから補題1から $\mathrm{inj.dim}\, A<i<\infty$ となる．$n>0$ のときは，P を $\mathfrak{m}$ 以外の素イデアルとし $d=\mathrm{ht}(\mathfrak{m}/P)$，$B=A_P$ とおくと補題4から $\mathrm{Ext}_B^{i-d}(\kappa(P), B)=0$，一方 $\dim B\leqq n-d<i-d$ だから帰納法の仮定で $\mathrm{inj.dim}\, B<\infty$．ゆえに M を任意の有限 A 加群とするとき

$$(\mathrm{Ext}_A^i(M, A))_P=\mathrm{Ext}_B^i(M_P, B)=0$$

(なぜなら $i>n>\dim B=\mathrm{inj.dim}\, B$)．したがって $T(M)=\mathrm{Ext}_A^i(M, A)$ とお

くと $\mathrm{Supp}(T(M)) \subset \{\mathfrak{m}\}$ で，しかも $T(M)$ は有限 A 加群だから $l(T(M)) < \infty$. これを用いてすべての素イデアル P に対し $T(A/P)=0$ を示そう．もし $T(A/P) \neq 0$ となる P があるとすれば，このような P の中で極大なものをとっておく．仮定 $T(k)=0$ により $P \neq \mathfrak{m}$，したがって $x \in \mathfrak{m}-P$ をとって完全列

$$0 \longrightarrow A/P \overset{x}{\longrightarrow} A/P \longrightarrow A/(P+xA) \longrightarrow 0$$

を作れば，$A/(P+xA)=M_0 \supset M_1 \supset \cdots \supset M_s=0$, $M_i/M_{i+1} \simeq A/P_i$, P_i は P より真に大きい素イデアル，のようになるから $T(A/(P+xA))=0$. よって

$$0 \longrightarrow T(A/P) \overset{x}{\longrightarrow} T(A/P)$$

が完全列，すなわち $T(A/P)$ に x をかける写像は単射であるが，$l(T(A/P)) < \infty$ だから単射はすなわち全射である．よって NAK により $T(A/P)=0$ となり矛盾．よってすべての $P \in \mathrm{Spec}\, A$ に対し $T(A/P)=0$ だから，補題 1 により $\mathrm{inj.dim}\, A < i$.

以上で（1），(1′)，（2），（3）の同値性が示された．次に（2），（4），(4′)，（5），(5′) の同値性を示そう．

（2）⇒（4） 自明．

（4）⟺ (4′) は，A が CM であることと $\mathrm{Ext}^i_A(k, A)=0$ $(i<n)$ とが同値であること（定理 16.6）を用いれば直ちにわかる．

(4′) ⇒（5） CM 局所環 A の巴系 $x_1, \cdots, x_n$ は A 列であるから，補題 2 をくり返し用いれば，$B=A/\sum_1^n x_iA$ とおくとき

$$\mathrm{Hom}_B(k, B) \simeq \mathrm{Ext}^n_A(k, A) \simeq k.$$

さて B はアルティン環で，その 0 でないイデアルの中で極小なものは k と同形，したがって上式は B がそのような極小イデアルをただ 1 つもつことを意味する．これを I_0 とすると，I_1 と I_2 が 0 でない B のイデアルならどちらも I_0 を含むから $I_1 \cap I_2 \neq (0)$. A に戻して考えれば，これは $(x_1, \cdots, x_n)$ が既約なイデアルであることを意味する．

（5） ⇒ （5′） 自明.

（5′） ⇒ （2） CM ならば $\mathrm{Ext}_A^i(k, A)=0$ $(i<n)$ は既知である．$\mathfrak{q}$ が既約な巴系イデアルならば，$B=A/\mathfrak{q}$ とおくと上と同様に

$$\mathrm{Ext}_A^{n+i}(k, A) \simeq \mathrm{Ext}_B^i(k, B)$$

だから，アルティン環 B の (0) が既約ということから

$$\mathrm{Hom}_B(k, B) \simeq k, \quad \mathrm{Ext}_B^i(k, B) = 0 \quad (i>0)$$

を導けばよい．Hom については簡単である：まず B はアルティン環だから $\mathrm{Hom}_B(k, B)\neq 0$. 次に $f, g\in \mathrm{Hom}_B(k, B)$, $f\neq 0$, $g\neq 0$ とすると，もし $f(k)\neq g(k)$ なら $f(k)\cap g(k)=(0)$ となり (0) の既約性に反する．よって $f(k)=g(k)$ で，$f(1)=g(\alpha)$ となる $\alpha\in k$ がある．すると $f=\alpha g$, よって

$$\mathrm{Hom}_B(k, B) \simeq k.$$

次に $\mathrm{Ext}_B^i(k, B)$ について考える．$(0)=N_0\subset N_1\subset\cdots\subset N_r=B$, $N_i/N_{i-1}\simeq k$, となるようにイデアル列 (N_i) をとり，完全列

$$0 \longrightarrow N_1 \longrightarrow N_2 \longrightarrow k \longrightarrow 0$$
$$0 \longrightarrow N_2 \longrightarrow N_3 \longrightarrow k \longrightarrow 0$$
$$\vdots$$
$$0 \longrightarrow N_{r-1} \longrightarrow B \longrightarrow k \longrightarrow 0$$

を考える．

$$0 \longrightarrow \mathrm{Hom}_B(k, B) \longrightarrow \mathrm{Hom}_B(N_{i+1}, B) \longrightarrow \mathrm{Hom}_B(N_i, B)$$
$$\xrightarrow{\delta_i} \mathrm{Ext}_B^1(k, B) \longrightarrow \cdots$$

という長完全列から，帰納法で（$N_1\simeq k$, $\mathrm{Hom}_B(k, B)\simeq k$ を用いて）容易に $l(\mathrm{Hom}_B(N_i, B))\leqq i$ が得られ，ここで等号が成り立つのは $\delta_1, \cdots\delta_{i-1}$ がすべて零写像となるときに限る．ところが

$$l(\mathrm{Hom}_B(N_r, B)) = l(\mathrm{Hom}_B(B, B)) = l(B) = r,$$

したがって $\delta_1=\cdots=\delta_{r-1}=0$ でなくてはならない．すると $0 \longrightarrow N_{r-1} \longrightarrow B \longrightarrow k \longrightarrow 0$ から

$$0 \longrightarrow \mathrm{Ext}^1_B(k, B) \longrightarrow \mathrm{Ext}^1_B(B, B) = 0$$

が完全列となり，$\mathrm{Ext}^1_B(k, B) = 0$ となる．したがって補題1により B は B 加群として入射的であるから，すべての $i>0$ に対し $\mathrm{Ext}^i_A(k, B) = 0$. ▮

補題 5. A をネータ環，$S \subset A$ を積閉集合，I を入射的 A 加群とすれば，I_S は入射的 A_S 加群である．

証明．A_S の任意のイデアルは，A のイデアル $\mathfrak{a}$ の局所化 $\mathfrak{a}_S$ の形をしている．$0 \longrightarrow \mathfrak{a} \longrightarrow A$ から $\mathrm{Hom}_A(A, I) \longrightarrow \mathrm{Hom}_A(\mathfrak{a}, I) \longrightarrow 0$ が完全列，しかも $\mathfrak{a}$ が有限生成だから

$$\mathrm{Hom}_{A_S}(A_S, I_S) \longrightarrow \mathrm{Hom}_{A_S}(\mathfrak{a}_S, I_S) \longrightarrow 0$$

も完全列である．これは I_S が入射的 A_S 加群であることを示す．

定理 18.2. A を Gorenstein 局所環，$P \in \mathrm{Spec}(A)$ ならば A_P も Gorenstein である．

証明．$0 \longrightarrow A \longrightarrow I^0 \longrightarrow I^1 \longrightarrow \cdots \longrightarrow I^n \longrightarrow 0$ を A の入射分解とすれば，

$$0 \longrightarrow A_P \longrightarrow (I^0)_P \longrightarrow \cdots \longrightarrow (I^n)_P \longrightarrow 0$$

は A_P の入射分解であるから $\mathrm{inj.dim}\, A_P < \infty$. ▮

定義． ネータ環 A で，その各極大イデアルによる局所化が Gorenstein であるようなものを，**Gorenstein 環**という．(前定理により，そのとき任意の $P \in \mathrm{Spec}\, A$ に対し A_P は Gorenstein である．)

定理 18.3. A をネータ局所環，$\hat{A}$ をその完備化とすると

$$A \text{ が Gor.} \iff \hat{A} \text{ が Gor.}$$

証明．$\dim A = \dim \hat{A}$ であり，$\hat{A}$ は A 上忠実平坦で $\mathrm{Ext}^i_A(k, A) \otimes_A \hat{A} = \mathrm{Ext}^i_{\hat{A}}(k, \hat{A})$ であるから，定理1の条件（3）を用いればよい．▮

ネータ環の上の入射加群についての Matlis の理論 [64] は，Gorenstein 環の理論に密接な関係をもつ．以下に [64] の主な結果をのべよう．

A をネータ環，E を A 上の入射加群とする．E が A 加群 M の部分加群なら，恒等写像 $E \longrightarrow E$ を線形写像 $f: M \longrightarrow E$ に拡張できるから，$M = E \oplus F$ ($F = \operatorname{Ker} f$) となる．A 加群 N が**直既約** (indecomposable) とは，N がその真の部分加群 N_1, N_2 の直和にならないことをいう．A 加群 N の入射包絡を $E(N)$ または $E_A(N)$ で表わす．

定理 18.4.　A をネータ環，$P, Q \in \operatorname{Spec} A$ とする．

i）$E(A/P)$ は直既約である．

ii）直既約な入射的 A 加群は適当な P に対し $E(A/P)$ の形をしている．

iii）$x \in A-P$ なら，x による乗法は $E(A/P)$ の自己同形をひきおこす．

iv）$P \neq Q \implies E(A/P) \not\cong E(A/Q)$.

v）$\xi \in E(A/P)$ なら，$P^\nu \xi = 0$ となる（ξ に依存する）正整数 ν が存在する．

vi）$Q \subset P$ なら $E(A/Q)$ は A_P 加群でもあり，$(A/Q)_P = A_P/QA_P$ の入射包絡になっている：

$$E_A(A/Q) = E_{A_P}(A_P/QA_P).$$

証明．　i）I_1, I_2 を A/P の 0 でないイデアルとすれば $0 \neq I_1 I_2 \subset I_1 \cap I_2$. さて $E(A/P)$ は A/P の本質的拡大 (cf. 付録 B) であるから，N_1, N_2 を $E(A/P)$ の 0 でない部分加群とすれば $N_i \cap (A/P) \neq 0$ で，したがって

$$N_1 \cap N_2 \supset (N_1 \cap A/P) \cap (N_2 \cap A/P) \neq 0.$$

ii）$N \neq 0$ を直既約な入射加群とし，$P \in \operatorname{Ass}(N)$ をとると，A/P から N への埋め込みがあり，したがって $E(A/P)$ が N の中へ埋め込める．入射的部分加群は直和因子になるから $E(A/P)$ が N の直和因子，したがって $N = E(A/P)$.

iii) $E(A/P)$ における，x による乗法を φ で表わすと，$\mathrm{Ker}(\varphi)\cap(A/P)=0$，ゆえに $\mathrm{Ker}(\varphi)=0$ で $\mathrm{Im}\,\varphi$ は $E(A/P)$ と同形，したがって入射加群であるから $E(A/P)$ の直和因子，よって i）により $\mathrm{Im}\,\varphi=E(A/P)$ である．

iv) $P\not\subset Q$ とすれば，$x\in P-Q$ をとると，x による乗法は $E(A/P)$ 上では単射でなく，$E(A/Q)$ 上では単射である．

v) ii）の証明と iv）とにより $\mathrm{Ass}(E(A/P))=\{P\}$ であるから，A 加群 $A\xi\ (\simeq A/\mathrm{ann}(\xi))$ の素因子も P だけである．ゆえに $\mathrm{ann}(\xi)$ は P に属する準素イデアルである．

vi) iii）により $E(A/Q)$ はすでに A_P 加群とみられる．したがって $(A/Q)_P$ を含んでいる．$E(A/Q)$ は A/Q の本質的拡大で $A/Q\subset(A/Q)_P\subset E(A/Q)$ だから $(A/Q)_P$ の本質的拡大でもある．A_P 加群 M, N について，M から N への A 線形写像は A_P 線形写像であり，逆ももちろん成り立つから，A_P 加群が入射的 A_P 加群であることと入射的 A 加群であることとは同値，よって $E(A/Q)$ は A_P 加群 $(A/Q)_P$ の入射包絡である．∎

例 1. A が整域で K がその商体なら，$K=E(A)$．（証明せよ！）

例 2. A が DVR で x がその素元，K がその商体，$k=A/xA$ なら，$E(k)=K/A$．実際，I を A の 0 でないイデアルとすると $I=x^rA$ と書ける．$f:I\to K/A$ が $f(x^r)=\alpha \bmod A$，$\alpha\in K$ で与えられるならば，f を A から K/A への写像へ $f(1)=(\alpha/x^r) \bmod A$ によって延長することができる．ゆえに K/A は入射的である．$(x^{-1}A)/A\simeq A/xA=k$ であり，K/A は $x^{-1}A/A$ の本質的拡大であることが容易にわかる．ゆえに K/A は $E(k)$ と考えられる．

定理 18.5. ネータ環 A 上の加群を考える．

i）入射加群の任意個数の直和は入射的である．

ii）任意の入射加群は，直既約な入射加群の直和である．

iii）上の直和分解は次の意味で一意的である：

$$M = \oplus M_i \quad (M_i \text{ は直既約})$$

とし，任意の $P \in \operatorname{Spec} A$ に対し，$E(A/P)$ と同形な M_i の全部の和を $M(P)$ とおくと，$M(P)$ は M と P だけで定まり，$M = \oplus M_i$ という分解のとり方によらない．さらに，$E(A/P)$ と同形な M_i の個数は

$$\dim_{\kappa(P)} \operatorname{Hom}_{A_P}(\kappa(P), M_P) \quad (\kappa(P) = A_P/PA_P)$$

に等しく，したがってこれも分解のとり方によらない．

証明. i) M_λ $(\lambda \in \Lambda)$ を入射加群とする．I を A のイデアル，$\varphi: I \to \oplus M_\lambda$ を線形写像とするとき，φ を A からの線形写像に拡張できればよい．I は有限生成だから $\varphi(I)$ は有限個の M_λ の直和に含まれる．$\varphi(I) \subset M_1 \oplus \cdots \oplus M_n$ なら，$\varphi(a)$ の M_i 成分を $\varphi_i(a)$ と書けば $\varphi_i: I \to M_i$ は $\psi_i: A \to M_i$ に拡張できる．$\psi: A \to \underset{\lambda}{\oplus} M_\lambda$ を，$\psi(1) = \psi_1(1) + \cdots + \psi_n(1)$ によって定義すれば ψ は φ の拡張である．

ii) 入射加群 M の直既約入射的部分加群の族 $\mathscr{F} = \{E_\lambda\}$ が自由であるということを，M の中での和 $\sum E_\lambda$ が直和 $\oplus E_\lambda$ になること，いいかえれば $\mathscr{F}$ の任意の有限個の元 $E_{\lambda_1}, E_{\lambda_2}, \cdots, E_{\lambda_n}$ に対し

$$E_{\lambda_1} \cap (E_{\lambda_2} + \cdots + E_{\lambda_n}) = 0$$

が成り立つことで定義する．すべての自由族 $\mathscr{F}$ の集合を $\mathfrak{M}$ とし，$\mathfrak{M}$ に包含関係で順序を入れれば，Zorn の補題によって $\mathfrak{M}$ に極大元がある．そのひとつを $\mathscr{F}_0$ とする．$N = \sum_{E \in \mathscr{F}_0} E$ とおけば i) により N は M の直和因子：$M = N \oplus N'$．もし $N' \neq 0$ なら，N' は M の直和因子として入射的であり，$P \in \operatorname{Ass}(N')$ をとれば，前定理 ii) の証明により，N' は $E(A/P)$ と同形な直既約入射加群 E' を部分加群としてもつ．すると $\mathscr{F}_0 \cup \{E'\}$ は自由族となり $\mathscr{F}_0$ の極大性に反する．よって $N' = 0$, $M = N$ である．

iii) E が M の部分加群で $E(A/P)$ と同形なら $E \subset M(P)$ であることを示せば，$M(P)$ はこのようなすべての E で生成された M の部分加群として M と P のみで定まることになる．そのために $\xi \in E$ を任意にとる．$\xi = \xi_1 + \cdots + \xi_r$, $\xi_i \in M(P_i)$ $(P_1, \cdots, P_r$ は互いにことなる素イデアルで $P = P_1)$ と書

ける．$\xi_1-\xi=\eta_1$, $\xi_i=\eta_i$ $(2\leqslant i\leqslant r)$ とおけば $\eta_1+\cdots+\eta_r=0$, $\eta_i\in M(P_i)$. このとき各 η_i が 0 であることを示せばよい．$P_1,\cdots,P_r$ の中でたとえば P_r が極小であれば，任意の m に対し $(P_1\cdots P_{r-1})^m\not\subset P_r$ であるから，$a\in(P_1\cdots P_{r-1})^m-P_r$ とすれば，m が十分大きいとき $a\eta_1=\cdots=a\eta_{r-1}=0$, したがって $a\eta_r=0$ となるが，a は $M(P_r)$ の自己同形をひきおこすのだから $\eta_r=0$. よって r に関する帰納法で $\eta_i=0$ $(\forall i)$.

次に $M(P)=M_1\oplus\cdots\oplus M_s$, $M_i\simeq E(A/P)$ ならば

$$s = \dim_{\kappa(P)} \mathrm{Hom}_{A_P}(\kappa(P), M_P)$$

であることを示そう．（s は有限のように書いたが，以下の証明が示すように任意の cardinal number でよい.）前定理 vi) により $M(P)=M_1\oplus\cdots\oplus M_s$ の両辺は A_P 加群であり，$M_i\simeq E(\kappa(P))$ である．一方前定理 v) により，$Q\not\subset P$ なら $E(A/Q)_P=0$ であるから

$$M_P = \bigoplus_{Q\subset P} M(Q)_P = \bigoplus_{Q\subset P} M(Q).$$

よって A を A_P でおきかえて，A が局所環で P が極大イデアルだとしてよい．$k=\kappa(P)$ とおく．$Q\subsetneqq P$ なら $x\in P-Q$ は $M(Q)$ 上に自己同形をひきおこし，一方 $x\cdot k=0$ だから，$\mathrm{Hom}_A(k, M(Q))=0$. ゆえに $\mathrm{Hom}_A(k,M)=\mathrm{Hom}_A(k,M(P))$ で，$M=M(P)$ として一般性を失わない．一般に任意の A 加群 N に対し $\mathrm{Hom}_A(k,N)$ は N の部分加群 $\{\xi\in N\,|\,P\xi=0\}$ と同一視でき，$E(k)$ は k の本質的拡大だから $\mathrm{Hom}_A(k,E(k))$ は k 上 1 次元，したがって $M=M_1\oplus\cdots\oplus M_s$, $M_i\simeq E(k)$ なら $s=\dim_k \mathrm{Hom}_A(k,M)$. ∎

定理 18.6. $(A,\mathfrak{m},k)$ をネータ局所環，$E=E_A(k)$ を k の入射包絡とする．

i) 長さ有限の A 加群のつくる圏を $\mathscr{C}$ とし，各 $M\in\mathscr{C}$ に対して $M'=\mathrm{Hom}_A(M,E)$ とおけば，$l(M)=l(M')$ であり，標準的な同形 $M\xrightarrow{\sim}M''$ が存在する．(Matlis の双対定理)

ii) $\hat{A}$ を A の完備化とすれば E は $\hat{A}$ 加群でもあり，$\hat{A}$ 加群としての k の入射包絡である．

証明．　i）$M \mapsto M'$ は $\mathscr{C}$ から A 加群の圏への反変関手で，E が入射的だから A 加群の完全列 $0 \longrightarrow L \longrightarrow M \longrightarrow N \longrightarrow 0$ から完全列 $0 \longrightarrow N' \longrightarrow M' \longrightarrow L' \longrightarrow 0$ が得られる．$l(M)=n<\infty$ なら M は長さ $n-1$ の部分加群 M_1 を含み，$0 \longrightarrow M_1 \longrightarrow M \longrightarrow k \longrightarrow 0$ が完全，したがって $0 \longrightarrow k' \longrightarrow M' \longrightarrow M_1' \longrightarrow 0$ が完全．一方

$$k' = \mathrm{Hom}(k, E) = \mathrm{Hom}(k, k) \simeq k$$

だから n についての帰納法で $l(M')=n=l(M)$ を得る．$x \in M$ と $\lambda \in M'$ とに対し $\bar{x}(\lambda)=\lambda(x) \in E$ とおいて $\bar{x} \in \mathrm{Hom}(M', E)=M''$ が定まり $x \mapsto \bar{x}$ は M から M'' の中への標準的な準同形を与えるが，これから得られる可換図形

$$\begin{array}{ccccccccc} 0 & \longrightarrow & M_1'' & \longrightarrow & M'' & \longrightarrow & k'' & \longrightarrow & 0 \\ & & \uparrow & & \uparrow & & \uparrow & & \\ 0 & \longrightarrow & M_1 & \longrightarrow & M & \longrightarrow & k & \longrightarrow & 0 \end{array}$$

において右の↑は体 k 上のベクトル空間の双対性の特別な場合であるから（何となれば $\mathrm{Hom}_A(k, E) = \mathrm{Hom}_k(k, k)$），同形写像である．$n$ についての帰納法で左の↑も同形写像，したがって中央の↑も同形写像である．

ii）E の各元は $\mathfrak{m}$ の適当なべきを乗ずれば0になるから，標準的な写像 $E \to E \otimes_A \hat{A}$ が全射になる．一方 $\hat{A}$ は A 上忠実平坦だからこれは単射でもあり，したがって $E \simeq E \otimes_A \hat{A}$，よって E を $\hat{A}$ 加群とみなせる．次に $\mathfrak{a}$ を $\hat{A}$ のイデアルとし $\varphi : \mathfrak{a} \to E$ を $\hat{A}$ 線形写像とする．$\mathfrak{a}$ は有限生成だから，定理4の v）により十分大きな ν に対し

$$\varphi(\mathfrak{m}^\nu \mathfrak{a}) = \mathfrak{m}^\nu \varphi(\mathfrak{a}) = 0.$$

一方 μ を ν に対し十分大きくとれば Artin-Rees の定理により $\mathfrak{m}^\mu \hat{A} \cap \mathfrak{a} \subset \mathfrak{m}^\nu \mathfrak{a}$，よって φ は

$$\mathfrak{a}/(\mathfrak{m}^\mu \hat{A} \cap \mathfrak{a}) \simeq (\mathfrak{a}+\mathfrak{m}^\mu \hat{A})/\mathfrak{m}^\mu \hat{A}$$

から E への準同形とみなせる．$(\mathfrak{a}+\mathfrak{m}^\mu \hat{A})/\mathfrak{m}^\mu \hat{A}$ は $A/\mathfrak{m}^\mu \simeq \hat{A}/\mathfrak{m}^\mu \hat{A}$ の部分加群とみなせるから，φ を $A/\mathfrak{m}^\mu$ から E への（したがって $\hat{A}$ から E への）準同形に拡張できる．よって E は $\hat{A}$ 加群としても入射的である．E が k の

本質的拡大になっていることは，E の各元 $\xi \neq 0$ に対し $A\xi \cap k \neq 0$ だから明らかである．▌

補題 6. A をネータ環，$S \subset A$ を乗法的集合，M を A 加群，N を M の部分加群とし，M が N の本質的拡大になっているとすると，M_S は N_S の本質的拡大である．

証明．$\xi \in M$ の M_S における像 $\xi/1$ を ξ_S で表わすとき，M_S の任意の元は $u \cdot \xi_S$（u は A_S の単元，$\xi \in M$）の形に書けるから，$0 \neq \xi_S$ に対して $N_S \cap A_S \cdot \xi_S \neq 0$ を示せばよい．A のイデアルの集合 $\{\mathrm{ann}(t\xi) \mid t \in S\}$ の中で極大なものを $\mathrm{ann}(t_0\xi)$ とし，$\eta = t_0\xi$ とおくと $\xi_S = t_0^{-1}\eta_S$，ゆえに $\eta \neq 0$. さて $\mathfrak{b} = \{a \in A \mid a\eta \in N\}$ とおくと仮定により

$$\mathfrak{b}\eta = A\eta \cap N \neq 0$$

である．$\mathfrak{b} = (b_1, \cdots, b_r)$ とするとき，もし $b_1\eta_S = \cdots = b_r\eta_S = 0$ なら，$tb_i\eta = 0$ $(\forall i)$ となる $t \in S$ が存在する．すると $t\mathfrak{b}\eta = 0$ となるが，η のとり方から $\mathrm{ann}(\eta) = \mathrm{ann}(t\eta)$ であるから $\mathfrak{b}\eta = 0$ となり矛盾である．ゆえに $b_i\eta_S \neq 0$ となる i があり，

$$b_i\eta_S \in A_S \cdot \eta_S \cap N_S = A_S\xi_S \cap N_S$$

だからこれでわれわれの目標が達成された．▌

補題5と補題6とから，M が N の入射包絡なら A_S 加群 M_S は N_S の入射包絡であることを知る．したがって，A 加群 M に対し $0 \longrightarrow M \longrightarrow I^0 \longrightarrow I^1 \longrightarrow \cdots$ を M の極小入射分解とすれば，$0 \longrightarrow M_S \longrightarrow I^0{}_S \longrightarrow I^1{}_S \longrightarrow \cdots$ は A_S 加群 M_S の極小入射分解である．I^i は M によって同形をのぞいて一意的に定まる．ゆえに，$E(A/P)$ と同形な因子が，I^i を直既約加群の直和として表わすときにいくつ現われるかという数を $\mu_i(P, M)$ とおくことができる．記号的に

$$I^i = \bigoplus_{P \in \mathrm{Spec}\, A} \mu_i(P, M) E(A/P)$$

と書くこともある．上に証明したように，$S \subset A$ が乗法的集合なら

$$\mu_i(P, M) = \mu_i(PA_S, M_S) \quad (P \cap S = \emptyset)$$

が成り立つ.

定理 18.7. A をネータ環, M を A 加群, $P \in \operatorname{Spec} A$ とすると

$$\mu_i(P, M) = \dim_{\kappa(P)} \operatorname{Ext}^i_{A_P}(\kappa(P), M_P) = \dim_{\kappa(P)} \operatorname{Ext}^i_A(A/P, M)_P.$$

とくに, M が有限 A 加群なら $\mu_i(P, M) < \infty$ である.

証明. A, M を A_P, M_P でおきかえて (A, P, k) が局所環だとする. M の極小入射分解を $0 \longrightarrow M \longrightarrow I^0 \xrightarrow{d} I^1 \xrightarrow{d} \cdots$ とすると, $\operatorname{Ext}^i_A(k, M)$ は, 複体

$$\cdots \longrightarrow \operatorname{Hom}_A(k, I^{i-1}) \longrightarrow \operatorname{Hom}_A(k, I^i) \longrightarrow \operatorname{Hom}_A(k, I^{i+1}) \longrightarrow \cdots$$

のホモロジー群として得られる. $\operatorname{Hom}_A(k, I^i)$ は, I^i の部分加群 $T^i = \{x \in I^i \mid Px = 0\}$ と同一視される. 極小入射分解の作り方から I^i は $d(I^{i-1})$ の本質的拡大で, $x \in T^i$ なら $Ax \simeq k$ が $d(I^{i-1})$ と交わることから $x \in d(I^{i-1})$ となる. すなわち $T^i \subset d(I^{i-1})$ である. ゆえに $dT^{i-1} = 0$, $dT^i = 0$ だから $\operatorname{Ext}^i_A(k, A) = T^i$. 一方

$$\dim_k T^i = \dim_k \operatorname{Hom}_A(k, I^i)$$

は定理 5 の iii) によって $\mu_i(P, M)$ に等しい. ▮

定理 18.8. ネータ環 A が Gorenstein 環であるための必要十分条件は, A の極小入射分解 $0 \longrightarrow A \longrightarrow I^0 \longrightarrow I^1 \longrightarrow \cdots$ が

$$I^i = \bigoplus_{\operatorname{ht} P = i} E(A/P)$$

をみたすこと, いいかえれば $\mu_i(P, A) = \delta_{i, \operatorname{ht} P}$ (クロネッカーの記号) がすべての $P \in \operatorname{Spec} A$ について成り立つことである.

証明. 前定理と定理 1 の条件 (2) により

$$A_P \text{ が Gorenstein} \iff \mu_i(P, A) = \delta_{i, \operatorname{ht} P}.$$

定理 18.9. $(A, \mathfrak{m})$ をネータ局所環, M を有限 A 加群とすると

$$\operatorname{inj.dim} M < \infty \Rightarrow \operatorname{inj.dim} M = \operatorname{depth} A.$$

証明. $\operatorname{inj.dim} M = r < \infty$ とする. P が $\mathfrak{m}$ とことなる素イデアルなら, $x \in \mathfrak{m} - P$ をとれば

$$0 \longrightarrow A/P \xrightarrow{x} A/P$$

と $\operatorname{Ext}_A^r(-, M)$ の右完全性から

$$\operatorname{Ext}_A^r(A/P, M) \xrightarrow{x} \operatorname{Ext}_A^r(A/P, M) \longrightarrow 0$$

が完全列となり, NAK により $\operatorname{Ext}_A^r(A/P, M)=0$ となる. これと補題1をあわせると $\operatorname{Ext}_A^r(k, M) \neq 0$ が得られる. $\operatorname{depth} A=t$ とおき, $x_1, \cdots, x_t \in \mathfrak{m}$ を極大 A 列とし, $A/(x_1, \cdots, x_t)=N$ とおくと $\mathfrak{m} \in \operatorname{Ass}(N)$ となる. したがって $0 \longrightarrow k \longrightarrow N$ という完全列が存在するので $\operatorname{Ext}_A^r(N, M) \neq 0$ でなくてはならない. Koszul 複体 $K(x_1, \cdots, x_t)$ は $N=A/(x_1, \cdots, x_t)$ の射影分解であり, 計算すればわかるように

$$\operatorname{Ext}_A^t(N, M) \simeq M/(x_1, \cdots, x_t)M$$

で, NAK によりこれは $\neq 0$. よって $\operatorname{proj.dim} N=t$ であり, $\operatorname{Ext}_A^t(N, M) \neq 0$ から $t \leqslant r$, $\operatorname{Ext}_A^r(N, M) \neq 0$ から $t \geqslant r$ が得られる. よって $r=t$. ▌

注. Bass の予想. H. Bass [9] は, ネータ局所環 A に対し, 有限生成の A 加群 M で有限の入射次元をもつものが存在すれば, A は CM 環であろうと予想した. 上の定理によればこれは $\operatorname{inj.dim} M=\dim A$ を示すことと同等である. Bass 予想の逆は正しい. 実際, $(A, \mathfrak{m}, k)$ が CM 局所環ならば, 極大 A 列 $x_1, \cdots, x_t$ をとって $B=A/(x_1, \cdots, x_t)$, $E=E_B(k)$ とおけば B は 0 次元で, $l(B)<\infty$ だから, 定理6により $E=\operatorname{Hom}_B(B, E)$ も $l(E)=l(B)<\infty$ となる. したがって E は有限 B 加群で, これを有限 A 加群とみなせば $\operatorname{inj.dim} E \leqslant t$ であることが次のようにしてわかる: M を任意の A 加群, $\cdots \longrightarrow P_1 \longrightarrow P_0 \longrightarrow M \longrightarrow 0$ を M の射影分解とすると

$$\operatorname{Ext}_A^i(M, E) = H^i(\operatorname{Hom}_A(P_{\cdot}, E))$$

であるが, E は B 加群だから $\operatorname{Hom}_A(P_i, E)=\operatorname{Hom}_B(P_i \otimes_A B, E)$. そこで複体 $P_{\cdot} \otimes_A B$ をまず考えると,

$$H_i(P_{\cdot} \otimes_A B) = \operatorname{Tor}_i^A(M, B)$$

であり，proj. $\dim_A B=t$ だから，$H_i(P.\otimes_A B)=0$ $(i>t)$．ゆえに

$$\cdots\longrightarrow P_n\otimes B\longrightarrow P_{n-1}\otimes B\longrightarrow\cdots\longrightarrow P_t\otimes B$$

は B 加群の完全列である．これに B 加群に対する完全関手 $\mathrm{Hom}_B(\ ,E)$ を施して得られる

$$\cdots\longleftarrow \mathrm{Hom}_A(P_n, E)\longleftarrow \mathrm{Hom}_A(P_{n-1}, E)\longleftarrow\cdots\longleftarrow \mathrm{Hom}_A(P_t, E)$$

も完全列，よって $\mathrm{Ext}_A^i(M,E)=0$ $(i>t)$ が成り立つ．M は任意の A 加群であったから，inj. $\dim_A E\leqslant t$ が示された．

Bass 予想そのものは，A が標数 p の体を含む場合や，体の上に有限生成の環の局所化の場合などに Peskine-Szpiro [81] が証明し，さらに一般に A が体を含みさえすれば正しいことを Hochster [H] が証明した．全く一般の場合は未解決である．なお，$\dim A=1$ のときには渡辺純三君による初等的証明がある（修士論文，印刷にはなっていない）．

§18 の問題 次の命題を証明せよ．

【18.1】 $(A,\mathfrak{m})$ をネータ局所環，$x_1,\cdots,x_r$ を A 列，$B=A/(x_1,\cdots,x_r)$ とすると，

$$A \text{ が Gor.} \iff B \text{ が Gor.}$$

となる．

【18.2】 定理 18.3 を前問から導け．

【18.3】 A が Gorenstein なら A 上の多項式環 $A[X]$ もそうである．

【18.4】 問題【17.2】の環 R は Gorenstein か．

【18.5】 $(A,\mathfrak{m},k)$ を局所環とすれば，$E=E_A(k)$ は忠実な A 加群（すなわち $0\neq a\in A\Rightarrow aE\neq 0$）である．

【18.6】 $(A,\mathfrak{m},k)$ をアルティン局所環，M を有限 A 加群とする．M が k を含み，k の本質的拡大であって，かつ A 加群として忠実ならば，$M\simeq E_A(k)$ である（吉野雄二）．

【18.7】 A をネータ環とすると，$P\in\mathrm{Spec}\,A$ に対し A_P が CM $\iff \mu_i(P,A)=0$ if $i\neq\mathrm{ht}\ P$

第7章 正 則 環

正則局所環についてはすでに何回かふれたが，本章ではホモロジー代数を用いての正則局所環の研究を行う．正則局所環を，大域的次元が有限なネータ局所環として特徴づける Serre の定理（19.2）はまことに本質的なもので，これからたとえば正則局所環の局所化がまた正則になること（定理 19.3）が直ちに出る．19.3 はイデアル論だけでは苦労しても特殊な場合しか証明できなかった定理である．§ 20 では UFD について，正則局所環は UFD であるという定理（これも，ホモロジー的手法の重要な成果のひとつであった）を中心に，ごく基礎的なことだけをのべる．この節は，故 成田正雄兄の都立大学における講義の初めのほうを参考しつつ書いた．§ 21 では完交環について初等的な結果を簡単にのべる．ここは André のホモロジー理論が本質的な役割を果す分野であるが，これについては言及するだけにとどめざるをえなかった．

§ 19. 正 則 環

極小自由分解 $(A,\mathfrak{m},k)$ を局所環，M, N を有限 A 加群とする．A 線形写像 $\varphi: M \longrightarrow N$ がひきおこす k 線形写像 $M\otimes k \longrightarrow N\otimes k$ を $\bar{\varphi}$ で表わすと，容易にわかるように

$$\bar{\varphi}\text{ が同形写像} \iff \varphi\text{ が全射で }\operatorname{Ker}\varphi\subset\mathfrak{m}M.$$

とくに M, N が**自由加群のときは**，$\bar{\varphi}$ が同形写像なら $\operatorname{rank}M=\operatorname{rank}N$ で，φ を行列で書くとき $\det\varphi\notin\mathfrak{m}$ となるから，

$$\bar{\varphi}\text{ が同形写像} \iff \varphi\text{ が同形写像}$$

が成り立つ．

有限 A 加群 M に対し，完全列

$$(*)\quad \cdots\longrightarrow L_i\xrightarrow{d_i}L_{i-1}\xrightarrow{d_{i-1}}\cdots\longrightarrow L_1\xrightarrow{d_1}L_0\xrightarrow{\varepsilon}M\longrightarrow 0$$

が，（1） 各 L_i は有限自由 A 加群，（2） $\bar{d}_i=0$ $(\forall i)$，いいかえれば $d_iL_i\subset\mathfrak{m}L_{i-1}$，（3） $\bar{\varepsilon}: L_0\otimes k\longrightarrow M\otimes k$ が同形写像，の3条件をみたすとき，この完全列を（あるいは複体 $L.$ を）M の**極小自由分解**（minimal resolution または minimal free resolution) とよぶ. (*) を短完全列にほぐして $0 \longrightarrow K_1 \longrightarrow L_0 \longrightarrow M \longrightarrow 0$, $0 \longrightarrow K_2 \longrightarrow L_1 \longrightarrow K_1 \longrightarrow 0, \cdots$ のように書けば $L_0 \otimes k \xrightarrow{\sim} M \otimes k$, $L_1 \otimes k \xrightarrow{\sim} K_1 \otimes k, \cdots$ である. M の2つの極小自由分解は複体として同形であることが容易にわかる. (証明せよ)

例. $x_1, \cdots, x_n \in \mathfrak{m}$ を A 列, $K.=K.(x_1, \cdots, x_n)$ を Koszul 複体とすれば

$$0 \longrightarrow K_n \longrightarrow K_{n-1} \longrightarrow \cdots \longrightarrow K_0 \longrightarrow A/(x_1, \cdots, x_n) \longrightarrow 0$$

は $A/(x_1, \cdots, x_n)$ の A 上の極小自由分解である.

$(A, \mathfrak{m}, k)$ がネータ局所環, M が有限 A 加群なら M は極小自由分解をもつ. その構成法 : M の極小底 $\{\omega_1, \cdots, \omega_p\}$ をとり, 自由加群 $L_0 = Ae_1 + \cdots + Ae_p$ から M への線形写像 ε を $\varepsilon(e_i) = \omega_i$ で定義し, ε の核を K_1 とすれば, $0 \longrightarrow K_1 \longrightarrow L_0 \longrightarrow M \longrightarrow 0$, $L_0 \otimes k \simeq M \otimes k$ となる. K_1 がまた有限 A 加群だから以下同様につづければよい.

補題 1. $(A, \mathfrak{m}, k)$ を局所環, M を有限 A 加群とする. M が極小自由分解 $L.$ をもてば,

i) $\dim_k \mathrm{Tor}_i^A(M, k) = \mathrm{rank}\, L_i$ $(\forall i)$.

ii) $\mathrm{proj.dim}\, M = \sup\{i \mid \mathrm{Tor}_i^A(M, k) \neq 0\} \leqslant \mathrm{proj.dim}_A\, k$.

iii) $M \neq 0$, $\mathrm{proj.dim}\, M = r < \infty$ ならば, 任意の有限 A 加群 $N \neq 0$ に対し $\mathrm{Ext}_A^r(M, N) \neq 0$.

証明. i) $\mathrm{Tor}_i^A(M, k) = H_i(L. \otimes k)$ であるが, 極小自由分解の定義から $\bar{d}_i = 0$ であるから $H_i(L. \otimes k) = L_i \otimes k$ であり, その (k 上のベクトル空間としての) 次元は $\mathrm{rank}_A L_i$ に等しい. ii) は i) から従う. iii) $L_{r+1} = 0$, $L_r \neq 0$ であることから, $\mathrm{Ext}_A^r(M, N)$ は $d_r^* : \mathrm{Hom}(L_r, N) \longleftarrow \mathrm{Hom}(L_{r-1}, N)$ の余核であるが, 各 L_i が自由加群だから $\mathrm{Hom}(L_i, N)$ は N のいくつかのコピーの直和になり, また $d_r : L_r \longrightarrow L_{r-1}$ が $\mathfrak{m}$ の元を成分とする行列で書けて, d_r^* も d_r と同じ行列で表わされるので, $\mathrm{Im}(d_r^*) \subset \mathfrak{m}\,\mathrm{Hom}(L_r, N)$ となり, NAK により $\mathrm{Ext}_A^r(M, N) \neq 0$ である. ∎

注．上の補題からわかるように，$\mathrm{Tor}_i(M,k)=0$ なら $L_i=0$ したがって $\mathrm{proj.dim}\,M<i$ だから $\forall j>i$ に対して $\mathrm{Tor}_j(M,k)=0$ となる．このようなことがもっと一般に成り立つことが予想されている．正確にいえば

(**Rigidity 予想**) R をネータ環，M,N を有限 R 加群，$\mathrm{proj.dim}\,M<\infty$ とするとき，$\mathrm{Tor}_i^R(M,N)=0$ なら i より大きいすべての j に対し $\mathrm{Tor}_j^R(M,N)=0$ であろう．

この予想は R が正則環のときには Lichtenbaum [61] によって証明されている．一般の場合は未解決．

次の定理は補題1の応用ではないが，同様の技巧で証明される．

定理 19.1. (Auslander-Buchsbaum) A をネータ局所環，$M\neq 0$ を有限 A 加群とし，$\mathrm{proj.dim}\,M<\infty$ とすれば

$$\mathrm{proj.dim}\,M+\mathrm{depth}\,M=\mathrm{depth}\,A.$$

証明．$\mathrm{proj.dim}\,M=h$ とおき，h についての帰納法を用いる．$h=0$ なら M は自由加群であるから主張は自明．$h=1$ のときは，

$$(\dagger)\qquad 0\longrightarrow A^m\stackrel{\varphi}{\longrightarrow}A^n\stackrel{\varepsilon}{\longrightarrow}M\longrightarrow 0$$

を M の極小自由分解とする．φ は $\mathfrak{m}$ の元を成分とする $m\times n$ 行列で表わされる．($\dagger$) から得られる長完全列

$$\cdots\longrightarrow\mathrm{Ext}_A^i(k,A^m)\stackrel{\varphi_*}{\longrightarrow}\mathrm{Ext}_A^i(k,A^n)\stackrel{\varepsilon_*}{\longrightarrow}\mathrm{Ext}_A^i(k,M)\longrightarrow\cdots$$

において $\mathrm{Ext}_A^i(k,A^m)=\mathrm{Ext}_A^i(k,A)^m$，$\mathrm{Ext}_A^i(k,A^n)=\mathrm{Ext}_A^i(k,A)^n$ と考えるとき，φ_* は φ と同じ行列で表わされる．φ の行列成分は $\mathfrak{m}$ の元であるから $\mathrm{Ext}_A^i(k,A)$ 上に0として作用する．よって $\varphi_*=0$ で

$$0\longrightarrow\mathrm{Ext}_A^i(k,A)^n\longrightarrow\mathrm{Ext}_A^i(k,M)\longrightarrow\mathrm{Ext}_A^{i+1}(k,A)^m\longrightarrow 0$$

という完全列が各 i について成り立つ．$\mathrm{depth}\,M=\inf\{i\mid\mathrm{Ext}_A^i(k,M)\neq 0\}$ だから $\mathrm{depth}\,M=\mathrm{depth}\,A-1$ となり定理は $h=1$ でも正しい．$h>1$ のときは

$$0\longrightarrow M'\longrightarrow A^n\longrightarrow M\longrightarrow 0$$

の形の完全列をとれば $\mathrm{proj.dim}\,M'=h-1$ だから，帰納法の仮定を用いて容

易に証明が完成される. ▮

補題 2. A を環, $n \geqslant 0$ を与えられた整数とすると次の条件は同値:

（1） すべての A 加群 M に対し $\operatorname{proj.dim} M \leqslant n$,

（2） すべての有限 A 加群 M に対し $\operatorname{proj.dim} M \leqslant n$,

（3） すべての A 加群 N に対し $\operatorname{inj.dim} N \leqslant n$,

（4） すべての A 加群 M, N に対し $\operatorname{Ext}_A^{n+1}(M, N) = 0$.

証明. （1）⇒（2） 自明.（2）⇒（3） 任意のイデアル I に対し, A/I は有限 A 加群だから $\operatorname{Ext}_A^{n+1}(A/I, N)=0$, したがって § 18 補題 1 により $\operatorname{inj.dim} N \leqslant n$.（3）⇒（4） 自明,（4）⇒（1） はよく知られている. ▮

環 A の**大域次元** (global dimension) を

$$\operatorname{gl.dim} A = \sup\{\operatorname{proj.dim} M \mid M \text{ は } A \text{ 加群}\}$$

で定義する. 上の補題 2 によれば, これはすべての有限 A 加群の射影次元の上限でもある. $(A, \mathfrak{m}, k)$ がネータ局所環のときは補題 1 により $\operatorname{gl.dim} A = \operatorname{proj.dim}_A k$ が成り立つ.

われわれは正則局所環を $\dim A = \operatorname{em dim} A$ の成り立つネータ局所環として定義し (§ 14), それが整域になること (定理 14.3), CM 環であること (定理 17.8) を見た. また正則局所環は Gorenstein でもある (定理 18.1 の 5′). ネータ局所環 $(A, \mathfrak{m}, k)$ が正則になるためには $\operatorname{gr}_{\mathfrak{m}} A$ が k 上の多項式環になることが必要十分である (定理 17.10). 次の定理はもうひとつの重要な必要十分条件を与える.

定理 19.2. (Serre) A をネータ局所環とすると

$$A \text{ が正則} \iff \operatorname{gl.dim} A = \dim A \iff \operatorname{gl.dim} A < \infty.$$

証明. I) $(A, \mathfrak{m}, k)$ が n 次元正則局所環だとする. 正則巴系 $x_1, \cdots, x_n$ をとれば, これは A 列をなすから Koszul 複体 $K_\cdot(x_1, \cdots, x_n)$ は $A/(x_1, \cdots, x_n)=k$ の極小自由分解であり, $K_n \neq 0$, $K_{n+1}=0$ だから, 上に見たように

gl. dim A = proj. dim $k = n$.

II) 逆に gl. dim $A = r < \infty$, emdim $A=s$ とする. s についての帰納法で A が正則であることを示す. $s>0$ としてよい. このとき $r=0$ なら $k=A/\mathfrak{m}$ が自由 A 加群, したがって $\mathfrak{m}=0$ で矛盾. $r>0$ なら $\mathfrak{m}$ は非零因子を含む. [なぜなら, $\mathfrak{m}$ の元がすべて零因子なら $\mathfrak{m}a=0$, $a\neq 0$ をみたす $a\in A$ が存在して, k の極小自由分解

$$0 \longrightarrow L_r \longrightarrow L_{r-1} \longrightarrow \cdots \longrightarrow L_0 \longrightarrow k \longrightarrow 0$$

をとれば $L_r\subset \mathfrak{m}L_{r-1}$ と考えてよく, したがって $aL_r=0$ となるが, これは L_r が自由加群であることに矛盾する.] したがって $x\in\mathfrak{m}$ を $\mathfrak{m}^2$ にもまた A のどの素因子にも入らないように取れる. すると x は A 正則, したがって $\mathfrak{m}$ 正則でもあるから, $B=A/xA$ とおくと, §18 補題2の次の注により, 任意の B 加群 N に対し $\mathrm{Ext}^i_A(\mathfrak{m}, N) = \mathrm{Ext}^i_B(\mathfrak{m}/x\mathfrak{m}, N)$ が成り立ち, したがって proj. $\dim_B \mathfrak{m}/x\mathfrak{m} \leqslant r$ が得られる.

次に, $\mathfrak{m}/x\mathfrak{m}$ から $\mathfrak{m}/xA$ の上への自然な写像が split し, したがって $\mathfrak{m}/xA$ が $\mathfrak{m}/x\mathfrak{m}$ の直和因子と同形になることを示そう. $x\notin\mathfrak{m}^2$ だから, x を一員とする $\mathfrak{m}$ の極小底 $x_1=x$, $x_2, \cdots, x_s$ ($s=$emdim A) をとることができる. $(x_2, \cdots, x_s)=\mathfrak{b}$ とおくと極小底の性質から $\mathfrak{b}\cap xA\subset x\mathfrak{m}$, よって

$$\mathfrak{m}/xA=(\mathfrak{b}+xA)/xA \cong \mathfrak{b}/(\mathfrak{b}\cap xA) \longrightarrow \mathfrak{m}/x\mathfrak{m} \longrightarrow \mathfrak{m}/xA$$

という自然な線形写像の列が存在して, その合成は恒等写像となる. よって先の主張が示された. すると当然

$$\text{proj.}\dim_B \mathfrak{m}/xA \leqslant \text{proj.}\dim_B \mathfrak{m}/x\mathfrak{m} \leqslant r$$

となる. これと完全列 $0 \longrightarrow \mathfrak{m}/xA \longrightarrow B \longrightarrow k \longrightarrow 0$ とを用いると, 任意の B 加群 N に対して

$$0=\mathrm{Ext}^{r+1}_B(\mathfrak{m}/xA, N) \longrightarrow \mathrm{Ext}^{r+2}_B(k, N) \longrightarrow \mathrm{Ext}^{r+2}_B(B, N) = 0$$

が完全列, すなわち $\mathrm{Ext}^{r+2}_B(k, N)=0$ となるから, gl. dim B = proj. $\dim_B k < r+2$ となり, 帰納法の仮定で B は正則局所環である. x は A のどの素因子にも入らないから $\dim B = \dim A-1$, ゆえに A は正則である. ∎

定理 19.3. (Serre) A を正則局所環，P を素イデアルとすると A_P も正則である．

証明． $\mathrm{proj.dim}_A A/P \leqq \mathrm{gl.dim}\, A < \infty$ だから，A/P は A 加群として長さ有限の射影分解 $L.$ をもつ．$L.\otimes_A A_P$ は $(A/P)\otimes_A A_P = A_P/PA_P = \kappa(P)$ の A_P 加群としての射影分解であるから，A_P 加群として $\kappa(P)$ は有限の射影次元をもつが，それは A_P の大局次元に等しいから，前定理によって A_P は正則である． ▮

定義． どの素イデアルで局所化しても正則局所環になるようなネータ環を**正則環** (regular ring) という．前定理によれば，極大イデアルによる局所化が正則であれば十分である．

定理 19.4. 正則環は正規である．

証明． 正規環の定義は局所的だから，正則局所環が正規であればよい．定理 11.5 の条件 (a) “高度 1 の素イデアルによる局所化は DVR” は前定理と定理 11.2 とによって成り立つ．条件 (b) “単項イデアル ($\neq 0$) の素因子はすべて高度 1” は定理 17.8 (正則 $\Rightarrow$ CM) によって成り立つ． ▮

定理 19.5. A が正則環なら $A[X]$, $A[[X]]$ もそうである．

証明． $A[X]$ について．P を $A[X]$ の極大イデアルとし $P\cap A = \mathfrak{m}$ とおく．$A[X]_P$ は $A_\mathfrak{m}[X]$ の局所化だから，A を $A_\mathfrak{m}$ でおきかえて，$(A, \mathfrak{m})$ が正則局所環であるとしてよい．すると，$A/\mathfrak{m} = k$ とおけば $A[X]/\mathfrak{m}[X] = k[X]$ だから A 係数のモニック多項式 $f(X)$ があって $P = (\mathfrak{m}, f(X))$ となり，また f の係数を $\bmod\, \mathfrak{m}$ で考えたもの $\bar{f}$ は $k[X]$ の既約多項式である．これから定理 15.1 により

$$\dim A[X]_P = \mathrm{ht}\, P = 1 + \mathrm{ht}\, \mathfrak{m} = 1 + \dim A$$

は明らかで，一方 $\mathfrak{m}$ は $\dim A$ 個の元で生成されるから $P = (\mathfrak{m}, f)$ は $1+\dim A$ 個の元で生成される．ゆえに $A[X]_P$ は正則である．

$A[[X]]$ について．$B=A[[X]]$ とおき M を B の極大イデアルとすると $X\in M$ (定理 8.2 の (i))．よって $M\cap A=\mathfrak{m}$ は A の極大イデアルである．今度は B_M は $A_{\mathfrak{m}}[[X]]$ を含むとはいえないが，両者は同じ完備化をもつ: $\widehat{(B_M)}=\widehat{(A_{\mathfrak{m}})}[[X]]$. ネータ局所環が正則であるためにはその完備化が正則であることが必要十分である (なぜなら，完備化しても次元や emdim は変わらない)．よって A を $\widehat{(A_{\mathfrak{m}})}$ でおきかえると，$B=A[[X]]$ の極大イデアルは $M=(\mathfrak{m}, X)$ で，$\operatorname{ht} M=\operatorname{ht}\mathfrak{m}+1$ だから A と共に B も正則である． ▮

次に，有限自由分解をもつ加群の性質をのべよう．

補題 3. (Schanuel)　A を環，M を A 加群とする．完全列

$$0\to K\to P\to M\to 0,\qquad 0\to K'\to P'\to M\to 0$$

において P, P' が射影加群なら $K\oplus P'\simeq K'\oplus P$.

証明．射影加群の性質から，$\lambda: P\to P'$, $\lambda': P'\to P$ が存在して次の図が得られる：

$$\begin{array}{ccccccccc} 0 & \longrightarrow & K & \longrightarrow & P & \xrightarrow{\alpha} & M & \longrightarrow & 0 \\ & & & & \lambda'\Big\uparrow\Big\downarrow\lambda & & \Big\| & & \\ 0 & \longrightarrow & K' & \longrightarrow & P' & \xrightarrow{\alpha'} & M & \longrightarrow & 0. \end{array}\qquad \begin{cases}\alpha'\lambda=\alpha\\ \alpha\lambda'=\alpha'\end{cases}$$

与えられた 2 つの完全列にわれわれは‘無害な’P', P を付け加えて中央の項をそろえる：

$$\begin{array}{ccccccccc} 0 & \longrightarrow & K\oplus P' & \longrightarrow & P\oplus P' & \xrightarrow{(\alpha,0)} & M & \longrightarrow & 0 \\ & & & & \psi\Big\uparrow\Big\downarrow\varphi & & \Big\| & & \\ 0 & \longrightarrow & P\oplus K' & \longrightarrow & P\oplus P' & \xrightarrow{(0,\alpha')} & M & \longrightarrow & 0. \end{array}$$

ここで $\varphi: P\oplus P'\longrightarrow P\oplus P'$ を

$$\varphi\begin{pmatrix}x\\x'\end{pmatrix}=\begin{pmatrix}1 & -\lambda'\\ \lambda & 1-\lambda\lambda'\end{pmatrix}\begin{pmatrix}x\\x'\end{pmatrix}\qquad (x\in P,\ x'\in P')$$

で定義すると

$$(0,\alpha')\begin{pmatrix}1 & -\lambda' \\ \lambda & 1-\lambda\lambda'\end{pmatrix} = (\alpha, 0).$$

同様に ψ を $\begin{pmatrix}1-\lambda'\lambda & \lambda' \\ -\lambda & 1\end{pmatrix}$ で定義すると $(\alpha,0)\psi=(0,\alpha')$. そうして行列の計算でわかるように $\varphi\psi=1$, $\psi\varphi=1$ が成り立つ. すなわち φ は同形写像で $\psi=\varphi^{-1}$. よって φ は同形写像 $K\oplus P' \cong P\oplus K'$ をひきおこす. ▮

補題 4. (一般化された Schanual の補題). A, M を上の通りとし, 完全列 $0\to P_n\to\cdots\to P_1\to P_0\to M\to 0$, $0\to Q_n\to\cdots\to Q_1\to Q_0\to M\to 0$ において P_i, Q_i $(0\leqq i\leqq n)$ が射影加群ならば

$$P_0\oplus Q_1\oplus P_2\oplus\cdots \simeq Q_0\oplus P_1\oplus Q_2\oplus\cdots.$$

証明. $P_0\to M$ の核を K, $Q_0\to M$ の核を K' とおくと, 前補題から $K\oplus Q_0\simeq P_0\oplus K'$. 一方完全列 $0\to P_n\to\cdots\to P_1\to K\to 0$, $0\to Q_n\to\cdots\to Q_1\to K'\to 0$ にそれぞれ無害な Q_0, P_0 を加えて,

$$\begin{array}{ccccccccccc} 0 & \longrightarrow & P_n & \longrightarrow \cdots \longrightarrow & P_2 & \longrightarrow & P_1\oplus Q_0 & \longrightarrow & K\oplus Q_0 & \longrightarrow & 0 \\ & & & & & & & & \big\downarrow \simeq & & \\ 0 & \longrightarrow & Q_n & \longrightarrow \cdots \longrightarrow & Q_2 & \longrightarrow & P_0\oplus Q_1 & \longrightarrow & P_0\oplus K' & \longrightarrow & 0. \end{array}$$

ここで n についての帰納法を用いると

$$(P_1\oplus Q_0)\oplus Q_2\oplus P_3\oplus\cdots \simeq (P_0\oplus Q_1)\oplus P_2\oplus Q_3\oplus\cdots \quad ▮$$

定義. 長さ有限の完全列 $0\longrightarrow F_n\longrightarrow\cdots\longrightarrow F_1\longrightarrow F_0\longrightarrow M\longrightarrow 0$ で, 各 F_i が有限自由加群であるようなものを M の**有限自由分解** (finite free resolution), 略して FFR という. M が FFR をもつとき, $\chi(M)=\sum(-1)^i \operatorname{rank} F_i$ とおいて M のオイラー数とよぶことにする. 補題4により $\chi(M)$ は FFR のとり方に関せずに定まる. また, 環 A の任意の素イデアル P に対して,

$$0\longrightarrow (F_n)_P\longrightarrow\cdots\longrightarrow (F_1)_P\longrightarrow (F_0)_P\longrightarrow M_P\longrightarrow 0$$

は A_P 加群 M_P の FFR だから $\chi(M)=\chi(M_P)$ である. M 自身が自由加

群なら，補題4によって容易に

$$\chi(M) = \operatorname{rank} M$$

であることがわかる．

定理 19.6. $(A, \mathfrak{m})$ を局所環とし，$\mathfrak{m}$ のどんな有限部分集合 E に対しても，$yE=0$, $y\neq 0$ をみたす $y\in A$ が見出せるとすれば，FFR をもつ A 加群は自由加群のみである．

注．ネータ局所環の場合は，$\mathfrak{m}$ についての仮定は $\mathfrak{m}\in \mathrm{Ass}(A)$ と，あるいはまた depth $A=0$ と言いかえることができる．このときは上の定理は定理 19.1 の special case である．

証明．$0 \longrightarrow F_n \longrightarrow F_{n-1} \longrightarrow \cdots \longrightarrow F_0 \longrightarrow M \longrightarrow 0$ を FFR とする．$F_n \longrightarrow F_{n-1}$ の余核を N とし，N が自由加群であることが言えれば n を減らせるから，$0 \longrightarrow F_1 \longrightarrow F_0 \longrightarrow M \longrightarrow 0$ の場合を考えればよい．このとき $0 \longrightarrow L_1 \longrightarrow L_0 \longrightarrow M \longrightarrow 0$ を M の極小自由分解とすれば，L_0 と F_1 が有限生成だから Schanuel の補題から（あるいは定理 2.6 から）L_1 も有限生成である．L_0 と L_1 の基底を使って考えれば，有限個の $\mathfrak{m}$ の元を使って L_0 の部分加群としての L_1 の基底が書き表わせる．したがって仮定により $y\neq 0$, $yL_1=0$ となる $y\in A$ がある．L_1 は自由加群だから $L_1=0$ でなくてはならない．ゆえに $M\simeq L_0$ で M は自由加群．∎

定理 19.7. A を任意の環とする．A 加群 M が FFR をもてば

$$\chi(M) \geqslant 0.$$

証明．A の極小素イデアル P をひとつ取る．$\chi(M)=\chi(M_P)$ だから，A を A_P でおきかえてよい．すると A は局所環でその極大イデアル $\mathfrak{m}$ は $\mathrm{nil}(A)$ に等しい．よって前定理の条件がみたされることがわかる．なぜなら，$x_1, \cdots, x_r\in\mathfrak{m}$ のとき，r についての帰納法で $zx_1=\cdots=zx_{r-1}=0$ となる $z\neq 0$ があり，また x_r がべき零だから $zx_r^i\neq 0$, $zx_r^{i+1}=0$ となる $i\geqslant 0$ がある．$y=zx_r^i$ とおけばよい．よって前定理により M は自由加群で $\chi(M)=$

rank $M \geqq 0$. ▮

定理 19.8. (Auslander-Buchsbaum [6]) A をネータ環, M を A 加群とし, M が FFR をもつとする. このとき次の3条件は同値である:

(1) $\operatorname{ann} M \neq 0$,

(2) $\chi(M)=0$,

(3) $\operatorname{ann} M$ が A 正則元を含む.

証明. (1) ⇒ (2) もし $\chi(M)>0$ とすると, 任意の $P \in \operatorname{Ass}(A)$ に対し $\chi(M_P)>0$ だから $M_P \neq 0$. 定理 6 により M_P は自由加群だから, $I=\operatorname{ann}(M)$ とおけば $I_P=\operatorname{ann}(M_P)=0$. これは, $J=\operatorname{ann}(I)$ とおけば $J \not\subset P$ と同値である. これが各 $P \in \operatorname{Ass}(A)$ について成り立つから J は A 正則元をふくむ. 一方 $J \cdot I=0$, したがって $I=0$ である.

(2) ⇒ (3) $\chi(M)=0$ なら任意の $P \in \operatorname{Ass}(A)$ に対し定理6 から $M_P=0$. これは $\operatorname{ann} M \not\subset P$ を意味するから $\operatorname{ann} M$ は A 正則元をふくむ.

(3) ⇒ (1) は自明. ▮

定理 19.9. (Vasconcelos [119]) A をネータ局所環, I を A の真のイデアルとし, $\operatorname{proj.dim} I<\infty$ とする. このとき

$$I \text{ が } A \text{ 列で生成される} \iff I/I^2 \text{ が } A/I \text{ 上自由加群}$$

証明. (⇒) は既知 (定理 16.2). 実際, I/I^2 のみならずすべての $I^\nu/I^{\nu+1}$ ($\nu=1,2,\cdots$) が A/I 上の自由加群になる.

(⇐) $I \neq 0$ としてもよい. I と共に A/I も A 上有限の射影次元をもち, したがって (A は局所環だから) FFR をもつ. $\operatorname{ann}(A/I)=I$ だから前定理により I は A のどの素因子にも含まれない. したがって $x \in I$ を $\mathfrak{m}I$ にも A のどの素因子にも入らないように取れる. すると x は A 正則元で, また $\bar{x}=x \bmod I^2$ は I/I^2 の A/I 上の基底の一員となりうる. $x, y_2, \cdots, y_n \in I$ を, その像が I/I^2 の基底をなすものとする. $A/xA=B$ とおくと, 定理 2 の証明 II と同じ議論で, $\operatorname{proj.dim}_B I/xI<\infty$ であること, および I/xA が

I/xI の直和因子と同形になることがわかる．よって $I^*=I/xA$ とおけば proj. $\dim_B I^*<\infty$．一方，I^*/I^{*2} が B/I^* 上自由加群であることも見易い．よって I の生成元の数についての帰納法で証明が終る．▮

注．Lech [60] は，環 A の元の組 $x_1, \cdots, x_n$ が次の条件をみたすとき，**独立**であるとよんだ．

$$\sum a_i x_i=0, \quad a_i \in A \implies \forall a_i \in (x_1, \cdots, x_n).$$

$I=(x_1, \cdots, x_n)$ とおくと，これは $x_1, \cdots, x_n$ の像が I/I^2 の A/I 上の基底になるというのと同値である．このとき，A, I が上の定理の条件をみたすなら，定理によれば $I=(y_1, \cdots, y_n)$, $y_1, \cdots, y_n$ は A 正則列，となるのであるが $x_i=\sum a_{ij} y_j$ とおけば行列 (a_{ij}) は A/I で考えて可逆，したがってその行列式は A の極大イデアルに入らないから，(a_{ij}) 自身が可逆行列，よって $x_1, \cdots, x_n$ は A 準正則列，したがって A 正則列である．とくに

系．$(A, \mathfrak{m})$ を正則局所環とする．$\mathfrak{m}$ の元 $x_1, \cdots, x_n$ が Lech の意味で独立なら A 列である．

しかし，上の系の形で証明しようとすると帰納法がうまくゆかない．Vasconcelos の定理の成功の鍵は，帰納法が有効に使えるように定理を強めた点にある．また，Kaplansky も注意しているように，定理 9 から定理 2 の主要部分 (gl. $\dim A<\infty \Rightarrow$ 正則) がすぐに従う．$\mathfrak{m}$ が A 列で生成されれば emdim $A \leqslant \operatorname{depth} A \leqslant \dim A$ となるからである．

§19 の問題

【19.1】 R をネータ局所環，$P=(a_1, \cdots, a_n)$ を高度 n の素イデアルとするとき，定理 14.3 の証明を参考として次を示せ．

i) $a_1, \cdots, a_n$ は R 列である．

ii) $(a_1, \cdots, a_i)$ は高度 i の素イデアルである $(1 \leqslant i \leqslant n)$．

iii) R は整域である．

【19.2】 A を環，M を A 加群とする．$M \oplus F \simeq F'$ となる有限自由加群 F, F' が存在するとき，M は**安定的に自由** (stably free) であるといわれる．明らかに，安定的に自由な M は有限射影加群であり，$0 \longrightarrow F \longrightarrow F' \longrightarrow M \longrightarrow 0$ という FFR をもつ．逆に，有限射影加群が FFR をもてば安定的に自由であることを示せ．

【19.3】 ネータ環 A 上の任意の有限射影加群が安定的に自由ならば，射影次元有限の有限 A 加群はすべて FFR をもつ．これを示せ．

【19.4】 ネータ環 A 上の任意の有限加群が FFR をもてば A は正則環であることを示せ．

§ 20. UFD

UFD についてはすでに § 1 で少し触れた．ネータ環についてはまず次の判定条件がある．

定理 20.1. ネータ整域 A が UFD であるためには，高度1の素イデアルがすべて単項であることが必要十分である．

証明 （必要） A が UFD で P が高度1の素イデアルだとすると，P から0でない元 a をとり，$a=\Pi\,\pi_i$ と素元の積に表わせば，少くともひとつの π_i が P に入る．$\pi_i\in P$ なら $(\pi_i)\subset P$ で，(π_i) は零でない素イデアルだから $\mathrm{ht}\,P=1$ より $P=(\pi_i)$ となる．

（十分） A はネータ環だから，0でも単元でもない元は有限個の既約元の積として書ける．ゆえに既約元 a が素元であればよい．(a) の極小素因子のひとつを P とすると単項イデアル定理で $\mathrm{ht}\,P=1$，よって仮定により $P=(b)$ と書ける．すると $a=bc$ と書け，a が既約だから c は単元，ゆえに $(a)=(b)$ $=P$ となり a は素元である． ∎

定理 20.2. A をネータ整域，Γ を A の素元から成るある集合とし，Γ が生成する積閉集合を S とする．もし A_S が UFD なら A もそうである．

証明. P を A の高度1の素イデアルとする．$P\cap S\neq\emptyset$ なら P は Γ の元 π を含み，πA は0でない素イデアルであるから $P=\pi A$ となる．$P\cap S$ $=\emptyset$ ならば，PA_S は A_S の高度1の素イデアルであるから $PA_S=aA_S$ となる $a\in P$ が存在する．このような a の中で aA が極大になるものをとっておけば，a は Γ に属する素元では割れない．さて $x\in P$ とすると $sx=ay$ となる $s\in S$, $y\in A$ が存在する．$s=\pi_1\cdots\pi_r$, $\pi_i\in\Gamma$ とすると $a\notin\pi_iA$，ゆえに

$y\in\pi_i A$ となり，r についての帰納法で $y\in sA$ が，したがって $x\in aA$ がわかる．ゆえに $P=aA$ である．▮

補題 1.　A が整域，$\mathfrak{a}$ が A のイデアルで $A^n\oplus\mathfrak{a}\simeq A^{n+1}$ ならば，$\mathfrak{a}$ は単項イデアルである．

証明．　A^{n+1} の基底 $e_0, e_1, \cdots, e_n$ を定め，また $\mathfrak{a}\oplus A^n\subset A\oplus A^n$ と考えて f_0 を A の，$f_1, \cdots, f_n$ を A^n の基底とすれば同形写像 $\varphi: A^{n+1}\longrightarrow\mathfrak{a}\oplus A^n$ は $\varphi(e_i)=\sum_{j=0}^{n}a_{ij}f_j$ の形に表わされる．行列 (a_{ij}) の $(i, 0)$-余因子を d_i，行列式を d とすれば，φ は単射だから $d\neq0$ で $\sum a_{i0}d_i=d$，$\sum a_{ij}d_i=0$ $(j\neq0)$．ゆえに $e_0'=\sum_{0}^{n}d_ie_i$ とおくと $\varphi(e_0')=df_0$．また φ の像は $f_1, \cdots, f_n$ を含むから $\varphi(e_j')=f_j$ となる $e_1', \cdots, e_n'\in A^{n+1}$ が存在する．$e_j'=\sum_{k=0}^{n}c_{jk}e_k$ $(j=0, \cdots, n)$ とおく $(c_{0k}=d_k)$．すると

$$(c_{jk})(a_{ij}) = \begin{pmatrix} d & 0 & \cdots & 0 \\ 0 & 1 & & 0 \\ \vdots & & \ddots & \\ 0 & 0 & & 1 \end{pmatrix}$$

であるから，両辺の行列式を比べて $\det(c_{jk})=1$ を得る．よって $e_0', \cdots, e_n'$ は A^{n+1} の基底となり，$\mathfrak{a}f_0=\varphi(Ae_0')=dAf_0$，ゆえに $\mathfrak{a}=dA$ である．▮

整域 A の商体を K とし，M を有限 A 加群とするとき，$M\otimes_A K$ の，K-ベクトル空間としての次元を M の**階数** (rank) という．階数1の有限 A 加群でねじれがないものは，A のイデアルと同形である．補題1は，

　"A が整域ならば，階数1の有限射影 A 加群で安定的に自由なものは自由加群である"

と言い表わせる (問題【19.2】参照)．上の初等的証明は [成田 4] によった．

定理 20.3. (Auslander-Buchsbaum [7])　正則局所環は UFD である．

証明．　$(A, \mathfrak{m})$ を正則局所環とし，$\dim A$ についての帰納法で証明する．$\dim A=0$ のときは A は体であるから (trivial な) UFD である．$\dim A=1$

なら A は DVR で，したがって UFD である．$\dim A>1$ とし，$x\in\mathfrak{m}-\mathfrak{m}^2$ をとれば，xA は素イデアルであるから，定理 2 を $\Gamma=\{x\}$ に適用できて，A_x (§ 4 例 1) が UFD であることを示せばよいことになる．P を A_x の高度 1 の素イデアルとし，$\mathfrak{p}=P\cap A$ とおく．$P=\mathfrak{p}A_x$ である．A は正則局所環だから A 加群 $\mathfrak{p}$ は FFR をもち，したがって A_x 加群 P も FFR をもつ．A_x の任意の素イデアル Q に対し，$(A_x)_Q=A_{Q\cap A}$ は A より次元の低い正則局所環であるから，帰納法の仮定により UFD である．したがって P_Q は $(A_x)_Q$ 加群として自由加群だから，定理 7.12 により A_x 加群 P は射影加群である．よって問題【19.2】により P は安定的に自由で，したがって前補題により P は単項イデアルである．▌

上の証明は Kaplansky によるものである．彼は以前に補題 1 より更に一般的な次の命題

"A が整域，I_i, J_i $(1\leqslant i\leqslant r)$ が A のイデアルで $\bigoplus_{i=1}^{r} I_i \simeq \bigoplus_{i=1}^{r} J_i$ ならば $I_1\cdots I_r \simeq J_1\cdots J_r$ である"

を証明していたのでそれを使った．これも面白い性質であるから付録 C で証明しておいた．

定理 20.4.　A がネータ整域で，任意の有限 A 加群が FFR をもつならば，A は UFD である．

証明．　問題【19.4】により A は正則環である．P を A の高度 1 の素イデアルとすれば，A の任意の素イデアル $\mathfrak{m}$ に対し $A_\mathfrak{m}$ 加群 $P_\mathfrak{m}$ は前定理により単項イデアル，したがって自由加群．よって P は射影的である（定理 7.12）．したがって【19.2】により P は安定的に自由，したがって補題 1 により単項イデアルである．▌

A を整域とする．A の 0 でない 2 元 a, b の**最大公約数**，**最小公倍数**は整数環の場合と同様に定義される．すなわち，d が a, b を割り，a, b を割る任意の x は d を割るときに d を a, b の最大公約数という．e が a でも b

でも割れ，a でも b でも割れる任意の y は e で割れるとき，e を a, b の最小公倍数という．e が最小公倍数であることは $(e)=(a)\cap(b)$ と同値である．

補題 2. a, b の最小公倍数が存在すれば，最大公約数も存在する．

証明． $(a)\cap(b)=(e)$ なら，$ab=ed$ となる d が存在する．$e\in(a)$ から $b\in(d)$，同様に $a\in(d)$ だから $(a,b)\subset(d)$．一方，x が a, b の公約数なら $a=xt$, $b=xs$ とすれば xst は a, b の公倍数だから e で割れ，$ed=ab=x\cdot xst$ から d が x で割れる．ゆえに d は a, b の最大公約数である． ▮

注 1. A が UFD でないネータ整域ならば，素元でない既約元 a が存在する．$xy\in(a)$，$x\notin(a)$，$y\notin(a)$ とすると x と a の公約数は単元のみであるから 1 が x, a の最大公約数，しかし $xy\in(a)\cap(x)$，$xy\notin(ax)$ だから $(a)\cap(x)\neq(ax)$ であり，a と x の最小公倍数は存在しない．ゆえに補題 2 の逆は一般に正しくない．

注 2. A が UFD なら，単項イデアルの任意の集りの共通部分はまた単項イデアル (0 も含めて) である．実際，$\bigcap_{\iota\in I} a_\iota A\neq 0$ ならば，各 a_ι を素元分解して

$$a_\iota=\prod_\alpha p_\alpha^{r(\iota,\alpha)} \quad (p_\alpha \text{ は素元，} \alpha\neq\beta \text{ なら } p_\alpha A\neq p_\beta A)$$

と表わすとき，$d=\prod p_\alpha^{\max\{r(\iota,\alpha)|\iota\in I\}}$ が $\bigcap a_\iota A=dA$ をみたす．(a_ι は A の元でなく A の商体の元としてもよい．)

定理 20.5. 整域 A が UFD であるためには，A の単項イデアルについて極大条件が成り立ち，0 でない任意の 2 元に対してその最小公倍数が存在することが必要十分である．

証明． 必要性はすでに見た．十分性：第 1 の条件から，0 でも単元でもない任意の元は有限個の既約元の積に書けるから，既約元が素元であることを示せばよい．a を既約元，$xy\in(a)$，$x\notin(a)$ とする．仮定により $(a)\cap(x)=(z)$ と表わせる．a と x の最大公約数は 1 だから補題 2 の証明からわかるように $(z)=(ax)$ で，$xy\in(a)\cap(x)=(ax)$ から $y\in(a)$ が出る．ゆえに (a) は素イデアルである． ▮

定理 20.6. A が正則環，$u, v\in A$ なら $uA\cap vA$ は射影的である．

証明. 各極大イデアル $\mathfrak{m}$ に対し，$A_{\mathfrak{m}}$ は UFD だから $(uA\cap vA)A_{\mathfrak{m}}=uA_{\mathfrak{m}}\cap vA_{\mathfrak{m}}$ は単項イデアルしたがって自由加群である. ▮

定理 20.7. A が UFD なら，射影的なイデアルは単項である.

証明. イデアル $\mathfrak{a}\neq 0$ が射影加群であることは，可逆であることと同値である (定理 11.3). よって A の商体を K とすると $\sum u_i a_i=1$, $u_i\mathfrak{a}\subset A$ をみたす $u_i\in K$, $a_i\in\mathfrak{a}$ が存在する. $\mathfrak{a}\subset\bigcap u_i^{-1}A$, 逆に $x\in\bigcap u_i^{-1}A$ なら $x=\sum(xu_i)a_i\in\mathfrak{a}$, よって $\mathfrak{a}=\bigcap u_i^{-1}A$ であり，A が UFD であるから単項分数イデアルの交わりはまた単項である. ▮

定理 20.8. A が正則な UFD なら $A[[X]]$ もそうである.

証明. $B=A[[X]]$ とおく. $u,v\in B$ に対し $uB\cap vB$ が単項であることを示せばよい (定理 5). $\mathfrak{a}=uB\cap vB$ とおくと定理 6 と定理 19.5 により $\mathfrak{a}$ は射影的，したがって

$$\mathfrak{a}\otimes_B A = \mathfrak{a}\otimes_B(B/XB) = \mathfrak{a}/X\mathfrak{a}$$

は A 加群として射影的である. $\mathfrak{a}=X^r\mathfrak{b}$, $\mathfrak{b}\not\subset XB$, とすれば $\mathfrak{a}/X\mathfrak{a}\simeq\mathfrak{b}/X\mathfrak{b}$ で，$\mathfrak{b}$ は $\mathfrak{a}$ と同形だから射影的，したがって局所的に単項イデアルで，B は正則環だから $\mathfrak{b}$ の素因子はすべて高度 1 である. XB も高度 1 の素イデアルだから $\mathfrak{b}\not\subset XB$ より $\mathfrak{b}:XB=\mathfrak{b}$, したがって $\mathfrak{b}\cap XB=X\mathfrak{b}$, よって $\mathfrak{b}/X\mathfrak{b}=\mathfrak{b}/\mathfrak{b}\cap XB\subset B/XB=A$ と考えられるから，定理 7 により $\mathfrak{b}/X\mathfrak{b}$ は単項，したがって $\mathfrak{b}=yB+X\mathfrak{b}$ となる $y\in\mathfrak{b}$ があり，NAK により $\mathfrak{b}=yB$, したがって $\mathfrak{a}=X^r yB$ となる. ▮

注. A が UFD で $A[[X]]$ がそうでない例はある.

容易にわかるように UFD は Krull 環である. 任意の Krull 環 A について，それが UFD からどれくらい離れているかを示す量ともいうべきものとして，因子類群 (divisor class group) なるものが定義される. 簡単に定義するには次のようにすればよい: Krull 環 A の高度 1 の素イデアルの集合を $\mathscr{P}$

とし，$\mathscr{P}$ を基底とする自由アーベル群を $D(A)$ とする．すなわち $D(A)$ の元は $\sum_{\mathfrak{p}\in\mathscr{P}} n_{\mathfrak{p}}\cdot\mathfrak{p}$ ($n_{\mathfrak{p}}\in \boldsymbol{Z}$ で有限個を除いて 0) の形の形式的な和で，演算は

$$(\sum n_{\mathfrak{p}}\cdot\mathfrak{p})+(\sum n'_{\mathfrak{p}}\cdot\mathfrak{p}) = \sum(n_{\mathfrak{p}}+n'_{\mathfrak{p}})\mathfrak{p}$$

で定義される．A の商体を K，K の 0 でない元の作る乗法群を K^* とし，$a\in K^*$ に対し $\mathrm{div}(a)=\sum_{\mathfrak{p}\in\mathscr{P}} v_{\mathfrak{p}}(a)\cdot\mathfrak{p}$ とおく．ここに $v_{\mathfrak{p}}$ は $\mathfrak{p}$ に対応する K の正規化された加法付値である．すると $\mathrm{div}(ab)=\mathrm{div}(a)+\mathrm{div}(b)$ である，すなわち div は K^* から $D(A)$ への準同形となる．その像を $F(A)$ とおけばこれは $D(A)$ の部分群，よって $C(A)=D(A)/F(A)$ が定義される．これを**因子類群**というのである．明らかに，A が UFD なら各 $\mathfrak{p}\in\mathscr{P}$ は単項イデアルで，$\mathfrak{p}=aA$ なら $D(A)$ の元として $\mathfrak{p}=\mathrm{div}(a)$，よって $C(A)=0$ となる．逆に $C(A)=0$ なら，各 $\mathfrak{p}\in\mathscr{P}$ は単項イデアルとなり，定理 12.3 の系とあわせて容易に A が UFD であることがわかる．すなわち

$$A \text{ が UFD} \iff C(A)=0.$$

次に，A を任意の環，M を A 上の有限射影加群とする．各 $P\in\mathrm{Spec}(A)$ に対し M_P は A_P 上自由加群であるから，その階数を $n(P)$ とすれば，$n(\ )$ は $\mathrm{Spec}(A)$ 上の関数で，各連結成分の上で constant である (何となれば $P\supset Q$ なら $n(P)=n(Q)$)．この関数を M の**階数** (rank) という．階数が $\mathrm{Spec}\,A$ 上で一定値 r をとるならば M は階数 r の射影加群といわれる．階数 1 の有限射影加群の同形類の集合を $\mathrm{Pic}(A)$ と書く．M の属する同形類を $\mathrm{cl}(M)$ で表わす．M, N が階数 1 の有限射影加群なら $M\otimes_A N$ もそうであることは局所化してみれば明らかである．よって

$$\mathrm{cl}(M)+\mathrm{cl}(N) = \mathrm{cl}(M\otimes N)$$

と定義して $\mathrm{Pic}(A)$ に和が定義される．$M^* = \mathrm{Hom}_A(M, A)$ とおき，φ: $M\otimes M^*\longrightarrow A$ を

$$\varphi(\sum m_i\otimes f_i) = \sum f_i(m_i)$$

で定義すると φ は同形写像になる．(局所化して定理 7.11 系を使えば $M=A$ のときに帰着するから明らか.) よって $\mathrm{cl}(M^*)=-\mathrm{cl}(M)$ となり，$\mathrm{Pic}(A)$ はアーベル群になる．これを A の **Picard 群**とよぶ．A が局所環ならば

$\mathrm{Pic}(A)=0$ である.

A が整域ならば，その商体を K とすると $M_{(0)}=M\otimes K$ であるから上に定義した階数は先に（補題1のあとで）定義したものと一致する．M が階数1の有限射影加群なら，ねじれがないから，$M\subset M_{(0)}\simeq K$ となり M は分数イデアルと（A 加群として）同形になる．分数イデアルについては射影的と可逆が同値な条件であったから（定理 11.3），A が整域のときは，$\mathrm{Pic}(A)$ を可逆な分数イデアルの乗法群の準同形像と考えることができる．分数イデアル I が A 加群として A と同形になるのは I が単項のときであるから，

$$\mathrm{Pic}(A) = \frac{(\text{可逆な分数イデアルの乗法群})}{(\text{単項イデアルの乗法群})}.$$

更に A を Krull 環とすると，$\mathrm{Pic}(A)$ は $C(A)$ の部分群とみなせる．その証明：分数イデアル I に対し

$$v_{\mathfrak{p}}(I) = \min\{v_{\mathfrak{p}}(x) \mid x\in I\}$$

とおくと，これはほとんどすべての $\mathfrak{p}\in\mathscr{P}$ に対して0になる（たしかめよ！）から，

$$\mathrm{div}(I) = \sum_{\mathfrak{p}\in\mathscr{P}} v_{\mathfrak{p}}(I)\cdot\mathfrak{p}$$

とおいて $D(A)$ の元 $\mathrm{div}(I)$ が定義される．I が単項イデアル $I=\alpha A$ なら $\mathrm{div}(I)=\mathrm{div}(\alpha)$ である．容易にわかるように $\mathrm{div}(II')=\mathrm{div}(I)+\mathrm{div}(I')$，$\mathrm{div}(A)=0$ であるから，I が可逆なら $\mathrm{div}(I)=-\mathrm{div}(I^{-1})$ となる．

I が可逆なら $(I^{-1})^{-1}=I$ である [$I\subset(I^{-1})^{-1}$ は定義から明らか，一方 $I=I\cdot A\supset I\cdot(I^{-1}\cdot(I^{-1})^{-1})=(I^{-1})^{-1}$]. I が可逆で $\mathrm{div}(I)=0$ なら $\mathrm{div}(I^{-1})=0$，よって $I\subset A$, $I^{-1}\subset A$ ゆえに $A\subset(I^{-1})^{-1}=I$ となり $I=A$ である．ゆえに I, I' が可逆で $\mathrm{div}(I)=\mathrm{div}(I')$ なら $I=I'$ である．よって，可逆な分数イデアルの群は $D(A)$ の部分群とみなされ，$\mathrm{Pic}(A)$ は $C(A)$ の部分群とみなされる．

A が正則環ならば，しばしば見たように $\mathfrak{p}\in\mathscr{P}$ は局所的に自由加群，したがって可逆である．定義から明らかに $\mathrm{div}(\mathfrak{p})=\mathfrak{p}$ である．よって正則環の場合 $D(A)$ は可逆分数イデアルの群と同一視され，$C(A)$ は $\mathrm{Pic}(A)$ と一致

する．

$D(A)$ や $\mathrm{Pic}(A)$ は元来代数幾何学に由来する概念である．V を代数的多様体で既約，正規 (normal) なものとする．V の上の余次元 1 の既約な部分多様体の集合を $\mathscr{P}$ とし，$\mathscr{P}$ を基底とする自由アーベル群を $D(V)$ とし V の因子群といい，その元を V の因子（または Weil 因子）という．V 上の有理関数 f と $W\in\mathscr{P}$ に対し，$v_W(f)$ で f の W に沿っての零点の位数，あるいは f が W で ∞ になるときは $-$（極の位数）を表わすことにする．$\sum_W v_W(f)\cdot W$ を f の因子といい (f) または $\mathrm{div}(f)$ で表わす．$W\in\mathscr{P}$ の V 上の局所環 $\mathfrak{o}_W$ は V の関数体の DVR で，v_W はそれに付属する加法付値である．2つの因子 $M, N\in D(V)$ の差 $M-N$ が関数の因子になるとき M と N は 1 次同値 (linearly equivalent) であるといい $M\sim N$ と書く．$D(V)$ を $\sim$ で割ったもの，すなわち関数の因子の作る部分群による剰余群を（1 次同値による）V の因子類群という．これを $C(V)$ と書くことにする．[1 次同値のほかにも，代数的同値とか，数値的同値とかの，それぞれ幾何学的に意味のある $D(V)$ の部分群による因子類群が考察されている．]

V 上の因子 M が，V の各点の近傍で関数の因子に一致するとき，Cartier 因子という．Cartier 因子から V 上の直線バンドルを作ることができ，2つの Cartier 因子から同形な直線バンドルが得られるためには，それらの因子が 1 次同値であることが必要十分である．Cartier 因子は $D(V)$ の部分群を作り，その 1 次同値による類群を $\mathrm{Pic}(V)$ と書けば，これはまた V 上の直線バンドルの同値類の作る群（演算はテンソル積）とも考えられる．V が滑らかな場合には（定理 3 によって）Weil 因子と Cartier 因子の区別はなくなり，$C(V)=\mathrm{Pic}(V)$ である．

代数幾何学を御存知の読者は，Krull 環の因子類群や Picard 群が，代数幾何学における対応する概念の完全な翻訳であることがおわかりであろう．V がアフィン多様体なら，その座標環を A とすれば $C(V)=C(A)$，$\mathrm{Pic}(V)=\mathrm{Pic}(A)$ である．このとき，A が UFD であることは，V の余次元 1 の部分多様体が，かならず V と 1 つの超曲面との交りとして表わせることである．

V が射影多様体なら，V を定義する $k[X_0, \cdots, X_n]$ の素イデアルを I とし $A=k[X]/I=k[\xi_0, \cdots, \xi_n]$ (ξ_i は X_i の像) とすれば A はいわゆる斉次座標環である．A が整閉であるとき V は射影的（または算術的）に正規であるといわれる．これは V が正規，すなわち各点の局所環が正規環であるということよりも強い条件である．A が UFD ならば，V の余次元1のすべての部分多様体が，$\boldsymbol{P}^n$ の中で V と超曲面との交わりとして表わせることになる．A をその斉次極大イデアル $\mathfrak{m}=(\xi_0, \cdots, \xi_n)$ で局所化したもの $A_\mathfrak{m}$ を R とおく．R が UFD であるだけでも同じことがいえる（問題【20.6】）．局所環 R の中に V に関するすべての情報が入っているのである．

このように，UFD や $C(A)$, Pic(A) などは幾何学的に重要な意味をもつ概念であり，その研究にも代数幾何学の手法が使われることがある．たとえば Grothendieck [G 5] はそのようにして，Samuel が予想した次の定理を証明した："R を正則局所環，P を R 列で生成された素イデアル，$A=R/P$ とするとき，ht $\mathfrak{p}\leqq 3$ なるすべての $\mathfrak{p}\in$Spec A について $A_\mathfrak{p}$ が UFD なら A も UFD である．"

$C(A)$ や Pic(A) については深く論ずる余裕がないが，たとえば次のような定理が成立する：

1.　A が Krull 環なら $C(A)\simeq C(A[X])$.

これは，A が UFD なら $A[X]$ もそうであるという周知の定理【20.2】の一般化である．

2.　A が正則環なら $C(A)\simeq C(A[[X]])$.

これは定理 8 の一般化である．

最後に例をひとつ．k を標数0の体，$n>1$ とし $A=k[X, Y, Z]/(Z^n-XY)=k[x, y, z]$ とおく．$A/(z, x)\simeq k[X, Y, Z]/(X, Z)\simeq k[Y]$ であるから $\mathfrak{p}=(x, z)$ は A の高度1の素イデアルで，$D(A)$ の中で $n\mathfrak{p}=\mathrm{div}(x)$ が成り立つ．$C(A)\simeq \boldsymbol{Z}/n\boldsymbol{Z}$ であることが証明できる（[成田 4] p. 123)．$xy=z^n$ という関係は A が UFD でないことを示している．

UFD についてもっと知りたい人は，[K]，[成田 4]，[S 2]，[F] などを見られたい．

§20 の問題　次の命題を証明せよ．

【20.1】 (Gauß の補題)　A を UFD とし，$f(X)=a_0+a_1X+\cdots+a_nX^n\in A[X]$ とする．係数 $a_0,\cdots,a_n$ の最大公約数が 1 なら f を原始的 (primitive) という．このとき $f(X)$，$g(X)$ が原始的なら $f(X)g(X)$ もそうである．

【20.2】 A が UFD なら $A[X]$ もそうである．(前問を用いよ．)

【20.3】 A が UFD で $\mathfrak{q}_1,\cdots,\mathfrak{q}_r$ が高度 1 の準素イデアルなら $\mathfrak{q}_1\cap\cdots\cap\mathfrak{q}_r$ は単項イデアルである．

【20.4】 A を Zariski 環，$\hat{A}$ をその完備化とするとき，$\hat{A}$ が UFD なら A もそうである．(逆は反例がある．)

【20.5】 A が整域で，すべての極大イデアル $\mathfrak{m}$ に対し $A_\mathfrak{m}$ が UFD であるとき，A は**局所的に UFD** であるという．半局所整域 A が局所的に UFD なら UFD である．

【20.6】 $R=\bigoplus_{n\geqq 0}R_n$ を斉次環とし，R_0 が体であるとする．$\bigoplus_{n>0}R_n=\mathfrak{m}$ とおく．I が R 斉次イデアルで $IR_\mathfrak{m}$ が単項イデアルならば，斉次元 $f\in I$ があって $I=fR$ となる．

§21. 完　交　環

$(A,\mathfrak{m},k)$ をネータ局所環とする．$\mathfrak{m}$ の極小底 $x_1,\cdots,x_n$ をとり，Koszul 複体 $K_{x,1\cdots n}$ (§16) を $E.$ とおく．ここに n は A の埋入次元 (§14) である：$n=\mathrm{emdim}\,A$．複体 $E.$ は A によって同形を除いて一意的に定まる．なぜなら，$x_1',\cdots,x_n'$ を $\mathfrak{m}$ のもう 1 組の極小底とすると，A 上の可逆な $n\times n$ 行列 (a_{ij}) があって $x_i'=\sum a_{ij}x_j$ となる (定理 2.3)．付録 C で示したように，$K_{x,1\cdots n}$ は外積代数 $\wedge(Ae_1+\cdots+Ae_n)$ に $d(e_i)=x_i$ で歪導分を定義したものと考えられる．同様に

$$K_{x',1\cdots n}=\{\wedge(Ae_1'+\cdots+Ae_n'),\ d(e_i')=x_i'\}.$$

さて $f(e_i')=\sum a_{ij}e_j$ によって自由 A 加群 $Ae_1'+\cdots+Ae_n'$ から $Ae_1+\cdots+Ae_n$ への同形対応が定義され，それは外積代数の同形に拡張される．この f は歪導分 d と可換である，なぜなら外積代数 $\wedge(Ae_1'+\cdots+Ae_n')$ の生成元 e_i' に対し $df(e_i')=\sum a_{ij}x_j=x_i'=fd(e_i')$ であるから．よって f は複体の同形

$K_{x',1\cdots n} \simeq K_{x,1\cdots n}$ を与える．

$\mathfrak{m}H_p(E.)=0$ である（§ 16）から $H_p(E.)$ は $k=A/\mathfrak{m}$ 上のベクトル空間である．

$$\varepsilon_p = \dim_k H_p(E.) \quad (p=0,1,2,\cdots)$$

とおくとこれは局所環 A の不変量である．$H_0(E.)=A/(\underline{x})=A/\mathfrak{m}=k$ だから $\varepsilon_0=1$．本節でわれわれに必要なのは ε_1 である．A が正則なら $x_1,\cdots,x_n$ は A 列だから $\varepsilon_1=\cdots=\varepsilon_n=0$ となり，逆に $\varepsilon_1=0$ なら A は正則である（定理 16.5)．

正則局所環 R の剰余環として A が表わせる場合を考えよう．$A=R/\mathfrak{a}$ とし，R の極大イデアルを $\mathfrak{n}$ とする．もし $\mathfrak{a}\not\subset\mathfrak{n}^2$ ならば，$x\in\mathfrak{a}-\mathfrak{n}^2$ をとると，$R'=R/xR$ はまた正則局所環で $A=R'/\mathfrak{a}'$ のように表わせて，R' の次元は R より 1 つ下る．こうして，$A=R/\mathfrak{a}$, $\mathfrak{a}\subset\mathfrak{n}^2$ となるような正則局所環 $(R,\mathfrak{n})$ が存在することがわかる．このとき $\mathfrak{m}=\mathfrak{n}/\mathfrak{a}$, $\mathfrak{m}/\mathfrak{m}^2=\mathfrak{n}/(\mathfrak{a}+\mathfrak{n}^2)=\mathfrak{n}/\mathfrak{n}^2$ であるから $\dim R=n=\mathrm{emdim}\,A$ である．逆にこの等式が成り立てば $\mathfrak{a}\subset\mathfrak{n}^2$ である．

$(R,\mathfrak{n})$ が正則局所環で $A=R/\mathfrak{a}$, $\mathfrak{a}\subset\mathfrak{n}^2$ として，R の正則巴系（すなわち $\mathfrak{n}$ の極小底）$\xi_1,\cdots,\xi_n$ をとり，ξ_i の A における像を x_i とすると $x_1,\cdots,x_n$ は $\mathfrak{m}$ の極小底になる．R と $\underline{\xi}$ について作った Koszul 複体を

$$K_{\xi,1\cdots n}:\ 0\longrightarrow L_n\longrightarrow L_{n-1}\longrightarrow\cdots\longrightarrow L_1\longrightarrow L_0\longrightarrow 0$$

とする．この右に $R/\mathfrak{n}=k$ を補って $\cdots\longrightarrow L_0\longrightarrow k\longrightarrow 0$ とすれば完全列になる（定理 16.5）から，$K_{\xi,1\cdots n}$ は R 加群としての k の射影分解である．これに $A=R/\mathfrak{a}$ をテンソル積すると A 加群の複体 $E.=K_{x,1\cdots n}$ が得られる．したがって

$$H_p(E.) = H_p(K_{\xi,1\cdots n}\otimes_R A) = \mathrm{Tor}_p^R(k,A) \quad (\forall p\geqq 0)$$

が成立する．一方 R 加群の完全列 $0\longrightarrow\mathfrak{a}\longrightarrow R\longrightarrow A\longrightarrow 0$ から，長完全列

$$0=\mathrm{Tor}_1^R(k,R)\longrightarrow\mathrm{Tor}_1^R(k,A)\longrightarrow k\otimes_R\mathfrak{a}\longrightarrow k\otimes_R R\longrightarrow k\otimes_R A\longrightarrow 0$$

が得られ，右端では $k\otimes R=k\simeq k\otimes A=k$ となるから

$$\mathrm{Tor}_1^R(k, A) \simeq k\otimes_R \mathfrak{a} = \mathfrak{a}/\mathfrak{n}\mathfrak{a}$$

が成り立つ．一般に，R 加群 M の生成元の最小個数を $\mu(M)$ で表わすことにすると

$$\mu(\mathfrak{a}) = \dim_k H_1(E.) = \varepsilon_1(A)$$

であることがわかる．

定理 21.1. $(A, \mathfrak{m}, k)$ をネータ局所環，$\hat{A}$ をその完備化とする．

i) $\varepsilon_p(A) = \varepsilon_p(\hat{A}) \quad (\forall p\geqslant 0)$.

ii) $\varepsilon_1(A) \geqslant \mathrm{emdim}\, A-\dim A$.

iii) R が正則局所環，$\mathfrak{a}$ が R のイデアルで $R/\mathfrak{a}\simeq A$ ならば

$$\mu(\mathfrak{a}) = \dim R-\mathrm{emdim}\, A+\varepsilon_1(A).$$

証明． i) は，$\mathfrak{m}$ の極小底は $\mathfrak{m}\hat{A}$ の極小底でもあり，したがって A に対して作った $E.$ に $\otimes_A \hat{A}$ を施せば $\hat{A}$ に対するものが得られること，$\hat{A}$ は A 平坦だから $H_p(E.)\otimes\hat{A}=H_p(E.\otimes\hat{A})$ であること，$\mathfrak{m}H_p(E.)=0$ より $H_p(E.)\otimes\hat{A}=H_p(E.)$ であることから明らか．

ii) A が正則局所環の準同形像のときは，上に示したように $A=R/\mathfrak{a}$, $\mathfrak{a}\subset\mathfrak{n}^2$ となる正則局所環 $(R, \mathfrak{n})$ が存在し，$\varepsilon_1(A)=\mu(\mathfrak{a})\geqslant\mathrm{ht}\,\mathfrak{a}=\dim R-\dim A$ (定理 17.4)$=\mathrm{emdim}\, A-\dim A$ となる．A 自体は必ずしも正則局所環の準同形像にならないが，$\hat{A}$ はそうなることを後に証明する．本節ではそれを承認することにする．すると ii) の両辺は A を $\hat{A}$ でおきかえても変らず，$\hat{A}$ については不等式が成り立つからよい．

iii) $\mathfrak{n}=\mathrm{rad}(R)$ とおく．$\mathfrak{a}\subset\mathfrak{n}^2$ のときには先に示したように $\mu(\mathfrak{a})=\varepsilon_1(A)$, $\dim R=\mathrm{emdim}\, A$ だからよい．$\mathfrak{a}\not\subset\mathfrak{n}^2$ のときには $x\in\mathfrak{a}-\mathfrak{n}^2$ をとり R/xR, $\mathfrak{a}/xR$ に移れば $\dim R$, $\mu(\mathfrak{a})$ が共に1ずつ減るから，帰納法で証明される．▌

定義． ネータ局所環 A が $\varepsilon_1(A)=\mathrm{emdim}\, A-\dim A$ をみたすとき，**完交環** (complete intersection, 略して C.I.) という．

定理 21.2. A をネータ局所環とする.

i) A が C.I. $\Longleftrightarrow$ $\hat{A}$ が C.I.

ii) A が完交環, R が正則局所環で $A=R/\mathfrak{a}$ なら, $\mathfrak{a}$ は R 列で生成されるイデアルである. 逆に, $\mathfrak{a}$ がそのようなイデアルなら $R/\mathfrak{a}$ は完交環である.

iii) A が完交環であるためには, $\hat{A}$ が完備正則局所環を R 列で生成されたイデアルで割った形をしていることが必要十分である.

証明. i) は自明. ii) 前定理の iii) によれば $\mu(\mathfrak{a})=\dim R-\operatorname{emdim} A+\varepsilon_1(A)$, 定理 17.4 によれば $\operatorname{ht}\mathfrak{a}=\dim R-\dim A$ だから, A が C.I. であることと $\operatorname{ht}\mathfrak{a}=\mu(\mathfrak{a})$ とは同値であり, 再び定理 17.4 によってこれは $\mathfrak{a}$ が R 列で生成されることと同値である. iii) 十分性は上の i), ii) で明らか. 必要性は, $\hat{A}$ が完備正則局所環の準同形像になるということ (後出 § 29) と i), ii) から出る. ▮

定理 21.3. 完交環は Gorenstein 環である.

証明. A を完交環とすれば $\hat{A}$ もそうであり, $\hat{A}$ が Gor. なら A もそうであるから, A を完備な C.I. としてよい. すると $A=R/\mathfrak{a}$, $\mathfrak{a}$ は R 列で生成されたイデアルで R は正則局所環, と書ける. R は Gor. だから A もそうである (問題【18.1】). ▮

こうして, ネータ局所環について

$$\text{正則} \Longrightarrow \text{C.I.} \Longrightarrow \text{Gorenstein} \Longrightarrow \text{C.M.}$$

という序列があることがわかった.

A を完交環, $\mathfrak{p}$ を A の素イデアルとする. もし A が $A=R/(x_1,\cdots,x_r)$, R は正則で $x_1,\cdots,x_r$ は R 列, と表わせれば, $A_\mathfrak{p}=R_P/(x_1,\cdots,x_r)$ の形で R_P は正則, $x_1,\cdots,x_r$ は R_P 列だから $A_\mathfrak{p}$ も完交環である. A が正則局所環の準同形像でないときにも $A_\mathfrak{p}$ が完交環であるかということは暫く解けなか

った問題であるが，Avramov [8] が André のホモロジー論を用いて肯定的に解いた．André [An 1, 2] によれば，環 A, A 代数 B, B 加群 M に対してホモロジー群 $H_n(A,B,M)$ $(n\geqslant 0)$，コホモロジー群 $H^n(A,B,M)$ $(n\geqslant 0)$ という B 加群が定義される．その定義は複雑であるが，とにかくこれらの群はいろいろ "functorial" に良い性質をもつ．A がネータ局所環，k がその剰余体のとき

$$A\ \text{が正則} \iff H_2(A,k,k)=0,$$
$$A\ \text{が C.I.} \iff H_3(A,k,k)=0$$

であり，$n\geqslant 3$ に対しては $H_3(A,k,k)=0$ と $H_n(A,k,k)=0$ とは同値である．これによって，André のホモロジー論は完交環や正則環の研究に特に役立つ．

§21 の問題　次の命題を証明せよ．

【21.1】 R を正則環，I を R のイデアル，$A=R/I$ とするとき，$\{\mathfrak{p}\in \operatorname{Spec} A \mid A_{\mathfrak{p}}$ は完交環$\}$ は $\operatorname{Spec}(A)$ で開集合である．（定理 19.9 を用いよ．）

【21.2】 ネータ局所環 A が $\operatorname{emdim} A=\dim A+1$ をみたし CM 環ならば，完交環である．

【21.3】 k を体とし $A=k[[X,Y,Z]]/(X^2-Y^2, Y^2-Z^2, XY, YZ, ZX)$ とおくと，A は 完交環でない Gorenstein 環である．

第8章　平坦性再論

この章はネータ環上の平坦性が主題である．§22 では“平坦性の局所的判定法”と．ばれるいくつかの定理（その主なものは定理 22.3 である）を証明する．これらは，次節の定理 23.1 と共に，応用上たいへん役に立つものである．

§23 では，ネータ局所環の射 $A \longrightarrow B$ が平坦なときに A, B およびファイバー環 $F=B/\mathfrak{m}_A B$ の3者の間に成り立つ著しい関係を調べる．大ざっぱにいって，B がもつ良い性質はたいてい A に伝わり，ときには F にも伝わる．逆に A の良い性質が B に伝わるためには，F も良いことが必要になる．

§24 ではいわゆる一般自由性 (generic freeness) 定理を，Hochster-Roberts によって改良された形（定理 24.1）で述べ，“平坦な点の集合が開集合になる”という定理 24.3 を証明し，それにちなんで他のいくつかの性質についても開集合性との関係を（永田のアイディアにもとづいて）調べる．

§22.　局所的判定法

定理 22.1.　A を環，B をネータ A 代数，M を有限 B 加群，J を B のイデアルで $\mathrm{rad}(B)$ に含まれるものとする．すべての $n \geqslant 0$ に対し $M_n = M/J^{n+1}M$ が A 上平坦なら M も A 上に平坦である．

証明．　定理 7.7 によれば，A の有限生成イデアル I に対し，標準的写像 u: $I \otimes_A M \longrightarrow M$ が単射であることを示せばよい．$I \otimes M = M'$ とおけば M' も有限 B 加群であり，したがって J 進位相で分離的である．$x \in \mathrm{Ker}(u)$ に対し $x \in \bigcap J^n M' = (0)$ を示す．任意の $n \geqslant 0$ に対し，$M'_n = M'/J^{n+1}M' = (I \otimes_A M) \otimes_B B/J^{n+1} = I \otimes_A M_n$ であり，u からひきおこされる写像 $M'_n \longrightarrow M_n$ は M_n が平坦という仮定により単射である．そうして次の図形は可換だから，$x \in J^{n+1}M'$ である．

$$\begin{array}{ccc} M' & \xrightarrow{u} & M \\ \downarrow & & \downarrow \\ M'_n & \longrightarrow & M_n \end{array}$$ ▮

定理 22.2. A を環, B をネータ A 代数, M を有限 B 加群, b を M 正則な B の元で $\mathrm{rad}(B)$ に含まれるものとする. M/bM が A 上に平坦なら M もそうである.

証明. 各 $i>0$ に対し $0 \longrightarrow M/b^iM \xrightarrow{b} M/b^{i+1}M \longrightarrow M/bM \longrightarrow 0$ が完全列になるから, i についての帰納法で, すべての M/b^iM が A 平坦になる (定理 7.9). よって前定理を適用すればよい. ▮

定義. A を環, I を A のイデアル, M を A 加群とする. A の任意の有限生成イデアル $\mathfrak{a}$ に対し $\mathfrak{a}\otimes M$ が I 進位相で分離的であるとき, M は I に対して**イデアル分離的**である (idealwise separated for I) という.

たとえば B がネータ A 代数で $IB\subset \mathrm{rad}(B)$ が成り立ち, M が有限 B 加群であるときは, M は A 加群として I に対しイデアル分離的である.

A を環, I を A のイデアル, M を A 加群とする. $A_n=A/I^{n+1}$, $M_n=M/I^{n+1}M$ $(n\geqslant 0)$, $\mathrm{gr}(A)=\bigoplus_{n\geqslant 0} I^n/I^{n+1}$, $\mathrm{gr}(M)=\bigoplus_{n\geqslant 0} I^nM/I^{n+1}M$ とおく. 標準的な写像

$$\gamma_n : (I^n/I^{n+1})\otimes_{A_0} M_0 \longrightarrow I^nM/I^{n+1}M,$$

およびそれらをまとめて得られる

$$\gamma :\ \mathrm{gr}(A)\otimes_{A_0} M_0 \longrightarrow \mathrm{gr}(M)$$

が存在する. γ は $\mathrm{gr}(A)$ 加群の射である.

定理 22.3. 上の記号で, 次の2条件中のひとつがみたされているとする:

(α) I はべき零イデアル,

(β) A はネータ環で, M は I に対しイデアル分離的.

このとき次の諸条件はすべて同値である．

（1） M は A 上平坦，

（2） すべての A_0 加群 N に対し $\mathrm{Tor}_1^A(N,M)=0$,

（3） M_0 は A_0 上平坦で，$I\otimes_A M\simeq IM$,

（3′） M_0 は A_0 上平坦で，$\mathrm{Tor}_1^A(A_0,M)=0$,

（4） M_0 は A_0 上平坦で，すべての $n\geqslant 0$ に対し γ_n は同形，

（4′） M_0 は A_0 上平坦で，γ は同形，

（5） すべての $n\geqslant 0$ に対し，M_n は A_n 上平坦．

注． （1）⇒（2）⟺（3）⟺（3′）⇒（4）⇒（5）は M に何の仮定もなしで成り立つ．

証明． まず M を任意とする．（1）⇒（2）は自明．

（2）⇒（3） N が A_0 加群なら $N\otimes_A M=(N\otimes_{A_0}A_0)\otimes_A M=N\otimes_{A_0}M_0$ であるから，A_0 加群の完全列 $0\to N_1\to N_2\to N_3\to 0$ に対し

$$0=\mathrm{Tor}_1^A(N_3,M)\longrightarrow N_1\otimes_{A_0}M_0\longrightarrow N_2\otimes_{A_0}M_0\longrightarrow N_3\otimes_{A_0}M_0\longrightarrow 0$$

が完全列，よって M_0 は A_0 上に平坦である．また，完全列 $0\to I\to A\to A_0\to 0$ から

$$0=\mathrm{Tor}_1^A(A_0,M)\longrightarrow I\otimes M\longrightarrow M\longrightarrow M_0\longrightarrow 0$$

が完全列，したがって $I\otimes M\simeq IM$ である．

（3）⟺（3′） は容易．

（3′）⇒（2） N を A_0 加群とすれば，A_0 加群の完全列 $0\to R\to F_0\to N\to 0$ で F_0 が自由 A_0 加群であるものがとれる．これから

$$\mathrm{Tor}_1^A(F_0,M)=0\longrightarrow \mathrm{Tor}_1^A(N,M)\longrightarrow R\otimes_{A_0}M_0\longrightarrow F_0\otimes_{A_0}M_0$$

が完全列で，M_0 が A_0 平坦だから最後の矢は単射，ゆえに $\mathrm{Tor}_1^A(N,M)=0$.

（3）⇒（4） $0\to I^2\to I\to I/I^2\to 0$ と，（2）によって $\mathrm{Tor}_1^A(I/I^2,M)=0$ であることから $0\longrightarrow I^2\otimes M\longrightarrow I\otimes M\longrightarrow (I/I^2)\otimes M\longrightarrow 0$ が完全列で

ある．$I\otimes M=IM$ だから $I^2\otimes M=I^2M$, $(I/I^2)\otimes M\simeq IM/I^2M$. 以下同様に $0\longrightarrow I^{n+1}\longrightarrow I^n\longrightarrow I^n/I^{n+1}\longrightarrow 0$ を用いて帰納的に $I^{n+1}\otimes M\simeq I^{n+1}M$, $(I^n/I^{n+1})\otimes M\simeq I^nM/I^{n+1}M$ が得られる．(4′) は (4) の言いかえにすぎない．

(4)⇒(5) $n>0$ を固定し，M_n が A_n 上に平坦であることを示そう．$i\leqslant n$ に対し

$$\begin{array}{ccccccc}(I^{i+1}/I^{n+1})\otimes M & \longrightarrow & (I^i/I^{n+1})\otimes M & \longrightarrow & (I^i/I^{i+1})\otimes M & \longrightarrow & 0\\ \downarrow{\scriptstyle\alpha_{i+1}} & & \downarrow{\scriptstyle\alpha_i} & & \downarrow{\scriptstyle\gamma_i} & & \\ 0\longrightarrow I^{i+1}M_n=I^{i+1}M/I^{n+1}M & \longrightarrow & I^iM_n=I^iM/I^{n+1}M & \longrightarrow & I^iM/I^{i+1}M & \longrightarrow & 0\end{array}$$

は可換図形で，上下の水平列が完全列である．仮定により γ_i は同形写像で，α_{n+1} は 0 から 0 への同形だから，i についての上からの帰納法で $\alpha_n, \alpha_{n-1}, \cdots, \alpha_1$ が同形写像になる．とくに

$$\alpha_1:(I/I^{n+1})\otimes_A M = IA_n\otimes_{A_n}M_n \xrightarrow{\sim} IM_n$$

となるから，A_n, M_n, I/I^{n+1} について条件 (3) が成り立つ．ゆえに (2) ⟺ (3) により $\mathrm{Tor}_1^{A_n}(N, M_n)=0$ が任意の A_0 加群 N について成り立つ．N が A_i 加群なら IN, N/IN は共に A_{i-1} 加群で $0\longrightarrow IN\longrightarrow N\longrightarrow N/IN\longrightarrow 0$ が完全列だから，i についての帰納法で結局すべての A_n 加群 N について $\mathrm{Tor}_1^{A_n}(N, M_n)=0$ が成り立つ．よって M_n は平坦な A_n 加群である．

次に (α) または (β) の仮定の下に (5)⇒(1) を示す．(α) のときには十分大きな n に対し $A=A_n$, $M=M_n$ だから自明．(β) のときには，A の任意のイデアル $\mathfrak{a}$ に対し標準的射 $j:\mathfrak{a}\otimes M\longrightarrow M$ が単射であることをいえばよい (定理 7.7)．仮定により $\bigcap_n I^n(\mathfrak{a}\otimes M)=0$ であるから，$\mathrm{Ker}(j)\subset I^n(\mathfrak{a}\otimes M)$ がすべての $n>0$ について成り立てばよい．n を固定するとき，Artin-Rees の補題により，十分大きな $k>n$ をとれば $I^k\cap\mathfrak{a}\subset I^n\mathfrak{a}$. ここで自然な射

$$\mathfrak{a}\otimes M\xrightarrow{f}(\mathfrak{a}/I^k\cap\mathfrak{a})\otimes M\xrightarrow{g}(\mathfrak{a}/I^n\mathfrak{a})\otimes M=(\mathfrak{a}\otimes M)/I^n(\mathfrak{a}\otimes M)$$

を考える．M_{k-1} が $A_{k-1}=A/I^k$ の上に平坦だから

$$(\mathfrak{a}/I^k\cap\mathfrak{a})\otimes_A M = (\mathfrak{a}/I^k\cap\mathfrak{a})\otimes_{A_{k-1}} M_{k-1} \longrightarrow M_{k-1}$$

は単射で，

$$\begin{array}{ccc} \mathfrak{a}\otimes M & \xrightarrow{f} & (\mathfrak{a}/I^k\cap\mathfrak{a})\otimes M \\ \downarrow{\scriptstyle j} & & \downarrow \\ M & \longrightarrow & M_{k-1} \end{array}$$

が可換，よって $\mathrm{Ker}(j)\subset\mathrm{Ker}(f)\subset\mathrm{Ker}(gf)=I^n(\mathfrak{a}\otimes M)$．それが証明すべきことであった．▌

この定理は，A がネータ局所環で I がその極大イデアルのときに特に有効である．A_0 が体ならば（3）〜(4′) で M_0 が A_0 上に平坦という条件が自明になるからである．また（5）で M_n が A_n 上平坦ということは，この場合定理 7.10 により M_n が自由 A_n 加群ということと同じである．

上の定理の応用をのべよう．

定理 22.4.　$(A,\mathfrak{m})$，$(B,\mathfrak{n})$ をネータ局所環，$\hat{A}$，$\hat{B}$ をそれぞれの完備化，$A\longrightarrow B$ を局所環の射，M を有限 B 加群，$\hat{M}=M\otimes_B\hat{B}$ とする．

i）M が A 上平坦 $\Longleftrightarrow$ $\hat{M}$ が A 上平坦 $\Longleftrightarrow$ $\hat{M}$ が $\hat{A}$ 上平坦，

ii）M^* を M の $\mathfrak{m}B$ 進完備化とすれば

M が A 上平坦 $\Longleftrightarrow$ M^* が A 上平坦 $\Longleftrightarrow$ M^* が $\hat{A}$ 上平坦．

証明．　i）第1の $\Longleftrightarrow$ は，平坦性の推移律と，$\hat{B}$ が B 上忠実平坦であることから出る．第2の $\Longleftrightarrow$ は，どちらもすべての $n>0$ に対して $\hat{M}/\mathfrak{m}^n\hat{M}$ が $A/\mathfrak{m}^n$ 上平坦であることと同値であるから．

ii）3条件とも，$M/\mathfrak{m}^nM$ が $A/\mathfrak{m}^n$ 上に平坦（$\forall n$）であることと同値．

定理 22.5.　$(A,\mathfrak{m},k)$，$(B,\mathfrak{n},k')$ をネータ局所環，$A\longrightarrow B$ を局所環の射，$u:M\longrightarrow N$ を有限 B 加群の射とする．このとき N が A 上平坦なら

ば，次の2条件は同値である：

（1） u が単射で $N/u(M)$ は A 上平坦，

（2） $\bar{u}: M\otimes_A k \longrightarrow N\otimes_A k$ が単射.

証明. （1）⇒（2）は容易だから（2）⇒（1）だけを示す. $x\in M$, $u(x)=0$ とすると $\bar{u}(\bar{x})=0$ から $\bar{x}=0$, すなわち $x\in \mathfrak{m}M$. いま $x\in\mathfrak{m}^nM$ として $x\in\mathfrak{m}^{n+1}M$ を導こう. A 加群 $\mathfrak{m}^n$ の極小底を $\{a_1,\cdots,a_r\}$ とし，$x=\sum a_iy_i$, $y_i\in M$, と書くと $0=\sum a_iu(y_i)$. N は A 上平坦だから，$c_{ij}\in A$ と $z_j\in N$ があって

$$\sum_i a_ic_{ij}=0\ (\forall j),\qquad u(y_i)=\sum_j c_{ij}z_j\ (\forall i)$$

が成り立つ. $a_1,\cdots,a_r$ の取り方から $\forall c_{ij}\in\mathfrak{m}$, よって $u(y_i)\in\mathfrak{m}N$, $\bar{u}(\bar{y}_i)=0$ となり，$\bar{y}_i=0$, すなわち $y_i\in\mathfrak{m}M$ であるから $x\in\mathfrak{m}^{n+1}M$. よって $x\in\bigcap_n\mathfrak{m}^nM=0$ となり u は単射である. $0\longrightarrow M\longrightarrow N\longrightarrow N/u(M)\longrightarrow 0$ から $\mathrm{Tor}_1^A(k, N/u(M))=0$ が出るから，定理3により $N/u(M)$ は A 上に平坦である.

系. A, B, $A\longrightarrow B$ を上と同様とし，M を有限 B 加群，$x_1,\cdots,x_n\in\mathfrak{n}$, $\bar{B}=B\otimes_A k=B/\mathfrak{m}B$ とし x_i の $\bar{B}$ での像を $\bar{x}_i$ とすると，次の条件は同値である：

（1） $x_1,\cdots,x_n$ は M 列で，$M_n=M/\sum_1^n x_iM$ は A 上平坦，

（2） $\bar{x}_1,\cdots,\bar{x}_n$ は $M\otimes k$ 列で，M は A 上平坦.

証明. （2）⇒（1）は定理からすぐに従う.（1）⇒（2）をいうには，$M_i=M/(x_1M+\cdots+x_iM)$, $i=1,\cdots,n$, がすべて A 上平坦であることを示さねばならないが，M_i が A 上平坦ならば定理2から M_{i-1} もそうである. ▌

定理 22.6. A をネータ環，B をネータ A 代数，M を有限 B 加群，b を B の元とする. M が A 上に平坦であり，B の各極大イデアル P に対して b が $M/(P\cap A)M$ 正則であるならば，b は M 正則で M/bM は A 上平坦である.

証明. $M \xrightarrow{b} M$ の核を K とすれば, $K=0 \Longleftrightarrow K_P=0$ $(\forall P)$. よって, b が M 正則 $\Longleftrightarrow b$ が $\forall P$ に対し M_P 正則. 一方定理 7.1 により A 平坦性も A, B について局所的な性質であるから, B を B_P (P は B の極大イデアル), A を $A_{(P\cap A)}$, M を M_P でおきかえてよいが, その場合は前定理に帰着する. ▮

系. A をネータ環, B を A 上の多項式環 $B=A[X_1, \cdots, X_n]$, $f(X)\in B$ とする. f の係数が生成する A のイデアルが1を含めば, f は B で零因子でなく B/fB は A 上に平坦である. B がべき級数環 $A[[X_1, \cdots, X_n]]$ のときも同様である.

証明. 多項式環は A 上自由加群だから平坦, べき級数環も問題【7.4】により平坦である. また $\mathfrak{p}\in\operatorname{Spec} A$ なら, $B=A[X_1, \cdots, X_n]$ のとき $B/\mathfrak{p}B=(A/\mathfrak{p})[X_1, \cdots, X_n]$, B がべき級数環のときにも $\mathfrak{p}$ が有限生成だから $B/\mathfrak{p}B=(A/\mathfrak{p})[[X_1, \cdots, X_n]]$ となり, いずれにしても $B/\mathfrak{p}B$ は整域である. よって主張は定理から直ちに従う. ▮

§22 の問題　次の命題を証明せよ.

【22.1】(永田の平坦性定理, [N 1] p.65)　$(A, \mathfrak{m}, k)$, $(B, \mathfrak{n}, k')$ をネータ局所環とし, $A\subset B$ で $\mathfrak{m}B$ が $\mathfrak{n}$ に属する準素イデアルだとする. A の任意の $\mathfrak{m}$ 準素イデアル $\mathfrak{q}$ に対し $l_A(A/\mathfrak{q})\cdot l_B(B/\mathfrak{m}B)=l_B(B/\mathfrak{q}B)$ が成り立つとき, A と B との間に**推移定理** (theorem of transition) が成り立つという. これは B が A 上に平坦であることと同値である.

【22.2】$(A, \mathfrak{m})$ をネータ局所環, k を A の部分体とする. $x_1, \cdots, x_n\in\mathfrak{m}$ が A 列であるとき, $x_1, \cdots, x_n$ は k 上に代数的独立であり, $C=k[x_1, \cdots, x_n]$ とおけば A は C 上に平坦である (Hartshorne [133]).

【22.3】$(A, \mathfrak{m}, k)$ をネータ局所環, B をネータ A 代数, M を有限 B 加群とし, $\mathfrak{m}B\subset\operatorname{rad}(B)$ とする. $x\in\mathfrak{m}$ が A 正則かつ M 正則で M/xM が A/xA 上平坦なら M は A 上に平坦である.

【22.4】A がネータ環, B が平坦なネータ A 代数, I, J が A, B のイデアルで $IB\subset J$ ならば, B の J 進完備化は A の I 進完備化の上に平坦である.

§ 23. ファイバーと平坦性

$(A, \mathfrak{m})$, $(B, \mathfrak{n})$ をネータ局所環とし, $\varphi: A \longrightarrow B$ を局所環の射とする. φ の $\mathfrak{m}$ 上のファイバー環を $F = B \otimes_A \kappa(\mathfrak{m}) = B/\mathfrak{m}B$ とおく. B が A 上に平坦ならば定理 15.1 により

$$(*) \qquad \dim B = \dim A + \dim F$$

が成り立つ. 次に示すように, この逆も若干の条件の下に成り立つ.

定理 23.1. A, B, F などの記号は上と同じとする. A が正則局所環, B が Cohen-Macaulay 環であり, かつ $\dim B = \dim A + \dim F$ ならば, B は A 上に平坦である.

証明. $\dim A$ についての帰納法. $\dim A = 0$ のときは A は体であるからよい. $\dim A > 0$ のときは, $x \in \mathfrak{m} - \mathfrak{m}^2$ をとり $A' = A/xA$, $B' = B/xB$ とおく. 定理 15.1 により

$$\dim B' \leqslant \dim A' + \dim F = \dim A - 1 + \dim F = \dim B - 1$$

であるが, B' の巴系を用いてわかるように $\dim B' \geqslant \dim B - 1$ だから,

$$\dim B' = \dim A' + \dim F = \dim B - 1.$$

これから容易にわかるように, x は B の非零因子であり B' は CM 環である. よって帰納法の仮定で B' は A' 上平坦である. ゆえに $\mathrm{Tor}_1^{A'}(A/\mathfrak{m}, B') = 0$, 一方 x は A 正則かつ B 正則だから $\mathrm{Tor}_1^{A'}(A/\mathfrak{m}, B') = \mathrm{Tor}_1^{A}(A/\mathfrak{m}, B)$. ゆえに定理 22.3 により B は A 上に平坦である. ▌

上の定理を, 代数幾何学に使い易い形にのべておこう. 用語は 永田-宮西-丸山著『抽象代数幾何学』による.

系. k を体, X, Y を k 上の既約な代数的スキームとし $f: Y \longrightarrow X$ を射とする. $\dim X = n$, $\dim Y = m$ とおき, 次の条件が成り立つとする: (1) X は正則, (2) Y は Cohen-Macaulay, (3) f は Y の閉点を X の閉点へ写す (たとえば f が固有射ならよい), (4) X の各閉点 x に対し, $f^{-1}(x)$ は空であるかまたは $m-n$ 次元である. このとき f は平坦射である.

証明. y を Y の閉点, $x=f(y)$, $A=\mathcal{O}_{X,x}$, $B=\mathcal{O}_{Y,y}$ とおく. $\dim B=m$, $\dim A=n$ が成り立ち, 定理 15.1 から $\dim B/\mathfrak{m}_xB\geqq m-n$ であるから (4) により $\dim B/\mathfrak{m}_xB=m-n$ となる. したがって上の定理により B は A 上に平坦である. それが証明すべきことであった. ▮

定理 23.2. $\varphi: A \longrightarrow B$ をネータ環の射とし, E を A 加群, G を B 加群とする. G が A 上平坦ならば次のことが成り立つ:

i) $\mathfrak{p}\in \operatorname{Spec} A$, $G/\mathfrak{p}G \neq 0$ ならば

$$ {}^a\varphi(\operatorname{Ass}_B(G/\mathfrak{p}G)) = \operatorname{Ass}_A(G/\mathfrak{p}G) = \{\mathfrak{p}\}. $$

ii) $\operatorname{Ass}_B(E\otimes_A G) = \bigcup_{\mathfrak{p}\in \operatorname{Ass}_A(E)} \operatorname{Ass}_B(G/\mathfrak{p}G).$

証明. i) $G/\mathfrak{p}G=G\otimes_A(A/\mathfrak{p})$ は $A/\mathfrak{p}$ 上平坦で, $A/\mathfrak{p}$ は整域であるから, $A/\mathfrak{p}$ の 0 でない元は $G/\mathfrak{p}G$ 正則である (問題【7.5】). いいかえれば, $A-\mathfrak{p}$ の元は $G/\mathfrak{p}G$ 正則である. これから $\operatorname{Ass}_A(G/\mathfrak{p}G)=\{\mathfrak{p}\}$. また $P\in \operatorname{Ass}_B(G/\mathfrak{p}G)$ なら $\operatorname{ann}_B(\xi)=P$ となる $\xi\in G/\mathfrak{p}G$ があり, $P\cap A = \operatorname{ann}_A(\xi)\in \operatorname{Ass}_A(G/\mathfrak{p}G) =\{\mathfrak{p}\}$.

ii) $\mathfrak{p}\in \operatorname{Ass}_A(E)$ なら $0 \longrightarrow A/\mathfrak{p} \longrightarrow E$ という完全列があり, G の平坦性から $0 \longrightarrow G/\mathfrak{p}G \longrightarrow E\otimes G$ も完全列, よって

$$ \operatorname{Ass}_B(G/\mathfrak{p}G) \subset \operatorname{Ass}_B(E\otimes G) $$

となる. 逆に $P\in \operatorname{Ass}(E\otimes G)$ ならば, $\operatorname{ann}_B(\eta)=P$ となる $\eta\in E\otimes G$ がある. $\eta=\sum_1^n x_i\otimes y_i$, $x_i\in E$, $y_i\in G$ と書き, $E'=\sum_1^n Ax_i$ とおけば, G の平坦性から $E'\otimes G\subset E\otimes G$ と考えられ, $\eta\in E'\otimes G$ だから $P\in \operatorname{Ass}_B(E'\otimes G)$ となる. E' は有限 A 加群だから, E' における 0 の最短準素分解 $0=Q_1\cap\cdots\cap Q_r$ がとれる. E' から $\oplus(E'/Q_i)$ の中への単射が存在し, したがって $E_i'=E'/Q_i$ とおけば

$$ \operatorname{Ass}_B(E'\otimes G) \subset \bigcup_i \operatorname{Ass}_B(E_i'\otimes G) $$

が成り立つ. ゆえにある i に対して $P\in \operatorname{Ass}_B(E_i'\otimes G)$ となる. E_i' は有限 A 加群で, ただひとつの素因子をもつ. それを $\mathfrak{p}$ とおこう. $\mathfrak{p}\in \operatorname{Ass}_A(E')\subset$

$\mathrm{Ass}_A(E)$ である．十分大きな ν に対し $\mathfrak{p}^\nu E_i'=0$, したがって $\mathfrak{p}^\nu(E_i'\otimes G)=0$ だから，$\mathfrak{p}\subset P\cap A$ である．一方，$\mathfrak{p}$ に入らない A の元は E_i' 正則，したがって $E_i'\otimes G$ 正則であるから，結局 $\mathfrak{p}=P\cap A$ となる．いま

$$E_i' = E_0 \supset E_1 \supset \cdots \supset E_r = 0, \qquad E_j/E_{j+1} \simeq A/\mathfrak{p}_j, \qquad \mathfrak{p}_j \in \mathrm{Spec}\, A$$

となる E の部分加群列 $\{E_j\}$ をとると

$$E_i'\otimes G \supset E_1\otimes G \supset \cdots \supset E_r\otimes G = 0,$$
$$(E_j\otimes G)/(E_{j+1}\otimes G) \simeq (A/\mathfrak{p}_j)\otimes G = G/\mathfrak{p}_jG$$

だから $\mathrm{Ass}_B(E_i'\otimes G) \subset \bigcup_j \mathrm{Ass}_B(G/\mathfrak{p}_jG)$ となる．よってある j に対し $P\in\mathrm{Ass}_B(G/\mathfrak{p}_jG)$ となるが，i）により $P\cap A=\mathfrak{p}_j$, よって $\mathfrak{p}_j=\mathfrak{p}$ となるから $P\in\mathrm{Ass}_B(G/\mathfrak{p}G)$ である． ▮

定理 23.3. $(A, \mathfrak{m}, k)$, $(B, \mathfrak{n}, k')$ をネータ局所環，$A \longrightarrow B$ を局所環の射とする．M を有限 A 加群，N を有限 B 加群とし，N は A 上平坦と仮定する．このとき

$$\mathrm{depth}_B(M\otimes_A N) = \mathrm{depth}_A M + \mathrm{depth}_B(N/\mathfrak{m}N).$$

証明． $x_1, \cdots, x_r\in\mathfrak{m}$ を極大 M 列とし，$y_1, \cdots, y_s\in\mathfrak{n}$ を極大 $N/\mathfrak{m}N$ 列とする．x_i の B における像を x_i' と書き，$x_1', \cdots, x_r'$, $y_1, \cdots, y_s$ が極大 $M\otimes N$ 列になることを示そう．$x_1', \cdots, x_r'$ は $M\otimes N$ 列であり，$M_r=M/\sum x_iM$ とおけば

$$\mathfrak{m}\in\mathrm{Ass}_A(M_r), \qquad (M\otimes N)/\sum_{i=1}^{r} x_i'(M\otimes N) = M_r\otimes N$$

が成り立つ．一方定理 22.5 の系から y_1 は N 正則であり，$N_1=N/y_1N$ とおくとこれは A 上平坦，したがって完全列 $0\longrightarrow N\xrightarrow{y_1} N\longrightarrow N_1\longrightarrow 0$ から得られる $0\longrightarrow M_r\otimes N\longrightarrow M_r\otimes N\longrightarrow M_r\otimes N_1\longrightarrow 0$ も完全列である．以下同様にして，$y_1, \cdots, y_s$ が $M_r\otimes N$ 列であることがわかる．あとは，B 加群

$$(M\otimes N)/(\sum x_i'(M\otimes N)+\sum y_j(M\otimes N)) = M_r\otimes N_s$$

の深さが 0 であること，すなわち $\mathfrak{n}\in\mathrm{Ass}_B(M_r\otimes N_s)$ を示せばよいが，$\mathfrak{m}\in$

$\mathrm{Ass}_A(M_r)$, $\mathfrak{n}\in\mathrm{Ass}_B(N_s/\mathfrak{m}N_s)$ だからそれは前定理から直ちに従う.

系. $A\longrightarrow B$ を上のようにネータ局所環の射とし, $F = B/\mathfrak{m}B$ とおく. B が A 上平坦だとすると

i) $\operatorname{depth} B = \operatorname{depth} A+\operatorname{depth} F$.

ii) B が CM 環 $\Longleftrightarrow$ A も F も CM 環.

証明. i) は定理で $M=A$, $N=B$ とした場合である. ii) は i) と (*) とから

$$\dim B-\operatorname{depth} B = (\dim A-\operatorname{depth} A)+(\dim F-\operatorname{depth} F)$$

となることと, $\dim A \geqslant \operatorname{depth} A$, $\dim F\geqslant \operatorname{depth} F$ であることから明らかである. ▌

定理 23.4. $A\longrightarrow B$ をネータ局所環の射, $\mathfrak{m}=\mathrm{rad}(A)$, $F=B/\mathfrak{m}B$ とし, B が A 上に平坦であるとすると

$$B \text{ が Gorenstein} \Longleftrightarrow A \text{ も } F \text{ も Gorenstein.}$$

証明. いま証明した系により A, B, F のすべてが CM 環であるとしてよい. $\dim A=r$, $\dim F=s$ とし, $\{x_1,\cdots,x_r\}$ を A の巴系, $\{y_1,\cdots,y_s\}$ を $\mathrm{mod}\,\mathfrak{m}B$ で F の巴系になるような B の部分集合とする. すると定理3の証明で見たように $\{x_1,\cdots,x_r,y_1,\cdots,y_s\}$ は B 列, したがって B の巴系になり, $\bar{B}=B/(\underline{x},\underline{y})B$ は $\bar{A}=A/(\underline{x})A$ 上に平坦である. こうして A も B も0次元の場合に帰着できる. 一般に (R,M) を0次元ネータ局所環とすると, R が Gorenstein になるための必要十分条件は $\mathrm{Hom}_R(R/M,R)=(0:M)_R$ が R/M と同形になることである.

$$\mathrm{rad}(B) = \mathfrak{n},\quad \mathrm{rad}(F) = \mathfrak{n}/\mathfrak{m}B = \bar{\mathfrak{n}},\quad (0:\mathfrak{m})_A = I$$

とおくと $I\simeq(A/\mathfrak{m})^t$ の形で, $(0:\mathfrak{m}B)_B=IB\simeq(A/\mathfrak{m})^t\otimes B=F^t$. さらに $(0:\mathfrak{n})_B=(0:\mathfrak{n})_{IB}\simeq((0:\bar{\mathfrak{n}})_F)^t$ となるから $(0:\bar{\mathfrak{n}})_F\simeq(F/\bar{\mathfrak{n}})^u=(B/\mathfrak{n})^u$ とおけば $(0:\mathfrak{n})_B\simeq(B/\mathfrak{n})^{tu}$. ゆえに, B が Gorenstein $\Longleftrightarrow$ $tu=1$ $\Longleftrightarrow$ $t=u=1$ $\Longleftrightarrow$ A と F が Gorenstein. ▌

この証明は渡辺敬一氏による [124].

定理 23.5. A が Gorenstein 環なら $A[X]$, $A[[X]]$ もそうである.

証明. $A[X]$ または $A[[X]]$ を B で表わすと, B は A 上平坦である. M を B の任意の極大イデアルとし $M \cap A = \mathfrak{p}$, $A_{\mathfrak{p}}/\mathfrak{p}A_{\mathfrak{p}} = \kappa(\mathfrak{p})$ とおく. $B = A[X]$ のときは B_M は $B \otimes_A A_{\mathfrak{p}} = A_{\mathfrak{p}}[X]$ の局所化で, 射 $A_{\mathfrak{p}} \longrightarrow B_M$ のファイバー環は $\kappa(\mathfrak{p})[X]$ の局所化だから正則である. $B = A[[X]]$ のときは $X \in M$ で, $\mathfrak{p}$ は A の極大イデアルになるから $\kappa(\mathfrak{p}) = A/\mathfrak{p}$ であり

$$B \otimes_A \kappa(\mathfrak{p}) = (A/\mathfrak{p})[[X]] = \kappa(\mathfrak{p})[[X]]$$

が成り立つ. これは正則局所環であり, $A_{\mathfrak{p}} \longrightarrow B_M$ のファイバー環になっている. よっていずれの場合にも前定理から B_M は Gorenstein である. ∎

定理 23.6. A が Gorenstein 環で体 k を含むとき, k の任意の有限生成拡大体 K に対し $A \otimes_k K$ も Gorenstein 環である.

証明. K が k 上に1つの元 x で生成されている場合を考えれば十分である. x が k 上超越的なら $A \otimes_k K$ は $A \otimes_k k[X] = A[X]$ の局所化と同形で, $A[X]$ が Gorenstein だから $A \otimes K$ もそうである. x が k 上代数的なら $K \simeq k[X]/(f(X))$, $f(X)$ は k 係数のモニック多項式, となるから

$$A \otimes K = A[X]/(f(X))$$

で, $A[X]$ が Gorenstein であり $f(X)$ が $A[X]$ の非零因子であることから $A \otimes K$ も Gorenstein であることがわかる. ∎

注. 定理5と6は, "Gorenstein" を "Cohen-Macaulay" でおきかえても成り立つ. 証明も全く同様である. 完交環についても定理4と同様のことが成り立ち, したがって定理 5, 6 の類似が成り立つが, その証明には André のホモロジー群が用いられる (Avramov [8]). 正則環については次に見るように, やや弱い形の定理が成り立つ.

定理 23.7. $(A, \mathfrak{m}, k)$, $(B, \mathfrak{n}, k')$ をネータ局所環, $A \longrightarrow B$ を局所環の射とし $F = B/\mathfrak{m}B$ とおく. B が A 上に平坦とすれば

i）B が正則なら A もそうである.

ii）A と F が正則なら B もそうである.

証明. i）$\mathrm{Tor}_i^A(k,k)\otimes_A B=\mathrm{Tor}_i^B(B\otimes k, B\otimes k)$ で，右辺は $i>\dim B$ に対して0になる. B は A 上に忠実平坦だから $\mathrm{Tor}_i^A(k,k)=0$ $(i\gg 0)$，よって§19補題1 i）により $\mathrm{proj.\,dim}_A k<\infty$ であり，$\mathrm{proj.\,dim}\, k=\mathrm{gl.\,dim}\, A$ だから A は正則である（定理 19.2).

ii）$r=\dim A$，$s=\dim F$ とおく. $\{x_1,\cdots,x_r\}$ を A の正則巴系とし，$\{y_1,\cdots,y_s\}$ を F の正則巴系に写されるような $\mathfrak{n}$ の元の組とする. $A\longrightarrow B$ は単射だから $A\subset B$ とみなす. すると $\{x_1,\cdots,x_r,y_1,\cdots,y_s\}$ は $\mathfrak{n}$ を生成し，一方 $\dim B=r+s$ だから B は正則である. ▮

注. 上の定理で，B が正則でも F は必ずしも正則でない. たとえば k を体，x を k 上の不定元，$B=k[x]_{(x)}$，$A=k[x^2]_{(x^2)}\subset B$ とすれば $F=B/x^2B=k[x]/(x^2)$ はべき零元をもつ. 定理1により（あるいは直接に）B が A 上平坦であることがわかる. [幾何学的にいえば，この例は平面曲線 $y=x^2$ の y 軸への射影を考えているのであるから，原点のところでファイバーがおかしくなっているのは当然である.]

ネータ環 A と $i=0,1,2,\cdots$ に対して次の条件を考える：

(R_i)　$P\in\mathrm{Spec}\,A$，$\mathrm{ht}\,P\leqslant i \Longrightarrow A_P$ は正則,

(S_i)　$P\in\mathrm{Spec}\,A \Longrightarrow \mathrm{depth}\,A_P\geqslant\min(\mathrm{ht}\,P, i)$.

(S_0) は常に成り立つ. (S_1) は A の素因子がすべて極小であること，いいかえれば非孤立素因子がないことを意味する. すべての $i\geqslant 0$ に対し (S_i) が成り立つことは，A が CM 環であることと同値である. A が被約であるための必要十分条件は $(R_0)+(S_1)$ である. A が整域なら，(S_2) は "0 でない単項イデアルの素因子はすべて高度1をもつ" という条件と同値である. 正規整域を特徴づける定理 11.5 系は次のように少し一般化できる.

定理 23.8. (Serre)　ネータ環 A が正規環であるためには $(R_1)+(S_2)$ が必要十分である.

証明. われわれは正規環を，その素イデアルによる局所化がすべて整閉整域であるような環として定義した (§ 9). 条件 (R_i), (S_i) も局所化についての条件であるから，A を局所環としてよい.

(必要) 定理 11.2 と 11.5 から.

(十分) A は (R_0) も (S_1) もみたすから被約であり，(0) の最短準素分解は $(0)=P_1\cap\cdots\cap P_r$ (P_i は A の極小素イデアル) である. よって A の全商環を K とすれば

$$K=K_1\times\cdots\times K_r, \qquad K_i \text{ は } A/P_i \text{ の商体}$$

となる. まず A が K で整閉であることを示そう. K で

$$(a/b)^n+c_1(a/b)^{n-1}+\cdots+c_n=0$$

という関係が成り立ったとする. ただし $a, b, c_1, \cdots, c_n$ は A の元で b は A 正則元とする. これは A における関係式

$$a^n+\sum_1^n c_i a^{n-i} b^i=0$$

と同値である. $P\in\operatorname{Spec}A$, $\operatorname{ht}P=1$ とすると，(R_1) により A_P は正則したがって正規であるから $a_P\in b_P A_P$ が成り立つ. ただし，a_P, b_P は a, b の A_P における像を表わす. 一方 b は A 正則元で，(S_2) により単項イデアル bA の素因子はすべて高度 1 をもつ. ゆえに $bA=\mathfrak{q}_1\cap\cdots\cap\mathfrak{q}_m$ を最短準素分解とし $\mathfrak{q}_i$ の素因子を P_i とすれば $a\in bA_{P_i}\cap A=\mathfrak{q}_i$ $(\forall i)$, したがって $a\in bA$, $a/b\in A$ となる. ゆえに A は K で整閉，とくに K_i の単位元を e_i とすれば $e_i^2-e_i=0$ であるから $e_i\in A$ であり，$1=\sum e_i$, $e_ie_j=0$ $(i\neq j)$ から

$$A=Ae_1\times\cdots\times Ae_r$$

が得られる. A を局所環としたから $r=1$ でなくてはならず，したがって A は整閉整域である. ▮

定理 23.9. $(A,\mathfrak{m})$, $(B,\mathfrak{n})$ をネータ局所環，$A\longrightarrow B$ を局所環の射とする. B が A 上に平坦であるとし，$i\geqslant 0$ を与えられた整数とするとき，

i) B が (R_i) をみたせば A も (R_i) をみたす.

ii） A と，A のすべての素イデアル $\mathfrak{p}$ の上のファイバー環 $B\otimes_A\kappa(\mathfrak{p})$ が (R_i) をみたせば，B も (R_i) をみたす．

iii） 上の i），ii）で (R_i) の代りに (S_i) としてもよい．

証明． i） $\mathfrak{p}\in \operatorname{Spec} A$ なら，B は A 上に忠実平坦であるから $\mathfrak{p}$ の上にのっている B の素イデアルが存在し，それらの中で極小なものを P とすれば $\operatorname{ht}(P/\mathfrak{p}B)=0$ により $\operatorname{ht}P=\operatorname{ht}\mathfrak{p}$ である．よって $\operatorname{ht}\mathfrak{p}\leqslant i \Rightarrow B_P$ は正則 $\Rightarrow A_\mathfrak{p}$ は正則（定理 7）．また，$\operatorname{depth} B_P=\operatorname{depth} A_\mathfrak{p}$（定理 3 系）だから，$B$ が $(S_i) \Rightarrow A$ が (S_i) も容易にわかる．

ii） $P\in\operatorname{Spec} B$，$P\cap A=\mathfrak{p}$ とする．$\operatorname{ht}P\leqslant i \Rightarrow \operatorname{ht}\mathfrak{p}$ も $\operatorname{ht}(P/\mathfrak{p}B)$ も $\leqslant i$ $\Rightarrow A_\mathfrak{p}$ も $B_P/\mathfrak{p}B_P$ も正則 $\Rightarrow B_P$ が正則．ゆえに B は (R_i) をみたす．また (S_i) に関しては，$\operatorname{depth} B_P = \operatorname{depth} A_\mathfrak{p}+\operatorname{depth} B_P/\mathfrak{p}B_P \geqslant \min(ht\,\mathfrak{p},\ i)+\min(\operatorname{ht} P/\mathfrak{p}B,\ i) \geqslant \min(\operatorname{ht}\mathfrak{p}+\operatorname{ht} P/\mathfrak{p}B,\ i) = \min(\operatorname{ht} P,\ i)$． ▌

系． 上と同じ仮定の下に，

i） B が正規（または被約）なら A もそうである．

ii） A も $A\longrightarrow B$ のすべてのファイバー環も正規（または被約）なら B もそうである．

注． A と，閉ファイバー環 $F=B/\mathfrak{m}B$ とが正規であるだけでは，B が正規であるとは限らない．たとえば，それ自身は正規であるが完備化は正規でないようなネータ局所環の例が知られている．

さいごに，ファイバー環についての次の自明な，しかし有用な事実に読者の注意をうながしておく． $\varphi' : A'\longrightarrow B'$ が環の射で I が A' のイデアルとするとき，$A'/I=A$，$B'/IB'=B$ とおき φ' がひきおこす射 $A\longrightarrow B$ を φ とする．$I\subset\mathfrak{p}'\in\operatorname{Spec} A'$，$\mathfrak{p}=\mathfrak{p}'/I$ ならば，φ' の $\mathfrak{p}'$ 上のファイバーは φ の $\mathfrak{p}$ 上のファイバーと一致する．環の計算でこれを見るならば

$$B'\otimes_{A'}\kappa(\mathfrak{p}') = B'\otimes_{A'}(A'/\mathfrak{p}')_{\mathfrak{p}'} = B\otimes_A(A/\mathfrak{p})_\mathfrak{p} = B\otimes_A\kappa(\mathfrak{p}).$$

よって，φ' のすべてのファイバー環が良い性質をもつときには，φ について

も同じことがいえる．（たとえば問題【23.2】を見よ.）

§ 23 の問題　次の命題を証明せよ．

【23.1】 A が Gorenstein (または CM) 局所環のとき，$A \longrightarrow \hat{A}$ のすべてのファイバー環は Gorenstein (または CM) である．

【23.2】 A が CM 局所環の準同形像であり，条件 (S_i) をみたすならば，A の完備化 $\hat{A}$ も (S_i) をみたす．とくに，A が非弧立素因子をもたなければ $\hat{A}$ ももたない．

【23.3】 定理 4 の別証を次の方法で行え．（1） $\mathrm{Ext}_A^i(A/\mathfrak{m}, A)\otimes_A B=\mathrm{Ext}_B^i(F, B)$ を用いて，B が Gor. $\Rightarrow A$ が Gor. を示す．（2） A を Gor. とするとき，F が Gor. $\Longleftrightarrow B$ が Gor. を示す．まず $\dim A=0$ の場合に帰着させる．そのとき $\mathrm{Ext}_B^i(F, B)=0$ $(i>0)$，$\simeq F$ $(i=0)$ を示し，B 加群 B の入射分解 $0\longrightarrow B\longrightarrow I^{\cdot}$ に対し $0\longrightarrow F\longrightarrow \mathrm{Hom}_B(F, I^{\cdot})$ が F 加群 F の入射分解であること，したがって B の剰余体を k とすると $\mathrm{Ext}_B^i(k, B)=\mathrm{Ext}_F^i(k, F)$ $(\forall i)$ であることを導く．

§ 24.　一般自由性，軌跡の開集合性

A をネータ整域とし，M を有限 A 加群とすれば，適当な $0\neq a\in A$ をとれば M_a が自由 A_a 加群になる．それは定理 4.10 からも出るが，次のようにしてもよい：

$$M = M_0 \supset M_1 \supset \cdots \supset M_r = 0, \qquad M_{i-1}/M_i \simeq A/\mathfrak{p}_i, \qquad \mathfrak{p}_i \in \mathrm{Spec}\, A$$

という filtration をとり，$\mathfrak{p}_1, \cdots, \mathfrak{p}_r$ の中 0 でないものすべてに含まれる $a\neq 0$ をとれば $(M_{i-1}/M_i)_a$ は 0 か A_a に同形，したがって M_a は自由 A_a 加群である．

実用上，M を有限 A 加群とせずもっと一般の場合が必要となる．次に Hochster-Roberts [49] による定理をのべる．

定理 24.1.　A をネータ整域，R を有限型の A 代数，S を有限型の R 代数，E を有限 S 加群，M を E の部分 R 加群で R 上有限生成なもの，N を E の部分 A 加群で A 上有限生成なものとし，$D=E/(M+N)$ とおく．このとき D_a が自由 A_a 加群になるような $a\in A-\{0\}$ が存在する．

証明. まず $N=0$ の場合を考える. A の R での像を A', R の S での像を R' と書き, $R=A'[u_1,\cdots,u_h]$, $S=R'[v_1,\cdots,v_k]$ とする. $h+k$ に関する帰納法. $h+k=0$ のときは D は有限 A 加群だからすでに見た場合である. $h+k>0$ とし, $R_j=A'[u_1,\cdots,u_j]$ $(0\leqslant j\leqslant h)$, $S_j=R'[v_1,\cdots,v_j]$ $(0\leqslant j\leqslant k)$ とおく.

$k>0$ なら, さらに $M_j=S_jM$, $D_j=M_j/M$ $(1\leqslant j\leqslant k)$ とおくと $0\subset D_1\subset D_2\subset\cdots\subset D_k\subset D=E/M$ で, この filtration の因子加群 (隣接するものの剰余加群) は $M_1/M, M_2/M_1,\cdots,M_k/M_{k-1}, E/M_k$ である. M_j/M_{j-1} $(j<k)$ に対しては定理で S を S_j, R を S_{j-1} でおきかえた場合と考えられるから, $h+k$ が減らせる. M_k/M_{k-1} については, R を S_{k-1} でおきかえると $k=1$ の場合になり, $h+k$ は減らないが $E=SM$ が成り立つ. E/M_k については $k=0$ の場合である. よって次の 2 つの場合を考えればよい:

a) $k=1$, $S=R'[v]$, $E=SM$, $D=SM/M$,

b) $k=0$, $h>0$.

a) の場合. $E=SM=M+Mv+Mv^2+\cdots+Mv^t+\cdots$ であるから, $E_t=M+\cdots+Mv^t$ とおくと D の filtration $0\subset E_1/M\subset\cdots\subset E_t/M\subset E_{t+1}/M\subset\cdots$ が得られ, その因子加群は $E_1/M, E_2/E_1, E_3/E_2,\cdots$ である.

$$E_{t+1}/E_t\simeq M/M_t^*,\qquad M_t^*=\{\,m\in M\mid v^{t+1}m\in M+Mv+\cdots+Mv^t\,\}$$

が成り立ち, M_t^* は M の R 部分加群で $M_1^*\subset M_2^*\subset\cdots$ だからある番号から先は $M_t^*=M_{t+1}^*=\cdots$ となる. ゆえに E_{t+1}/E_t は有限個の有限 R 加群のどれかに同形である. ゆえにすべての $(E_{t+1}/E_t)_a$ が自由 A_a 加群になるような $a\in A-\{0\}$ が存在し, このとき D_a も自由 A_a 加群である.

次に b) の場合. $D=Rd_1+\cdots+Rd_n$ とし, $D_j=R_jd_1+\cdots+R_jd_n$ $(1\leqslant j\leqslant h)$ とおく. A 加群の filtration $0\subset D_1\subset D_2\subset\cdots\subset D_h=D$ の因子加群は D_1, $D_2/D_1,\cdots,D_{h-1}/D_{h-2}, D_h/D_{h-1}$ で, この中最後のものを除いては定理で $h+k$ が減っている場合に属する. D_h/D_{h-1} は a) の場合になる.

以上で $N=0$ の場合は証明できた. 一般の場合は, $D'=E/M$ とおき N の D' での像を N' とすれば $D=D'/N'$ であり, N' は有限 A 加群である. 上

に示したことから D'_a が自由 A_a 加群になるような $a\in A-\{0\}$ がある．D'_a の基底を 1 つきめれば，N'_a は有限個の基底元で記述できるから，$D'_a=F\oplus G$，F と G は自由 A_a 加群で，G は A_a 上有限生成で $N'_a\subset G$ となる．すると $D_a=F\oplus(G/N'_a)$ で，G/N'_a は有限 A_a 加群だからさらに $b\in A-\{0\}$ をえらんで $(G/N'_a)_b$ が自由 A_{ab} 加群になるようにできる．ab を改めて a と書けばよい．▮

定理 24.2.（永田の位相的判定法）A をネータ環，U を $\operatorname{Spec} A$ の部分集合とする．U が $\operatorname{Spec} A$ の開集合であるためには，次の 2 つの条件が成り立つことが必要十分である：

（1） $P, Q\in\operatorname{Spec} A$，$P\in U$，$P\supset Q \quad\Rightarrow\quad Q\in U$，

（2） $P\in U$ なら，U は $V(P)$ の空でない開集合を含む．

証明．必要性は明らか．十分性を示す．U の補集合 U^c の閉包の既約成分を $V_1,\cdots,V_r$ とし，V_i の生成点を P_i とする．もし $P_i\in U$ なら条件（2）から V_i の真の閉部分集合 W があって $U^c\cap V_i\subset W$ となり，$U^c\subset W\cup(\bigcup_{j\neq i} V_j)$ となって矛盾．ゆえに $P_i\notin U$ となり，（1）によって $V_i\subset U^c$ $(\forall i)$，したがって U^c は閉集合である．▮

定理 24.3. A をネータ環，B を有限型の A 代数，M を有限 B 加群とする．$U=\{P\in\operatorname{Spec} B\mid M_P$ は A 上に平坦$\}$ とおけば，U は $\operatorname{Spec} B$ の開集合である．

証明．前定理の条件（1），（2）をチェックする．（1） $P\supset Q$ が B の素イデアルなら，A 加群 N に対し $N\otimes_A M_Q=(N\otimes_A M_P)\otimes_{B_P} B_Q$ であるから，M_P が A 上平坦なら M_Q もそうである．

（2） $P\in U$，$\mathfrak{p}=P\cap A$ とする．$\bar{A}=A/\mathfrak{p}$ とおき，$Q\in V(P)$ とすると，$\mathfrak{p}B_Q\subset\operatorname{rad}(B_Q)$ であるから定理 22.3 により，M_Q が A 上平坦であるためには $M_Q/\mathfrak{p}M_Q$ が $\bar{A}$ 上平坦で $\operatorname{Tor}_1^A(M_Q,\bar{A})=0$ であることが必要十分条件．

さて $\mathrm{Tor}_1^A(M_P,\bar{A})=0$ で，左辺は $\mathrm{Tor}_1^A(M,\bar{A})\otimes_B B_P$ に等しい．$\bar{A}$ の A 上の有限自由分解をとって計算すればわかるように，$\mathrm{Tor}_1^A(M,\bar{A})$ は有限 B 加群であるから，Spec (B) における P の近傍 W があって $Q\in W$ なら $\mathrm{Tor}_1^A(M_Q,\bar{A})=0$ が成り立つ．一方，定理1によれば $a\in A-\mathfrak{p}$ が存在して $M_a/\mathfrak{p}M_a$ が $\bar{A}_a$ 上自由加群，したがって $Q\notin V(aB)$ なら $M_Q/\mathfrak{p}M_Q$ は $\bar{A}$ 上平坦である．ゆえに $V(P)$ の開集合 $(W\cap V(P))-V(aB)$ は U に含まれる．∎

注． A をネータ環，B を有限型の A 代数で A 上平坦なものとすれば，Spec $B\longrightarrow$ Spec A は開写像であることも知られている．([M] p. 48 または [G 2] (2. 4. 6))

A を環，$\boldsymbol{P}$ を局所環に関するある条件とするとき，$\boldsymbol{P}(A)=\{\mathfrak{p}\in\mathrm{Spec}\,A\mid A_\mathfrak{p}$ は条件 $\boldsymbol{P}$ をみたす$\}$ とおく．たとえば $\boldsymbol{P}$ = 正則，完交環，Gorenstein, CMのとき $\boldsymbol{P}(A)$ をそれぞれ Reg(A)，CI(A)，Gor(A)，CM(A) と書くことにする．これらの集合が Spec A で開集合になるかというのは面白くかつ重要な問題である．これは Reg(A) に関しては古典的な問題であるが，それ以外の性質についても組織的に研究したのは Grothendieck が最初であろう．

次の命題を，性質 $\boldsymbol{P}$ に関する永田の（環論的）判定法とよぶ（以下 (NC) と略称する)．

(NC): A をネータ環とする．もしすべての $\mathfrak{p}\in\mathrm{Spec}(A)$ について $\boldsymbol{P}(A/\mathfrak{p})$ が Spec$(A/\mathfrak{p})$ の空でない開集合を含むならば，$\boldsymbol{P}(A)$ は Spec(A) の開集合である．

この命題が正しいかどうかは性質 $\boldsymbol{P}$ に依存する．

定理 24.4.（永田） $\boldsymbol{P}$ = 正則 について (NC) は正しい．

証明． 正則局所環の局所化はまた正則だから，$U=\mathrm{Reg}(A)$ について定理2の条件（1）はみたされている．条件（2）をチェックしよう．$P\in U$ ならば A_P が正則，したがって P の元 $x_1,\cdots,x_n$ $(n=\mathrm{ht}\,P)$ を A_P の正則巴系になるようにえらべる．このとき，Spec A における P の近傍 W があって

$Q\in W$ に対し

$$PA_Q=(x_1,\cdots,x_n)A_Q$$

が成り立つ．［A のイデアル $(x_1,\cdots,x_n)$ の P 以外のすべての素因子に入り，P に入らない元 a をとれば $PA_a=(x_1,\cdots,x_n)A_a$ であるから．］ 一方，仮定により $V(P)$ における P の近傍 W' があって $Q\in W'$ なら A_Q/PA_Q は正則である．すると $Q\in W'\cap W$ なら A_Q は正則，したがって $W'\cap W\subset U$ である． ▮

定理 24.5. $\boldsymbol{P}=\mathrm{CM}$ についても (NC) が成り立つ．

証明． 前定理の証明と同様，定理2の条件（2）をチェックすることに帰着する．$P\in\mathrm{CM}(A)$ とする．$a\in A-P$ をとって A を A_a でおきかえることは Spec(A) における P の近傍を考えることになるから，上のようなおきかえを行うことを“P の近傍をちぢめて”というようにいい表わすことにする．A_P が CM だから，$\mathrm{ht}\,P=n$ とすれば P の元 $y_1,\cdots,y_n$ を A_P 列になるようにとれる．容易にわかるように，P の近傍をちぢめて，

（イ） $y_1,\cdots,y_n$ は A 列である，

（ロ） $I=(y_1,\cdots,y_n)A$ とおけば，I は P に属する準素イデアルである，

と仮定できる．すると $Q\in V(P)$ に対し，A_Q が CM であることと A_Q/IA_Q が CM であることとは同値である．ゆえに A を A/I でおきかえて，0 を P に属する準素イデアルとしてよい．すると，ある $r>0$ に対し $P^r=0$．いま A の filtration $0\subset P^{r-1}\subset\cdots\subset P\subset A$ を考える．各 P^i/P^{i+1} は有限生成の A/P 加群で A/P は整域だから，P の近傍をちぢめて P^i/P^{i+1} $(0\leqslant i<r)$ がすべて自由 A/P 加群であるとしてよい．そのとき，$x_1,\cdots,x_m\in A$ が A/P 列なら A 列でもあることが容易にわかる．一方，(NC) の中の仮定により，P の近傍を適当にちぢめて，A/P が CM 環であるとしてよい．すると $Q\in V(P)$ のとき A_Q/PA_Q は CM，よって上記により

$$\mathrm{depth}\,A_Q\geqslant\mathrm{depth}\,A_Q/PA_Q=\dim A_Q/PA_Q=\dim A_Q$$

となり A_Q は CM 環である． ▮

A をネータ環，I をイデアル，$B=A/I$ とし Spec A の閉集合 $V(I)$ を Y とおく．M を有限 A 加群とする．B 加群 $\mathrm{gr}_I(M)=\bigoplus_{i=0}^{\infty} I^iM/I^{i+1}M$ が B 上平坦であるとき，M は **Y に沿って法線的に平坦** (normally flat) である，あるいは略して**法平坦**であるといわれる．B が局所環なら，これは各 $I^iM/I^{i+1}M$ が自由 B 加群であることにほかならない．法平坦性は広中によって導入され特異点解消の問題に主役を演ずる重要な概念であり，上の証明でも P がべき零で A が $V(P)$ に沿って法平坦ならば A/P 列が A 列になることを用いた．しかし本書では，これ以上法平坦性について論ずる余裕がないので，[134], [G 2] 6.10 などを見られたい．

定理 24.6. $\boldsymbol{P}=$ Gorenstein について (NC) が成り立つ．

証明. やはり定理2の条件 (2) を証明することに帰着する．$P\in \mathrm{Gor}(A)$ とする．ht $P=n$ なら，A_P は CM 環だから $x_1,\cdots,x_n\in P$ を A_P 列になるようにとる．P の近傍をちぢめて，$x_1,\cdots,x_n$ が A 列であると仮定できる．さらに A を $A/(x_1,\cdots,x_n)$ でおきかえて，ht $P=0$ としてよい．さらに，P が A の唯一の極小素イデアルとしてよい．A_P は0次元 Gorenstein だから

$$\mathrm{Ext}^1_A(A/P, A)\otimes_A A_P = \mathrm{Ext}^1_{A_P}(\kappa(P), A_P) = 0,$$
$$\mathrm{Hom}_A(A/P, A)\otimes_A A_P = \mathrm{Hom}_{A_P}(\kappa(P), A_P) = \kappa(P)$$

である．ゆえに (P の近傍をちぢめて) $\mathrm{Ext}^1_A(A/P, A)=0$, $\mathrm{Hom}_A(A/P, A)\simeq A/P$ としてよい．さらに，前定理の証明と同様に P^i/P^{i+1} が自由 A/P 加群である ($i=0,\cdots,r-1$, $P^r=0$) としてよい．すると

$$0\longrightarrow P^i/P^{i+1}\longrightarrow P/P^{i+1}\longrightarrow P/P^i\longrightarrow 0$$

を用いて帰納的に $\mathrm{Ext}^1_A(P, A)=0$ が出る．これから $\mathrm{Ext}^2_A(A/P, A)=0$ が従い，また帰納的に $\mathrm{Ext}^2_A(P, A)=0$, したがって $\mathrm{Ext}^3_A(A/P, A)=0$, 以下同様にしてすべての $i>0$ に対し $\mathrm{Ext}^i_A(A/P, A)=0$ である．A 加群 A の入射分解 $0\longrightarrow A\longrightarrow I^{\cdot}$ をとり，これに $\mathrm{Hom}_A(A/P, -)$ を施して得られる複体を考えると，上に見たことから $0\longrightarrow A/P\longrightarrow \mathrm{Hom}_A(A/P, I^{\cdot})$ という完全列が得られ，A/P 加群 A/P の入射分解になる．このことは $Q\in V(P)$ に

対して A を A_Q でおきかえても同じであり，そのとき $k=\kappa(Q)$ とおけばすべての i に対し $\mathrm{Ext}^i_{A_Q/PA_Q}(k, A_Q/PA_Q)=\mathrm{Ext}^i_{A_Q}(k, A_Q)$ となるわけである．よって A_Q が Gorenstein になることと A_Q/PA_Q が Gorenstein になることは同値である．ゆえに (NC) の仮定から，$\mathrm{Gor}(A)\cap V(P)$ が P の $V(P)$ における近傍を含むことが出る． ▮

上の証明は Greco-Marinari [35] による．彼らはその論文で CI についても (NC) の成立を証明している．

§ 24 の問題　次の命題を証明せよ．

【24.1】 A をネータ環，I をイデアルとし，$I^r=0$ で，$I^i/I^{i+1}(1\leqslant i<r)$ が A/I 上に自由加群であるとする．このとき，$x_1, \cdots, x_s(\in A)$ が A 列であることと A/I 列であることとは同値である．

【24.2】 A が CM 環 R の準同形像なら $\mathrm{CM}(A)$ は $\mathrm{Spec}\,A$ の開集合である．

【24.3】 A が Gorenstein 環の準同形像なら $\mathrm{Gor}(A)$ は $\mathrm{Spec}\,A$ の開集合である．

第9章 導　　分

この章はこれまでの章と独立に読まれる．環の導分 (derivation) と微分加群 (module of differentials) が主題である．本章の結果は次の章で完備局所環の構造定理の証明に応用されるが，それ以外にもたとえば正則性との関係などを通じて，導分や微分加群は環の性質に重要な影響をもっているのである．

§25 は微分加群の一般論をのべ，また標数 p の環の導分についての Hochschild の公式を証明する．

§26 はまったく体の理論である．分離的拡大の p 基底が代数的独立であるという定理 26.8 は著者 [69] による．0-etale などの術語は André により，EGA では formally etale for discrete topologies とよばれたものである．

§27 では Hasse-F. K. Schmidt の高階導分を，彼らが扱わなかった延長の問題を中心に，著者の流儀でのべる．

§25. 導分と微分

A を環，M を A 加群とする．A から M への**導分** (derivation) D とは写像 $D: A \to M$ で $D(a+b) = Da+Db$, $D(ab) = bDa+aDb$ をみたすもののことである．それらの集合を $\mathrm{Der}\,(A, M)$ で表わす．これは自然に A 加群になる．すなわち，$(D+D')a = Da+D'a$, $(aD)(b) = a\cdot Db$ で $D+D'$, aD を定義するのである．

環の射 $f: k \to A$ で A が k 代数となっているとき，$D\circ f=0$ ならば D を **k 上の導分**という．k 代数 A から M への k 上の導分の全体を $\mathrm{Der}_k(A, M)$ であらわす．これは $\mathrm{Der}(A, M)$ の A 部分加群である．$1=1\cdot 1$ から任意の $D\in\mathrm{Der}(A, M)$ に対し $D(1)=D(1)+D(1)$，ゆえに $D(1)=0$ である．よって A を $\boldsymbol{Z}$ 代数とみれば $\mathrm{Der}(A, M)=\mathrm{Der}_{\boldsymbol{Z}}(A, M)$ である．

とくに $M=A$ のとき，$\mathrm{Der}_k(A, A)$ を単に $\mathrm{Der}_k(A)$ と書く．$D, D'\in \mathrm{Der}_k(A)$ なら，いわゆる bracket 積 $[D, D'] = DD'-D'D$ も $\mathrm{Der}_k(A)$

に属す．この bracket 積で $\mathrm{Der}_k(A)$ は Lie 環になる．

一般に，$D \in \mathrm{Der}(A, M)$，$a \in A$ なら $D(a^n) = na^{n-1}Da$ はすぐわかる．したがって，もし A が標数 p の環なら $D(a^p)=0$ である．また，$D \in \mathrm{Der}(A)$ のべきについて一般に Leibnitz の公式

$$D^n(ab) = \sum_{i=0}^{n} \binom{n}{i} D^i a \cdot D^{n-i} b$$

が成り立つから，A が標数 p なら $D^p(ab) = D^p a \cdot b + a \cdot D^p b$ となり D^p も $\mathrm{Der}(A)$ に属する．

k を環，B を k 代数，N を B のイデアルで $N^2=0$ をみたすものとする．$A=B/N$ とおけば，B 加群 N は実は A 加群とみなせる．このとき，B を **k 代数 A の A 加群 N による拡大** (extension of A by N) という．(B は A を含んでいるわけではない．) このような拡大は通常次の完全列の形に書き表わされる：

$$0 \longrightarrow N \xrightarrow{i} B \xrightarrow{f} A \longrightarrow 0.$$

この拡大が分解する (split)，あるいは自明な拡大 (trivial extension) であるとは，k 代数の射 $\varphi : A \to B$ で $f \circ \varphi = 1_A$ (A の恒等写像) となるものが存在することをいう．このとき，$\varphi(A)$ と A を同一視すれば k 加群として $B = A \oplus N$ である．逆に，任意の k 代数 A と A 加群 N とから出発して，k 加群の直和 $A \oplus N$ に積を

$$(a, x)(a', x') = (aa', ax' + a'x), \qquad a, a' \in A, \qquad x, x' \in N$$

で定義すれば A の N による自明な拡大が得られる．本書ではこれを $A*N$ で表わすことにする．

一般に，k 代数の圏における可換図形

$$\begin{array}{ccc} B & \xrightarrow{f} & A \\ & \nwarrow^{h} & \uparrow{\scriptstyle g} \\ & & C \end{array}$$

が与えられ，f を固定して考えるとき，h を g の B への**持ち上げ** (lifting) という．$h':C \to B$ を g の別の持ち上げとするならば，$h-h'$ は C から $\mathrm{Ker}(f)$ への写像になる．B のイデアル $\mathrm{Ker}(f)$ を N とおく．もし $N^2=0$ ならば，N は $f(B)$ 加群とみなされ，さらに $g:C \to f(B)\subset A$ を通じて C 加群とみなされる．容易にわかるように $h-h'$ は C から C 加群 N への k 上の導分になる．逆に $D\in \mathrm{Der}_k(C,N)$ なら h と共に $h+D$ も g の B への持ち上げである．

k を環，A を k 代数とし，$\mathscr{M}_A$ を A 加群の圏とする．$M\mapsto \mathrm{Der}_k(A,M)$ は $\mathscr{M}_A$ からそれ自身への共変関手である．この関手は表現可能である．いいかえれば，A 加群 M_0 と導分 $d\in \mathrm{Der}_k(A,M_0)$ とが存在して次の性質をもつ：任意の A 加群 M と $D\in \mathrm{Der}_k(A,M)$ とに対し，$D=f\circ d$ をみたす A 線形写像 $f:M_0 \to M$ が一意的に存在する．以下にこれを証明しよう．まず写像 $\mu:A\otimes_k A \to A$ を

$$\mu(x\otimes y) = xy$$

で定義すると μ は k 代数の射である．

$$I = \mathrm{Ker}\,(\mu), \qquad \Omega_{A/k} = I/I^2, \qquad B = (A\otimes_k A)/I^2$$

とおくと μ は $\mu':B \to A$ をひきおこし，

$$0\longrightarrow \Omega_{A/k}\longrightarrow B\xrightarrow{\mu'} A\longrightarrow 0$$

は k 代数 A の $\Omega_{A/k}$ による拡大になっている．この拡大は分解する．実際，$\lambda_i:A \to B$ $(i=1,2)$ を

$$\lambda_1(a) = a\otimes 1 \bmod I^2, \qquad \lambda_2(a) = 1\otimes a \bmod I^2$$

で定義すればどちらも $1_A:A \to A$ の持ち上げである．したがって，$d = \lambda_2-\lambda_1$ は A から $\Omega_{A/k}$ への導分である．この対 $(\Omega_{A/k},d)$ が上の (M_0,d) の条件をみたすことを見よう．$D\in \mathrm{Der}_k(A,M)$ なら，$\varphi:A\otimes_k A \to A*M$ を $\varphi(x\otimes y)=(xy,xDy)$ で定義すると k 代数の射になり，

$$\mu(\textstyle\sum x_i\otimes y_i)=\sum x_iy_i=0 \quad なら \quad \varphi(\sum x_i\otimes y_i)=(0,\sum x_iDy_i)$$

ゆえに φ は I を M の中に写す．$M^2=0$ であるから結局

$f: I/I^2 = \Omega_{A/k} \longrightarrow M$ が得られる．A の元 a に対し

$$f(da) = f(1\otimes a - a\otimes 1 \bmod I^2) = \varphi(1\otimes a) - \varphi(a\otimes 1) = Da - a\cdot D1 = Da,$$

ゆえに $D = f\circ d$. また $\Omega_{A/k}$ の A 加群としての構造は，$A\otimes A$ における $a\otimes 1$ 倍（または $1\otimes a$ 倍．$a\otimes 1 - 1\otimes a \in I$ だからどちらを用いても同じ.）から得られるので，$\xi = \sum x_i \otimes y_i \bmod I^2$ が $\Omega_{A/k}$ の元なら $a\xi = \sum ax_i\otimes y_i \bmod I^2$, $f(a\xi) = \sum ax_i Dy_i = af(\xi)$ となり f は A 線形である．

$$a\otimes a' = (a\otimes 1)(1\otimes a' - a'\otimes 1) + aa'\otimes 1$$

だから，$\omega = \sum x_i \otimes y_i \in I$ なら $\omega \bmod I^2 = \sum x_i dy_i$ である．ゆえに $\Omega_{A/k}$ は A 加群として $\{da \mid a\in A\}$ で生成されるから，$D = f\circ d$ となる A 線形写像 $f: \Omega_{A/k} \to M$ の一意性は明らかである．

ここに得られた A 加群 $\Omega_{A/k}$ を，A の k 上の**微分加群** (module of differentials) とよび，da を $a\in A$ の**微分**または**ケーラー微分** (Kähler differential) という．精しくいう必要があれば d を $d_{A/k}$ と書く．定義からわかるように

$$\mathrm{Der}_k(A, M) \simeq \mathrm{Hom}_A(\Omega_{A/k}, M).$$

例. もし A が k 代数として $U\subset A$ で生成されるならば，$\Omega_{A/k}$ は A 加群として $\{da \mid a\in U\}$ で生成される．実際 $a\in A$ なら $a = f(a_1, \cdots, a_n)$ となるような $a_i \in U$ と $f(X)\in k[X_1, \cdots, X_n]$ が存在し，導分の定義から

$$da = \sum_1^n f_i(a_1, \cdots, a_n) da_i, \quad ただし \quad f_i = \partial f/\partial X_i.$$

とくに $A = k[X_1, \cdots, X_n]$ なら $\Omega_{A/k} = AdX_1 + \cdots + AdX_n$ で，$dX_1, \cdots, dX_n$ は A 上1次独立である．それは $D_i X_j = \delta_{ij}$ をみたす $D_i \in \mathrm{Der}_k(A)$ が存在することからすぐに従う．

k 代数 A が次の性質をもつとき，（k 上に）**0-順滑** (0-smooth) であるという：任意の k 代数 C と，$N^2=0$ をみたす C のイデアル N と，k 代数の射 $u: A \longrightarrow C/N$ とに対し，u の C への持ち上げ $v: A \longrightarrow C$ が（k 代数の射として）存在する．図でいえば

$$\begin{array}{ccc} A & \xrightarrow{u} & C/N \\ \uparrow & & \uparrow \\ k & \longrightarrow & C \end{array}$$ が可換なら， $$\begin{array}{ccc} A & \xrightarrow{u} & C/N \\ \uparrow & \searrow^{v} & \uparrow \\ k & \longrightarrow & C \end{array}$$ を可換

にするような v が存在するということである．また，このような v が高々1つしか存在しないとき A は k 上に **0-不分岐** (0-unramified) または **0-清潔** (0-neat) であるという．0-順滑かつ 0-不分岐なとき，すなわち上の u に対して v が一意的に存在するとき，**0-etale** であるという．A が k 上 0-不分岐であるための条件は $\Omega_{A/k}=0$ である．十分性は明らか．必要性も，$\Omega_{A/k}$ の構成のときの記号で $d=\lambda_2-\lambda_1$ であったことを思い起せば明らかであろう．

A を環，$S\subset A$ を積閉集合とすれば局所化 A_S は A 上に 0-etale である．それは，$x\in C$ がべき零イデアルを法として単元ならばそれ自身単元であること【1.1】から従う．くわしくは読者に委ねる．

定理 25.1.（第1基本完全列） 環の準同形の列 $k\xrightarrow{f}A\xrightarrow{g}B$ から，B 加群の完全列

(1) $$\Omega_{A/k}\otimes_A B\xrightarrow{\alpha}\Omega_{B/k}\xrightarrow{\beta}\Omega_{B/A}\longrightarrow 0$$

が生ずる．ここに $\alpha(d_{A/k}a\otimes b)=bd_{B/k}g(a)$，$\beta(d_{B/k}b)=d_{B/A}b$ $(a\in A,\ b\in B)$.

B が A 上に 0-順滑ならば，(1) に $0\longrightarrow$ をつけた列

(2) $$0\longrightarrow\Omega_{A/k}\otimes B\longrightarrow\Omega_{B/k}\longrightarrow\Omega_{B/A}\longrightarrow 0$$

が分解する完全列である．

証明． B 加群の列 $N'\xrightarrow{\alpha}N\xrightarrow{\beta}N''$ が完全であるためには，すべての B 加群 T に対して，上の列から導かれる列

$$\mathrm{Hom}_B(N',T)\xleftarrow{\alpha^*}\mathrm{Hom}_B(N,T)\xleftarrow{\beta^*}\mathrm{Hom}_B(N'',T)$$

が完全であればよい．実際 T として N'' をとってみれば $\alpha^*\beta^*(1_T)=0$ から $\beta\alpha=0$ が従う．また T として $N/\mathrm{Im}(\alpha)$ をとってみれば，容易に $\mathrm{Ker}(\beta)$

$=\mathrm{Im}(\alpha)$ がわかる．以上のことから，定理の列（1）が完全であるためには，B 加群 T に対し

（3） $\mathrm{Der}_k(A, T) \longleftarrow \mathrm{Der}_k(B, T) \longleftarrow \mathrm{Der}_A(B, T) \longleftarrow 0$

が完全列であればよいが，それは明らかである．

次に B が A 上 0-順滑だとする．$D \in \mathrm{Der}_k(A, T)$ をとり，可換な図形

$$\begin{array}{ccc} B & \xrightarrow{1_B} & B \\ {\scriptstyle g}\uparrow & & \uparrow \\ A & \xrightarrow{\varphi} & B*T \end{array} \qquad \varphi(a)=(ga, Da)$$

を考える．仮定により，これに加えても図形の可換性が保たれるような h: $B \to B*T$ が存在する．$h(b)=(b, D'b)$ と書けば，$D' : B \to T$ は B の導分で $D=D'\circ g$ であり，また D' は B 線形写像 $\alpha' : \Omega_{B/k} \to T$ に対応する．T として $\Omega_{A/k}\otimes B$ をとり，D を $D(a)=d_{A/k}(a)\otimes 1$ で定義すれば，$D=D'\circ g$ は $\alpha'\alpha=1_T$ を意味する．すなわち（2）は分解する．▌

今度は $k \xrightarrow{f} A \xrightarrow{g} B$ の g が全射である場合を考えよう．$\mathrm{Ker}(g)=\mathfrak{m}$ とおくと $B=A/\mathfrak{m}$．前定理の（1）で $\Omega_{B/A}$ は当然 0 になるが，$\mathrm{Ker}(\alpha)$ を定めたい．

定理 25.2.（第 2 基本完全列） 上の記号で

（4） $$\mathfrak{m}/\mathfrak{m}^2 \xrightarrow{\delta} \Omega_{A/k}\otimes_A B \xrightarrow{\alpha} \Omega_{B/k} \longrightarrow 0$$

は完全列である，ただし δ は $\delta(x \bmod \mathfrak{m}^2)=d_{A/k}x\otimes 1$ で定義される線形写像である．B が k 上 0-順滑ならば

（5） $$0 \longrightarrow \mathfrak{m}/\mathfrak{m}^2 \longrightarrow \Omega_{A/k}\otimes B \longrightarrow \Omega_{B/k} \longrightarrow 0$$

が分解する完全列である．

証明． 再び任意の B 加群 T をとって

（6） $$\mathrm{Hom}_B(\mathfrak{m}/\mathfrak{m}^2, T) \xleftarrow{\delta^*} \mathrm{Der}_k(A, T) \xleftarrow{\alpha^*} \mathrm{Der}_k(B, T)$$

を考える．$D \in \mathrm{Der}_k(A, T)$ が $\delta^*(D)=0$ をみたすことは，$D(\mathfrak{m})=0$ という

ことにほかならず，したがって D は $B=A/\mathfrak{m}$ からの導分と考えられる．よって（6）は完全列である．B が k 上 0-順滑なら，k 代数 B の $\mathfrak{m}/\mathfrak{m}^2$ による拡大

$$0 \longrightarrow \mathfrak{m}/\mathfrak{m}^2 \longrightarrow A/\mathfrak{m}^2 \stackrel{g}{\longrightarrow} B \longrightarrow 0$$

は分解する．すなわち k 代数の射 $s: B \to A/\mathfrak{m}^2$ で $gs=1_B$ をみたすものが存在する．$sg: A/\mathfrak{m}^2 \to A/\mathfrak{m}^2$ は $\mathfrak{m}/\mathfrak{m}^2$ の上で 0 になる準同形で，$g(1-sg)=0$，したがって $1-sg=D$ とおけば D は $A/\mathfrak{m}^2$ から $\mathfrak{m}/\mathfrak{m}^2$ への導分である．$\psi \in \mathrm{Hom}_B(\mathfrak{m}/\mathfrak{m}^2, T)$ とすると，

$$A \longrightarrow A/\mathfrak{m}^2 \stackrel{D}{\longrightarrow} \mathfrak{m}/\mathfrak{m}^2 \stackrel{\psi}{\longrightarrow} T$$

の合成 D' は $\delta^*(D')=\psi$ をみたす．実際，$x\in\mathfrak{m}$，$\bar{x}=x \bmod \mathfrak{m}^2$ とすれば

$$D'(x) = \psi(D(\bar{x})) = \psi(\bar{x}-sg\bar{x}) = \psi(\bar{x}).$$

ゆえに δ^* は全射となり，$T=\mathfrak{m}/\mathfrak{m}^2$ とおいてみれば（5）が分解完全列であることがわかる．∎

例． $B = k[X_1, \cdots, X_n]/(f_1, \cdots, f_m) = k[x_1, \cdots, x_n]$ のとき，$A = k[X_1, \cdots, X_n]$ とおいて上の定理を用いれば

$$\Omega_{B/k} = (\Omega_{A/k} \otimes B)/\sum Bdf_i = F/R,$$

ここに F は $dX_1, \cdots, dX_n$ を基底とする自由 B 加群であり，R は $df_i = \sum_j (\partial f_i/\partial X_j)dX_j$ $(1\leqq i\leqq m)$ で張られる F の部分加群である．たとえば k が標数 $\neq 2$ の体で

$$B = k[X, Y]/(X^2+Y^2) = k[x, y]$$

ならば，$\Omega_{B/k}=Bdx+Bdy$ で，dx, dy 間の関係は $xdx+ydy=0$ だけである．k が標数 2 なら $\Omega_{B/k}$ は dx, dy を基底とする階数 2 の自由 B 加群である．

定理 25.3. 体 L が部分体 K の上に分離代数的ならば 0-etale である．このとき，K の任意の部分体 k に対して $\Omega_{L/k}=\Omega_{K/k}\otimes_K L$.

証明． $0 \longrightarrow N \longrightarrow C \longrightarrow C/N \longrightarrow 0$ が K 代数の拡大で，$u: L \longrightarrow$

C/N が K 代数の射だとする．L の部分体 L' が K を含み K 上有限次ならば，体論で知られているように $L'=K(\alpha)$ の形に書けて，元 α のみたす K 上の既約方程式を $f(X)$ とすれば $f'(\alpha)\neq 0$, $L'\simeq K[X]/(f)$. ゆえに $u|L'$ を $L'\to C$ へ持ち上げるためには，$y\in C$ で $f(y)=0$, $y \bmod N = u(\alpha)$, をみたすものを探せばよい．いま $u(\alpha)$ の C における原像のひとつをとって y とすれば，$f(y) \bmod N = u(f(\alpha)) = 0$ だから $f(y)\in N$. 一方 $N^2 = 0$ だから $\eta\in N$ に対して

$$f(y+\eta) = f(y)+f'(y)\cdot\eta$$

を得るが，$f'(\alpha)$ は L の単元，したがって $u(f'(\alpha))=f'(y) \bmod N$ は C/N で単元，したがって $f'(y)$ は C で単元である（【1.1】）．ゆえに，$\eta=-f'(y)^{-1}\cdot f(y)$ とおけば $\eta\in N$, $f(y+\eta)=0$ を得る．$y+\eta=v(\alpha)$ とおいて得られる K 代数の射 $v: L'\to C$ は $u|L'$ の持ち上げであり，求め方からわかるようにこれが唯一の可能性である．こうして L の各元 α に対し，$u|K(\alpha)$ の持ち上げ $v_\alpha: K(\alpha) \to C$ が一意的に定まるので，$v: L \to C$ を $v(\alpha)=v_\alpha(\alpha)$ として定めればよい．なぜなら，$\alpha,\beta\in L$ に対し，α, β を共に含む $K(\gamma)$ が存在し，一意性から

$$v_\gamma|K(\alpha) = v_\alpha, \quad v_\gamma|K(\beta) = v_\beta$$

だからである．後半は定理1と $\Omega_{L/K}=0$ とから． ▌

今度は導分に目を転じよう．A が標数 p の環で $D\in \mathrm{Der}(A)$ なら $D^p\in \mathrm{Der}(A)$ であることをすでに見た．$i<p$ のときの D^i については何がいえるか？

定理 25.4. K を標数 p の体とし，$0\neq D\in \mathrm{Der}(K)$ とする．

i） $1, D, D^2, \cdots, D^{p-1}$ は K 上1次独立である．

ii） $c_0+c_1D+\cdots+c_{p-1}D^{p-1}$ $(c_i\in K)$ が導分になるのは，c_1 以外のすべての c_i が0になるときに限る．

証明．K の元に a を乗ずる作用を a_L で表わすことにすると，導分の性

質 $D(ax)=D(a)\cdot x+a\cdot Dx$ は $D\circ a_L=D(a)_L+aD$ を意味する．Leibnitz の公式は

$$D^i\circ a_L = aD^i+i\cdot D(a)D^{i-1}+\binom{i}{2}D^2(a)D^{i-2}+\cdots+D^i(a)_L$$

のように書ける．これを利用して証明する．

i） ある $i<p$ に対し $1, D, \cdots, D^{i-1}$ は K 上1次独立であるが $1, D, \cdots, D^i$ は1次従属であったとしよう．すると $D^i=c_{i-1}D^{i-1}+\cdots+c_0$, $c_\nu\in K$, と書ける．$D(a)\neq 0$ となる $a\in K$ をとれば，$D^i\circ a_L=c_{i-1}D^{i-1}\circ a_L+\cdots$ から

$$aD^i+i\cdot D(a)D^{i-1}+\cdots = c_{i-1}aD^{i-1}+\cdots$$

ここに $\cdots$ は $1, D, \cdots, D^{i-2}$ の1次結合である．これと，はじめの関係式とから

$$i\cdot D(a)D^{i-1} = \cdots$$

の形の関係が出て，$1, D, \cdots, D^{i-1}$ が1次独立という仮定に反する．

ii） $E=c_\nu D^\nu+\cdots+c_1D+c_0$, $c_\nu\neq 0$, $\nu<p$, が K の導分であるとする．$E(1)=c_0$ だから $c_0=0$. また，もし $\nu>1$ なら，$D(a)\neq 0$ となる $a\in K$ をとって $E\circ a_L=c_\nu D^\nu\circ a_L+\cdots$ の両辺に Leibnitz の公式を代入すれば

$$aE+E(a)_L= ac_\nu D^\nu+[\nu\cdot c_\nu\cdot D(a)+ac_{\nu-1}]D^{\nu-1}+\cdots$$

となり，$1, D, \cdots, D^{p-1}$ の1次独立性により両辺の $D^{\nu-1}$ の係数を等しいとおくと $\nu\cdot c_\nu\cdot D(a)=0$ となり矛盾．▌

注．この定理は体でないと必ずしも成り立たない．たとえば k を標数 p の体とし $A=k[X]/(X^p)=k[x]$, $x^p=0$, とおくと，$k[X]$ の任意の導分はイデアル (X^p) をそれ自身の中に写すから A の導分をひきおこす．特に $k[X]$ の導分 $X^{p-1}\cdot\partial/\partial X$ は $D(x)=x^{p-1}$, $D(x^i)=i\cdot x^{i-1}\cdot x^{p-1}=0$ $(i>1)$ をみたす $D\in \mathrm{Der}_k(A)$ をひきおこす．$p>2$ のとき，$D^2=0$ である．

定理 25.5. A を標数 p の環とし，$D\in \mathrm{Der}(A)$, $a\in A$ ならば

$$(aD)^p = a^pD^p+(aD)^{p-1}(a)\cdot D.$$

証明．$aD=E$ とおく．$E^2=E\circ a_L\circ D=(aE+E(a))D=a^2D^2+E(a)D$, 以下帰納法で

$$E^k = a^kD^k + \sum_{i=2}^{k-1} b_{k,i}D^i + E^{k-1}(a)D$$

のような式が成立することがわかる．ここに $b_{k,i}$ は A の元であるが，純粋に形式的な計算で求まるから

$$b_{k,i} = f_{k,i}(a, D(a), D^2(a), \cdots, D^{k-i}(a))$$

となるような，A にも a にも D にもよらない $\boldsymbol{Z}/(p)$ 係数の多項式 $f_{k,i}$ が存在することがわかる．さてわれわれの定理を証明するには $f_{p,i}=0$ $(1<i<p)$ を証明すればよい．k を標数 p の体，$x_1, x_2, \cdots$ を k 上の可算個の不定元とし $K=k(x_1, x_2, \cdots)$ とおく．K の k 上の導分 D を $Dx_i=x_{i+1}$ で定義する．[$\Omega_{K/k}$ は $dx_1, dx_2, \cdots$ を基底とする自由加群であるから，$f_i \in K$ を任意に与えるとき，$Dx_i=f_i$ をみたす $D \in \mathrm{Der}_k(K)$ が一意的に存在する．] この D に対し，$x_1D=E$ とおけば，$E^p - x_1{}^pD^p = b_{p,p-1}D^{p-1} + \cdots + b_{p,2}D^2 + E^{p-1}(a)\cdot D$ が導分であるから前定理により $b_{p,i}=0$ $(1<i<p)$．したがって

$$b_{p,i} = f_{p,i}(x_1, x_2, \cdots, x_{p-i+1}) = 0$$

となり，$f_{p,i}=0$ が証明された．▮

この定理は **Hochschild の公式**とよばれている．もっとも，最初に証明したのは Serre だという説もある．とにかく，$(aD)^p$ が D^p と D の 1 次結合であるという事実が重要なのである．

§ 25 の問題　次の命題を証明せよ．

【25.1】 A を環，$D, D' \in \mathrm{Der}(A)$，$a, b \in A$ とすると

$$[aD, bD'] = ab[D, D'] + aD(b)D' - bD'(a)D.$$

したがって，$\mathrm{Der}(A)$ の A 部分加群 $\mathfrak{g}$ が bracket 積で閉じているためには，$\mathfrak{g} = \sum_{i \in I} AD_i$ とするとき $[D_i, D_j] \in \mathfrak{g}$ $(\forall i, j \in I)$ であればよい．

【25.2】 環 A が有理数体 $\boldsymbol{Q}$ を含むとき，$x \in A$ と $D \in \mathrm{Der}(A)$ とが $Dx=1$，$\bigcap_{n=1}^{\infty} x^nA = (0)$ をみたすなら，x は A で非零因子である．

【25.3】 A を環，I を A のイデアル，A^* を A の I 進完備化，$D \in \mathrm{Der}(A)$ とすれば，$D(I^n) \subset I^{n-1}$ $(\forall n>0)$ であり，したがって D は I 進位相で連続で，A^* の導分をひきおこす．また $S \subset A$ を積閉集合とすれば，$D(a/s) = (D(a)\cdot s - a\cdot D(s))/s^2$ により D は A_S の導分をひきおこす．

【25.4】 k を環，k' と A を k 代数，$A'=k'\otimes_k A$，$S\subset A$ を積閉集合とすれば，$\Omega_{A'/k'}=\Omega_{A/k}\otimes_k k'=\Omega_{A/k}\otimes_A A'$，$\Omega_{A_S/k}=\Omega_{A/k}\otimes_A A_S$ である．

【25.5】 A を標数 p の環，$D\in \mathrm{Der}(A)$，$D^p=0$，$x\in A$，$Dx=1$ とし，$A_0=\{a\in A|Da=0\}$ とおけば，A_0 は A の部分環で，$A=A_0[x]=A_0+A_0x+\cdots+A_0x^{p-1}$ であり，$1, x, \cdots, x^{p-1}$ は A_0 上に1次独立である．

§ 26. 分　離　性

k を体，A を k 代数とする．k のどんな拡大体 k' に対しても，$A'=A\otimes_k k'$ が被約（=べき零元をもたない）であるとき，A は k 上**分離的** (separable) であるといわれる．定義からすぐにわかるように

1. 分離的 k 代数の部分代数はすべて分離的である．
2. A が k 上分離的であるためには，A の部分代数で k 上有限型のものがすべて分離的であることが必要十分．
3. A が k 上分離的であるためには，k のすべての有限生成拡大体 k' に対して $A\otimes_k k'$ が被約であればよい．
4. A が k 上分離的，k' が k の拡大体なら $A\otimes_k k'$ は k' 上分離的である．

以下主に A が体の場合を考える．K が k の拡大体で，普通の意味で分離代数的（すなわち K の各元が重根をもたぬ k 係数多項式の根になる）であれば，上の意味で分離的である．それを見るには，上の2によって K を k 上有限生成としてよく，すると“有限次分離拡大は単拡大である”という体論の周知の結果によって $K\simeq k[X]/(f(X))$，ここに f は $k[X]$ の既約多項式で，重根をもたない．すると k の拡大体 k' に対し

$$K\otimes_k k' \simeq k'[X]/(f(X))$$

であり，$k'[X]$ において f を素因数に分解すれば $f=f_1\cdots f_r$，$(f_i, f_j)=1$ $(i\neq j)$ となるから，定理 1.4 により

$$k'[X]/(f) \simeq k'[X]/(f_1)\times\cdots\times k'[X]/(f_r)$$

となって，これは体の直積だから被約である． ▮

k の拡大体 K が k 上**分離生成** (separably generated) であるとは，K が k 上に**分離的超越基底** (separating transcendency basis)，すなわち超越基底 Γ で K が $k(\Gamma)$ 上分離代数的なものをもつことをいう．

定理 26.1. 分離生成拡大体は分離的である．

証明. k を体，K を k の分離生成拡大体とし，Γ を K の分離的超越基底とする．k' を k の任意の拡大体とすれば，$k(\Gamma)\otimes_k k'$ は $k[\Gamma]\otimes_k k'=k'[\Gamma]$ の商環であり，したがって $k(\Gamma)\otimes_k k'$ は $k'(\Gamma)$ を商体とする整域である．ゆえに $K\otimes_k k'=K\otimes_{k(\Gamma)}(k(\Gamma)\otimes_k k')$ は $K\otimes_{k(\Gamma)}k'(\Gamma)$ の部分環である．K は $k(\Gamma)$ 上分離代数的，したがって上に示したように分離的だから，$K\otimes_{k(\Gamma)}k'(\Gamma)$ は被約である． ▌

定理 26.2. k を標数 p の体，K を k の有限生成拡大体とするとき，次の各条件は互いに同値である：

（1） K は k 上分離的，

（2） $K\otimes_k k^{1/p}$ は被約，

（3） K は k 上分離生成．

証明. （1）⇒（2） 自明.（2）⇒（3） $K = k(x_1, \cdots, x_n)$ とする．$x_1, \cdots, x_r$ が K の k 上の超越基底だとしてよい．さらに，$x_{r+1}, \cdots, x_q$ は $k(x_1, \cdots, x_r)$ 上に分離代数的だが x_{q+1} はそうでないとする．$y=x_{q+1}$ とおき，y がみたす $k(x_1, \cdots, x_r)$ 上の既約方程式を $f(Y^p)=0$ とする．$f(Y^p)$ の係数は $x_1, \cdots, x_r$ の有理関数だから，その分母を払って，$k[X_1, \cdots, X_r, Y]$ で既約な多項式 $F(X_1, \cdots, X_r, Y^p)$ が得られ，$F(x, y^p)=0$ である．もし $\partial F/\partial X_i=0$ $(1\leqslant i\leqslant r)$ となれば $F(X, Y^p)$ は $k^{1/p}$ を係数とする多項式 $G(X, Y)$ の p 乗になるが，そうであれば

$$\begin{aligned} k[x_1, \cdots, x_r, y]\otimes_k k^{1/p} &= (k[X, Y]/(F(X, Y^p))\otimes_k k^{1/p} \\ &= k^{1/p}[X, Y]/(G(X, Y)^p) \end{aligned}$$

となり，$K\otimes_k k^{1/p}$ の部分環がべき零元をもつことになって仮定に反する．よ

って $\partial F/\partial X_1 \neq 0$ としてよい．すると x_1 は $k(x_2, \cdots, x_r, y)$ 上に分離的であり，したがって $x_{r+1}, \cdots, x_q$ もそうである．よって x_1 と $y=x_{q+1}$ を交換すれば，今度は $x_{r+1}, \cdots, x_{q+1}$ が $k(x_1, \cdots, x_r)$ 上に分離代数的ということになり，q についての帰納法で（3）が証明される．（3）⇒（1）はすでに見た．▌

注．上の証明でわかるように，$K=k(x_1, \cdots, x_n)$ が k 上に分離的ならば，$x_1, \cdots, x_n$ の中から分離超越基底をとり出せる．

定理 26.3. k が完全体なら，k の任意の拡大体 K は k 上分離的であり，k 代数 A の分離性と被約性は同値である．

証明．k が標数 0 ならすべての拡大体 K が分離生成だから分離的である．標数 p のときは，$k=k^{1/p}$ だから前定理から K の部分体で k 上有限生成のものはすべて分離的，したがって K も k 上分離的である．［注．K が k 上分離生成になるとは限らない．たとえば x を k 上の不定元，$K=k(x, x^{p^{-1}}, x^{p^{-2}}, \cdots)$ とすれば反例になる．］次に A を被約な k 代数として A が分離的であることを示す．A を k 上有限生成としてよい．すると A はネータ環で，A の全商環 K は体の直積 $K=K_1\times\cdots\times K_r$ の形である（問題【6.5】）．各 K_i は k 上分離的であるから K も分離的，よってその部分環 A も分離的である．▌

一般に，ある体 L の部分体 K, K' が，共通の部分体 k の上で**線形無関連** (linearly disjoint) であるとは，次の互いに同値な条件がみたされることである：

（イ）K の元 $\alpha_1, \cdots, \alpha_n$ が k 上1次独立なら K' 上でも1次独立である，

（ロ）K と K' をとりかえて（イ）と同様のことが成り立つ，

（ハ）$K\otimes_k K'$ から，K と K' で生成される L の部分環 $K[K']$ への自然な準同形が，同形写像である．

同値性の証明．（イ）⇒（ハ）$K\otimes_k K' \longrightarrow K[K']$ の核の元 $\xi=\sum_1^m x_i\otimes y_i$ をとる．$x_1, \cdots, x_m$ の中，$x_1, \cdots, x_r$ が k 上1次独立で他はそれらの1次結合とすれば，$\xi=\sum_1^r x_i\otimes y_i'$ と書き直せる．$\xi\neq 0$ なら $y_1', \cdots, y_r'$ の中に 0 でない

ものがあり，（イ）によって $\sum x_i y'_i \neq 0$. これは ξ の取り方に反する.（ハ）$\Rightarrow$（イ）も容易，また（ハ）は K と K' に関し対称な条件だから（イ）$\Longleftrightarrow$（ロ）も当然成り立つ.

k を標数 p の体，K をその拡大体とする．K の代数的閉包 $\bar{K}$ の中で $k^{p^{-n}} = \{\alpha \in \bar{K} \mid \alpha^{p^n} \in k\}$，$k^{p^{-\infty}} = \bigcup_{n>0} k^{p^{-n}}$ などを考える．これらは k の純非分離拡大体であり，$k^{p^{-\infty}}$ は k を含む最小の完全体である.

定理 26.4. (S. MacLane)　k, K を上の通りとすれば

i）K が k 上分離的なら K と $k^{p^{-\infty}}$ とは k 上線形無関連である.

ii）ある $n>0$ に対し K と $k^{p^{-n}}$ が k 上線形無関連なら K は k 上分離的である.

証明.　i）K の元 $\alpha_1, \cdots, \alpha_n$ が k 上1次独立だとする．$\sum \alpha_i \xi_i = 0$, $\xi_i \in k^{p^{-\infty}}$ とし，$k_1 = k(\xi_1, \cdots, \xi_n)$ とおけば k_1 は k の有限次拡大体で，十分大きな ν に対し $k_1^{p^\nu} \subset k$ であり，$A = K \otimes_k k_1$ とおくと A は被約. 一方 A は体 K の上に有限だから0次元の環であるが，A の元は p^ν 乗すれば K に入ることから A にはただ1つの素イデアルしかないことがわかる．よって A は体であり，$A \simeq K[k_1]$ となる．これから $\sum \alpha_i \otimes \xi_i = 0$，したがって $\xi_i = 0$ $(\forall i)$ を得る.

ii）K と $k^{p^{-n}}$ とが k 上線形無関連なら，$k^{p^{-1}} \subset k^{p^{-n}}$ だから K と $k^{p^{-1}}$ とも k 上線形無関連，したがって $K \otimes_k k^{p^{-1}}$ は体である．K の部分体 K' で k 上有限生成のものをとれば定理2により K' は k 上分離的である．よって K も k 上分離的. ▮

微分基底　K を体 k の拡大体とすれば，$\Omega_{K/k}$ は K 上のベクトル空間で $\{dx | x \in K\}$ で生成されるから，K の部分集合 B で $\{dx | x \in B\}$ がベクトル空間 $\Omega_{K/k}$ の基底になるようなものが存在する．このような $B \subset K$ を K の k 上の**微分基底**という．$\{x_\lambda\}_{\lambda \in \Lambda} \subset K$ が K の k 上の微分基底になるためには次の条件が必要十分である：

(*) 各 λ に対し任意に $y_\lambda \in K$ を与えるとき，$D(x_\lambda)=y_\lambda$ ($\forall\lambda$) となるような $D\in \mathrm{Der}_k(K)$ が一意的に存在する．

$x_1,\cdots,x_n\in K$ なるとき，$\Omega_{K/k}$ の元 $dx_1,\cdots,dx_n$ が K 上1次独立になるための条件をしらべよう．k が標数0のときには，これは $x_1,\cdots,x_n$ が k 上代数的独立であることと同値である．実際，もし $f(x_1,\cdots,x_n)=0$ というような k 係数の多項式 $f(X_1,\cdots,X_n)\neq 0$ があれば，そのようなものの中で最低次の f をとるとき，たとえば X_1 が f の中に実際現われれば $f_1=\partial f/\partial X_1$ は0でなく f より低次だから $f_1(x)\neq 0$. 一方 $f(x)=0$ から

$$\sum f_i(x)dx_i = 0.$$

ゆえに $dx_1,\cdots,dx_n$ は1次従属．逆に $x_1,\cdots,x_n$ が k 上超越的ならば，これらを含む K/k の超越基底 B が存在し，純粋超越拡大 $k(B)$ の k 上の導分 D_i で

$$D_i(x_i)=1, \qquad D_i(y)=0 \quad (x_i\neq y\in B)$$

をみたすものが存在する（x_i による偏微分）．一方 K は $k(B)$ 上に分離代数的，したがって定理 25.3 により 0-etale だから，導分 D_i は K から K への導分に拡張できる．すると $D_i(x_j)=\delta_{ij}$ から $dx_1,\cdots,dx_n$ が $\Omega_{K/k}$ で1次独立であることは明らか．また微分基底と超越基底はこの場合同じことである．

今度は k の標数が p の場合を考える．体 k の拡大体 K の元 $x_1,\cdots,x_n$ が k 上 p 独立とは，$[K^p(k,x_1,\cdots,x_n):K^p(k)]=p^n$ が成り立つことをいう．K の部分集合 B が k 上 **p 独立**とは，B のすべての有限部分集合が k 上 p 独立であることをいう．これは，

$$\Gamma_B = \{x_1^{\alpha_1}\cdots x_n^{\alpha_n} \mid x_1,\cdots,x_n \text{ は相ことなる } B \text{ の元，} 0\leqslant\alpha_i<p\}$$

が $K^p(k)$ 上1次独立であることにほかならない．Γ_B の元を B の p 単項式とよぶことにする．B が p 独立でないとき **p 従属**という．p 独立性は k と B だけでなく K にも依存する．$B\subset K$ が k 上 p 独立で $K=K^p(k,B)$ が成り立つとき，B を K/k の **p 基底** (p-basis) という．$C\subset K$ が k 上 p 独

立ならば，C を含む K/k の p 基底が存在することが Zorn の補題によって容易に示される.

B が K/k の p 基底であることは，容易にわかるように，Γ_B が K の $K^p(k)$ 上の線形基底になることと同値である．このとき，B から K への任意の写像 D が，$\mathrm{Der}_k(K)$ の元へ一意的に拡張される．実際，B の p 単項式に対し

$$D(x_1^{\alpha_1}\cdots x_n^{\alpha_n}) = \sum_{i=1}^{n}\alpha_i x_1^{\alpha_1}\cdots x_i^{\alpha_i-1}\cdots x_n^{\alpha_n}D(x_i)$$

とおき，K の $K^p(k)$ 線形写像に拡張すれば，k 上の導分になる．よって p 基底 B は K/k の微分基底である．逆に B' が K/k の微分基底なら，まず B' は k 上 p 独立である．実際，仮に $x_1,\cdots,x_n\in B'$ が p 従属なら，$x_1\in K^p(k,x_2,\cdots,x_n)$ としてよいから，$x_1=f(x_2,\cdots,x_n)$，f は $K^p(k)$ 係数の多項式，と表わせる．すると $\Omega_{K/k}$ で $dx_1=\sum_{2}^{n}(\partial f/\partial x_i)\cdot dx_i$ となり $dx_1,\cdots,dx_n$ の 1 次独立性に反する．次に B' を含む K/k の p 基底 B をとれば，B も B' も微分基底になるから $B=B'$ である．以上をまとめて

定理 26.5. 微分基底の概念は，標数 0 のときには超越基底の概念に，標数 p のときには p 基底の概念にそれぞれ一致する.

次に分離性と微分基底との関係を見よう．体 k に含まれる素体を Π とするとき，$\Omega_{k/\Pi}$ を単に Ω_k と書く.

定理 26.6. 体の拡大 K/k について次の条件は同値である:

(1) K/k は分離的である,

(2) k の任意の部分体 k' に対し，標準的写像 $\Omega_{k/k'}\otimes_k K\longrightarrow\Omega_{K/k'}$ が単射である,

(2′) k の任意の部分体 k' と，k/k' の任意の微分基底 B に対し，B を含む K/k' の微分基底が存在する,

(3) $\Omega_k\otimes_k K\longrightarrow\Omega_K$ が単射である,

(4) k から任意の K 加群 M への任意の導分が，K から M への導分に

拡張できる.

証明. (2)と$(2')$は明らかに同値であり,(2)$\Rightarrow$(3)$\Longleftrightarrow$(4)は自明である. 標数0のときには(1)も$(2')$も成り立っているから標数pのときを考えればよい.

(1)$\Rightarrow$$(2')$ Kと$k^{1/p}$とはk上に線形無関連であるから,すべてに同形対応$x\longmapsto x^p$を施して考えれば,K^pとkとがk^p上に線形無関連であることになる. よって$K^p(k^p, k')=K^p(k')$とkとが$k^p(k')$上に線形無関連である(本節の問題【26.1】). kのk'上のp基底Bをとれば,Bのp単項式の集合Γ_Bが$k^p(k')$上1次独立,ゆえに$K^p(k')$上にも1次独立であるから,BはKの中でもk'上p独立である. ゆえにBをK/k'のp基底に広げることができる.

(3)$\Rightarrow$(1) kのΠ上のp基底Bをとれば,Bのp単項式の集合Γ_Bはkのk^p上の線形基底である. $\{dx|x\in B\}$はΩ_kのk上の基底で,仮定によりΩ_Kの中でもK上に1次独立であるから,Γ_BはK^p上にも1次独立である. したがって

$$k\otimes_{k^p}K^p \simeq k(K^p)$$

となり,kとK^pとはk^p上に線形無関連,したがって定理4によりK/kは分離的である. ∎

kを標数pの体,Πをkの中の素体とするとき,k/Πのp基底をkの**絶対p基底**という. k_0をkに含まれる任意の完全体とすれば$k^p(k_0)=k^p=k^p(\Pi)$であるから,kの絶対p基底はk/k_0のp基底でもある.

定理 26.7. kを標数pの体,Kをkの拡大体とする. kの絶対p基底がKの絶対p基底にもなっているならばKはk上に0-etaleであり,逆も成り立つ.

証明. 環の準同形の可換図形

$$\begin{array}{ccc} K & \xrightarrow{u} & \bar{C} \\ {\scriptstyle i}\uparrow & & \uparrow{\scriptstyle g} \\ k & \xrightarrow{j} & C \end{array}$$

を考える．ここに $\bar{C}=C/N$, N は $N^2=0$ をみたす C のイデアル，g は自然準同形である．K の元 α に対し $u(\alpha)=g(a)$ となる $a\in C$ をえらべば，a^p は a のえらび方によらない．なぜなら，$g(a)=g(a')$ なら $a'=a+x$, $x\in N$ と書けて，（j の存在により）C は標数 p の環だから

$$a'^p = a^p+x^p = a^p.$$

そこで写像 $v_0: K^p \longrightarrow C$ を $v_0(\alpha^p)=a^p$ $(\alpha\in K, u(\alpha)=g(a))$ で定義すると，容易にたしかめられるように v_0 は準同形であり，また k^p 上では j に一致する．ここまでは K/k に関する仮定を使っていない．さて仮定により K は k 上分離的で，かつ $K=K^p(k)=K^p[k]$ だから，

$$K = K^p\otimes_{k^p}k$$

と考えられる．そこで $v: K\longrightarrow C$ を K^p 上では v_0 に等しく k 上では j に等しいとして定義することができ，これは u の C への持ち上げになっている．持ち上げの一意性は $K^p(k)=K$ したがって $\Omega_{K/k}=0$ であることから明らかである．

逆に K/k が 0-etale であるとすると，まず 0-不分岐性から　$\Omega_{K/k}=0$, したがって 0-順滑性と定理 25.1 とから $\Omega_K=\Omega_k\otimes_k K$ である．よって k の絶対 p 基底は K の絶対 p 基底でもある． ▮

定理 26.8. K/k を標数 p の体の分離的拡大とし，B を K/k の p 基底とすれば，B は k 上代数的独立であり，K は $k(B)$ 上 0-etale である．

証明．仮に $b_1,\cdots,b_n\in B$ が k 上代数的従属であるとしよう．$f\in k[X_1,\cdots,X_n]$ を $f(b)=0$ となる多項式（$\neq 0$）の中で最低次のものとする．$\deg f=d$ とおき，

$$f(X_1,\cdots,X_n) = \sum_{0\leqslant\nu_1,\cdots,\nu_n<p} g_{\nu_1\cdots\nu_n}(X_1^p,\cdots,X_n^p)X_1^{\nu_1}\cdots X_n^{\nu_n}$$

と書く．$b_1, \cdots, b_n$ は k 上 p 独立だから $f(b)=0$ から $g_{\nu_1\cdots\nu_n}(b^p)=0$ がすべての $\nu_1, \cdots, \nu_n$ について成り立つ．しかし

$$d \geqq \deg g_{\nu_1\cdots\nu_n}(X^p)+\nu_1+\cdots+\nu_n$$

だから，f の取り方から $f(X)=g_{0\cdots 0}(X^p)$ でなくてはならない．よって $f(X)=h(X)^p$, $h(X)\in k^{1/p}[X_1, \cdots, X_n]$ と書ける．しかるに K と $k^{1/p}$ は k 上線形無関連だから，$b_1, \cdots, b_n$ についての次数が d より小さい単項式は k 上のみならず $k^{1/p}$ 上にも1次独立である．よって $h(b)\neq 0$ となり，$h(b)^p=f(b)=0$ に矛盾する．後半は次の定理の証明を見よ．▮

注．$k(B)$ は純粋超越拡大だが，K は $k(B)$ 上代数的であるとは限らない．反例：$K=k(x, x^{p^{-1}}, x^{p^{-2}}, \cdots)$，$x$ は k 上の不定元．このとき $B=\varnothing$.

定理 26.9. 体 k の拡大体 K が分離的ならば，K は k 上 0-順滑であり，逆も成り立つ．

証明．K/k の微分基底を B とする．K/k が分離的ならば $k(B)$ は k 上純粋超越拡大である（定理 5，定理 8）．よって定義からすぐわかるように $k(B)$ は k 上 0-順滑である．また $K/k(B)$ は 0-etale である［標数0のときは定理 25.3 による．標数 p のときは定理6から $0 \longrightarrow \Omega_k\otimes K \longrightarrow \Omega_K \longrightarrow \Omega_{K/k} \longrightarrow 0$ が完全列，よって k の絶対 p 基底と B を合せたものが K の絶対 p 基底であり，明らかに $k(B)$ のそれでもある．よって定理7により $K/k(B)$ は 0-etale である．］したがって K/k は 0-順滑である．

逆に K/k が 0-順滑ならば定理 25.1 により $\Omega_k\otimes K \longrightarrow \Omega_K$ は単射，したがって定理6により K/k は分離的である．▮

不完全性加群と Cartier の等式 一般に環の射 $k \longrightarrow A \longrightarrow B$ に対し，$\Omega_{A/k}\otimes_A B \longrightarrow \Omega_{B/k}$ の核を $\Gamma_{B/A/k}$ と書くことにし，これを**不完全性加群** (module of imperfection) とよぶ．k が $\boldsymbol{Z}$ または標数 p の素体 $\boldsymbol{Z}/(p)$ のときには k を略して単に $\Gamma_{B/A}$ と書く．

補題 1. $k \longrightarrow K \longrightarrow L \longrightarrow L'$ を体の射の列とすると，自然な射から成

る完全列

$$\begin{aligned}0 \longrightarrow \Gamma_{L/K/k}\otimes_L L' \longrightarrow \Gamma_{L'/K/k} \longrightarrow \Gamma_{L'/L/k}\\ \longrightarrow \Omega_{L/K}\otimes_L L' \longrightarrow \Omega_{L'/K} \longrightarrow \Omega_{L'/L} \longrightarrow 0\end{aligned}$$

が存在する.

証明.

$$\begin{array}{ccccccccc}0 \longrightarrow & \Gamma_{L/K/k}\otimes_L L' & \longrightarrow & \Omega_{K/k}\otimes_K L' & \longrightarrow & \Omega_{L/k}\otimes_L L' & \longrightarrow & \Omega_{L/K}\otimes_L L' & \longrightarrow 0\\ & {\scriptstyle f_1}\downarrow & & \| & & {\scriptstyle f_2}\downarrow & & {\scriptstyle f_3}\downarrow & \\ 0 \longrightarrow & \Gamma_{L'/K/k} & \longrightarrow & \Omega_{K/k}\otimes L' & \longrightarrow & \Omega_{L'/k} & \longrightarrow & \Omega_{L'/K} & \longrightarrow 0\end{array}$$

は可換図形で，水平列は完全列である．これを

$$\begin{array}{ccccccccc}0 \longrightarrow & X & \longrightarrow & A & \longrightarrow & B & \longrightarrow & P & \longrightarrow 0\\ & \downarrow & & \| & & \downarrow & & \downarrow & \\ 0 \longrightarrow & Y & \longrightarrow & A & \longrightarrow & C & \longrightarrow & Q & \longrightarrow 0\end{array}$$

と書き，これから

$$\begin{array}{ccccccc}0 \longrightarrow & A/X & \longrightarrow & B & \longrightarrow & P & \longrightarrow 0\\ & \downarrow & & \downarrow{\scriptstyle f_2} & & \downarrow{\scriptstyle f_3} & \\ 0 \longrightarrow & A/Y & \longrightarrow & C & \longrightarrow & Q & \longrightarrow 0\end{array}$$

を作って，snake lemma を用いれば完全列

$$0 \longrightarrow Y/X \longrightarrow \mathrm{Ker}\, f_2 \longrightarrow \mathrm{Ker}\, f_3 \longrightarrow 0$$

を得る．これから容易に

$$0 \longrightarrow X \longrightarrow Y \longrightarrow \mathrm{Ker}\, f_2 \longrightarrow P \longrightarrow Q \longrightarrow \mathrm{Coker}\, f_3 \longrightarrow 0$$

という完全列が作られる．これがわれわれの求めるものにほかならない． ▮

定理 26.10. (**Cartier の等式**) k を完全体とすれば，k の拡大体 K と K の有限生成拡大体 L に対し

(*) $$\mathrm{rk}_L\Omega_{L/K} = \mathrm{t.\,d.}_K L + \mathrm{rk}_L\Gamma_{L/K/k}.$$

(rk はベクトル空間の次元を意味する.)

証明．$L'\supset L\supset K\supset k$ で L' が L 上，L が K 上有限生成とする．$L'\supset L\supset k$ と $L\supset K\supset k$ とについて定理が成り立つならば，$\Gamma_{L'/L/k}$ も $\Gamma_{L/K/k}\otimes L'$ も L' 上有限次元だから補題により $\Gamma_{L'/K/k}$ も有限次元であり，

$$\begin{aligned}\mathrm{rk}_{L'}\Omega_{L'/K}-\mathrm{rk}_{L'}\Gamma_{L'/K/k} &= (\mathrm{rk}_{L'}\Omega_{L'/L}-\mathrm{rk}_{L'}\Gamma_{L'/L/k})\\ &+(\mathrm{rk}_L\Omega_{L/K}-\mathrm{rk}_L\Gamma_{L/K/k}) = \mathrm{t.d.}_L L'+\mathrm{t.d.}_K L = \mathrm{t.d.}_K L'\end{aligned}$$

となるから $L'\supset K\supset k$ に関して定理が成り立つ．さて有限生成拡大体は次の3種の単拡大の積み重ねで得られる：

（1） $L=K(\alpha)$，α は K 上超越的，

（2） $L=K(\alpha)$，α は K 上分離代数的，

（3） $L=K(\alpha)$，$\mathrm{ch}(K)=p$，$\alpha^p=a\in K$，$\alpha\notin K$.

よってこれらの各場合について（*）を証明すればよい．（1），（2）は容易．（3）のときには $L=K[X]/(X^p-a)$ と表わしてみれば

$$\begin{aligned}\Omega_{L/k} &= (\Omega_{K[X]/k}\otimes L)/Lda\\ &= (\Omega_{K/k}/Kda)\otimes L\oplus Ld\alpha\end{aligned}$$

で，$d\alpha\neq 0$ である．しかも k が完全体だから $a\notin K^p=kK^p$，したがって $\Omega_{K/k}$ $(=\Omega_K)$ で $da\neq 0$ となるから $\mathrm{rk}\,\Omega_{L/K}=1$，$\mathrm{rk}\,\Gamma_{L/K/k}=1$ であり，（*）はこのときも正しい．∎

§26 の問題　次の命題を証明せよ．

【26.1】 L を体，K, K', k, k' を L の部分体とし，$k\subset k'\subset K$，$k\subset K'$ で K と K' とは k 上線形無関連とする．このとき i）$K\cap K'=k$，ii）K と $k'(K')$ は k' 上に線形無関連である．

【26.2】 L が体 K の分離拡大体ならば，$L((T_1,\cdots,T_n))$ は $K((T_1,\cdots,T_n))$ の上に分離的である．ただし $L((T_1,\cdots,T_n))$ は $L[[T_1,\cdots,T_n]]$ の商体を表わす．

§27．高　階　導　分

$k\xrightarrow{f}A\xrightarrow{g}B$ を環の準同形の列とする．t を B 上の不定元とし，$B_m=B[t]/(t^{m+1})$ $(m=0,1,2,\cdots)$，$B_\infty=B[[t]]$ とおく．B_m $(m\leqq\infty)$ は自然な仕

方で k 代数とみなされる．

A から B への k 上の**長さ m**（$\leqq\infty$）**の高階導分**（higher derivation of length m）とは，k 線形写像 $D_i: A\to B$ の列 $\underline{D}=(D_0, D_1, \cdots, D_m)$ で，条件

$$(*) \qquad D_0=g, \quad D_i(xy) = \sum_{r+s=i} D_r(x)D_s(y) \quad (x, y\in A)$$

をみたすものをいう．この条件は，

$$E_t(x) = \sum_{i=0}^{m} D_i(x)t^i$$

で定義される写像 $E_t: A\to B_m$ が k 代数の射で $E_t(x)\equiv g(x) \bmod t$ をみたすことと同値である．

$A=B$ で $g=1$（A の恒等写像）のときには単に A の k 上の高階導分という．以下，主にこの場合を考える．

$\underline{D}=(D_0, D_1, D_2, \cdots)$ が高階導分なら $D_1\in \mathrm{Der}_k(A, B)$ である．また D_i $(i>0)$ は $f(k)$ 上で 0 になる．一般に元 $a\in A$ が $D_i(a)=0$ $(i>0)$ をみたすとき $\underline{D}$ は a で trivial であるという．これは，$\underline{D}$ に対応する E_t で a が不変になることにほかならない．

高階導分の理論は Hasse と F. K. Schmidt によって創始された [135]．それで本書では A の k 上の長さ m の高階導分の全体を $\mathrm{HS}_k(A, m)$ と書き，$\mathrm{HS}_k(A, \infty)$ は単に $\mathrm{HS}_k(A)$ とも書く．k を考えないときは $\mathrm{HS}(A, m)$，$\mathrm{HS}(A)$ と書く．これらは $\mathrm{Der}_k(A)$ のような加群の構造はもたないが，（一般に非可換の）群の構造をもつ．それを説明しよう．$\underline{D}\in \mathrm{HS}_k(A, m)$ に対応する $E_t: A\to A_m$ を，

$$E_t(\sum_\nu a_\nu t^\nu) = \sum_\nu E_t(a_\nu)t^\nu$$

として A_m の自己準同形に拡張すると，$\xi=a_rt^r+a_{r+1}t^{r+1}+\cdots$，$a_r\neq 0$，ならば $E_t(\xi)\equiv a_rt^r \bmod t^{r+1}$ となるから E_t は単射であり，また

$$\xi-E_t(a_rt^r)=b_{r+1}t^{r+1}+\cdots, \qquad \xi-E_t(a_rt^r+b_{r+1}t^{r+1})=c_{r+2}t^{r+2}+\cdots,$$

のようにつづけてゆけば，E_t が全射であることが容易にわかる．すなわち E_t は A_m の自己同形である．逆に，k 代数 A_m の自己同形 E で $E(a)\equiv a \bmod t$

をみたすものは高階導分に対応する．こうして $HS_k(A,m)$ を A_m の自己同形群 $Aut_k(A_m)$ の部分群と同一視すれば，望み通り群構造が入るのである．

少し計算してみよう．$\underline{D}=(D_0,D_1,\cdots)$，$\underline{D}'=(D_0',D_1',\cdots)$ に対し

$$\underline{D}\cdot\underline{D}'=(D_0'',D_1'',\cdots),\qquad \underline{D}^{-1}=(D_0^*,D_1^*,\cdots)$$

とおくと

$$\begin{aligned}E_t(E_t'(a)) &= E_t(a+D_1'(a)t+D_2'(a)t^2+\cdots)\\ &= (a+D_1(a)t+D_2(a)t^2+\cdots)+(D_1'(a)+D_1(D_1'(a))t\\ &\quad +D_2(D_1'(a))t^2+\cdots)t+(D_2'(a)+D_1D_2'(a)t+\cdots)t^2+\cdots\\ &= a+(D_1+D_1')(a)t+(D_2+D_1D_1'+D_2')(a)t^2+\cdots\end{aligned}$$

であるから

$$D_i''=\sum_{p+q=i}D_pD_q'\quad(\forall i)$$

であり，D_i^* は $\sum_{p+q=i}D_pD_q^*=0\ (i>0)$ をといて $D_0^*=D_0=1$，$D_1^*=-D_1$，$D_2^*=D_1^2-D_2$，$D_3^*=-D_1^3+D_1D_2+D_2D_1-D_3,\cdots$ のようになる．

$\underline{D}=(D_0,D_1,\cdots,D_m)$ を A から B への長さ m の高階導分とし，$S\subset A$，$T\subset B$ を積閉集合，$g(S)\subset T$ とすると，与えられた準同形 $g:A\to B$ は準同形 $A_S\to B_T$ をひき起す．このとき，$\underline{D}$ に対応する準同形 $E_t:A\to B_m$ に自然な準同形 $B_m\to(B_T)_m$ を合成すると，S の元 x の像は $g(x)_T+D_1(x)_Tt+\cdots$ で，（定数項 $g(x)_T$ が B_T の単元だから）これは $(B_T)_m$ の単元である．したがって E_t から準同形 $A_S\to(B_T)_m$ がひき起され，これから高階導分 $A_S\to B_T$ が得られる．標語的にいえば，“高階導分は局所化へ一意的に拡張される”のである．

$\underline{D}=(D_0,D_1,\cdots,D_m)$ を A から B への k 上の長さ $m<\infty$ の高階導分とする．これを長さ $m+1$ の高階導分に延長することを考えよう．$E_{t,m}:A\to B_m$ を $\underline{D}$ に対応する準同形とすれば，$\underline{D}$ の延長の問題は $E_{t,m}$ を準同形 $A\to B_{m+1}$ に持ち上げる問題と同値である．したがって次の定理は明らかである．

定理 27.1. 環 A が環 k の上に 0-順滑ならば，A から A 代数 B への k 上の長さ $m<\infty$ の高階導分は，長さ ∞ の高階導分に延長できる．

上の定理は，たとえば k が体で A がその分離的拡大体の場合に適用できる．

A が標数 p の環であるとき，A の普通の導分は部分環 A^p の上の導分であるが，高階導分は A^p の上で trivial になるとはいえない．$\underline{D}=(D_0, D_1, D_2, \cdots)$ が長さ $m \geqslant p$ の高階導分なら，$E_t(a^p)=E_t(a)^p=a^p+D_1(a)^p \cdot t^p+\cdots$ であるから

$$D_p(a^p)=D_1(a)^p, \quad \text{一般に} \quad D_{p^r}(a^{p^r})=D_1(a)^{p^r}$$

が成り立つ．したがって，たとえば k, K が標数 p の体で $K=k(\alpha)$, $\alpha^p \in k$, $\alpha \notin k$ のとき，$D(\alpha)=1$ となる $D \in \mathrm{Der}_k(K)$ が存在するが，この D は長さ $\geqslant p$ の k 上の高階導分に延長できない．K は素体の上に分離的だから，D を長さ ∞ の（素体上の）高階導分に延長できるが，その延長は k で trivial にはならないのである．

$\underline{D}=(D_0, D_1, \cdots) \in \mathrm{HS}_k(A)$ が次の条件をみたすとき，**iterative** であるという：

$$D_i \circ D_j = \binom{i+j}{i} D_{i+j} \quad (\forall i, j).$$

この条件は，次の図式が可換であることと同値である：

$$\begin{array}{ccc} A[[t]] & \xrightarrow{E_u} & A[[t,u]] \\ {\scriptstyle E_t}\big\uparrow & & \big\uparrow \\ A & \xrightarrow{E_{t+u}} & A[[t+u]], \end{array}$$

ここに $E_t(a)=\sum t^\nu D_\nu(a)$, $E_u(\sum t^\nu a_\nu)=\sum t^\nu E_u(a_\nu)$ とし，右の垂直の矢は包含写像を表わす．実際

$$E_u(E_t(a)) = E_u(\sum t^\nu D_\nu(a)) = \sum_\nu t^\nu \sum_\mu u^\mu D_\mu D_\nu(a),$$

$$E_{t+u}(a) = \sum_{\lambda}(t+u)^{\lambda}D_{\lambda}(a) = \sum_{\nu}t^{\nu}\sum_{\mu}u^{\mu}\binom{\nu+\mu}{\nu}D_{\nu+\mu}(a).$$

もし A が有理数体 $\boldsymbol{Q}$ を含めば，iterative な高階導分は，n についての帰納法でわかるように，$D_n=D_1^n/n!$ をみたし，したがって D_1 のみで定まる．逆に $D\in \mathrm{Der}_k(A)$ に対して $(1, D, D^2/2!,\ D^3/3!, \cdots)$ は iterative な高階導分である．A が標数 p のときは，$\underline{D}=(D_0, D_1, \cdots)$ が iterative なら $D_i=D_1^i/i!$ $(i<p)$，$D_1^p=0$ である．よって任意の導分を iterative な高階導分に延長することは（A が体であっても）望めない．

定理 27.2. $k\xrightarrow{f}A\xrightarrow{g}B$ を環の射の列とし，B が A の上に 0-etale だとする．$\underline{D}=(D_0, D_1, \cdots)\in \mathrm{HS}_k(A, B)$ に対して $D_i'(g(a))=D_i(a)$ $(\forall i)$ をみたす $\underline{D}'=(D_0', D_1', \cdots)\in \mathrm{HS}_k(B)$ が一意的に存在する．$\underline{D}^*=(D_0^*, D_1^*, \cdots)\in \mathrm{HS}_k(A)$，$D_i=g\circ D_i^*$ $(\forall i)$ で $\underline{D}^*$ が iterative ならば，$\underline{D}'$ も iterative である．

証明． $D_0'=1_B$ については問題はない．$(D_0', \cdots, D_m')\in \mathrm{HS}_k(B, m)$ が $D_i'g=D_i$ をみたすように作れたとすると，$h: A\longrightarrow B_{m+1}=B[t]/(t^{m+2})$ を $h(a)=\sum_0^{m+1}t^{\nu}D_{\nu}(a)$，$u: B\longrightarrow B_m$ を $u(b)=\sum_0^m t^{\nu}D_{\nu}'(b)$ で定義すれば，

$$\begin{array}{ccc} B & \xrightarrow{u} & B_m \\ {\scriptstyle g}\uparrow & & \uparrow \\ A & \xrightarrow{h} & B_{m+1} \end{array} \qquad\qquad \begin{array}{ccc} B & \xrightarrow{u} & B_m \\ \uparrow & \searrow^{v} & \uparrow \\ A & \xrightarrow{h} & B_{m+1} \end{array}$$

上の左の図は可換である．したがって右の図を可換にする v が一意的に定まる．これをつづけて $\underline{D}'$ の一意的存在がわかる．$\underline{D}^*$ が iterative であるとき，$\underline{D}^*$ と $\underline{D}'$ に対応する準同形 $E_t: A\longrightarrow A[[t]]$，$E_t': B\longrightarrow B[[t]]$ を考えれば，$E_u\circ E_t=E_{t+u}$ が成り立っているわけで，これから $E_u'\circ E_t'=E_{t+u}'$ が証明できればよい．m についての帰納法で

$$E_u'(E_t'(b)) \equiv E_{t+u}'(b) \bmod (t, u)^{m+1} \quad (b\in B)$$

が成り立つとすると

$$\begin{array}{ccccc} B & & \xrightarrow{E'_{t+u}} & & B[[t,u]]/(t,u)^{m+1} \\ \uparrow & & & & \uparrow \\ A & \xrightarrow{E_{t+u}} & A[[t,u]] & \longrightarrow & B[[t,u]]/(t,u)^{m+2} \end{array}$$

が可換であることと $E_{t+u}=E_u \circ E_t$, および B が A 上に 0-etale であることから

$$E'_u(E'_t(b)) \equiv E'_{t+u}(b) \mod (t,u)^{m+2} \quad (b \in B)$$

が成り立つ．よって $E'_u \circ E'_t = E'_{t+u}$ が証明された．

注. A が B の部分環でなくても，上の $\underline{D}'$ を $\underline{D}$ の（または $\underline{D}^*$ の）B への拡張ということにする．

定理 27.3. i） A を標数 p の環，$D \in \mathrm{Der}(A)$, $x \in A$, $Dx=1$, $D^p=0$ とする．$A_0=\{a \in A \mid Da=0\}$ とおけば，A は A_0 上に $1, x, x^2, \cdots, x^{p-1}$ を基底とする自由加群である．

ii） k を標数 p の体，K をその分離的拡大体とし，$D \in \mathrm{Der}_k(K)$, $D \neq 0$, $D^p=0$ とする．$K_0=\{a \in K \mid Da=0\}$ とおくとき，$Dx=1$ をみたす $x \in K$ と，K_0 の部分集合 B_0 で $B=\{x\} \cup B_0$ が K の k 上の p 基底になるようなものが存在する．

証明. i） $\alpha_0+\alpha_1 x+\cdots+\alpha_i x^i=0$, $\alpha_i \in A_0$, $i<p$ とすると，D^i を施して $i!\alpha_i=0$, したがって $\alpha_i=0$ が得られる．よって i についての上からの帰納法で，$1, x, \cdots, x^{p-1}$ が A_0 上 1 次独立なことがわかる．$D^p=0$ だから，任意に $a \in A$ をとれば，それに対し $D^{i+1}a=0$ となる $0 \leqslant i<p$ が存在する．$i=0$ のときは $a \in A_0$ である．$i>0$ なら $D^i(a-x^i D^i a/i!)=0$ だから，帰納法で

$$D^{i+1}a=0 \implies a \in A_0+A_0 x+\cdots+A_0 x^i$$

が示される．ここで $i=p-1$ とおけば $A=A_0+A_0 x+\cdots+A_0 x^{p-1}$ が得られる．

ii） $D \neq 0$ だから $Dz \neq 0$ となる $z \in K$ が存在する．$D^p z=0$ だから，$D^i z$

$\neq 0$, $D^{i+1}z=0$ となる i が定まる. $y=D^iz$, $x=(D^{i-1}z)/y$ とおくと $Dx=1$ となり, i) によって $K=K_0(x)$, $[K:K_0]=p$ である. もし $x^p\in K_0^pk$ ならば $x\in K_0k^{1/p}$ となり, k 上に1次独立な K_0 の元 $\omega_1,\cdots,\omega_n$ と $\alpha_i\in k^{1/p}$ とがあって $x=\sum_1^n \omega_i\alpha_i$ と書ける. $x\notin K_0$, $k\subset K_0$ だから $x,\omega_1,\cdots,\omega_n$ は k 上1次独立, したがって K が k 上分離的という仮定から $k^{1/p}$ 上にも1次独立で, これは $x=\sum\omega_i\alpha_i$ に矛盾する. したがって $x^p\notin K_0^pk$. よって x^p を一員とする K_0 の k 上の p 基底 C がとれる. $B_0=C-\{x^p\}$ とおく. $y_1,\cdots,y_n$ が B_0 の相ことなる元なら $[K_0^pk(x^p,y_1,\cdots,y_n):K_0^pk]=p^{n+1}$ と $K=K_0(x)$ とから $[K^pk(y_1,\cdots,y_n):K^pk]=p^n$ が出る. すなわち B_0 は K において k 上 p 独立である. さらに $K_0=K_0^pk(x^p,B_0)$ から $K=K_0(x)=K^pk(x,B_0)$ であるから, $B=\{x\}\cup B_0$ とおけば K の k 上の p 基底が得られる. ∎

定理 27.4. K を標数 p の体, k をその部分体とし, K は k 上に分離的であるとする. このとき, $D\in \mathrm{Der}_k(K)$ が iterative な $\mathrm{HS}_k(K)$ の元に延長できるための必要十分条件は $D^p=0$ である.

証明. 必要性はすでに見たから十分性を示そう. $D\neq 0$ としてよい. $D^p=0$ なら K_0,x,B_0 を前定理 ii) のようにとれる. $K'=k(B_0)$ とおけば D は K' 上の導分でもあり, K は $K'(x)$ 上に 0-etale で, $K'(x)$ は K' の純粋超越拡大である. 準同形 $E_t:K'(x)\longrightarrow K'(x)[[t]]$ を, $\alpha\in K'$ に対しては $E_t(\alpha)=\alpha$, x に対しては $E_t(x)=x+t$ とおけば,

$$E_u(E_t(x)) = x+u+t = E_{t+u}(x)$$

であるから $K'(x)$ 全体でも $E_u\circ E_t=E_{t+u}$ が成り立つ. ゆえに E_t は $K'(x)$ の K' 上の iterative な高階導分 $\underline{D}$ を定義する. K は $K'(x)$ 上に 0-etale であるから, 定理2によって $\underline{D}$ は K の K' 上の iterative な高階導分に拡張できる. $\underline{D}$ の1階の項は D であるから, $\underline{D}$ は D の (より正確には $(1,D)$ の) 延長である. ∎

§ 27 の問題

【27.1】 k を環，A を k 代数，$D\in \mathrm{Der}_k(A)$ とする．$\underline{D}\in \mathrm{HS}_k(A)$ で $\underline{D}=(D_0, D_1, D_2, \cdots)$，$D_1=D$ をみたすものが存在するとき D は k 上で**可積分** (integrable) であるといい，$\underline{D}$ を D のひとつの**積分**ということにする．$\mathrm{Ider}_k(A)=\{D\in \mathrm{Der}_k(A) | D$ は k 上で可積分$\}$ とおけば，これは $\mathrm{Der}_k(A)$ の部分 A 加群になることを示せ．

【27.2】 上の記号で，$\underline{D}$ に対応する $E_t : A \longrightarrow A[[t]]$ を作るとき，$t'\in A[[t]]$ を定数項のないべき級数とすれば $A[[t']]\subset A[[t]]$ となるから，$E_{t'} : A \longrightarrow A[[t']]$ を A から $A[[t]]$ への準同形と考えれば別の高階導分が得られる．たとえば $\underline{D}=(D_0, D_1, \cdots)$ に対し E_{t^2} は $\underline{D}'=(D_0, 0, D_1, 0, D_2, \cdots)$ という高階導分に対応し，その積を作れば $\underline{D}\cdot\underline{D}'$ は $\underline{D}$ と共に D_1 の積分である．このようにして，与えられた $D\in \mathrm{Ider}_k(A)$ の積分は一般に沢山あり，$D^p=0$ のとき積分に iterative という条件をつけてもなお一意的には定まらないことを確かめよ．

第10章　*I*-順　滑　性

I-順滑性は，Grothendieck が代数幾何学における単純点の理論を，べき零元の効果的な使用による代数的な“無限小解析”の立場から見直したときに得た概念である．その定義は一見複雑であるが，いろいろの言いかえができて，自然でかつ有用な概念である．§28 では［G 1］による *I*-順滑性の一般論と共に，等標数の場合の完備局所環の係数体の存在証明を，著者による準係数体の考えを交えて行い（定理 3），また局所環の $\mathfrak{m}$-順滑性と幾何学的正則性の同値の，Faltings による大変簡単な証明をのべる．§29 では不等標数の場合の完備局所環の係数環の存在を定理 28.10 から導き，また完備局所環についての Cohen の古典的諸定理を証明する．これらの結果は完備化の有用性にとって決定的な意味をもつ．§30 はいくつかの理論の寄せ集めともいえるが，もっとも多くの部分を占めるのはいわゆる“正則性のヤコビアン判定法”である．これについて，標数 0 の体を含む場合には，著者のグループが 1972 年に得た簡明で強力な方法をのべる．もっとも困難な，標数 p のべき級数環の場合には，永田氏の方法が現在唯一のものであり，それをなるべくわかりやすく説明したつもりである．

§28.　*I*-順滑性

A を環，B を A 代数，I を B のイデアルとし，B に I 進位相を入れて考える．A 代数 C と，$N^2=0$ をみたす C のイデアル N と，B から C/N への A 代数としての準同形 $u: B \longrightarrow C/N$ が与えられ，u が C/N のディスクリート位相に関して連続（すなわち適当な ν に対し $u(I^\nu)=0$）であるとき，u の C への持ち上げ $v: B \longrightarrow C$ がかならず存在するならば，B は A 上 ***I*-順滑**（*I*-smooth）であるという．

$$\begin{array}{ccc} B & \xrightarrow{u} & C/N \\ \uparrow & \searrow^{v} & \uparrow \\ A & \longrightarrow & C \end{array}$$

$I=(0)$ のとき，すなわち u に連続性の制限をつけないときが §25 で定義した 0-順滑性である．$C \to C/N$ の自然な射を f とすれば，$fv(I^\nu)=u(I^\nu)$ $=0$ から $v(I^\nu)\subset N$，したがって $v(I^{2\nu})\subset N^2=0$ となるから $v:B \to C$ は（もしあれば）C のディスクリート位相に関して連続である．このことから，B が A 上に I-順滑ならば，$N^2=0$ の代りに C が N 進位相で完備な環と仮定したときにも，連続な $u:B \to C/N$ が $v:B \to C$ に持ち上げられ，v は C の N 進位相に関し連続であることがわかる．u を $B \to C/N^i$, $i=1,2,\cdots$, と順次持ち上げてゆけば，$B \to \varprojlim C/N^i=C$ が定義されたことになるからである．

最初の仮定 $N^2=0$ に戻って，C, N と連続な $u:B\to C/N$ とに対して，u の C への持ち上げが高々1つしか存在しないときは，B が A 上 ***I*-不分岐** (I-unramified, I-neat) であるという．I-順滑かつ I-不分岐なときには ***I*-etale** という．これらの条件は，イデアル I が大きくなるほど弱くなる．

定理 28.1.（推移律）$A \xrightarrow{g} B \xrightarrow{g'} B'$ を環の射の列とし，B に I 進位相，B' に I' 進位相を入れるとき g' は連続写像であるとする．B が A 上 I-順滑で B' が B 上 I'-順滑なら B' は A 上 I'-順滑である．“順滑”を“不分岐”でおきかえても同様である．

証明．

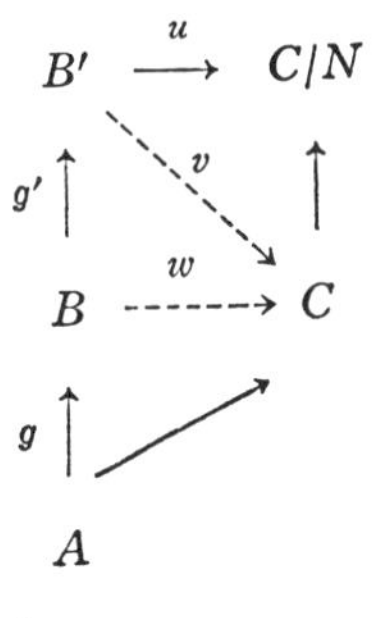

左図で u が与えられたとき，$ug':B \to C/N$ は連続であるから $w:B \to C$ へ持ち上げられる（I-順滑性）．次に B' の B 上の I'-順滑性を用いて u を $v:B' \to C$ へ持ち上げればよい．また B が I-不分岐なら，上図の v が存在するとき $w=vg'$ が一意的であるから，さらに B' が B 上 I'-不分岐なら v が一意的である．▮

定理 28.2.（底の変換）A を環，B と A' を A 代数とし，$B'=B\otimes_A A'$ とおく．B が A 上 I-順滑ならば B' は A' 上に IB'-順滑である．不分岐性についても同様．

証明.

$$\begin{array}{ccccc} B & \xrightarrow{p} & B' & \xrightarrow{u} & C/N \\ \uparrow & & q\uparrow & & \uparrow \\ A & \longrightarrow & A' & \xrightarrow{\lambda} & C \end{array}$$

上図で p, q は自然な準同形とし, u は $u(I^\nu B')=0$ をみたすとすれば, up が $v:B\longrightarrow C$ に持ち上げられる. $v':B'=B\otimes_A A'\longrightarrow C$ を $v'=v\otimes\lambda$ で定義すればこれが u の持ち上げである. 不分岐性については, v' が v できまることから明らかである. ▮

例 1. kを環, $(A,\mathfrak{m})$ を局所環, $(\hat{A},\hat{\mathfrak{m}})$ をその完備化, $k\rightarrow A$ を準同形とすれば,

i) $\hat{A}$ は A 上に $\hat{\mathfrak{m}}$-etale.

ii) A が k 上に $\mathfrak{m}$-順滑 ($\mathfrak{m}$-不分岐) $\Longleftrightarrow$ $\hat{A}$ が k 上に $\hat{\mathfrak{m}}$-順滑 ($\hat{\mathfrak{m}}$-不分岐).

証明は $\hat{A}/\hat{\mathfrak{m}}^\nu\simeq A/\mathfrak{m}^\nu$ からただちに得られる.

例 2. A を任意の環とし $B=A[[X_1,\cdots,X_n]]$, $I=\sum_1^n X_iB$ とおき, B に I 進位相を入れれば, B は A 上に I-順滑である.

注. 0-順滑性と I-順滑性の間に実際どれくらいの差があるかは, まだよくわかっていないようである. 上の例1の $\hat{A}$ や例2の B が A 上 0-順滑でないということの証明を著者は知らない.

$(A,\mathfrak{m},K)$ を局所環とする. A の標数 char(A) が素数 p なら K の標数も p である. また char$(K)=0$ なら char$(A)=0$ で, A は有理数体 $\boldsymbol{Q}$ を含む. これら2つの場合には A は**等標数** (equicharacteristic または equal characteristic) の局所環であるという. A が等標数であることと体を含むこととは同値である. 局所環 A が等標数でないときには

$$\mathrm{char}(A)=0,\qquad \mathrm{char}(K)=p$$

となるか

$$\mathrm{char}\,(A)=p^n,\qquad n>1,\qquad \mathrm{char}\,(K)=p$$

となるかである．このとき**不等標数** (unequal characteristic) の局所環という．

A が等標数の局所環で K' が A の部分体だとする．自然な準同形 $A \to K=A/\mathfrak{m}$ によって $K' \simeq K$ となるとき，いいかえれば $A=K'+\mathfrak{m}$ であるとき，K' を A の**係数体** (coefficient field) という．また，K が K' (の K における像) の上に 0-etale であるとき，K' を A の**準係数体** (quasi-coefficient field) という．

定理 28.3. ($A, \mathfrak{m}, K$) を等標数の局所環とすれば，

i) A は準係数体をもつ．

ii) A が完備なら係数体をもつ．

iii) A の剰余体 K が A の部分体 k の上に分離的ならば，A は k を含む準係数体 K' をもつ．

iv) K' が A の準係数体なら，A の完備化 $\hat{A}$ には K' を含む係数体 K'' が一意的に存在する．

証明． iii) k 上の K の微分基底を $B=\{\xi_1, \xi_2, \cdots\}$ とし，各 ξ_i に対して A におけるその原像 x_i を1つずつえらぶ．$\xi_1, \xi_2, \cdots$ が k 上代数的独立だから (定理 26.8)，A の部分環 $k[x_1, x_2, \cdots]$ と $\mathfrak{m}$ との共通部分は $\{0\}$，したがって A は体 $K'=k(x_1, x_2, \cdots)$ を含む．K' をその K における像 $k(B)$ と同一視すれば，K は明らかに K' 上 0-etale であるから，K' が求める準係数体である．

i) A は仮定により体を含むから，完全体 (たとえば素体) を含む．これを k として iii) を適用すればよい．

iv)

$$\begin{array}{ccc} K & = & \hat{A}/\hat{\mathfrak{m}} \\ \uparrow & & \uparrow \\ K' & \longrightarrow & \hat{A} \end{array}$$

左図において，恒等写像 $K \to \hat{A}/\hat{\mathfrak{m}}$ の持ち上げ $K \to \hat{A}$ が一意的に存在し，その像が求める係数体である．

ii) は i) と iv) から出る． ▮

次の補題は後に定理 28.7 の形に精密化される．

補題 1. ネータ局所環 $(A, \mathfrak{m}, K)$ が体 k を含むとする．A が k 上に $\mathfrak{m}$-順滑であれば A は正則である．剰余体 K が k 上に分離的なら逆も成り立つ．

証明．k に含まれる完全体 k_0 をとれば，k は k_0 上に 0-順滑，したがって推移律により A は k_0 上にも $\mathfrak{m}$-順滑である．よって k を完全体としてよい．また A を $\hat{A}$ でおきかえて，A が完備であるとしてよい．すると A は k を含む係数体をもつ．これを簡単のため K と同一視して同じ K で表わす．$\mathfrak{m}$ の極小底 $\{x_1, \cdots, x_n\}$ をとれば，K 代数として

$$A/\mathfrak{m}^2 \simeq K[X_1, \cdots, X_n]/(X_1, \cdots, X_n)^2$$

である．合成写像

$$A \to A/\mathfrak{m}^2 \overset{\sim}{\to} K[X_1, \cdots, X_n]/(X)^2 \overset{\sim}{\to} K[[X_1, \cdots, X_n]]/(X)^2$$

を $A \to K[[X_1, \cdots, X_n]]$ に持ち上げることができ，これは定理 8.4 により全射である．よって $\dim A \geqslant \dim K[[X_1, \cdots, X_n]] = n$ であり，$\mathrm{emdim}\, A = n$ とあわせて A が正則局所環であることがわかる．

逆に A が正則で K が k 上分離的なら，$\hat{A}$ は k を含むような係数体 K をもつ．$\hat{A}$ の正則巴系 $\{x_1, \cdots, x_n\}$ をとり，べき級数環 $K[[X_1, \cdots, X_n]]$ から $\hat{A}$ への K 代数としての射 ψ を $\psi(X_i) = x_i$ で定義すれば，再び定理 8.4 により ψ は全射で，次元をくらべて

$$\hat{A} \overset{\sim}{\leftarrow} K[[X_1, \cdots, X_n]]$$

がわかる．ゆえに $\hat{A}$ は K 上 $\hat{\mathfrak{m}}$-順滑，K は k 上 0-順滑，したがって $\hat{A}$ は k 上 $\hat{\mathfrak{m}}$-順滑，よって A は k 上 $\mathfrak{m}$-順滑である．▌

$k \to A \to B$ を環の射の列，I を B のイデアルとし B に I 進位相を入れて考える．B が **k に関して A 上 I-順滑** (I-smooth over A relative to k) とは次の条件が成り立つことをいう：A 代数 C と，C のイデアル N で $N^2 = 0$ をみたすものと，A 代数の射 $u : B \to C/N$ で十分大きな ν に対し $u(I^\nu) = 0$ をみたすものとが与えられ，u が k 代数の射 $v : B \to C$ に

持ち上げられるならば，u は A 代数の射 $v':B \to C$ にも持ち上げられる．

$$\begin{array}{ccccc} & & B & \xrightarrow{u} & C/N \\ & & \uparrow & \searrow & \uparrow \\ k & \longrightarrow & A & \longrightarrow & C \end{array}$$

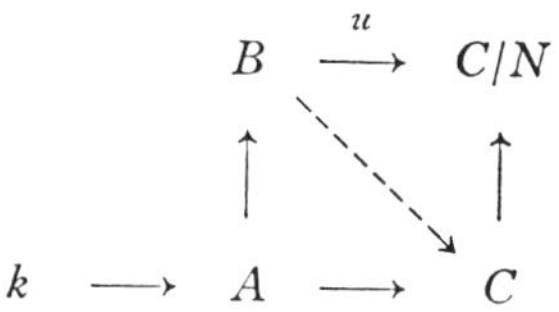

定理 28.4. $k \xrightarrow{f} A \xrightarrow{g} B$, $I \subset B$ を上の通りとすると，次の3条件はすべて同値である：

（1） B は k に関して A 上 I-順滑である，

（2） N が B 加群で，十分大きな ν に対し $I^\nu N=0$ となるならば，$\mathrm{Der}_k(B, N) \longrightarrow \mathrm{Der}_k(A, N)$ は全射である，

（3） $\Omega_{A/k} \otimes_A (B/I^\nu) \longrightarrow \Omega_{B/k} \otimes_B (B/I^\nu)$ がすべての $\nu>0$ に対して左可逆（すなわち単射で像が直和因子になる）である．

証明．（1）⇒（2） $I^\nu N=0$ なら，$C=(B/I^\nu)*N$ とおき $u:B \to B/I^\nu =C/N$ を自然な射とせよ．$D \in \mathrm{Der}_k(A, N)$ が与えられたとき，$\lambda:A \to C$ を $\lambda(a)=(ug(a), D(a))$ で定義する．λ によって C を A 代数とみるとき，$b \mapsto (u(b), 0) \in C$ は B から C への k 代数の射として u の持ち上げであるから，仮定により A 代数の射としての u の持ち上げ $v':B \longrightarrow C$ も存在する．

$$v'(b) = (u(b), D'(b)), \qquad D' \in \mathrm{Der}_k(B, N)$$

の形に書けて，$v'g=\lambda$ から $D'g=D$ が得られる．

（2）⟹（1）

$$\begin{array}{ccccc} & & B & \xrightarrow{u} & C/N \\ & & {\scriptstyle g}\uparrow & & \uparrow{\scriptstyle j} \\ k & \xrightarrow{f} & A & \xrightarrow{\lambda} & C \end{array}$$

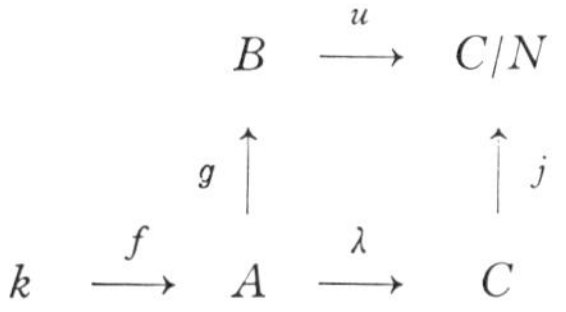

j は自然な射，$u(I^\nu)=0$,

が可換で，$v:B \to C$ が $jv=u$, $vgf=\lambda f$ をみたすとき，$D=\lambda-vg$ とおくと $D \in \mathrm{Der}_k(A, N)$ とみなせる．仮定により $D' \in \mathrm{Der}_k(B, N)$ が存在して $D=D'g$ となる．これを用いて $v'=v+D'$ とおくと

$$v'g = vg + D'g = \lambda - D + D = \lambda, \quad jv' = u.$$

(2)$\Longleftrightarrow$(3) は，一般に R を環，$\varphi: M \to M'$ を R 加群の射とすれば，φ が左可逆であることと，任意の R 加群 N について

$$\mathrm{Hom}_R(M', N) \longrightarrow \mathrm{Hom}_R(M, N)$$

が全射であることが同値であることに注意すればよい． ▮

定理 28.5. A が環，B が A 代数，I が B のイデアルで B が A 上に I-順滑であるとする．$\bar{B}=B/I$ とおく．このとき $\Omega_{B/A}\otimes_B\bar{B}$ は $\bar{B}$ 加群として射影的である．

証明． $\bar{B}$ 加群の完全列 $L \xrightarrow{\varphi} M \longrightarrow 0$ に対し

$$\mathrm{Hom}_{\bar{B}}(\Omega_{B/A}\otimes\bar{B}, L) \longrightarrow \mathrm{Hom}_{\bar{B}}(\Omega_{B/A}\otimes\bar{B}, M) \longrightarrow 0$$

すなわち

$$\mathrm{Der}_A(B, L) \longrightarrow \mathrm{Der}_A(B, M) \longrightarrow 0$$

が完全列であればよい．

$C=\bar{B}*L$, $N=\mathrm{Ker}(\varphi)$, とおく．L も N も C のイデアルとみれば $L^2=N^2=0$, $C/N\simeq\bar{B}*M$ である．任意の $D\in\mathrm{Der}_A(B, M)$ に対し，A 代数の射 $B \to C/N$ が

$$b \longmapsto (\bar{b}, D(b)) \in \bar{B}*M$$

によって得られ，これを $B \to C$ に持ち上げることは D を $\mathrm{Der}_A(B, L)$ の元に持ち上げることと同等である． ▮

補題 2. B を環，I を B のイデアル，$u: L \to M$ を B 加群の射とし，M は射影的とする．さらに

(α) I がべき零，または

(β) L が有限 B 加群で $I\subset\mathrm{rad}(B)$,

のいずれかが成り立つとする．このとき

$$u \text{ が左可逆} \iff \bar{u}: L/IL \to M/IM \text{ が左可逆}$$

証明． $\Rightarrow$ は自明．$\Leftarrow$ を示すために，$\bar{v}: M/IM \to L/IL$ が $\bar{u}$ の左逆元

であるとする．M が射影的だから

$$\begin{array}{ccc} M & \xrightarrow{v} & L \\ \downarrow & & \downarrow \\ M/IM & \xrightarrow{\bar{v}} & L/IL \end{array}$$

が可換になるような v が存在する．$w=vu$ とおく．w がひきおこす L/IL の自己準同形は L/IL の恒等写像だから $L=w(L)+IL$, よって NAK により $L=w(L)$. よって L が有限 B 加群なら定理 2.4 により w は単射でもある．また $I^\nu=0$ のときは次のようにする．$x\in \mathrm{Ker}(w)$ とすると $0=w(x)\equiv x \bmod IL$ だから $x\in IL$ で，$x=\sum a_iy_i$, $a_i\in I$, $y_i\in L$, と書ける．すると

$$0 = w(x) = \sum a_i w(y_i) \equiv \sum a_i y_i = x \bmod I^2L,$$

よって $x\in I^2L$, 以下同様にしてゆけば $x\in I^\nu L=0$ に到達する．よってこのときにも w は L の自己同形となり，$w^{-1}v$ が求める u の左逆元になる．▌

定理 28.6.　$k\longrightarrow A\longrightarrow B$ を環の射，I を B のイデアルとし，B が k 上 I-順滑であるとする．$B_1=B/I$ とおく．このとき，次の条件は同値である：

（1）　B が A 上 I-順滑，

（2）　$\Omega_{A/k}\otimes_A B_1\longrightarrow \Omega_{B/k}\otimes_B B_1$ が B_1 加群の射として左可逆.

証明．（1）⇒（2）は定理 4 に含まれる．逆に（2）が成り立つとする．任意の $\nu>0$ に対し，I-順滑性と I^ν-順滑性は同じことだから，$B_\nu=B/I^\nu$ とおけば定理 5 により $\Omega_{B/k}\otimes B_\nu$ は射影的 B_ν 加群である．$I_\nu=I/I^\nu$ とおけば $B_\nu/I_\nu=B_1$, $(I_\nu)^\nu=0$, よって補題 2 を適用すれば $\Omega_{A/k}\otimes_A B_\nu\longrightarrow \Omega_{B/k}\otimes_B B_\nu$ が左逆元をもつことがわかる．定理 4 により B は k に関し A 上 I-順滑であるが，k 上にも I-順滑であるから“k に関し”を省いてよい．▌

系．（$A, \mathfrak{m}, K$）が体 k を含む正則局所環ならば

$$A \text{ が } k \text{ 上 } \mathfrak{m}\text{-順滑} \iff \Omega_k\otimes_k K\longrightarrow \Omega_A\otimes_A K \text{ が単射}$$

証明. k の中の素体を k_0 とすれば補題1で A は k_0 上 $\mathfrak{m}$-順滑だから, 定理を $k_0 \to k \to A$ に適用すればよい. ▌

A をネータ局所環, k を A の部分体とする. k のどんな有限次代数拡大 k' に対しても $A \otimes_k k'$ が正則環であるとき, A は $\boldsymbol{k}$ **上幾何学的に正則** (geometrically regular) であるといわれる.

定理 28.7. $(A, \mathfrak{m}, K)$ をネータ局所環とし, k を A の部分体とすると, A が k 上に $\mathfrak{m}$-順滑 $\Longleftrightarrow$ A が k 上幾何学的に正則.

証明. ($\Rightarrow$) k' を k の有限次代数拡大とする. $A \otimes_k k' = A'$ は k' 上 $\mathfrak{m}A'$-順滑である (底の変換). A' の任意の極大イデアル $\mathfrak{n}$ をとれば, A' が A 上に有限加群したがって整であるから $\mathfrak{n} \supset \mathfrak{m}A'$, よって $A'' = A'_{\mathfrak{n}}$, $\mathfrak{m}'' = \mathfrak{n}A''$ とおくと $A' \longrightarrow A''$ は A' の $\mathfrak{m}A'$ 進位相と A'' の $\mathfrak{m}''$ 進位相に関し連続で, 一方局所化 A'' は A' 上に 0-etale, したがって定理1により A'' は k' 上 $\mathfrak{m}''$-順滑になり, 補題1により $A'' = A'_{\mathfrak{n}}$ は正則局所環である. それが証明すべきことであった.

($\Leftarrow$) 補題1によれば, k が標数 p のときだけが問題である. 以下の証明は Münster 大学の学生 Faltings 君が 1977 年に得たものである.

前定理の系により, $\Omega_k \otimes_k K \longrightarrow \Omega_A \otimes_A K$ が単射であることをいえばよい. そのために $x_1, \cdots, x_r$ を k の p 独立な元とし, $dx_1, \cdots, dx_r$ が $\Omega_A \otimes K$ で K 上1次独立なことを示そう. x_i の p 乗根を α_i とし, $k' = k(\alpha_1, \cdots, \alpha_r)$ とおく. すると

$$B = A \otimes_k k' = A[T_1, \cdots, T_r]/(T_1^p - x_1, \cdots, T_r^p - x_r)$$

はネータ局所環である. その極大イデアルを $\mathfrak{n}$, 剰余体を L とおく. 定理 25.2 により

$$0 \longrightarrow \mathfrak{n}/\mathfrak{n}^2 \longrightarrow \Omega_B \otimes_B L \longrightarrow \Omega_L \longrightarrow 0$$

は完全列である. 同様に

$$0 \longrightarrow \mathfrak{m}/\mathfrak{m}^2 \longrightarrow \Omega_A \otimes_A K \longrightarrow \Omega_K \longrightarrow 0$$

も完全列である. 次の可換図形を考えよう:

$$\begin{array}{ccccccccc} 0 \longrightarrow & \mathfrak{n}/\mathfrak{n}^2 & \longrightarrow & \Omega_B\otimes_B L & \longrightarrow & \Omega_L & \longrightarrow 0 \\ & \varphi_1 \uparrow & & \varphi_2 \uparrow & & \varphi_3 \uparrow & \\ 0 \longrightarrow & (\mathfrak{m}/\mathfrak{m}^2)\otimes_K L & \longrightarrow & \Omega_A\otimes_A L & \longrightarrow & \Omega_K\otimes_K L & \longrightarrow 0, \end{array}$$

ここに $\varphi_1, \varphi_2, \varphi_3$ は自然な射である．これからいわゆる snake lemma で

$$0 \longrightarrow \operatorname{Ker}(\varphi_1) \longrightarrow \operatorname{Ker}(\varphi_2) \longrightarrow \operatorname{Ker}(\varphi_3)$$
$$\longrightarrow \operatorname{Coker}(\varphi_1) \longrightarrow \operatorname{Coker}(\varphi_2) \longrightarrow \operatorname{Coker}(\varphi_3) \longrightarrow 0$$

という L 加群の完全列が得られる．仮定により A も B も同じ次元の正則局所環だから $\operatorname{rank}\mathfrak{m}/\mathfrak{m}^2=\dim A=\operatorname{rank}\mathfrak{n}/\mathfrak{n}^2$，よって $\operatorname{rank}\operatorname{Ker}(\varphi_1)$ も rank $\operatorname{Coker}(\varphi_1)$ も有限で等しい．また L は K 上有限次代数拡大であるから，$\operatorname{rank}\operatorname{Ker}(\varphi_3)$ と $\operatorname{rank}\operatorname{Coker}(\varphi_3)$ とは共に有限で等しい（Cartier の等式）．したがって上の完全列から

$$\operatorname{rank}\operatorname{Ker}(\varphi_2) = \operatorname{rank}\operatorname{Coker}(\varphi_2)$$

が得られる．一方 $\operatorname{Coker}(\varphi_2)=\Omega_{B/A}\otimes_B L$ であり，定理 25.2 により

$$\Omega_{B/A} = BdT_1+\cdots+BdT_r \simeq B^r$$

であるから，$\operatorname{Coker}(\varphi_2)$ も $\operatorname{Ker}(\varphi_2)$ も rank は r に等しい．
$J=(T_1^p-x_1, \cdots, T_r^p-x_r)$ とおくと

$$J/J^2 \xrightarrow{\delta} \Omega_{A[T_1,\cdots,T_r]}\otimes B = \Omega_A\otimes B \oplus \sum BdT_i \longrightarrow \Omega_B \longrightarrow 0$$

が完全列，これに $\otimes_B L$ を施しても完全列だから，$\operatorname{Ker}(\varphi_2)$ は $dx_1, \cdots, dx_r$ で生成されることがわかる．よって $dx_1, \cdots, dx_r$ は $\Omega_A\otimes L$ で L 上1次独立，したがって $\Omega_A\otimes K$ では K 上1次独立でなければならない．それが証明すべきことであった．▮

B を A 代数，I を B のイデアルとし，B に I 進位相を入れて考える．N を，ある $\nu>0$ に対し $I^\nu N=0$ をみたす B 加群（今後このような N をディスクリートな B 加群とよぶことにする）とする．A 上の双線形写像 $f: B\times B \longrightarrow N$ が

(α)　$xf(y,z)-f(xy,z)+f(x,yz)-f(x,y)z = 0 \quad (\forall x,y,z\in B)$,

（β） $f(x,y)=f(y,x)$,

（γ） $\exists\mu\geqslant\nu$: $x\in I^{\mu}$ または $y\in I^{\mu}$ ならば $f(x,y)=0$

をみたすとき，f を**連続な対称 2-コサイクル**という．このとき，$f(1,1)=\tau$ とおき（α）に $y=z=1$ を代入すれば $x\tau=f(x,1)$ が得られる．

A 加群 $C=(B/I^{\mu})\oplus N$ に積を

$$(\bar{x},\xi)(\bar{y},\eta)=(\bar{x}\bar{y},\ -f(x,y)+x\eta+y\xi)$$

$(x,y\in B)$ で定義すれば，C は $(1,\tau)$ を単位元とする可換環になる．N は C のイデアルで $N^2=0$ をみたす．写像 $A\longrightarrow C$ を $a\longmapsto(\bar{a},a\tau)$ で定義すると環の射になり，

$$\begin{array}{ccc} B & \xrightarrow{u} & B/I^{\mu}=C/N \\ \uparrow & & \uparrow \\ A & \longrightarrow & C \end{array}$$

は可換図形で，u が $B\longrightarrow C$ に持ち上げられるための必要十分条件は，A 線形写像 $g:B\longrightarrow N$ で

$$(\alpha')\qquad f(x,y)\ =\ xg(y)-g(xy)+g(x)y\quad(\forall x,y\in B)$$

をみたすものが存在することである．実際，g が存在すれば，$v:B\longrightarrow C$ を $v(x)=(\bar{x},g(x))$ で定義すれば u の持ち上げになり，逆に u の持ち上げ v があればこれから上のような g が得られることが容易にたしかめられる．

（α'）をみたす g が存在するとき，コサイクル f は**分解する**といわれる．$g:B\longrightarrow N$ を任意の A 線形写像とするとき，（α'）の右辺で与えられる双線形写像 $B\times B\longrightarrow N$ を δg で表わす．δg は（α），（β）をみたし，g が連続（$\exists\mu: g(I^{\mu})=0$）ならば（γ）をもみたす．

定理 28.8. A を環，B を I 進位相をもつ A 代数とする．

i） B が A 上 I-順滑なら，ディスクリート B 加群 N に値をもつ連続な対称 2-コサイクル $f:B\times B\longrightarrow N$ は分解する．

ii） B が A 加群として射影的で，任意のディスクリート B 加群に値をもつ連続な対称 2-コサイクルがかならず分解するならば，B は A 上 I-

順滑である．

証明．　i）はいま述べたことに含まれる．ii）：可換図形

$$\begin{array}{ccc} B & \xrightarrow{u} & C/N \\ \uparrow & & \uparrow \\ A & \longrightarrow & C \end{array} \qquad u(I^\nu)=0, \quad N^2=0$$

が与えられたとき，C 加群 N は $N^2=0$ によって C/N 加群とみなされ，さらに u によって B 加群とみなされるが，そのとき $I^\nu N=0$，したがって N はディスクリート B 加群である．B が射影的だから u は A 加群の射 λ: $B \to C$ に持ち上げられる．$x, y \in B$ に対し

$$f(x,y) = \lambda(xy)-\lambda(x)\lambda(y)$$

とおくと，λ は $\mathrm{mod}\, N$ で環の射 u になるから $f(x,y)\in N$．さて $\xi\in N$, $x\in B$ なら定義から $\lambda(x)\cdot\xi=x\cdot\xi$（左辺は C における積）であり，これを用いて（α）の左辺を計算すれば0になる．対称性（β）は明らか．また $\lambda(I^{2\nu})=0$ によって（γ）がわかる．ゆえに f は連続な対称 2-コサイクルであるから，仮定により A 線形写像 $g: B \to N$ があって

$$f(x,y) = xg(y)-g(xy)+g(x)y$$

をみたす．$v=\lambda+g$ とおけば

$$\begin{aligned} v(xy) &= \lambda(xy)+g(xy) \\ &= \lambda(x)\lambda(y)+f(x,y)+g(xy) \\ &= \lambda(x)\lambda(y)+\lambda(x)g(y)+g(x)\lambda(y) \\ &= v(x)v(y) \end{aligned}$$

であるから，v は A 代数の射であり，u の持ち上げである．▮

定理 28.9. （[G 1] 19.7.1）（$A, \mathfrak{m}, k$），（$B, \mathfrak{n}, k'$）をネータ局所環とする．$\varphi: A \to B$ を局所環の射とし，$B_0=B\otimes_A k=B/\mathfrak{m}B$, $\mathfrak{n}_0=\mathfrak{n}/\mathfrak{m}B$ とおくと，次の条件は同値である：

（1） B は A 上に $\mathfrak{n}$-順滑である,

（2） B は A 上平坦で, B_0 は k 上 $\mathfrak{n}_0$-順滑である.

これは大変重要な定理であるが, 証明はむつかしくて長いので, [G 1] を見ていただくことにして, われわれはこれと類似の次の定理（本書で後に必要になるのはこれだけである）を証明するだけで満足しよう.

定理 28.10. $(A, \mathfrak{m}, k)$ を局所環, B を平坦な A 代数とし, $B_0=B\otimes_A k$ が k 上 0-順滑であるとする. すると B は A 上 $\mathfrak{m}B$-順滑である.

証明. $\mathfrak{m}B$-順滑性の定義からわかるように, 各 $\nu>0$ に対し $B/\mathfrak{m}^\nu B$ が $A/\mathfrak{m}^\nu$ 上に 0-順滑であればよく, $B/\mathfrak{m}^\nu B$ は $A/\mathfrak{m}^\nu$ 上に平坦であるから, $\mathfrak{m}$ がべき零だとしてよい. すると平坦な A 加群は自由加群である（定理 7.10）から B は A 上射影加群で, 定理8によれば, 任意の B 加群 N に値をもつ対称 2-コサイクル $f: B\times B \longrightarrow N$ が分解することを示せばよい. まず N が $\mathfrak{m}N=0$ をみたすときは, f は本質的には B_0 上の 2-コサイクルとなる. すなわち $f_0: B_0\times B_0 \longrightarrow N$ があって $f(x, y)=f_0(\bar{x}, \bar{y})$ が成り立つ.

さて, B_0 は k 上 0-順滑だから定理8により f_0 は分解する. すなわち $g_0: B_0 \rightarrow N$ があって $f_0=\delta g_0$ をみたす. よって $g(x)=g_0(\bar{x})$ とおけば

$$f = \delta g.$$

一般の場合は, 自然な射 $N \longrightarrow N/\mathfrak{m}N$ を φ で表わし $\varphi\circ f$ を考えるとこれは分解する. すなわち $\bar{g}: B \longrightarrow N/\mathfrak{m}N$ があって

$$\varphi\circ f = \delta\bar{g}.$$

いま B が A 上射影的だから $\bar{g}$ を A 線形写像 $g: B \rightarrow N$ に持ち上げれば, $f-\delta g$ は $\mathfrak{m}N$ に値をもつ 2-コサイクルである. ふたたび同様にして, $h: B \rightarrow \mathfrak{m}N$ があって $f-\delta(g+h)$ は $\mathfrak{m}^2N$ に値を持つ 2-コサイクルである. 以下同様につづければ, $\mathfrak{m}$ がべき零だから結局 f が分解する. ∎

§ 28 の問題 次の命題を証明せよ.

【28. 1】 定理 28. 10 において "順滑" を "不分岐" または "etale" でおきかえても正

しい．

【28.2】 k を標数 p の不完全体，$a\in k-k^p$ とし，$A=k[X]_{(X^p-a)}$ とおけば A の剰余体 $k(a^{1/p})$ は k 上分離的でない．この A は k を含む係数体を含まないが，k 上 0-順滑である．

§ 29. 完備局所環の構造定理

等標数の完備局所環 A は係数体をもつ（定理 28.3）．K を A の1つの係数体，$x_1, \cdots, x_n$ を極大イデアルの生成元とすると A の各元は K 係数の $x_1, \cdots, x_n$ のべき級数に展開できるから，A は正則局所環 $K[[X_1, \cdots, X_n]]$ の準同形像である．これらのことを不等標数の場合にも拡張したい．

標数0の DVR で，その極大イデアルが素数 p で生成されるものを p 環という．標数 p の体 K が与えられたとき，K を剰余体とする p 環は存在する．それは次の定理を $A=\boldsymbol{Z}_{pZ}$ に適用すればよい．

定理 29.1. (A, tA, k) を DVR とし，K を k の拡大体とすれば，A を含む DVR (B, tB, K) が存在する．

証明．K の k 上の超越基底を $\{x_\lambda\}_{\lambda\in\Lambda}$ とし，$k_1=k(\{x_\lambda\})$ とおく．$\{x_\lambda\}$ と同数の A 上の不定元 $\{X_\lambda\}_{\lambda\in\Lambda}$ をとり，$A[\{X_\lambda\}]=A'$，$A_1=(A')_{tA'}$ とおく．A' は自由 A 加群であるから t 進位相で分離的，したがって A_1 もそうであるから，A_1 は DVR であり，$A_1/tA_1\simeq k_1$ である．よって A，k を A_1，k_1 でおきかえて，K が k 上代数的であるとしよう．A の商体の代数的閉包を L とし，A を含む L の部分環 B と，B から K への A 上の準同形 $\varphi: B\to K$ との対 (B, φ) で，条件

"B は DVR であり，$\mathrm{Ker}(\varphi)=\mathrm{rad}(B)$ は t で生成される"

をみたすものの全体を $\mathscr{F}$ とする．(B, φ)，(C, ψ) が $\mathscr{F}$ の元で $B\subset C$，$\psi|_B=\varphi$ であるとき $(B, \varphi)<(C, \psi)$ として $\mathscr{F}$ に順序を入れる．$\mathscr{F}$ が極大元をもつことを見よう．

$$\mathscr{G} = \{(B_i, \varphi_i)\}_{i\in I}$$

が $\mathscr{F}$ の線形順序部分集合ならば,

$$B_0 = \bigcup B_i$$

とおくと,容易にわかるように B_0 は tB_0 を極大イデアルとする局所環である.$0 \neq x \in B_0$ ならば,$x \in B_i$ となる番号 i があり,B_i は DVR だから $x = t^n u$, u は B_i の単元,となる n と u がある.これから $x \notin t^{n+1}B_0$ が得られるから,B_0 は t 進位相で分離的である.よって B_0 は DVR であり,$\varphi_0 : B_0 \to K$ を B_i 上では φ_i に等しいとして定めると $(B_0, \varphi_0) \in \mathscr{F}$ である.よって Zorn の補題により $\mathscr{F}$ は極大元をもつ.(B, φ) を $\mathscr{F}$ の極大元とする.もし $\varphi(B) \neq K$ ならば,$\varphi(B)$ に入らない K の元 a をとり,a の $\varphi(B)$ 上の既約方程式を $\bar{f}(X)$ とし,$\bar{f}$ の $B[X]$ における原像となるようなモニック多項式 $f(X)$ をとれば,$f(X)$ は $B[X]$ で既約,したがって問題【9.6】により B の商体を係数としても既約であるから,$f(X)$ の L における根の1つを α とし,$B' = B[\alpha]$ とおくと,$B' = B[X]/(f)$ が成り立つ.ゆえに

$$B'/tB' = B[X]/(t, f) = \varphi(B)[X]/(\bar{f}) = \varphi(B)(a)$$

は体である.B' は B 上整だから,B' のすべての極大イデアルは tB' を含み,したがって B' は tB' を極大イデアルとする局所整域で,B 上有限生成だからネータ環でもあるから DVR である.これは B の極大性に反するから,$\varphi(B) = K$ でなくてはならない. ∎

注. B は A を含む整域だから【10.2】により A 上に平坦である.EGA 0_{III} (10.3.1) には,より一般に次のことが証明されている."$(A, \mathfrak{m}, k)$ がネータ局所環,K が k の拡大体ならば,A を含むネータ局所環 B で (1) $\mathrm{rad}(B) = \mathfrak{m}B$, (2) $B/\mathfrak{m}B$ は K と k 上同形,(3) B は A 上平坦,の3条件をみたすものが存在する."

定理 29.2. $(A, \mathfrak{m}, K)$ を完備局所環,(R, pR, k) を p 環とし $\varphi_0 : k \to K$ を体の射とすれば,R から A への局所環の射 $\varphi : R \to A$ で剰余体の間に φ_0 をひきおこすものが存在する.

証明. $S = \boldsymbol{Z}_{p\boldsymbol{Z}}$ とおく.k の中の素体を k_0 とする.$\varphi_0(k_0) \subset K$ だから,p を A の元と見れば $\mathfrak{m}$ に入る.よって $\boldsymbol{Z}$ から A への標準的準同形は S か

ら A への局所環の射に拡張される．さて $R\otimes_S k_0=R/pR=k$ は k_0 の分離的拡大体だから k_0 上 0-順滑，また R は S 加群としてねじれがないから S 上に平坦，したがって定理 28.10 により R は S 上 pR-順滑である．

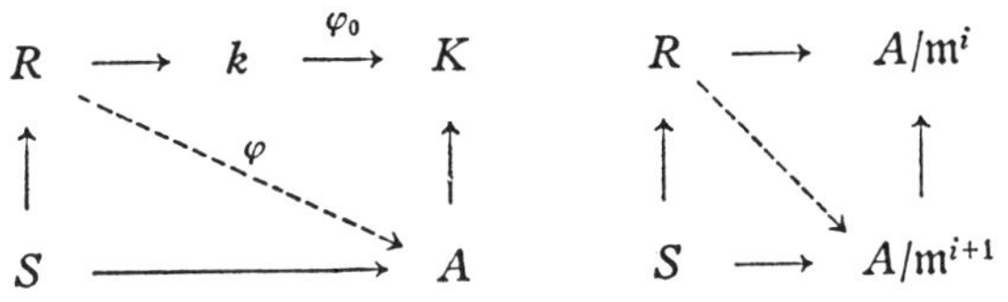

よって上の左の図を可換にする φ は，§ 28 のはじめに述べたように，$R\rightarrow K=A/\mathfrak{m}$ を順々に $R\rightarrow A/\mathfrak{m}^i$ へ持ち上げてゆき $A=\varprojlim A/\mathfrak{m}^i$ であることを用いて得られる．▮

系．完備 p 環はその剰余体によって同形の意味で一意的に決定される．

証明．R, R' が共に剰余体 k をもつ完備 p 環ならば，定理により局所環の射 $\varphi:R\rightarrow R'$ があって剰余体の恒等写像をひきおこす．$R'=\varphi(R)+pR'$ で，もちろん $\varphi(p)=p$ であるから，R の完備性からわかるように φ は全射であり，またいかなる p^nR も $\mathrm{Ker}(\varphi)$ に入らないから単射である．よって $R\simeq R'$．▮

$(A,\mathfrak{m},k)$ を不等標数の完備局所環，k の標数を p とする．A の部分環 A_0 が pA_0 を極大イデアルとする完備ネータ局所環で

$$A=A_0+\mathfrak{m}\quad(\text{したがって } k=A/\mathfrak{m}\simeq A_0/pA_0)$$

となるとき，A_0 を A の**係数環** (coefficient ring) という．A の剰余体 k に対し，定理 1 により p 環 S で $S/pS=k$ となるものがある．S の完備化を R と書くと R は完備 p 環で剰余体 k をもつ．定理 2 により局所環の射 $\varphi:R\rightarrow A$ があって剰余体の同形をひきおこす．$\varphi(R)=A_0$ とおけばこれは明らかに A の係数環である．A の標数が 0 のときには φ は単射で，$A_0\simeq R$ となる．A の標数が p^n のときには $A_0\simeq R/p^nR$ である．以上をまとめて次の定理を得る．

定理 29.3. $(A, \mathfrak{m}, k)$ が完備局所環で k の標数が p ならば，A は係数環をもつ．A が標数 0 ならば係数環は完備 DVR である．

以下，等標数の場合もまとめて論ずるため，係数体も係数環の一種と考えることにする．上の定理と定理 28.3 とから，次の重要な定理が得られる．

定理 29.4. $(A, \mathfrak{m}, k)$ を完備局所環とする．

i）$\mathfrak{m}$ が有限生成ならば，A はネータ環である．

ii）ネータ完備局所環は正則局所環の準同形像であり，したがって強鎖状環である．

iii）A がネータ完備局所環（A が不等標数のときには，さらに A を整域とする）ならば，次のような A の部分環 A' が存在する：A' は完備正則局所環であり，A は A' 加群として有限生成で，A と A' とは同じ剰余体をもつ．

証明．A の係数環 A_0 をとる．$\mathfrak{m}=(x_1, \cdots, x_n)$ ならば，A の各元は A_0 の元を係数とする $x_1, \cdots, x_n$ のべき級数に展開できるから，A は $A_0[[X_1, \cdots, X_n]]$ の準同形像であり，したがってネータ環である．A_0 は p 環 R の準同形像であるから A は $R[[X_1, \cdots, X_n]]$ の準同形像であり，$R[[X_1, \cdots, X_n]]$ は正則局所環したがって CM 環であるから，定理 17.9 により A は強鎖状環である．iii) を示すには，$\dim A=n$ とし，A が等標数の場合は $\{y_1, \cdots, y_n\}$ を A の任意の巴系とする．A が標数 0 の整域で k が標数 p の場合は，p を一員とする A の巴系 $\{y_1=p, y_2, \cdots, y_n\}$ がとれる．いずれの場合も $R=A_0$ だから，$R[[y]]=A'$ とおく．A' は，正則局所環

$$R[[Y]] = R[[Y_1, \cdots, Y_n]] \quad (y_1=p \text{ のときには } R[[Y_2, \cdots, Y_n]])$$

から A への，Y_i を y_i に写す R 上の準同形 $\varphi: R[[Y]] \longrightarrow A$ の像である．$\sum_1^n y_i A' = \mathfrak{m}'$ とおく．$A/\mathfrak{m}'A$ はアルティン環だから $A'/\mathfrak{m}'(=A/\mathfrak{m})$ の上に有限加群であり，A は $\mathfrak{m}'$ 進位相で分離的，よって定理 8.4 により A は有限 A' 加群である．したがって

$$\dim A' = \dim A = n$$

となる．$R[[Y]]$ は n 次元の整域であるから，もし φ の核が 0 でなければ $\dim A'<n$ となり矛盾する．よって φ は単射で $A' \simeq R[[Y]]$．▮

注．不等標数のときには，A が整域でないと iii）は成り立たないことがある．A の標数が p^m，$m>1$，のときには，どんな部分環も標数 p^m であるから正則でありえない．A が標数 0 でも，たとえば R を完備 p 環とし $A=R[[X]]/(pX)$ とおくと，A は 1 次元完備ネータ局所環であるから，iii）にいうような A' が存在すれば A' は 1 次元正則局所環すなわち DVR であり，その標数は 0，その剰余体の標数は p であるから，A'/pA' はアルティン環になり，したがって A/pA もアルティン環になるはずであるが，$A/pA \simeq k[[X]]$ は 1 次元であるから矛盾する．

等標数の局所環について準係数体を定義したように，不等標数の場合に準係数環を定義しよう．$(A, \mathfrak{m}, K)$ をかならずしも完備でない局所環とし，K の標数を p とする．A の部分環 S が A の**準係数環** (quasi-coefficient ring) であるとは次の 2 条件をみたすことである：

（1）S はネータ局所環で pS がその極大イデアルである，

（2）A の剰余体 K は S/pS の上に 0-etale である．

条件（1）によれば，A が標数 0 のときには S は DVR であり，標数 p^m のときには S はアルティン環である．

定理 29.5.　$(A, \mathfrak{m}, K)$ を局所環とし K の標数を p とする．A の部分環 C が pC を極大イデアルとするネータ局所環で，$K=A/\mathfrak{m}$ が C/pC の上に分離的であるとする．このとき C を含む A の準係数環 S が存在する．A が C 上平坦ならば S 上にも平坦である．

証明．K の C/pC 上の p 基底 $\{\beta_\lambda\}_{\lambda\in\Lambda}$ をとり，各 β_λ の A における原像 b_λ を 1 つえらぶ．$C[\{b_\lambda\}]=C'$ とおけば，$C'/(\mathfrak{m}\cap C')=(C/pC)[\{\beta_\lambda\}]$ は定理 26.8 により C/pC 上の多項式環である．よって C 係数の多項式 $f(\cdots X_\lambda \cdots)\ (\neq 0)$ が $f(b)\in\mathfrak{m}$ をみたし係数の最大公約数が p^r ならば

$$f(X) = p^r f_0(X), \quad \bar{f}_0(\beta) \neq 0$$

ゆえに $f_0(b)\notin\mathfrak{m}$, $r>0$ でなくてはならないから, $\mathfrak{m}\cap C'=pC'$ である. $S=(C')_{pC'}$ とおけば $S\subset A$, $\mathfrak{m}\cap S=pS$, $S/pS=(C/pC)(\{\beta_\lambda\})$ である. C' が p 進位相で分離的であるから S もそうであり, したがって S のイデアルは (0) か (p^n) の形であるから, S はネータ環であり, A の準係数環の条件をすべてみたしている. A が C 上平坦なら, 任意の n に対し

$$p^nC\otimes_C A \simeq p^nA,$$

よって

$$p^nC\otimes_C A = (p^nC\otimes_C S)\otimes_S A \to p^nS\otimes_S A \to p^nA$$

の合成が単射で, 第1の矢は全射であるから第2の矢 $p^nS\otimes A\longrightarrow p^nA$ が単射である. これは A が S 上平坦であることを示す (定理 7.7). ∎

C として $\boldsymbol{Z}_{p\boldsymbol{Z}}$ の A における像をとれば定理の条件がみたされるから, 任意の局所環に対して準係数環の存在が示されたことになる. (剰余体の標数が 0 のときは準係数体を準係数環とみなす.)

定理 29.6. $(A,\mathfrak{m},K)$ を局所環, $\hat{A}$ をその完備化とし, K の標数を $p>0$ とする. S を A の準係数環とし, S' をその $\hat{A}$ における像とすれば, S' を含む $\hat{A}$ の係数環 A_0 が一意的に存在する.

証明. S' は $\hat{A}$ の準係数環であるから, A を完備局所環として証明すればよい. A が標数0なら S は DVR で, 定理1により S を含む完備 p 環 R で剰余体が K になるものがある. K が S/pS 上に 0-etale で R が S 上平坦だから, R は S 上 pR-etale である (問題【28.1】). よって S 上の射 $R\to A$ で剰余体の恒等写像をひきおこすものが一意的に存在する. その像を A_0 とすれば $R\simeq A_0$ であり A_0 は A の係数環である. A が S を含む別の係数環 B をもったとすると, B も完備 p 環で, 上と同じ理由で S 上の射 $B\to A_0$, $B\to A$ がそれぞれ一意的に存在するから $B=A_0$ でなくてはならない.

A が標数 p^n のときには S はアルティン環, したがって完備であるから,

S 自身に定理 3 を適用すれば，完備 p 環 R_0 があって $S=R_0/(p^n)$ と書ける．R_0 を含む完備 p 環で剰余体が K になるものを R とすれば，それは R_0 上に pR-etale であり（【28.1】），R_0 上の射 $R \to A$ で剰余体 K に恒等写像をひきおこすものが一意的に存在する．その像は A の係数環で S を含む．一意性も標数 0 の場合と同様である．▮

次に，完備な正則局所環の構造をしらべよう．不等標数の局所環 $(A, \mathfrak{m}, K)$ において K の標数を p とするとき，$p \in \mathfrak{m}^2$ ならば A は**分岐している** (ramified) といい，$p \notin \mathfrak{m}^2$ ならば**不分岐** (unramified) という．等標数のときも不分岐という．

定理 29.7.　不分岐な完備正則局所環は，体または完備 p 環の上の形式的べき級数環である．

証明．　R を A の係数環とする．等標数のときは R は体で，A の正則巴系を $x_1, \cdots, x_n$ とすれば $A=R[[x_1, \cdots, x_n]] \simeq R[[X_1, \cdots, X_n]]$ である（定理 4 の証明参照）．不等標数のときは R は完備 p 環で，$p \in \mathfrak{m}-\mathfrak{m}^2$ だから p を含む A の正則巴系 $\{p, x_2, \cdots, x_n\}$ がとれる．このとき $A=R[[x_2, \cdots, x_n]] \simeq R[[X_2, \cdots, X_n]]$ である．▮

分岐している場合は，A を DVR 上の形式的べき級数環として表わせるとは限らない．この場合の構造定理をのべるには Eisenstein 拡大の概念が必要になる．

補題 1.（Eisenstein の既約性判定法）　A を環，$f(X)=X^n+a_1X^{n-1}+\cdots+a_n$，$a_i \in A$ とする．A の素イデアル $\mathfrak{p}$ があって，$a_1, \cdots, a_n \in \mathfrak{p}$，$a_n \notin \mathfrak{p}^2$ となるならば，f は $A[X]$ において既約である．A が整閉整域なら，単項イデアル (f) は $A[X]$ の素イデアルである．

証明．　f が可約なら，$f=(X^r+b_1X^{r-1}+\cdots+b_r)(X^s+c_1X^{s-1}+\cdots+c_s)$，$0<r<n$，$s=n-r$，$b_i, c_j \in A$，と表わせる．両辺の係数を $\bmod \mathfrak{p}$ で考える

と，$(A/\mathfrak{p})[X]$ で

$$X^n = (X^r+\bar{b}_1X^{r-1}+\cdots+\bar{b}_r)(X^s+\bar{c}_1X^{s-1}+\cdots+\bar{c}_s)$$

が成り立つから，b_i, c_j はすべて $\mathfrak{p}$ に属さなければならないが，そうすると $a_n=b_rc_s\in\mathfrak{p}^2$ となって仮定に反する．A が整閉整域のときは，A の商体を K とすると f は $K[X]$ でも既約である(【9.6】)．また f はモニックであるから $f\cdot A[X]=f\cdot K[X]\cap A[X]$ となり，これは $A[X]$ の素イデアルである．▮

$(A,\mathfrak{m})$ を正規局所環とするとき，

$$f = X^n+a_1X^{n-1}+\cdots+a_n, \qquad \forall a_i\in\mathfrak{m}, \qquad a_n\notin\mathfrak{m}^2,$$

によって

$$B = A[X]/(f) = A[x]$$

と表わされる環 B は A の **Eisenstein 拡大**とよばれる．補題により B は整域であり，A 上に整である．$B/\mathfrak{m}B=(A/\mathfrak{m})[X]/(X^n)$ だから B はただ1つの極大イデアル $\mathfrak{n}=\mathfrak{m}B+xB$ をもつ．よって B は局所環で，その剰余体は A のそれと一致する．

定理 29.8.　i)　$(A,\mathfrak{m})$ を正則局所環とすれば，A の Eisenstein 拡大もまた正則局所環である．

ii)　A が分岐した完備正則局所環，R が A の係数環ならば，A の部分環 A_0 で次の性質をもつものがある：

(1)　A_0 は R を含む不分岐完備正則局所環で，したがって R の上の形式的べき級数環として表わせる，

(2)　A は A_0 の Eisenstein 拡大である．

証明．　i)　$B=A[x]$，$x^n+a_1x^{n-1}+\cdots+a_n=0$，$a_i\in\mathfrak{m}$，$a_n\notin\mathfrak{m}^2$ とすれば，a_n を一員とする A の正則巴系 $\{y_1,\cdots,y_d=a_n\}$ が存在する．上で見たように B の極大イデアルは $\mathfrak{m}B+xB$ であるが，$a_n\in xB$ だから，$\{y_1,\cdots,y_{d-1},x\}$ は B の正則巴系である．

ii）ht $pA=1$ だから，A の正則巴系 $\{x_1, \cdots, x_d\}$ を上手にとれば，$\{p, x_2, \cdots, x_d\}$ が A の巴系になるようにできる．$A_0=R[[x_2, \cdots, x_d]]$ とおけば，A_0 は完備不分岐正則局所環で，A は A_0 上有限加群である（定理4の証明参照）．A_0 の極大イデアルを $\mathfrak{m}_0$ とおく．$A=\mathfrak{m}_0A+A_0[x_1]$ だから定理 8.4（または NAK）により $A=A_0[x_1]$ である．x_1 のみたす A_0 上の既約多項式を

$$f(X) = X^n+a_1X^{n-1}+\cdots+a_n, \quad a_i \in A_0$$

とする．$a_n \in x_1A \subset \mathfrak{m}$，よって $a_n \in \mathfrak{m}_0$ である．よって Hensel の補題（定理 8.3）からすべての $a_i \in \mathfrak{m}_0$．残るは $a_n \notin \mathfrak{m}_0^2$ を示すことである．$p=\sum_1^d b_ix_i$，$b_i \in A$，と書き，$b_i=\varphi_i(x_1)$，$\varphi_i(X) \in A_0[X]$，と表わせば，

$$F(X) = \varphi_1(X)X+\sum_2^d \varphi_i(X)x_i-p$$

は x_1 を根にもつから $f(X)$ で割り切れる．よって F の定数項 $F(0)$ は a_n で割り切れる．一方 $F(0)=\sum_2^d \varphi_i(0)x_i-p$ であり，$p, x_2, \cdots, x_d$ は A_0 の正則巴系だから，$F(0) \notin \mathfrak{m}_0^2$，したがって $a_n \notin \mathfrak{m}_0^2$ である．▌

§ 29 の問題　次の命題を証明せよ．

【29.1】A を完備 p 環，y を A 上の不定元，$B=A[[y]]$ とし，$C=B[x]$ は $x^2+yx+p=0$ で定義される B の Eisenstein 拡大とする．C は2次元の完備正則局所環であるが，標数0の DVR の上のべき級数環とはならない．

【29.2】定理 29.2 において k を完全体とすれば，φ は φ_0 によって一意的に定まる．

§ 30. 導分との関係

定理 30.1.（永田-Zariski-Lipman）$(A, \mathfrak{m})$ を完備ネータ局所環とし $\boldsymbol{Q} \subset A$ とする．さらに $x_1, \cdots, x_r \in \mathfrak{m}$ と $D_1, \cdots, D_r \in \mathrm{Der}(A)$ とがあって $\det(D_ix_j) \notin \mathfrak{m}$ をみたすとする．このとき

i）A の部分環 C があって

$$A = C[[x_1, \cdots, x_r]] \simeq C[[X_1, \cdots, X_r]]$$

となる．よって $x_1, \cdots, x_r$ は C 上解析的独立で，A は C 上 $\left(\sum_1^r Ax_i\right)$-順滑

であり，したがって $\mathfrak{m}$-順滑である.

ii）もし $\mathfrak{g}=\sum_1^r AD_i$ が Lie 環になれば，（いいかえれば $[D_i, D_j]\in\mathfrak{g}$ がすべての i, j について成立すれば），上の C として $\{a\in A \mid D_1a=\cdots=D_ra=0\}$ をとってよい.

証明.（D_ix_j）の逆行列を（c_{ij}）とし $D_i'=\sum c_{ij}D_j$ とおけば $D_i'x_j=\delta_{ij}$ であるから，はじめから $D_ix_j=\delta_{ij}$ としてよい．一般に，$\mathfrak{m}$ の元 t と $D\in \mathrm{Der}(A)$ とに対し写像 $E(D,t):A \to A$ を

$$E(D,t) = \sum_{n=0}^{\infty}\frac{t^n}{n!}D^n$$

で定義する．仮定により $E(D,t)(a)=\sum(t^n/n!)D^n(a)$ はたしかに意味をもち，$E(D,t)$ が環準同形になることも容易にわかる．いま

$$E_1 = E(D_1, -x_1), \qquad C_1 = \mathrm{Im}(E_1)$$

とおけば C_1 は A の部分環であり，計算でわかるように

$$\begin{aligned} D_1\left(\sum_0^{\infty}((-x_1)^n/n!)D_1^n\right) &= \sum_1^{\infty}-(-x_1)^{n-1}/(n-1)!D_1^n \\ &\quad +\sum_0^{\infty}((-x_1)^n/n!)D_1^{n+1} \\ &= 0 \end{aligned}$$

であるから $C_1\subset\{a\in A|D_1a=0\}$．逆に $D_1a=0$ なら $E_1(a)=a$ であるから，$C_1=\{a\in A|D_1a=0\}$ となる．そして任意の $a\in A$ に対し $E_1(a)\equiv a \bmod x_1A$ が成り立つから，A の元は C_1 の元を係数とする x_1 のべき級数に展開できる．すなわち $A=C_1[[x_1]]$ である．$E_1(x_1)=x_1-x_1=0$ だから $x_1A\subset\mathrm{Ker}(E_1)$，逆に $E_1(a)=a-x_1Da+\cdots=0$ ならば $a\in x_1A$，よって $\mathrm{Ker}(E_1)=x_1A$ である．また $c\in C_1 \Longleftrightarrow D_1c=0 \Longleftrightarrow E_1(c)=c$ であるから $C_1\cap x_1A=0$．いま，かりに

$$c_rx_1^r+c_{r+1}x_1^{r+1}+\cdots = 0, \qquad c_i\in C_1, \qquad c_r\neq 0$$

とすると，問題【25.2】により x_1 は A の非零因子だから $c_r\in x_1A$ となり矛盾する．ゆえに $0\neq\varphi(X)\in C_1[[X]]$ なら $\varphi(x_1)\neq 0$，いいかえれば x_1 は

C_1 上に解析的独立である.

$r>1$ のときは，$1<i\leqslant r$ に対し $E_1\circ D_i$ の C_1 への制限を D_i' とおけば $D_i'\in \mathrm{Der}(C_1)$ であり，$x_j\in C_1$，$D_i'x_j=\delta_{ij}$ $(2\leqslant i, j\leqslant r)$ であるから，帰納法で

$$C_1 = C[[x_2, \cdots, x_r]] \simeq C[[X_2, \cdots, X_r]]$$

となる．i）はこれから従う．

もし $\mathfrak{g}$ が Lie 環なら，$D_ix_j=\delta_{ij}$ となるように調整した後には，$[D_i, D_j]=\sum_{\nu} a_{ij\nu}D_\nu$ $(a_{ij\nu}\in A)$ とおくと $[D_i, D_j]x_\nu=D_i(\delta_{j\nu})-D_j(\delta_{i\nu})=0$ から $a_{ij\nu}=0$，よって $[D_i, D_j]=0$ であるから，$D_1(D_i(C_1))=D_i(D_1(C_1))=D_i(0)=0$，したがって $D_i(C_1)\subset C_1$ $(i>1)$ となり，$D_i'=D_i$ $(i>1)$ であることがわかる．よって帰納法で $C=\{a\in A \mid D_1a=\cdots=D_ra=0\}$ となる．▮

系． $(A, \mathfrak{m})$ は $\boldsymbol{Q}$ を含む n 次元ネータ被約局所環とし，A の完備化 $\hat{A}$ も被約とする．$D_1, \cdots, D_n\in \mathrm{Der}(A)$，$x_1, \cdots, x_n\in \mathfrak{m}$，$\det(D_ix_j)\notin \mathfrak{m}$ とすれば，A は正則局所環であり $x_1, \cdots, x_n$ は A の正則巴系である．さらに $\mathfrak{g}=\sum_1^n AD_i$ が Lie 環なら，$k=\{a\in \hat{A} \mid D_1a=\cdots=D_na=0\}$ は $\hat{A}$ のひとつの係数体である．

証明．$\hat{A}$ に各 D_i を延長して考える．$[D_i, D_j]=\sum a_{ij\nu}D_\nu$ が A で成り立てば $\hat{A}$ でも成り立つから，$\mathfrak{g}$ が Lie 環なら $\sum \hat{A}D_\nu$ もそうである．定理により $\hat{A}=C[[x_1, \cdots, x_n]]$ となり，C は $\hat{A}/\sum x_i\hat{A}$ と同形だから局所環であって $\dim C=0$．仮定により C は被約でもあるから，C は体でなくてはならない．よって $\hat{A}$ は体の上の形式的べき級数環として正則，したがって A も正則である．その他の主張も明らかである．▮

注．この系を正則性の判定法と見るとき，"$\hat{A}$ も被約" という条件はわずらわしいが，実は後に見るように，かなり広い範囲の局所環について "A が被約 $\Longleftrightarrow$ $\hat{A}$ が被約" が成立する．たとえば A が体 K の上に有限生成の環 B の局所化（このとき，K 上に**本質的には有限型** (essentially of finite type over K) と言い表わす）のときはそうである（定理 32.6 系）．また，A がはじめから正則局所環のとき，この系は $\hat{A}$ の係数体の具体的な作り方を与えてくれる．

次に，代数幾何学で重要な，体の上に有限型の環について考える．

定理 30.2. k を体，$A=k[x_1,\cdots,x_n]$ を k 上に有限型の環とする．各 $\mathfrak{p}\in$m-Spec(A) に対し $A_\mathfrak{p}$ が k 上 0-順滑なら，A は k 上 0-順滑である．

証明．$k[X_1,\cdots,X_n]$ を $k[X]$ と略記し，$I=\{f(X)\in k[X]\mid f(x)=0\}$ とおけば $A=k[X]/I$ である．$I=(f_1,\cdots,f_s)$ とする．可換図形

$$\begin{array}{ccc} A & \xrightarrow{\psi} & C/N \\ \uparrow & & \uparrow \varphi \\ k & \longrightarrow & C \end{array}$$

を考える，ここに C は環，N は $N^2=0$ をみたす C のイデアルとする．ψ を $A\to C$ に持ち上げるために，まず $\psi(x_i)=\varphi(u_i)$ となる $u_i\in C$ をえらんでおく．$f\in I$ なら $f(u_1,\cdots,u_n)\in N$ である．$y_i\in N$ $(1\leqslant i\leqslant n)$ を適当にとって，$f_j(u+y)=0$ $(\forall j)$ となれば，$x_i\longmapsto u_i+y_i$ によって準同形 $A\to C$ が定義され ψ の持ち上げになる．$f_j(u+y)=f_j(u)+\sum_{i=1}^{n}(\partial f_j/\partial X_i)(u)\cdot y_i$ であるから，1次方程式系

$$(*)\qquad f_j(u)+\sum_{i=1}^{n}\left(\frac{\partial f_j}{\partial X_i}\right)(u)\cdot y_i=0\quad(j=1,\cdots,s)$$

を $y_1,\cdots,y_n$ について N の中で解くことになる．各極大イデアル $\mathfrak{p}$ に対し $A_\mathfrak{p}$ は k 上 0-順滑であるから，$\bar{S}=\psi(A-\mathfrak{p})$，$S=\varphi^{-1}(\bar{S})$ とおくと

$$\begin{array}{ccc} A_\mathfrak{p} & \xrightarrow{\psi_\mathfrak{p}} & (C/N)_{\bar{S}}=C_S/N_S \\ \uparrow & & \uparrow \\ k & \longrightarrow & C_S \end{array}$$

に対して $\psi_\mathfrak{p}$ を持ち上げる $\Psi_\mathfrak{p}: A_\mathfrak{p}\to C_S$ が存在する．これから，$(*)$ を N_S で考えたものが解をもつことがわかる．N を C/N 加群とみれば $N_S=N_{\bar{S}}$ である．よって定理は次の補題に帰着する．

補題 1. A,B を環，$\psi: A\to B$ を環の射とし，N を B 加群，$b_{ij}\in B$,

$\beta_i \in N$ とする．1次方程式系

$$\sum_{j=1}^{n} b_{ij} Y_j = \beta_i \quad (i=1, \cdots, s)$$

が各 $\mathfrak{p} \in$ m-Spec (A) に対し $N_{\psi(A-\mathfrak{p})}$ に解をもてば，N に解をもつ．

証明．$N_{\psi(A-\mathfrak{p})}$ に解をもつことは，$\eta_{j\mathfrak{p}} \in N$ $(1 \leqslant j \leqslant n)$ と $t_{\mathfrak{p}} \in A-\mathfrak{p}$ とがあって

$$\sum_j b_{ij} \eta_{j\mathfrak{p}} - \psi(t_{\mathfrak{p}}) \beta_i = 0 \quad (1 \leqslant i \leqslant s)$$

が成り立つことである．さて $\sum_{\mathfrak{p}} t_{\mathfrak{p}} A = A$ であるから，有限個の $\mathfrak{p}_1, \cdots, \mathfrak{p}_r \in$ m-Spec (A) と $a_\nu \in A$ があって

$$\sum_{\nu=1}^{r} a_\nu t_{\mathfrak{p}_\nu} = 1.$$

よって

$$\eta_j = \sum_{\nu=1}^{r} \eta_{j\mathfrak{p}_\nu} \psi(a_\nu)$$

とおくと $\sum_j b_{ij} \eta_j - \beta_i = 0$ $(1 \leqslant i \leqslant s)$. ▌

定理 30.3. k を体，$S = k[X_1, \cdots, X_n]$ とする．さらに I を S のイデアル，$I \subset P \in \mathrm{Spec}(S)$ とし，

$$S_P = R, \qquad R/IR = A, \qquad \mathrm{rad}(R) = PR = M, \qquad \mathrm{rad}(A) = \mathfrak{m},$$
$$R/M = A/\mathfrak{m} = K, \qquad \mathrm{ht}\, IR = r$$

とおき，$I = (f_1(X), \cdots, f_t(X))$ とする．このとき次の条件は同値である：

(1) $\mathrm{rank}\,(\partial(f_1, \cdots, f_t)/\partial(X_1, \cdots, X_n) \bmod P) = r$,

(2) A は k 上に 0-順滑,

(3) A は k 上に $\mathfrak{m}$-順滑,

(4) $\Omega_{A/k}$ が階数 $n-r$ の自由 A 加群,

(5) A は整域で，その商体は k 上分離的であり，$\Omega_{A/k}$ は自由 A 加群である．

証明．R は正則局所環である．(1) ⇒ (2) 仮定により $\partial/\partial X_1, \cdots,$

$\partial/\partial X_n$ の中適当な r 個を $D_1, \cdots, D_r$ とし $f_1, \cdots, f_t$ の中適当な r 個を $g_1, \cdots, g_r$ とすれば $\det(D_i g_j) \notin M$ である．M の元 f に対し $(D_1 f \bmod M, \cdots, D_r f \bmod M) \in K^r$ を対応させることによって M/M^2 から K^r への線形写像がひきおこされることに注意すれば，$g_1, \cdots, g_r$ の M/M^2 における像が K 上1次独立であることがわかる．よって $\sum_1^r g_i R$ は高度 r の素イデアルで IR に含まれるから $\sum_1^r g_i R = IR$ である．可換図形

$$\begin{array}{ccc} A & \xrightarrow{\ \psi\ } & C/N \\ \uparrow & & \uparrow \\ R & & \Big| \varphi \\ \uparrow & & \Big| \\ k & \longrightarrow & C \end{array} \qquad (N^2=0)$$

が与えられたとき，X_i の A における像を x_i，$\psi(x_i)=\bar{x}_i$，$u_i \in C$，$\varphi(u_i)=\bar{x}_i$ とすれば，$X_i \mapsto u_i$ によって $R \to C$ が定義されて，これが ψ の持ち上げ $A \to C$ をひきおこすための条件は $g_i(u)=0$ $(1 \leqslant i \leqslant r)$ である．よって前定理の証明と同様に，$y_1, \cdots, y_n \in N$ を未知元として

$$(*) \qquad g_i(u) + \sum_{j=1}^n \left(\frac{\partial g_i}{\partial X_j} \right)(u) \cdot y_j = 0 \quad (1 \leqslant i \leqslant r)$$

を解けばよいが，この方程式の係数 $(\partial g_i/\partial X_j)(u)$ は，N を C/N 加群とみなし，さらに ψ によって A 加群とみなすことによって，$(\partial g_i/\partial X_j)(x)$ でおきかえてよい．すると仮定により係数の作る (r, n) 行列の r 次小行列式の中に A の単元になるものがあるから，$(*)$ は常に解ける．

（2）$\Rightarrow$（3）は自明．

（3）$\Rightarrow$（1）§28 の補題1により A は正則，したがって IR は R の正則巴系の一部である r 個の元で生成され，自然な写像 $IR \to M \to M/M^2$ の像は K 上 r 次元のベクトル空間である．k_0 を k に含まれる素体とすると，定理 26.9 により $K=R/M$ は k_0 上 0-順滑であるから，定理 25.2 によ

り

$$0 \longrightarrow M/M^2 \longrightarrow \Omega_R \otimes K \longrightarrow \Omega_K \longrightarrow 0$$

は完全列である．$\Omega_S=(\Omega_k\otimes S)\oplus F$，$F$ は $dX_1, \cdots, dX_n$ を基底とする自由 S 加群，と書ける（たとえば定理 25.1 によって）から，局所化して

$$\Omega_R = (\Omega_k \otimes_k R)\oplus(F\otimes R),$$

よって $\Omega_R\otimes K=(\Omega_k\otimes_k K)\oplus(F\otimes K)$ である．一方，

$$IR/I^2R \longrightarrow \Omega_R \otimes A \longrightarrow \Omega_A \longrightarrow 0$$

から完全列 $(I/I^2)\otimes_S K \longrightarrow \Omega_R\otimes_R K \longrightarrow \Omega_A\otimes_A K \longrightarrow 0$ が得られ，A が k 上 $\mathfrak{m}$-順滑なら定理 28.6 の系により $\Omega_k\otimes K \longrightarrow \Omega_A\otimes K$ は単射だから，$(I/I^2)\otimes K$ の $\Omega_R\otimes K$ における像を V，分解 $\Omega_R\otimes K=(\Omega_k\otimes K)\oplus(F\otimes K)$ による V の $F\otimes K$ への射影を W とすると $V\simeq W$. さて $I/I^2\otimes K \rightarrow \Omega_R\otimes K$ は $I/I^2\otimes K \rightarrow M/M^2 \rightarrow \Omega_R\otimes K$ と分けられ，上に見たように左の矢の像は $\operatorname{rank} r$ で右の矢は単射であるから $\operatorname{rank} V=r$ である．一方 $F\otimes K= KdX_1+\cdots+KdX_n$ であり，$(\partial f_i/\partial X_j) \bmod P=\alpha_{ij}$ とおくと W は $\sum_1^n \alpha_{ij}dX_j$ $(1\leqslant i\leqslant t)$ によって張られる．よって $\operatorname{rank}(\alpha_{ij})=r$ であり（1）が示された．

（2）⇒（5） 定理 25.2 により

$$0 \longrightarrow IR/IR^2 \longrightarrow \Omega_{R/k}\otimes A \longrightarrow \Omega_{A/k} \longrightarrow 0$$

は分解する完全列であり，$\Omega_{R/k}\otimes A$ は $dX_1, \cdots, dX_n$ を基底とする自由 A 加群だから，$\Omega_{A/k}$ は射影的 A 加群となるが，A は局所環であるから射影的＝自由．また A は正則局所環だから整域であり，その商体を L とすると L は A 上に 0-順滑，したがって k 上にも 0-順滑だから k 上分離的である．

（5）⇒（4） 定理 26.2 により A の商体 L は k 上分離生成，したがって L の k 上の分離的超越基底が微分基底になるから $\operatorname{rank}\Omega_{L/k}=\operatorname{t.d.}_k L= n-r$，一方 $\Omega_{L/k}=\Omega_{A/k}\otimes_A L$ だから $\operatorname{rank}_A\Omega_{A/k}=\operatorname{rank}_L\Omega_{L/k}=n-r$.

（4）⇒（1） 完全列

$$IR/IR^2 \longrightarrow \Omega_{R/k}\otimes A \longrightarrow \Omega_{A/k} \longrightarrow 0$$

において，IR/IR^2 の $\Omega_{R/k}\otimes A$ における像を E とおくと

$\Omega_{R/k}\otimes A=E\oplus A^{n-r}$ となるから $E\simeq A^r$ であり，したがって $E\otimes K\simeq K^r$ である．これは（1）を意味する． ▌

注 1. 上の証明で（1），（2），（4），（5）の同値性は割合容易であった．（3）⇒（1）の証明は定理 28.6 の系を用いたので，あまり初等的とはいえない．

注 2. k が完全体，またはより一般に剰余体 K が k 上分離的ならば，$\mathfrak{m}$-順滑性は A が正則局所環であることと同値であるから，定理3は正則性の判定法となる．k が不完全体の場合，A が k 上 0-順滑なら A の商体 L もそうであるが，剰余体 K はかならずしも k 上分離的ではない．例：$a\in k-k^p$，$A=k[X]_{(X^p-a)}$．k が不完全体のときの A の正則性の判定法は定理5でのべる．

一般に A を環，P を A の素イデアル，$D_1,\cdots,D_s\in\mathrm{Der}(A)$，$f_1,\cdots,f_t\in A$ とし，整域 A/P の元を成分とする (s,t) 行列 $(D_if_j \bmod P)$ のことを $J(f_1,\cdots,f_t\,;\,D_1,\cdots,D_s)(P)$ で表わすことにする．

定理 30.4. R を正則環，$P\in\mathrm{Spec}(R)$，I を P に含まれる R のイデアル，$\mathrm{ht}\, IR_P=r$ とする．

i） $D_1,\cdots,D_s\in\mathrm{Der}(R)$，　$f_1,\cdots,f_t\in I$

$$\Rightarrow\ \mathrm{rank}\, J(f_1,\cdots,f_t\,;\,D_1,\cdots,D_s)(P)\leqslant r,$$

ii） $D_1,\cdots,D_r\in\mathrm{Der}(R)$，　$f_1,\cdots,f_r\in I$，$\det(D_if_j)\notin P$

$$\Rightarrow\ IR_P=(f_1,\cdots,f_r)R_P \text{ で，} R_P/IR_P \text{ は正則である．}$$

証明． i） Q を $I\subset Q\subset P$，$\mathrm{ht}\, Q=r$ をみたす素イデアルとすれば

$$\mathrm{rank}\, J(f_1,\cdots;D_1,\cdots)(P)\leqslant \mathrm{rank}\, J(f_1,\cdots;D_1,\cdots)(Q)$$

であり，$QR_Q=\mathfrak{m}$ とおくと R_Q は r 次元の正則局所環であるから $\mathfrak{m}$ は r 個の元で生成される：$\mathfrak{m}=(g_1,\cdots,g_r)$．$R_Q$ で考えれば

$$f_j=\sum_1^r g_\nu\alpha_{\nu j},\qquad \alpha_{\nu j}\in R_Q$$

と書けるから

$$D_if_j\equiv\sum_{\nu=1}^r(D_ig_\nu)\cdot\alpha_{\nu j}\mod Q,$$

よって

$$\operatorname{rank} J(f_1, \cdots, f_t\,; D_1, \cdots, D_s)(Q) \leqslant \operatorname{rank} J(g_1, \cdots, g_r; D_1, \cdots, D_s)(Q) \leqslant r.$$

ii) $M=PR_P$ とおけば，$\det(D_i f_j) \notin M$ から容易にわかるように $f_1, \cdots, f_r$ の M/M^2 における像は $R_P/M=\kappa(M)$ 上に1次独立であるから，$\sum_1^r f_i R_P$ は高度 r の素イデアルであり，したがって IR_P に一致する．また R_P/IR_P は正則である．▮

定理 30.5. (Zariski) k を標数 p の体とし，$S=k[X_1, \cdots, X_n]$，I を S のイデアル，$P \in \operatorname{Spec}(S)$，$I \subset P$ とする．$S_P=R$，$R/IR=A$，$\operatorname{ht} IR=r$ とし，$I=(f_1, \cdots, f_t)$ とする．このとき次の条件はすべて同値である：

(1) A は正則局所環である，

(2) 任意に与えられた k の p 基底 $\{u_\gamma\}_{\gamma\in\Gamma}$ に対し，$D_\gamma \in \operatorname{Der}(S)$ を $D_\gamma(u_{\gamma'})=\delta_{\gamma\gamma'}$（クロネッカーの記号），$D_\gamma(X_i)=0$ で定義するとき，有限個の $\alpha, \beta, \cdots, \gamma \in \Gamma$ を適当にとれば

$$\operatorname{rank} J(f_1, \cdots, f_t\,; D_\alpha, D_\beta, \cdots, D_\gamma, \partial/\partial X_1, \cdots, \partial/\partial X_n)(P) = r.$$

(3) k の部分体 k' で次の性質をもつものが存在する：
$k^p \subset k'$，$[k : k'] < \infty$，$\Omega_{A/k'}$ は自由 A 加群で

$$\operatorname{rank} \Omega_{A/k'} = n-r+\operatorname{rank} \Omega_{k/k'}.$$

証明．(2) ⇒ (1) は前定理 ii) による．

(1) ⇒ (2),(3) A が正則ならば IR は r 個の元から生成され，それらは R 列をなし，IR/I^2R は階数 r の自由 A 加群である．$M=PR$，$\mathfrak{m}=P/I$，$K=R/M=A/\mathfrak{m}$ とおくと IR の M/M^2 での像は K 上の r 次元のベクトル空間であるから，自然な写像 $(IR/I^2R)\otimes_A K \longrightarrow M/M^2$ は単射である．完全列

$$IR/I^2R \longrightarrow \Omega_R \otimes_R A \longrightarrow \Omega_A \longrightarrow 0$$

から完全列

$$(*) \qquad (IR/I^2R)\otimes_A K \longrightarrow \Omega_R \otimes_R K \longrightarrow \Omega_A \otimes_A K \longrightarrow 0$$

が得られる．一方，定理 25.2 から

$$0 \longrightarrow M/M^2 \longrightarrow \Omega_R \otimes_R K \longrightarrow \Omega_K \longrightarrow 0$$

は完全列である．(*) の第1の矢は $(IR/I^2R) \longrightarrow M/M^2 \longrightarrow \Omega_R \otimes K$ と分解されるから単射である．すなわち

$$(**) \qquad 0 \longrightarrow (IR/I^2R) \otimes K \longrightarrow \Omega_R \otimes_R K \longrightarrow \Omega_A \otimes_A K \longrightarrow 0$$

が完全列である．Ω_k は $\{du_\gamma | \gamma \in \Gamma\}$ を k 上の基底とする．よって Ω_S は $\{du_\gamma | \gamma \in \Gamma\} \cup \{dX_1, \cdots, dX_n\}$ を S 上の基底とする自由加群であり，$\Omega_R = \Omega_S \otimes_S R$, $\Omega_R \otimes_R K = \Omega_S \otimes_S K$ だから，$f_1, \cdots, f_t$ を並べかえて $f_1, \cdots, f_r$ が IR の生成元になるようにし，それらの $\Omega_R \otimes K$ における像 $df_1, \cdots, df_r$ を表わすのに使われる $dX_1, \cdots, dX_n$ 以外の基底元を $du_\alpha, \cdots, du_\gamma$ とすれば（2）が得られる．いま用いた $u_\alpha, \cdots, u_\gamma$ 以外の $u_\sigma (\sigma \in \Gamma)$ をすべて k^p に添加した体を k' とすれば，(**) からわかるように

$$0 \longrightarrow (IR/I^2R) \otimes K \longrightarrow \Omega_{R/k'} \otimes K \longrightarrow \Omega_{A/k'} \otimes K \longrightarrow 0$$

も完全列である．

$$(\dagger) \qquad IR/I^2R \longrightarrow \Omega_{R/k'} \otimes A \longrightarrow \Omega_{A/k'} \longrightarrow 0$$

は完全列で，$\Omega_{R/k'} \otimes A$ は $du_\alpha, \cdots, du_\gamma$, $dX_1, \cdots, dX_n$ を基底とする自由加群であり，IR/I^2R の生成元 $f_1, \cdots, f_r$ の $\Omega_{R/k'} \otimes A$ における像 $df_1, \cdots, df_r$ は（$\Omega_{R/k'} \otimes K$ で1次独立だから）$\Omega_{R/k'} \otimes A$ の直和因子を生成する．よって $\Omega_{A/k'}$ も自由加群で，$\mathrm{rank}\, \Omega_{A/k'} + r = \mathrm{rank}\, \Omega_{R/k'} = \mathrm{rank}\, \Omega_{k/k'} + n$ が成り立つ．

（3）⇒（1） 完全列 ($\dagger$) において $\Omega_{R/k'} \otimes A$, $\Omega_{A/k'}$ が自由加群で，その階数の差が r であるから，IR/I^2R の $\Omega_{R/k'} \otimes A$ における像は直和因子で，階数 r の自由加群になる．すると $f_1, \cdots, f_r \in IR$ を，$df_1 \otimes 1, \cdots, df_r \otimes 1$ がこの直和因子の基底になるようにとることができ，そのとき NAK からわかるように $Rdf_1 + \cdots + Rdf_r$ は $\Omega_{R/k'}$ の直和因子になる．よって $D_1, \cdots, D_r \in \mathrm{Der}_{k'}(R)$ があって $\det(D_i f_j) \notin M$ となる．したがって前定理により A は正則である． ▌

系． k を体，$S = k[X_1, \cdots, X_n]$ とし，I を S のイデアル，$B = S/I$, $U = \{\mathfrak{p} \in \mathrm{Spec}(B) \mid B_\mathfrak{p}$ は k 上 0-順滑$\}$, $\mathrm{Reg}(B) = \{\mathfrak{p} \in \mathrm{Spec}(B) \mid B_\mathfrak{p}$ は正則$\}$ と

おけば，U も $\mathrm{Reg}(B)$ も $\mathrm{Spec}(B)$ の開集合である．

証明．$\mathrm{Spec}(B)=V$ とおき，$V_1,\cdots,V_h$ を V の既約成分とする．$\mathfrak{p}$ が $V_i\cap V_j$ $(i\neq j)$ に入っていることは，$B_\mathfrak{p}$ が2つ以上の極小素イデアルをもつことを意味するから，このような $\mathfrak{p}$ は $\mathrm{Reg}(B)$ に（U にはなおさら）入らない．したがって，閉集合 $W=\bigcup_{i\neq j}(V_i\cap V_j)$ をはじめから除外して考えてよい．よって各 i について $V_i\cap U$，$V_i\cap\mathrm{Reg}(B)$ が V_i の開集合であればよい．i を固定して $\dim V_i=n-r$ とおこう．すると定理3と4により，I の生成元 $f_1,\cdots,f_t$ から作ったヤコビ行列 $(\partial f_i/\partial X_j)$ の r 次の小行列式の B における像を $\Delta_1,\cdots,\Delta_\lambda$ とすれば V_i-U は B のイデアル $(\Delta_1,\cdots,\Delta_\lambda)B$ で定義された V の閉集合と V_i との交わりであるから V_i の閉集合である．$V_i-\mathrm{Reg}(B)$ についても定理5を用いて同様に論じられる．違うところは，1つのヤコビ行列の代りに，一般に無限個のヤコビ行列 $J(f_1,\cdots,f_t\,;D_\alpha,D_\beta,\cdots,D_\gamma,\partial/\partial X_1,\cdots,\partial/\partial X_n)$ を考え，それらの r 次の小行列式をすべて考えて，それらの像が生成する B のイデアルで定義される V の閉集合を用いる点である．($D_\alpha,D_\beta,\cdots,D_\gamma$ は定理5の（2）に現われた導分の集合 $\{D_\gamma\}_{\gamma\in\Gamma}$ の有限部分集合)．▮

定理3や定理5は，多項式環に関しての“正則性のヤコビアン判定法”とよばれるものを含んでいる．これをもっと一般の環に拡張することは意味のあることである．微分加群が有限生成でない場合には上で用いた方法がそのままでは使えないので，導分の加群を使ってこの問題を考えてみよう．

一般に，A を整域，M を A 加群，L を A の商体とするとき，$M\otimes_A L$ の L 上の階数を M の階数といい $\mathrm{rank}_A M$ で表わすことにする．

定理 30.6.（野村雅行）$(R,\mathfrak{m})$ を等標数の n 次元正則局所環，k を R の準係数体，R^* を R の完備化，K を R^* の係数体で k を含むものとする．$x_1,\cdots,x_n$ を R の正則巴系とすれば，

i）$R^*=K[[x_1,\cdots,x_n]]$ であり，$\partial/\partial x_i$ をこの表わし方についての偏微分作用素とすれば，$\mathrm{Der}_k(R^*)=\mathrm{Der}_K(R^*)$ は $\partial/\partial x_i$ $(1\leqslant i\leqslant n)$ を基底とする自

由 R^* 加群である.

ii) 次の条件はすべて同値である:

(1) $\partial/\partial x_i$ $(1\leqslant i\leqslant n)$ は R を R の中に写像し，したがって $\mathrm{Der}_k(R)$ の元と考えられる,

(2) $D_1, \cdots, D_n \in \mathrm{Der}_k(R)$ と $a_1, \cdots, a_n \in R$ が存在して $D_i a_j = \delta_{ij}$ をみたす,

(3) $D_1, \cdots, D_n \in \mathrm{Der}_k(R)$ と $a_1, \cdots, a_n \in R$ が存在して $\det(D_i a_j) \notin \mathfrak{m}$ をみたす,

(4) $\mathrm{Der}_k(R)$ は階数 n の自由 R 加群である,

(5) $\mathrm{rank}\, \mathrm{Der}_k(R) = n$.

証明. i) K は k 上に 0-etale であるから k 上で0になる R^* の導分は K 上でも0になる. $D \in \mathrm{Der}_K(R^*)$ なら, $Dx_i = y_i$ とおけば任意の $f(x) \in R^* = K[[x_1, \cdots, x_n]]$ に対し $D(f) = \sum_{i=1}^{n} (\partial f/\partial x_i)\cdot y_i$, したがって $D = \sum y_i \partial/\partial x_i$ であり, 逆に y_i を任意に与えてこのような D が作れるから, $\mathrm{Der}_K(R^*)$ は $\partial/\partial x_1, \cdots, \partial/\partial x_n$ を基底とする自由 R^* 加群である.

ii) (1) ⇒ (2) ⇒ (3), (4) ⇒ (5) は自明である. (3) が成り立てば, $D_1, \cdots, D_n$ は R 上にも R^* 上にも1次独立である. よって i) により任意の $D \in \mathrm{Der}_k(R)$ は R^* の商体の元を係数として $D = \sum c_i D_i$ と書けるが, $Da_j = \sum c_i D_i(a_j)$ $(j=1, \cdots, n)$ から $c_i \in R$ となる. ゆえに $D_1, \cdots, D_n$ が $\mathrm{Der}_k(R)$ の基底となり, (4) が示された.

(5) ⇒ (1) $D_1, \cdots, D_n$ が R 上に1次独立であるとすれば, $\det(D_i a_j) \neq 0$ となる $a_1, \cdots, a_n \in R$ が存在する. したがって $D_1, \cdots, D_n$ は R^* 上にも1次独立である. よって R^* の商体を L' とすれば $\partial/\partial x_i = \sum c_{ij} D_j$, $c_{ij} \in L'$, と書ける. これから $\delta_{ih} = \sum c_{ij} D_j x_h$ となり, 行列 (c_{ij}) は $(D_j x_h)$ の逆行列であるから, R の商体を L とすれば $c_{ij} \in L$, よって $(\partial/\partial x_i)(R) \subset L \cap R^* = R$. ▌

補題 2. R を正則環とし，$P\in\mathrm{Spec}(R)$，$\mathrm{ht}\,P=r$ とすると，次の2条件は同値である．

（1） $D_1,\cdots,D_r\in\mathrm{Der}(R)$ と $f_1,\cdots,f_r\in P$ とがあって $\det(D_if_j)\notin P$ が成り立つ．

（2） $P\supset Q\in\mathrm{Spec}(R)$ で R_P/QR_P が正則ならば，$\mathrm{ht}\,Q=s$ とすると $g_1,\cdots,g_s\in Q$ と $D_1,\cdots,D_s\in\mathrm{Der}(R)$ とがあって $\det(D_ig_j)\notin P$ が成り立つ．

証明．（1）は（2）で $P=Q$ とした特別の場合であるから（2）$\Rightarrow$（1）．逆に（1）が成り立つとする．定理4からわかるように $f_1,\cdots,f_r$ は R_P の正則巴系である．R_P/QR_P が正則ならば，$g_1,\cdots,g_s\in Q$ を QR_P の極小底になるようにとれば，$g_{s+1},\cdots,g_r\in P$ を $g_1,\cdots,g_r$ が R_P の正則巴系になるようにとれて，$\det(D_if_j)\notin P$ から $\det(D_ig_j)\notin P$ が成り立つ．いいかえれば $\mathrm{rank}\,J(g_1,\cdots,g_r;D_1,\cdots,D_r)(P)=r$．よって

$$\mathrm{rank}\,J(g_1,\cdots,g_s;D_1,\cdots,D_r)(P)=s. \quad \blacksquare$$

上の条件（1）が成り立つとき，**弱ヤコビアン条件**（WJ）が P において成り立つということにする．R のすべての素イデアルにおいて（WJ）が成り立つとき，R において（WJ）が成り立つという．このとき，任意の $P,Q\in\mathrm{Spec}(R)$，$Q\subset P$，に対し，$\mathrm{ht}\,Q=s$ とおけば

$$R_P/QR_P \text{ が正則} \iff \det(D_if_j)\notin P \text{ をみたす } D_1,\cdots,D_s\in\mathrm{Der}(R) \text{ と } f_1,\cdots,f_s\in Q \text{ とが存在する．}$$

が成り立つ（$\Leftarrow$ は定理4から）．これが“正則性のヤコビアン判定法”である．$\mathrm{Der}(R)$ の代りに $\mathrm{Der}_k(R)$ を用いるときは $(\mathrm{WJ})_k$ と書く．

定理 30.7. $(A,\mathfrak{m})$ を n 次元ネータ局所整域で $\boldsymbol{Q}$ を含むものとし，k を A の部分体，$\mathrm{t.d.}_k(A/\mathfrak{m})=r<\infty$ とする．このとき $\mathrm{Der}_k(A)$ は A^{n+r} の部分加群と同形になり，したがって有限 A 加群であって，

$$\mathrm{rank}\,\mathrm{Der}_k(A)\leqslant\dim A+\mathrm{t.d.}_k(A/\mathfrak{m})$$

が成り立つ．

証明. k を含む A の準係数体 k' をとり, A の完備化 A^* の係数体 K で k' を含むものをとる. $u_1, \cdots, u_r$ を k' の k 上の超越基底とし, $x_1, \cdots, x_n$ を A の巴系とする. すると A^* は $B=K[[x_1, \cdots, x_n]]$ の上に有限加群である. 写像 $\varphi: \mathrm{Der}_k(A) \longrightarrow A^{n+r}$ を $\varphi(D)=(Du_1, \cdots, Du_r, Dx_1, \cdots, Dx_n)$ で定義すれば, これは A 線形写像であるから, これが単射であることを示せばよい. よって $Du_i=Dx_j=0$ $(\forall i, j)$ とすると, D (を A^* に連続性によって拡張したもの) は B 上で0になる. A^* が整域であるかどうかはわからないが, $a \in A$ をとれば, とにかく a は B 上に整であるから, a を根とする B 係数の多項式の中で最低次のものを $f(X)$ とすると $f(a)=0$, $f'(a) \neq 0$ である. $0=D(f(a))=f'(a) \cdot Da$ であり, $Da \in A$ で, A の 0 以外の元は A^* で零因子にならないから, $Da=0$ でなくてはならない. よって $D=0$. ▮

注. k が標数 p の不完全体なら, $k=A/\mathfrak{m}$ のときでも反例がある: $a \in k-k^p$ とし $A=k[X, Y]_{(X,Y)}/(X^p+aY^p)$ とおくと $\dim A=1$, $\mathrm{rank}\ \mathrm{Der}_k(A)=2$.

定理 30.8. $(R, \mathfrak{m})$ を正則局所環で $\boldsymbol{Q}$ を含むものとし, k を R の準係数体とすれば, 次の3条件は互いに同値である:

(1) $(\mathrm{WJ})_k$ が $\mathfrak{m}$ で成立する,

(2) $\mathrm{rank}\ \mathrm{Der}_k(R)=\dim R$,

(3) $(\mathrm{WJ})_k$ がすべての $P \in \mathrm{Spec}(R)$ で成立する.

さらに, これらの条件が成り立つとき, 任意の $P \in \mathrm{Spec}(R)$ に対し, $\mathrm{Der}_k(R/P)$ の元はすべて $\mathrm{Der}_k(R)$ の元からひきおこされ,

$$\mathrm{rank}\ \mathrm{Der}_k(R/P) = \dim R/P$$

が成り立つ.

証明. (1) $\Longleftrightarrow$ (2) は定理6で既知である. (1) $\Rightarrow$ (3) 定理6により, $x_1, \cdots, x_n$ を R の正則巴系とし K を R^* の係数体で k を含むものとすれば, $R^*=K[[x_1, \cdots, x_n]]$ の導分 $\partial/\partial x_i$ $(1 \leqslant i \leqslant n)$ は $\mathrm{Der}_k(R)$ に属し, その基底となる. $P \in \mathrm{Spec}(R)$ とし $\phi: R \longrightarrow R/P$ を自然準同形写像とすると

き，$D'\in \mathrm{Der}_k(R/P)$ が $D\in \mathrm{Der}_k(R)$ によってひきおこされるとは次の図式が可換になることをいう．

$$\begin{array}{ccc} R & \xrightarrow{D} & R \\ \phi\downarrow & & \downarrow\phi \\ R/P & \xrightarrow{D'} & R/P \end{array}$$

いま D' が与えられたとすると，$D'\circ\phi \in \mathrm{Der}_k(R, R/P)$ であって，これは $\mathrm{Der}_k(R^*, R^*/PR^*)$ の元に一意的に拡張されるから，$x_1, \cdots, x_n$ における値で完全に定まる．よって $D'(\phi(x_i))=\phi(b_i)$ となるように $b_1, \cdots, b_n\in R$ をとり $D=\sum b_i\partial/\partial x_i$ とおけば D は D' をひきおこす．

$\mathrm{Der}_k(R, R/P)$ は $\phi\circ\partial/\partial x_i$ $(1\leqslant i\leqslant n)$ を基底とする自由 R/P 加群であり，$\mathrm{Der}_k(R/P)$ はその部分加群

$$N = \{\delta\in \mathrm{Der}_k(R, R/P) \mid \delta(f) = 0 \ (\forall f\in P)\}$$

と同一視できる．したがって，$P=(f_1, \cdots, f_t)$，$\mathrm{ht}\, P=r$ とすれば

$$\mathrm{rank}\, \mathrm{Der}_k(R/P) = n-\mathrm{rank}\, J(f_1, \cdots, f_t\,;\partial/\partial x_1, \cdots, \partial/\partial x_n)(P)$$

であり，この右辺は定理4により $\geqslant n-r$，左辺は定理7により $\leqslant \dim R/P=n-r$ であるから，

$$\mathrm{rank}\, J(f_1, \cdots, f_t\,;\partial/\partial x_1, \cdots, \partial/\partial x_n)(P) = r, \quad \mathrm{rank}\, \mathrm{Der}_k\,(R/P) = \dim R/P$$

が成り立つことがわかる．▮

この定理は応用が広い．たとえば，k を $\boldsymbol{R}$ または $\boldsymbol{C}$ とすれば，k 上の n 変数収束べき級数環（[N 1] 等では $k\langle\!\langle X_1, \cdots, X_n\rangle\!\rangle$ で，また別の本では $k\{X_1, \cdots, X_n\}$ で表わされている）は $\partial X_i/\partial X_j=\delta_{ij}$ をみたすから，そこでヤコビアン判定法が成り立つことがわかる．標数0の任意の体の上の形式的べき級数環，あるいはより一般に，定理の条件をみたす正則局所環 R の上の形式的べき級数環 $R[[Y_1, \cdots, Y_m]]$ も定理の条件をみたす．局所環でなくても，R が正則環で標数0の体 k を含み，R の極大イデアルによる剰余体がすべて k 上代数的であるときには，$(\mathrm{WJ})_k$ がすべての極大イデアルで成立すれば，実は

すべての素イデアルで成立するので，たとえば $k[X_1, \cdots, X_n][[Y_1, \cdots, Y_m]]$ のような環でヤコビアン判定法が成り立つ．なお，この定理の一層の拡張については [68] を参照されたい．

今度は標数 $p>0$ の体の上で，形式的べき級数環に対して定理5に相当するものを証明する．これは永田 [74] によって得られたむつかしい定理である．まず少し準備が必要である．

k を体，k' を k の部分体とする．$[k:k']<\infty$ であるとき k' を **cofinite** な部分体であるという．k の部分体の族 $\mathscr{F}=\{k_\alpha\}_{\alpha\in I}$ が**有向族**であるとは，$\alpha, \beta\in I$ に対し $k_\gamma\subset k_\alpha\cap k_\beta$ となる $\gamma\in I$ が常に存在することをいう．

K を標数 p の体，k を K の部分体とすると，k を含む K の cofinite な部分体の有向族 $\mathscr{F}=\{k_\alpha\}_{\alpha\in I}$ で $\bigcap k_\alpha=k(K^p)$ をみたすものが存在する．$\mathscr{F}$ を作るには，K の k 上の p 基底 B を1つ固定し，B のすべての有限部分集合の集合を I とし，$\alpha\in I$ に対して $k_\alpha=k(K^p, B-\alpha)$ とおけばよい．

補題 3.　K を体，V を K 上のベクトル空間，$\{k_\alpha\}_{\alpha\in I}$ を K の部分体の有向族，$k=\bigcap k_\alpha$ とする．V の元 $v_1, \cdots, v_n$ が k 上1次独立なら，適当な $\alpha\in I$ をとれば $v_1, \cdots, v_n$ は k_α 上にも1次独立である．

証明．　各 $\alpha\in I$ に対し，$v_1, \cdots, v_n$ の中で k_α 上1次独立なものの数を $q(\alpha)$ とおく．$q(\alpha)$ が最大になるような α をとり，$q=q(\alpha)$ とおく．もし $q<n$ ならば，$v_1, \cdots, v_q$ が k_α 上に1次独立だとすると $v_n=\sum_1^q c_iv_i$, $c_i\in k_\alpha$, のように書ける．$v_1, \cdots, v_n$ は k 上に1次独立だから c_i の中に k に属さないものがある．たとえば $c_1\notin k$ なら，$c_1\notin k_\beta$ となる $\beta\in I$ があり，さらに $k_\gamma\subset k_\alpha\cap k_\beta$ となる $\gamma\in I$ があって，k_γ 上では $v_1, \cdots, v_q, v_n$ が1次独立となり q の最大性に反する．よって $q=n$ である．∎

補題 4.　k, K を標数 p の体，$k\subset K$ とし，$\mathscr{F}=\{k_\alpha\}_{\alpha\in I}$ を K の部分体の有向族で $k\subset k_\alpha\subset K$ $(\forall\alpha)$ とする．このとき次の条件はすべて同値である：

（1）　$\bigcap_\alpha k_\alpha(K^p)=k(K^p)$,

（2） 自然な射 $\Omega_{K/k} \longrightarrow \varprojlim \Omega_{K/k_\alpha}$ が単射である，

（3） K の有限部分集合 $F=\{u_1, \cdots, u_n\}$ が k 上に p 独立ならば，適当な k_α の上にも p 独立である，

（4） K の k 上の p 基底 B があって，B の任意の有限部分集合 F は，適当な k_α の上に p 独立である．

証明．

（1）⇒（3） F が k 上に p 独立とは，p^n 個の単項式 $u_1^{\nu_1}\cdots u_n^{\nu_n}$ $(0\leqq\nu_i<p)$ が $k(K^p)$ 上に1次独立ということであり，前補題によってこれらの単項式は適当な $k_\alpha(K^p)$ 上に1次独立になる．

（3）⇒（4） は自明（どんな p 基底でもよい）．

（4）⇒（2） $0\neq\omega\in\Omega_{K/k}$ ならば，有限個の $b_1, \cdots, b_n\in B$ によって $\omega=\sum c_i d_{K/k}b_i$, $c_i\in K$, と一意的に書ける．$b_1, \cdots, b_n$ が k_α 上に p 独立になるような α をとれば，$d_{K/k_\alpha}b_i$ $(1\leqq i\leqq n)$ は Ω_{K/k_α} の元として1次独立，したがって ω の Ω_{K/k_α} における像は $\neq 0$.

（2）⇒（1） $a\in K$, $a\notin k(K^p)$ とすると $d_{K/k}a\neq 0$, したがって適当な k_α に対し $d_{K/k_\alpha}a\neq 0$, いいかえれば $a\notin k_\alpha(K^p)$ である． ▮

補題 5. $k\subset K$, $\mathscr{F}=\{k_\alpha\}_{\alpha\in I}$ を前補題と同じとし，$\bigcap_\alpha k_\alpha(K^p)=k(K^p)$ が成り立つとする．このとき，L が K の拡大体で K 上に分離的または有限生成ならば $\bigcap_\alpha k_\alpha(L^p)=k(L^p)$ が成り立つ．

証明． i） L/K が分離的のとき，K/k の p 基底 B, L/K の p 基底 C をとれば，

$$0 \longrightarrow \Omega_{K/k}\otimes L \longrightarrow \Omega_{L/k} \longrightarrow \Omega_{L/K} \longrightarrow 0$$

が完全列だから（定理 25.1），$B\cup C$ が L/k の p 基底になる．$b_1, \cdots, b_m\in B$, $c_1, \cdots, c_n\in C$ を互いにことなる有限個の元とすると，前補題により適当な k_α の上に $b_1, \cdots, b_m$ が p 独立となり，これから（上の完全列の k を k_α でおきかえてみれば） $b_1, \cdots, b_m$, $c_1, \cdots, c_n$ が k_α 上に p 独立であることがわかる．

ii) L/K が有限生成のとき．有限生成の拡大は

(a) $L=K(x)$, x は K 上分離的，または

(b) $L=K(x)$, $x^p=a\in K$,

のような拡大を有限回組合せて得られる．よって (b) の場合を考えればよい．これはさらに2つの場合に分けられる．第1は $d_{K/k}a=0$ の場合で，このとき $L\simeq K[X]/(X^p-a)$ と定理 25.2 とから $\Omega_{L/k}=(\Omega_{K/k}\otimes L)\oplus L\,dx$ となる．よって $\Omega_{L/k}\longrightarrow\varprojlim\Omega_{L/k_\alpha}$ が単射になることは見易い．第2の場合は $d_{K/k}a\neq 0$ の場合で，今度は $\Omega_{L/k}\simeq((\Omega_{K/k}\otimes L)/L\cdot d_{K/k}a)\oplus L\,dx$ となる．よって $\{a\}\cup B'$, $a\notin B'$, を K/k の p 基底とすれば，$\{x\}\cup B'$ が L/k の p 基底になる．$b_1,\cdots,b_m\in B'$ に対し，k_α を $\{a,b_1,\cdots,b_m\}$ が K の中で k_α 上に p 独立になるようにとれば，$\{x,b_1,\cdots,b_m\}$ が L の中で k_α 上に p 独立になるから，L について前補題の条件 (4) が成り立つ．▮

補題 6. K を標数 p の体，$\{K_\alpha\}$ を K の cofinite な部分体の有向族とし $\bigcap_\alpha K_\alpha=K^p$ とする．このとき，L を K の有限次代数拡大体とすれば，適当な α があって

$$K'\subset K_\alpha,\quad [K:K']<\infty \ \Rightarrow\ \operatorname{rank}_L\Omega_{L/K'}=\operatorname{rank}_K\Omega_{K/K'}$$

が成り立つ．

証明． $K=K_0\subset K_1\subset\cdots\subset K_t=L$, $K_i=K_{i-1}(x_i)$, x_i は K_{i-1} 上に分離代数的であるかまたは $x_i^p\in K_{i-1}$, というような列がとれる．すると前補題により $\bigcap_\alpha K_\alpha(K_i^p)=K_i^p$ だから，$t=1$ のときに証明すればよい．よって $L=K(x)$ とする．L が K 上分離代数的ならば $\Omega_{L/K'}=\Omega_{K/K'}\otimes_K L$ であるから補題は明らかである (α は何でもよい)．よって $x^p=a\in K$, $a\notin K^p$ とする．すると $a\notin K_\alpha$ となる α が存在する．$K'\subset K_\alpha$ ならば，$L=K[X]/(X^p-a)$ によって計算すると

$$\Omega_{L/K'}=(\Omega_{K/K'}\otimes_K L\oplus L\,dx)/L\cdot d_{K/K'}a$$

となり，$\operatorname{rank}\Omega_{K/K'}<\infty$ なら $\operatorname{rank}\Omega_{L/K'}=\operatorname{rank}\Omega_{K/K'}$ であることがわかる．▮

定理 30.9.（永田） k を標数 p の体，$S=k[[X_1, \cdots, X_n]]$，$P\in\mathrm{Spec}(S)$ とし，$\mathscr{F}=\{k_\alpha\}_{\alpha\in I}$ を k の cofinite な部分体の有向族，$\bigcap_\alpha k_\alpha=k^p$ とする．このとき適当な α があって，$k^p\subset k'\subset k_\alpha$，$[k:k']<\infty$ をみたすすべての部分体 k' に対して次式が成り立つ：

$$\mathrm{rank}\,\mathrm{Der}_{k'}(S/P) = \dim(S/P) + \mathrm{rank}\,\mathrm{Der}_{k'}(k).$$

証明．$S/P=A$ とおき，A の商体を L，$\dim A=n$ とする．A の巴系 $x_1, \cdots, x_n$ をとり，$B=k[[x_1, \cdots, x_n]]$ とおき，B の商体を K，極大イデアルを $\mathfrak{m}_B$ とすれば，A は有限 B 加群であり，したがって $[L:K]<\infty$ である．$k^p\subset k'\subset k$，$[k:k']=p^r<\infty$ ならば，k の k' 上の p 基底 $u_1, \cdots, u_r$ をとれば，B は $k'[[x_1^p, \cdots, x_n^p]]$ の上に $\{u_1, \cdots, u_r, x_1, \cdots, x_n\}$ を p 基底とする．いいかえれば，$u_1, \cdots, u_r$，$x_1, \cdots, x_n$ の単項式で各変数について高々 $p-1$ 次のものの集合を Γ とし，$C'=k'[[x_1^p, \cdots, x_n^p]]$ とおけば，B は Γ を基底とする自由 C' 加群である．B から B への導分は $\mathfrak{m}_B$ 進位相で連続だから，$\mathrm{Der}_{k'}(B)$ の元は C' で 0 になる．したがって $\mathrm{Der}_{k'}(B)=\mathrm{Der}_{C'}(B)=\mathrm{Hom}_B(\Omega_{B/C'}, B)$ であり，$\Omega_{B/C'}$ は $du_1, \cdots, du_r$，$dx_1, \cdots, dx_n$ を基底とする階数 $n+r$ の自由 B 加群である．よって $\mathrm{Der}_{k'}(B)$ も階数 $n+r$ の自由 B 加群であり，$A=B$ のときには定理は正しい．

$k_\alpha\in\mathscr{F}$ に対し $C_\alpha=k_\alpha[[x_1^p, \cdots, x_n^p]]$ とおき，C_α の商体を K_α，C' の商体を F' と書くことにする．上と同様に

$$\mathrm{Der}_{k'}(A) = \mathrm{Der}_{C'}(A) = \mathrm{Hom}_A(\Omega_{A/C'}, A)$$

であり，A は有限 C' 加群であるから $\Omega_{A/C'}$ は有限 A 加群である．よって

$$\mathrm{Der}_{k'}(A)\otimes L = \mathrm{Hom}_L(\Omega_{A/C'}\otimes L, L) = \mathrm{Hom}_L(\Omega_{L/F'}, L)$$

となるから $\mathrm{rank}_A\,\mathrm{Der}_{k'}(A) = \mathrm{rank}_L\,\Omega_{L/F'}$．一方

$$n + \mathrm{rank}\,\mathrm{Der}_{k'}(k) = \mathrm{rank}\,\Omega_{B/C'} = \mathrm{rank}\,\Omega_{K/F'}$$

であるから，定理の結論は

$$\mathrm{rank}\,\Omega_{L/F'} = \mathrm{rank}\,\Omega_{K/F'}$$

と書き直される．K_α の任意の元は $k^p[[x_1^p, \cdots, x_n^p]]=B^p$ の元を分母として書

ける．一方 B は C_α 上に忠実平坦だから $K_\alpha \cap B = C_\alpha$. これらから容易に $\bigcap_\alpha K_\alpha = K^p$ がわかる．よって定理は前補題からしたがう． ▌

定理 30.10.（永田のヤコビアン判定法） k を標数 p の体とし，$S=k[[X_1, \cdots, X_n]]$, I を S のイデアル，$I \subset P \in \mathrm{Spec}(S)$, $S_P = R$, $R/IR = A$, $\mathrm{ht}\, IR = r$ とおき，$I=(f_1, \cdots, f_t)$ とする．k の p 基底 $\{u_\gamma\}_{\gamma\in\Gamma}$ をひとつ取り，$D_\gamma(u_{\gamma'}) = \delta_{\gamma\gamma'}$ によって $D_\gamma \in \mathrm{Der}(k)$ を定義する．各 $D \in \mathrm{Der}(k)$ は，べき級数の係数に作用させることによって $\mathrm{Der}(S)$ の元に拡張しておく．このとき次の条件は同値である：

（1） A は正則局所環である，

（2） 適当な有限個の $\alpha, \beta, \cdots, \gamma \in \Gamma$ をとれば

$$\mathrm{rank}\, J(f_1, \cdots, f_t\, ;\, D_\alpha, \cdots, D_\gamma, \partial/\partial X_1, \cdots, \partial/\partial X_n)(P) = r.$$

証明．（2）⇒（1）は定理4から出る．（1）⇒（2） 補題2の証明によってわかるように，$I=P$ のときに（2）が証明できればよい．$\{u_\gamma\}_{\gamma\in\Gamma}$ から有限個を除いた残りを k^p に添加して得られる部分体の族を $\mathscr{F}$ とすれば定理9の条件がみたされるので，$k' \in \mathscr{F}$ があって

$$\mathrm{rank}\, \mathrm{Der}_{k'}(S/P) = n - \mathrm{ht}\, P + \mathrm{rank}\, \mathrm{Der}_{k'}(k)$$

が成立する．$[k : k'] = p^s$ とおけば，作り方から $k = k'(u_{\gamma_1}, \cdots, u_{\gamma_s})$ となるような $\gamma_1, \cdots, \gamma_s \in \Gamma$ が存在し，$C = k'[[X_1^p, \cdots, X_n^p]]$ とおけば $\Omega_{S/C}$ は $du_{\gamma_1}, \cdots, du_{\gamma_s}$, $dX_1, \cdots, dX_n$ を基底とする自由加群であるから，定理8の証明と同様にして，S/P の k' 上の導分はすべて S の k' 上の導分からひきおこされること，および P の生成元を $g_1, \cdots, g_m$ とすれば

$$\mathrm{rank}\, J(g_1, \cdots, g_m\, ;\, D_{\gamma_1}, \cdots, D_{\gamma_s}, \partial/\partial X_1, \cdots, \partial/\partial X_n)(P) = \mathrm{ht}\, P$$

が成り立つことがわかる． ▌

注．上の定理の条件（1），（2）は定理5の対応する条件と同じ形である．定理5の条件（3）は，そのままでは今の場合あてはまらない．$\Omega_{A/k'}$ は一般に有限 A 加群ではないからである．しかし，一般に局所環 $(R, \mathfrak{m})$ と R 加群 M に対し M の Hausdorff 化 $M/\bigcap_n \mathfrak{m}^n M$ を $\bar{M}$ で表わすことにすれば（ただしこれはここだけの記号である），

$N=\bar{N}$ をみたす R 加群 N に対して $\mathrm{Hom}_R(M,N)=\mathrm{Hom}_R(\bar{M},N)$ が成り立つ．よって上の定理の場合 $\mathrm{Der}_{k'}(S)=\mathrm{Hom}_S(\bar{\Omega}_{S/k'},S)$， $\mathrm{Der}_{k'}(A)=\mathrm{Hom}_A(\bar{\Omega}_{A/k'},A)$ 等が成り立ち，一方 $\bar{\Omega}_{S/k'}$ は階数が $n+\mathrm{rank}\,\Omega_{k/k'}$ に等しい自由加群である．これから定理5の証明と同様の議論で，定理5の（3）の $\Omega_{A/k'}$ を $\bar{\Omega}_{A/k'}$ でおきかえれば，定理10の場合でも条件（1），（2）と同値になることが言える．以上のことを確かめるのは手頃な演習問題であろう．

系． A を完備ネータ局所環とすれば $\mathrm{Reg}(A)$ は $\mathrm{Spec}(A)$ の開集合である．

証明． A が等標数のときは，A の係数体を k とすれば $A=S/I$, $S=k[[X_1,\cdots,X_n]]$，の形であるから，定理8または定理10から，定理5の系と同様にして $\mathrm{Reg}(A)$ が開集合であることがわかる．

A が不等標数の場合は，定理 24.4 により，A が整域であるという仮定の下に， $\mathrm{Reg}(A)$ が $\mathrm{Spec}(A)$ の空でない開集合を含むことを示せばよい．このとき A は正則局所環 B を含み，その上に有限加群である（定理 29.4）から，A, B の商体を L, K とすると L は K の有限次代数拡大で，標数0だから分離的拡大である．適当な $0\neq b\in B$ をとり，A を A_b で，B を B_b でおきかえれば，A が B 上に自由加群であるとしてよい．（A, B は局所環ではなくなるが，B は正則環である．）$\omega_1,\cdots,\omega_r$ を A の B 加群としての基底とし，その判別式

$$d = \det(\mathrm{tr}_{L/K}(\omega_i\omega_j))$$

を考える．$P\in\mathrm{Spec}(A)$， $d\notin P$ ならば $P\in\mathrm{Reg}(A)$ であることを示そう．$\mathfrak{p}=P\cap B$ とおけば A_P は $B_\mathfrak{p}$ 上に平坦で $B_\mathfrak{p}$ が正則だから，ファイバー $A_P\otimes_B\kappa(\mathfrak{p})$ が正則であればよい． $A=\sum B\omega_i$ だから $A\otimes\kappa(\mathfrak{p})=\sum\kappa(\mathfrak{p})\bar{\omega}_i$ と書け，$\kappa(\mathfrak{p})$ で $\det(\mathrm{tr}(\bar{\omega}_i\bar{\omega}_j))=\bar{d}\neq 0$ となるから $A\otimes\kappa(\mathfrak{p})$ は被約であり，したがって体の直積である．よって $A_P\otimes\kappa(\mathfrak{p})$ は体である．これで $\mathrm{Reg}(A)$ が $\mathrm{Spec}(A)$ の空でない開集合を含むことが示された． ▌

§ 30 の問題

【30. 1】 $(A,\mathfrak{m})$ を完備ネータ局所環，$\underline{D}=(D_0, D_1, \cdots)\in \mathrm{HS}(A)$ とする．$x\in\mathfrak{m}$ が $D_1x=1$，$D_\nu x=0$ $(\nu>1)$ すなわち $E_t(x)=x+t$ をみたすとき，$\varphi=E_{-x}$ を $\varphi(a)=\sum_0^\infty(-x)^n D_n a$ で定義する．するとこれは A から A の中への準同形となり，その核は xA で，$\mathrm{Im}(\varphi)=C$ とおくと $A=C[[x]]\simeq C[[X]]$ である．

【30. 2】 定理5の条件が成り立つとき，A は（3）の k' 上に 0-順滑であるといえるか．

【30. 3】 定理3の条件（1）と（3）とは，$S=k[[X_1, \cdots, X_n]]$ としても同値であるか．

【30. 4】 R を正則環で標数0の体を含むものとする．R で (WJ) が成り立てば R 上の多項式環 $R[X_1, \cdots, X_n]$ でも成り立つ．

第11章　完備局所環の応用

局所環の完備化がいろいろ良い性質をもっていることが前章で明らかになった．本章ではその応用を3つのべる．§31 は Ratliff の仕事を中心に，鎖状環，強鎖状環の特徴付けを行う．Ratliff は，Krull や永田らの伝統をついで，イデアル論の古典的手法を駆使して深い結果を出している現在ほとんどただ1人の学者であり，その証明には味わうべきものがある．§32 は Grothendieck の形式的ファイバーの理論をのべる．紙数がすでに超過しているのでここでは G-環の理論の一部しかのべなかったが，足りない点は [G 2] や [M] でおぎなっていただきたい．§33 では標数 p のネータ環に関する Kunz の風変りな，しかし大変有用な定理をのべて本書の終りとする．

§31.　素イデアル鎖

定理 31.1.　A をネータ半局所環，$\mathfrak{p}\in\mathrm{Spec}(A)$ とする．このとき，$\mathfrak{p}\subset\mathfrak{p}'$，$\mathrm{ht}(\mathfrak{p}'/\mathfrak{p})=1$，$\mathrm{ht}\,\mathfrak{p}'\neq\mathrm{ht}\,\mathfrak{p}+1$ をみたす $\mathfrak{p}'\in\mathrm{Spec}(A)$ は高々有限個しか存在しない．

証明．　A が局所環のときに示せば十分である．A の完備化を A^* とする．完備局所環 A^* は鎖状環である．$\mathfrak{p}'$ が $\mathfrak{p}\subset\mathfrak{p}'$，$\mathrm{ht}\,(\mathfrak{p}'/\mathfrak{p})=1$ をみたすとき，P' を $\mathfrak{p}'A^*$ の極小素因子とし P を P' に含まれる $\mathfrak{p}A^*$ の極小素因子とすると

$$P'\cap A = \mathfrak{p}',\quad P\cap A = \mathfrak{p},\quad \mathrm{ht}\,P' = \mathrm{ht}\,\mathfrak{p}',\quad \mathrm{ht}\,P = \mathrm{ht}\,\mathfrak{p}$$

である（定理 15.1. ii)）．さらに $\mathrm{ht}\,(\mathfrak{p}'/\mathfrak{p})=1$ から $\mathrm{ht}\,(P'/P)=1$ が出る．[なぜなら，$(A/\mathfrak{p})^*=A^*/\mathfrak{p}A^*$ で考えれば $\mathfrak{p}=0$ としてよく，そのとき $0\neq a\in\mathfrak{p}'$ をとれば $\mathfrak{p}'$ は単項イデアル aA の極小素因子である．もし $aA^*\subset Q\subset P'$ となる $Q\in\mathrm{Spec}(A^*)$ があれば $Q\cap A=\mathfrak{p}'$ となり，したがって $Q=P'$ である．よって P' は単項イデアル aA^* の極小素因子であるから $\mathrm{ht}\,P'=1$.] よって A^* で定理が成立すればよい．以下 A を完備とする．A の極小素イデア

ルの中，$\mathfrak{p}$ に含まれるものを $\mathfrak{p}_1, \cdots, \mathfrak{p}_r$，含まれないものを $\mathfrak{q}_1, \cdots, \mathfrak{q}_s$ とする．もし $\mathrm{ht}(\mathfrak{p}'/\mathfrak{p})=1$ をみたす $\mathfrak{p}' \in \mathrm{Spec}(A)$ がどの $\mathfrak{q}_j$ も含まなければ，

$$\mathrm{ht}\,\mathfrak{p}' = \sup\{\mathrm{ht}\,(\mathfrak{p}'/\mathfrak{p}_i) \mid 1 \leqslant i \leqslant r\}$$

であり，A が鎖状環だから $\mathrm{ht}\,(\mathfrak{p}'/\mathfrak{p}_i) = \mathrm{ht}\,(\mathfrak{p}/\mathfrak{p}_i)+1$，したがって $\mathrm{ht}\,\mathfrak{p}'=\mathrm{ht}\,\mathfrak{p}+1$ が成り立つ．もし $\mathfrak{p}'$ が $\mathfrak{q}_j$ を含めば，$\mathfrak{p}'$ は $\mathfrak{p}+\mathfrak{q}_j$ の極小素因子であり，そのような $\mathfrak{p}'$ は有限個しかない．▌

定理 31.2. （Ratliff の弱存在定理） A をネータ環，$\mathfrak{p}$, $P \in \mathrm{Spec}(A)$，$\mathfrak{p} \subset P$，$\mathrm{ht}\,\mathfrak{p} = h$，$\mathrm{ht}(P/\mathfrak{p}) = d > 1$ とするとき，次のような $\mathfrak{p}' \in \mathrm{Spec}(A)$ が無限個存在する：

$$\mathfrak{p} \subset \mathfrak{p}' \subset P, \qquad \mathrm{ht}\,\mathfrak{p}' = h+1, \qquad \mathrm{ht}(P/\mathfrak{p}') = d-1.$$

証明．まず $P \supset \mathfrak{p}_1 \supset \mathfrak{p}_2 \supset \cdots \supset \mathfrak{p}_d = \mathfrak{p}$ を素イデアルの真減少列とし，$\mathfrak{p}_{d-2} \supset \mathfrak{p}' \supset \mathfrak{p}$，$\mathrm{ht}\,\mathfrak{p}'=h+1$ ならば $\mathrm{ht}(P/\mathfrak{p}')=d-1$ であることに注意する．さて $\mathfrak{p}_{d-2}$ と $\mathfrak{p}$ との間には，$\mathrm{ht}(\mathfrak{p}'/\mathfrak{p})=1$ をみたす素イデアルが無限個ある．[有限個の $\mathfrak{p}'_1, \cdots, \mathfrak{p}'_m$ が見出されたとき，$a \in \mathfrak{p}_{d-2} - \bigcup \mathfrak{p}'_i$ とし $\mathfrak{p}+aA$ の極小素因子で $\mathfrak{p}_{d-2}$ に含まれるものを $\mathfrak{p}'_{m+1}$ とすれば，$\mathrm{ht}(\mathfrak{p}'_{m+1}/\mathfrak{p})=1$ である.] 前定理により，これらのほとんどすべてが $\mathrm{ht}\,\mathfrak{p}'=\mathrm{ht}\,\mathfrak{p}+1$ をみたす．▌

補題 1. A をネータ環，$P \in \mathrm{Spec}(A)$，$\mathrm{ht}\,P=h>1$ とし，また $u \in P$，$\mathrm{ht}(uA)=1$ とする．このとき，P に含まれる素イデアル Q で

$$u \notin Q, \qquad \mathrm{ht}\,Q = h-1$$

をみたすものが無限個存在する．

証明．A の極小素イデアルを $\mathfrak{p}_1, \cdots, \mathfrak{p}_t$ とし，さらに u を含まない有限個の高度1の素イデアル $P_1, \cdots, P_r$ が与えられたとする．uA の極小素因子を $Q_1, \cdots, Q_s$ とすればこれらも高度1の素イデアルである．$h>1$ だから，P の元 v でどの $\mathfrak{p}_i$ にも P_j にも Q_k にも入らないものがとれる．すると

$$\mathrm{ht}(u, v) = 2, \qquad \mathrm{ht}(v) = 1$$

である．(v) の極小素因子を $P_{r+1}, \cdots, P_{r+n}$ とし，以下同様につづければ，u

を含まない高度1の素イデアルの無限列が作れるから，$h=2$ のときはこれでよい．$h>2$ のときには，$\bar{A}=A/(v)$，$\bar{P}=P/(v)$ とおくと，$\mathrm{ht}\,\bar{P}=h-1$ であり，u の $\bar{A}$ での像 $\bar{u}$ は $\mathrm{ht}\,(\bar{u})=1$ をみたすから，h に関する帰納法で $\bar{A}$ に

$$\bar{u}\notin\bar{P}_\alpha\subset\bar{P},\qquad \mathrm{ht}\,\bar{P}_\alpha = h-2$$

をみたす素イデアル $\bar{P}_\alpha$ が無限個ある．$\bar{P}_\alpha$ の A への逆像 P_α は u を含まず，$P_\alpha/(v)=\bar{P}_\alpha$ により $\mathrm{ht}\,P_\alpha=h-1$ である．▌

定理 31.3. (Ratliff の強存在定理) A をネータ整域，$\mathfrak{p}, P\in\mathrm{Spec}(A)$，$\mathrm{ht}\,\mathfrak{p}=h>0$，$\mathrm{ht}\,(P/\mathfrak{p})=d$ とする．このとき，$0\leqslant i<d$ をみたす各 i に対し

$$\{\mathfrak{p}'\in\mathrm{Spec}\,(A)\mid\mathfrak{p}'\subset P,\ \mathrm{ht}\,(P/\mathfrak{p}')=d-i,\ \mathrm{ht}\,\mathfrak{p}'=h+i\}$$

は無限集合である．

証明．$i>0$ のときには弱存在定理からすぐに出るから $i=0$ のときを考えよう．

(第1段) A を A_P でおきかえて，(A,P) が局所整域であるとしてよい．$a_1,\cdots,a_h\in\mathfrak{p}$ を $\mathrm{ht}(a_1,\cdots,a_j)=j$ $(j=1,\cdots,h)$ となるように取り，

$$\mathfrak{a}=(a_1,\cdots,a_h),\qquad \mathfrak{b}=(a_1,\cdots,a_{h-1})$$

とおく．$\mathfrak{p}$ は $\mathfrak{a}$ の極小素因子である．

$$\mathfrak{a}=\mathfrak{a}_1\cap\cdots\cap\mathfrak{a}_r,\qquad \mathfrak{b}=\mathfrak{b}_1\cap\cdots\cap\mathfrak{b}_s$$

を $\mathfrak{a},\mathfrak{b}$ の最短準素分解とし，$\mathfrak{a}_i$, $\mathfrak{b}_j$ の素因子をそれぞれ $\mathfrak{p}_i$, $\mathfrak{p}'_j$ とする．$\mathfrak{p}_1=\mathfrak{p}$ としてよい．$\mathfrak{b}_j$ の中で $\mathfrak{p}$ に含まれないものを $\mathfrak{b}_{t+1},\cdots,\mathfrak{b}_s$ とする．

$$\mathfrak{a}_2\cap\cdots\cap\mathfrak{a}_r\cap\mathfrak{b}_{t+1}\cap\cdots\cap\mathfrak{b}_s\not\subset\mathfrak{p}$$

であるから，左辺に含まれ $\mathfrak{p}$ に含まれない元 $y\in P$ をとれば，$\mathfrak{p}'_j\subset\mathfrak{p}$ $(1\leqslant j\leqslant t)$ であるから $y\notin\mathfrak{p}'_j$ $(1\leqslant j\leqslant t)$，よって

$$\mathfrak{a}:yA = \mathfrak{a}_1,\qquad \mathfrak{b}:yA = \mathfrak{b}_1\cap\cdots\cap\mathfrak{b}_t$$

である．ここで

$$x_i=a_i/y,\qquad B=A[x_1,\cdots,x_h],$$
$$I=(x_1,\cdots,x_h)B,\qquad Q=PB+I$$

とおく．

（第2段） まず

$$B/I \simeq A/\mathfrak{a}_1, \quad Q \in \mathrm{Spec}(B), \quad \mathrm{ht}\, Q = h+d$$

を示そう．B の一般の元は，適当な $\nu \geqq 0$ によって

$$a/y^\nu, \quad a \in (\mathfrak{a}+yA)^\nu$$

の形に表わせる．$B=A+I$ であるから $B/I \simeq A/(I \cap A)$．いま $\alpha \in I \cap A$ とすれば，$y^\nu \alpha \in \mathfrak{a}(\mathfrak{a}+yA)^{\nu-1}$ となるような $\nu>0$ が存在する．$\mathfrak{a} : y^\nu = \mathfrak{a}_1$ であるから $\alpha \in \mathfrak{a}_1$．逆に $y\mathfrak{a}_1 \subset \mathfrak{a}$ から $\mathfrak{a}_1 \subset I \cap A$ が得られるから結局 $I \cap A = \mathfrak{a}_1$ である．よって

$$B/I \simeq A/\mathfrak{a}_1$$

となる．この同形で右辺の素イデアル $\mathfrak{p}/\mathfrak{a}_1$ は左辺の $(\mathfrak{p}B+I)/I$ に，$P/\mathfrak{a}_1$ は $(PB+I)/I$ に対応するから，

$$\mathfrak{q} = \mathfrak{p}B+I = \mathfrak{p}+I, \quad Q = PB+I = P+I$$

とおくと $\mathfrak{q}, Q \in \mathrm{Spec}(B)$，$B/\mathfrak{q} = A/\mathfrak{p}$，$B/Q = A/P$ で Q は B の極大イデアルである．また $B/I = A/\mathfrak{a}_1$ であり I は h 個の元で生成され，$\mathfrak{a}_1$ は $\mathfrak{p}$ に属する準素イデアルだから

$$\mathrm{ht}\, Q = \dim B_Q \leqq h+\mathrm{ht}(P/\mathfrak{a}_1) = h+\mathrm{ht}(P/\mathfrak{p}) = h+d.$$

一方 $y \notin \mathfrak{p}$ から $\mathfrak{q} = \mathfrak{p}A[y^{-1}] \cap B$ が出る．（なぜなら，$\alpha \in \mathfrak{p}A[y^{-1}] \cap B$ とすると $\alpha = c/y^\nu$，$c \in \mathfrak{p} \cap (\mathfrak{a}+yA)^\nu$，と書ける．$\mathfrak{a} \subset \mathfrak{p}$，$y \notin \mathfrak{p}$ だから

$$\mathfrak{p} \cap (\mathfrak{a}+yA)^\nu = \mathfrak{a}(\mathfrak{a}+yA)^{\nu-1}+y^\nu \mathfrak{p},$$

よって $\alpha \in I+\mathfrak{p} = \mathfrak{q}$.）また $A[y^{-1}] = B[y^{-1}]$ であるから

$$\mathrm{ht}\, \mathfrak{q} = \mathrm{ht}\, \mathfrak{q}A[y^{-1}] = \mathrm{ht}\, \mathfrak{p}A[y^{-1}] = \mathrm{ht}\, \mathfrak{p} = h.$$

一方 $Q/\mathfrak{q} = P/\mathfrak{p}$ だから

$$\mathrm{ht}\,(Q/\mathfrak{q}) = \mathrm{ht}\,(P/\mathfrak{p}) = d,$$

ゆえに $\mathrm{ht}\, Q \geqq d+h$ である．これと前の不等式をあわせて $\mathrm{ht}\, Q = d+h$ がわかった．

（第3段） $\nu = 1, 2, \cdots$ に対し

$$J_\nu = (x_1, \cdots, x_{h-1}, x_h - y^\nu)B$$

とおき，Q_ν を J_ν の極小素因子で

$$Q_\nu \subset Q, \quad \mathrm{ht}(Q/Q_\nu) = \mathrm{ht}(Q/J_\nu)$$

をみたすものとし，$Q_\nu \cap A = P'_\nu$ とおく．$P'_1, P'_2, \cdots$ がすべてことなり，しかも

$$\mathrm{ht}\, P'_\nu = h, \quad \mathrm{ht}(P/P'_\nu) = d$$

をみたすことを証明できればよい．$B = A + J_\nu$ だから $B/Q_\nu \simeq A/P'_\nu$，$Q/Q_\nu \simeq P/P'_\nu$ であり，したがって $\mathrm{ht}(P/P'_\nu) = \mathrm{ht}(Q/Q_\nu) = \mathrm{ht}(Q/J_\nu)$ である．一方 $\mathrm{ht}\, Q = d + h$ であり，J_ν は h 個の元で生成されるから

$$\mathrm{ht}(P/P'_\nu) \geqslant d + h - h = d.$$

よって

$$d \leqslant \mathrm{ht}(P/P'_\nu) = \mathrm{ht}(Q/Q_\nu) \leqslant \mathrm{ht}\, Q - \mathrm{ht}\, Q_\nu = d + h - \mathrm{ht}\, Q_\nu$$

となるから，

$$(*) \qquad \mathrm{ht}\, Q_\nu = \mathrm{ht}\, P'_\nu \geqslant h$$

を示せば，$\mathrm{ht}(P/P'_\nu) = d$ と $\mathrm{ht}\, P'_\nu = h$ とが同時に示されることになる．

すでに見たように $\mathfrak{q} = \mathfrak{p}A[y^{-1}] \cap B$ だから $\mathfrak{q} \cap A = \mathfrak{p}$ であり，したがって $y \notin \mathfrak{q}$ である．また $\mathfrak{a}_1$ は $\mathfrak{p}$ に属する準素イデアルで $B/I \simeq A/\mathfrak{a}_1$ だから I は $\mathfrak{q}$ に属する準素イデアルで，$\mathrm{ht}\, \mathfrak{q} = h$ であったから

$$\mathrm{ht}(I + yB) = \mathrm{ht}(x_1, \cdots, x_h, y)B = h + 1.$$

また $I + yB = J_\nu + yB$ であり，Q_ν は h 個の元で生成されたイデアル J_ν の極小素因子だから $\mathrm{ht}\, Q_\nu \leqslant h$，よって $y \notin Q_\nu$ であり

$$Q_\nu = Q_\nu A[y^{-1}] \cap B, \quad P'_\nu = Q_\nu A[y^{-1}] \cap A$$

となるから

$$\mathrm{ht}\, Q_\nu = \mathrm{ht}\, P'_\nu$$

である．さらに

$$(\mathfrak{b} : yA)B \subset (x_1, \cdots, x_{h-1})B,$$

$$(\mathfrak{b} : yA) + (a_h - y^{\nu+1})A \subset J_\nu \cap A \subset Q_\nu \cap A = P'_\nu$$

が成り立ち，$(\mathfrak{b} : yA)$ の極小素因子はすべて $\mathfrak{b}$ の極小素因子でもあるから $\mathrm{ht}(\mathfrak{b} : yA) = h - 1$．一方 $a_h \in \mathfrak{p}$，$y \notin \mathfrak{p}$ であるから $a_h - y^{\nu+1} \notin \mathfrak{p}$ であり，

$(\mathfrak{b}:yA)$ の極小素因子はすべて $\mathfrak{p}$ に含まれるから $a_h-y^{\nu+1}$ を含まない．よって $\mathrm{ht}\,P'_\nu \geqslant h$ である．これで (*) は完全に示された．

（第4段）$\nu<\mu$ なら $(Q_\nu+Q_\mu)B_Q$ は $y^\nu=(y^\nu-y^\mu)/(1-y^{\mu-\nu})$ を含み，したがって $(J_\nu+y^\nu B)B_Q=(I+y^\nu B)B_Q$ を含むから

$$\mathrm{ht}(Q_\nu+Q_\mu)B_Q \geqslant h+1, \qquad \mathrm{ht}\,Q_\nu \leqslant h,$$

よって $Q_\nu \neq Q_\mu$ である．$Q_\nu A[y^{-1}]=P'_\nu A[y^{-1}]$ により，$P'_1, P'_2, \cdots$ もすべてことならなくてはならない．▌

定理 31.4.　ネータ局所整域 $(A,\mathfrak{m})$ が鎖状環であるためには，

$$\mathrm{ht}\,\mathfrak{p} + \mathrm{coht}\,\mathfrak{p} = \dim A \quad (\forall \mathfrak{p} \in \mathrm{Spec}\,A)$$

が成り立つことが必要十分である．

証明．　必要性は自明．十分性を示す．$\dim A=n$ とし，A が鎖状でないとすると，

$$\mathfrak{p} \subset P, \quad \mathrm{ht}\,(P/\mathfrak{p}) = 1, \quad \mathrm{ht}\,P > \mathrm{ht}\,\mathfrak{p}+1$$

となるような $\mathfrak{p}, P \in \mathrm{Spec}\,A$ が存在する．$\mathrm{ht}\,(\mathfrak{m}/P)=d$ とおく．強存在定理を $A/\mathfrak{p}$ に適用すると

$$\mathfrak{p} \subset P_\lambda, \quad \mathrm{ht}\,(P_\lambda/\mathfrak{p}) = 1, \quad \mathrm{ht}\,(\mathfrak{m}/P_\lambda) = d$$

となる無限個の $P_\lambda \in \mathrm{Spec}\,A$ が存在することになる．しかし仮定により $\mathrm{ht}(\mathfrak{m}/P_\lambda)+\mathrm{ht}\,P_\lambda=n$ であるから

$$\mathrm{ht}\,P_\lambda = n-d = \mathrm{ht}\,P > \mathrm{ht}\,\mathfrak{p}+1.$$

一方，定理1によればこのような P_λ は有限個しかないから矛盾が得られた．▌

Krull 次元有限の環 A において，すべての極小素イデアル $\mathfrak{p}$ に対し $\dim A/\mathfrak{p} = \dim A$ が成立するとき，A は**等次元** (equidimensional) であるといわれる．

補題 2.　$(A,\mathfrak{m})$ が等次元の局所環で鎖状環ならば，

$$\mathfrak{p}_1, \mathfrak{p}_2 \in \mathrm{Spec}\,A,\ \mathfrak{p}_1 \subset \mathfrak{p}_2 \ \Rightarrow\ \mathrm{ht}\,\mathfrak{p}_2 = \mathrm{ht}\,\mathfrak{p}_1 + \mathrm{ht}(\mathfrak{p}_2/\mathfrak{p}_1).$$

証明．　$\mathfrak{p}_1$ に含まれる極小素イデアル $\mathfrak{p}$ をとれば，$\mathrm{ht}(\mathfrak{p}_1/\mathfrak{p}) = \mathrm{ht}(\mathfrak{m}/\mathfrak{p}) -$

$\mathrm{ht}(\mathfrak{m}/\mathfrak{p}_1)=\dim A-\mathrm{ht}(\mathfrak{m}/\mathfrak{p}_1)$ で，これは $\mathfrak{p}$ の取り方によらないから，$\mathrm{ht}\,\mathfrak{p}_1=\mathrm{ht}(\mathfrak{p}_1/\mathfrak{p})$．同様に $\mathrm{ht}\,\mathfrak{p}_2=\mathrm{ht}(\mathfrak{p}_2/\mathfrak{p})$，よって $\mathrm{ht}\,\mathfrak{p}_2=\mathrm{ht}(\mathfrak{p}_2/\mathfrak{p}_1)+\mathrm{ht}\,\mathfrak{p}_1$． ▌

定理 31.5. A, B をネータ局所環，$A \to B$ を局所環の射とする．B が A 上平坦で等次元鎖状環ならば，A も等次元鎖状環であり，任意の $\mathfrak{p}\in\mathrm{Spec}(A)$ に対し $B/\mathfrak{p}B$ も等次元である．

証明．$\mathfrak{m}, \mathfrak{M}$ を A, B の極大イデアルとする．A の任意の極小素イデアル $\mathfrak{p}_0$ に対し，その上にのっている B の極小素イデアル P_0 が存在し，$\dim B/P_0=\dim B$ だから $\dim B/\mathfrak{p}_0B=\dim B$，よって定理 15.1 により

$$\mathrm{ht}(\mathfrak{m}/\mathfrak{p}_0) = \mathrm{ht}(\mathfrak{M}/\mathfrak{p}_0B)-\mathrm{ht}(\mathfrak{M}/\mathfrak{m}B) = \dim B-\mathrm{ht}(\mathfrak{M}/\mathfrak{m}B)$$

となり，これは $\mathfrak{p}_0$ の取り方によらない．ゆえに A は等次元である．$\mathfrak{p}\in\mathrm{Spec}(A)$ で P が $\mathfrak{p}B$ の極小素因子ならば，下降定理（定理 9.5）からわかるように $P\cap A=\mathfrak{p}$ であるから，定理 15.1 により $\mathrm{ht}\,P=\mathrm{ht}\,\mathfrak{p}$，よって $\mathrm{ht}(\mathfrak{M}/P)=\mathrm{ht}\,\mathfrak{M}-\mathrm{ht}\,P=\mathrm{ht}\,\mathfrak{M}-\mathrm{ht}\,\mathfrak{p}$ は $\mathfrak{p}$ だけで定まる．すなわち $B/\mathfrak{p}B$ は等次元である．また，$\mathfrak{p}'\in\mathrm{Spec}(A)$，$\mathfrak{p}'\subset\mathfrak{p}$，$\mathrm{ht}(\mathfrak{p}/\mathfrak{p}')=1$ とするとき，P に含まれる $\mathfrak{p}'B$ の極小素因子の1つを P' とすれば，$B/\mathfrak{p}'B$ も等次元で $A/\mathfrak{p}'$ 上に平坦だから $\mathrm{ht}(P/P')=\mathrm{ht}(P/\mathfrak{p}'B)=\mathrm{ht}(\mathfrak{p}/\mathfrak{p}')=1$，一方 B は等次元鎖状環だから $\mathrm{ht}(P/P')=\mathrm{ht}\,P-\mathrm{ht}\,P'=\mathrm{ht}\,\mathfrak{p}-\mathrm{ht}\,\mathfrak{p}'$，よって $\mathrm{ht}\,\mathfrak{p}=\mathrm{ht}\,\mathfrak{p}'+1$ となり，A は鎖状環である． ▌

系． A を正則局所環 R の準同形像とする．A が等次元ならば A の完備化 A^* も等次元である．

証明．P_0 を A^* の極小素イデアル，$P_0\cap A=\mathfrak{p}_0$ とし，$\mathfrak{p}_0$ の R への逆像を $\mathfrak{p}$ とすれば $R^*/\mathfrak{p}R^*=A^*/\mathfrak{p}_0A^*$ である．R^* は整域だから等次元で，定理を $R \to R^*$ に適用できるから $R^*/\mathfrak{p}R^*$ も等次元，したがって

$$\dim A^*/P_0 = \dim A^*/\mathfrak{p}_0A^* = \dim A/\mathfrak{p}_0 = \dim A. \quad ▌$$

定義． ネータ局所環 A の完備化 A^* が等次元であるとき，A は**擬清純** (quasi-unmixed，または formally equidimensional) であるという．

定理 31.6. $(A,\mathfrak{m})$ を擬清純なネータ局所環とすれば

i）任意の $\mathfrak{p}\in\mathrm{Spec}(A)$ に対し $A_{\mathfrak{p}}$ も擬清純である.

ii）I を A のイデアルとすれば,

$$A/I \text{ が等次元} \iff A/I \text{ が擬清純.}$$

iii）B が A 上に本質的には有限型の局所環（p. 283）で等次元ならば擬清純である.

iv）A は強鎖状環である.

証明. i）$P\in\mathrm{Spec}(A^*)$, $P\cap A=\mathfrak{p}$ とし, $B=(A^*)_P$ とおく. B は $A_{\mathfrak{p}}$ 上に平坦, したがって B^* は $(A_{\mathfrak{p}})^*$ 上に平坦である（定理 22.4). B は正則局所環の準同形像でしかも等次元であるから, 上の系により B^* も等次元である. よって定理5により $(A_{\mathfrak{p}})^*$ も等次元である.

ii）は定理5から容易に出る.

iii）B は適当な n に対し $A[X_1,\cdots,X_n]$ の局所化の準同形像であるから, ii）によって, B が $A[X_1,\cdots,X_n]$ の局所化のとき擬清純であることを示せばよい. $A^*[X_1,\cdots,X_n]$ は $A[X_1,\cdots,X_n]$ の上に忠実平坦であるから, $A^*[X_1,\cdots,X_n]$ の局所化である局所環 C と, 局所環の射 $B\rightarrow C$ とがあって, C は B 上に平坦, したがって C^* は B^* 上に平坦である. 定理 15.5 の注により C は等次元であり, また正則局所環の準同形像であるから, 定理5の系により C^* も等次元, よって定理5により B^* も等次元である.

iv）A 上に本質的には有限型の局所整域は擬清純, したがって鎖状環であるから, A 上有限型の整域はすべて鎖状環である. ▮

ネータ局所環 A が

“すべての $\mathfrak{p}\in\mathrm{Spec}(A)$ に対し $A/\mathfrak{p}$ が擬清純である”

という条件をみたすとき, A は**形式的鎖状**（formally catenary）であるという［G 2 (7.1.9)］. 上の定理から, A が形式的鎖状なら強鎖状であることは容易にわかる. この逆も正しいことを Ratliff が証明した［87］. 強鎖状性は有限型の A 代数に関する性質で, これから完備化に関する性質を導くのであ

るからこれはむつかしい. Ratliff の証明を述べる前に次の注意をしておこう.

$(R, \mathfrak{m})$ をネータ局所整域, K を R の商体, R' を R の K における整閉包とし, S を R' の部分環で R を含み R 上に有限加群になっているものとする. S は半局所環で, その完備化 ($\mathfrak{m}$ 進位相 $=\mathrm{rad}(S)$ 進位相に関する) S^* は $R^*\otimes_R S$ と同一視できる. R^* は R 上平坦だから, $R\subset S\subset R'\subset K$ から $R^*\subset S^*\subset R^*\otimes_R R'\subset R^*\otimes_R K$ が得られる. $R^*\otimes_R K$ は R^* の $R-\{0\}$ に関する局所化であるから, R^* の全商環を T とすれば $R^*\otimes K\subset T$ と考えられ, したがって $R^*\subset S^*\subset T$ となる. ここから, R^* の性質が適当な S に反映する可能性が生ずる.

定理 31.7. ネータ局所環 A が形式的鎖状であることと強鎖状であることとは同値である.

証明. 定理6により形式的鎖状なら強鎖状であるから, 逆を示す. A を強鎖状な整域として, A^* が等次元であることを示すことになる. A^* が等次元でないとして矛盾を出そう. 数個の補題にわけて証明する.

補題 3. $(R, \mathfrak{m})$ を鎖状ネータ局所整域とし R^* をその完備化とする. $\dim R=n$ とし, R^* の極小素イデアル Q で

$$1 < \dim(R^*/Q) = d < n$$

となるものが存在するとする. このとき, $i=1, 2, \cdots, d-1$ に対し, 次の条件をみたす $\mathfrak{p}\in\mathrm{Spec}(R)$ の集合を Φ_i とする:

(1) $\mathrm{ht}\,\mathfrak{p}=i$,

(2) $\mathfrak{p}R^*$ の極小素因子 P で $Q\subset P$, $\dim(R^*/P)=d-i$ をみたすものが存在する.

このとき Φ_i は空でない.

証明. i についての帰納法. $0\neq a\in\mathfrak{m}$ ならば, aR^*+Q の極小素因子 P は $\mathrm{ht}(P/Q)=1$, $P\cap R\neq 0$ をみたし a を含む. よって $M=\{P\in\mathrm{Spec}(R^*)\mid Q\subset P, \mathrm{ht}(P/Q)=1, P\cap R\neq 0\}$ とおくと $\mathfrak{m}=\bigcup_{P\in M}(P\cap R)$ となるわけである.

$\mathrm{ht}\,(\mathfrak{m}R^*/Q)=d>1$ だから $\mathfrak{m}R^*\notin M$, よって $\mathfrak{m}$ 自身は $\{P\cap R|P\in M\}$ に属さないから, M も $\{P\cap R|P\in M\}$ も無限集合である. 定理1により, $M'=\{P\in M|\mathrm{ht}\,P=1\}$ も無限集合である. $P\in M'$ を任意にとり, $\mathfrak{p}=P\cap R$ とおけば, $0<\mathrm{ht}\,\mathfrak{p}=\mathrm{ht}\,\mathfrak{p}R^*\leqslant\mathrm{ht}\,P=1$ だから, $\mathrm{ht}\,\mathfrak{p}=1$ で P は $\mathfrak{p}R^*$ の極小素因子である. R^* は鎖状環だから $\dim(R^*/P)=\dim(R^*/Q)-\mathrm{ht}\,(P/Q)=d-1$. よって $\mathfrak{p}\in\Phi_1$ であり $i=1$ について主張は正しい.

$i>1$ のときは, 上の $\mathfrak{p}$ に対して $\bar{R}=R/\mathfrak{p}$, $\bar{P}=P/\mathfrak{p}R^*$ とおくと, R が鎖状環だから $\dim\bar{R}=n-1$ であり, $\bar{P}$ は $\bar{R}^*=R^*/\mathfrak{p}R^*$ の極小素イデアルであって $\dim(\bar{R}^*/\bar{P})=\dim(R^*/P)=d-1<n-1$ となる. ゆえに帰納法の仮定で $\bar{R}$ の高度 $i-1$ の素イデアル $\bar{\mathfrak{p}}_i=\mathfrak{p}_i/\mathfrak{p}$ で, $\bar{\mathfrak{p}}_i\bar{R}^*$ が $\bar{P}\subset\bar{P}_i$ かつ $\dim(\bar{R}^*/\bar{P}_i)=(d-1)-(i-1)=d-i$ をみたす極小素因子 $\bar{P}_i$ をもつようなものが存在する. $\bar{P}_i=P_i/\mathfrak{p}R^*$ とすれば P_i は $\mathfrak{p}_iR^*$ の極小素因子で P を, したがって Q を含み, $R^*/P_i=\bar{R}^*/\bar{P}_i$ は $d-i$ 次元で, R の鎖状性から $\mathrm{ht}\,\mathfrak{p}_i=\mathrm{ht}\,\bar{\mathfrak{p}}_i+\mathrm{ht}\,\mathfrak{p}=i$, よって $\mathfrak{p}_i\in\Phi_i$ である.

補題 4. $(R,\mathfrak{m})$ をネータ局所整域, R^* をその完備化, $0=\mathfrak{q}_1\cap\cdots\cap\mathfrak{q}_r$ を R^* における0の最短準素分解, $\sqrt{\mathfrak{q}_i}=P_i$ $(1\leqslant i\leqslant r)$ とし, P_1 が

$$\mathrm{ht}\,P_1=0,\qquad \mathrm{coht}\,P_1=1<\dim R$$

をみたすとする. このとき次の性質をもつ $b,c\in\mathfrak{m}$ と $\delta\in(\mathfrak{q}_2\cap\cdots\cap\mathfrak{q}_r)-P_1$ とが存在する:

(1) $b-\delta\in\mathfrak{q}_1$,

(2) $(b,\delta)R^*=(b,c)R^*$,

(3) c/b は R 上整であるが R には入らない.

証明. (第1段) P_1 は極小素イデアルで $r>1$ だから, $\mathfrak{q}_2\cdots\mathfrak{q}_r\not\subset P_1$ により $\delta'\in(\mathfrak{q}_2\cap\cdots\cap\mathfrak{q}_r)-P_1$ が取り出せる. $\mathrm{coht}\,P_1=1$ だから $\mathfrak{q}_1+\delta'R^*$ は $\mathfrak{m}R^*$ に属する準素イデアルであり, したがって

$$\mathfrak{a}=(\mathfrak{q}_1+\delta'R^*)\cap R$$

とおけばこれは $\mathfrak{m}$ に属する準素イデアルである. よって $0\neq b\in\mathfrak{a}$ を任意に取

れば R^* において

$$b=\zeta+\beta\delta', \quad \zeta\in\mathfrak{q}_1, \quad \beta\in R^*$$

と表わせる．b は R^* の正則元だから $\beta\delta'\notin P_1$，よって $\delta=\beta\delta'$ とおけば（1）がみたされる．

（第2段）$\delta\notin bR^*$ を示す．仮に $\delta=b\xi$, $\xi\in R^*$ と書けたとすると，$b-\delta=b(1-\xi)\in\mathfrak{q}_1$, $b\notin P_1$，したがって $1-\xi\in\mathfrak{q}_1\subset\mathfrak{m}R^*$ であるから ξ は R^* の単元となり，$b\in\delta R^*\subset\mathfrak{q}_2$ となって b が R^* の正則元であることに反する．

（第3段）$\mathfrak{b}\neq 0$ が R のイデアルで，$\mathfrak{m}$ が $\mathfrak{b}$ の素因子でなければ，$\delta\in\mathfrak{b}R^*$ である．なぜなら，$\mathfrak{b}:\mathfrak{m}=\mathfrak{b}$ だから $\mathfrak{b}R^*:\mathfrak{m}R^*=(\mathfrak{b}:\mathfrak{m})R^*=\mathfrak{b}R^*$ となり $\mathfrak{m}R^*$ は $\mathfrak{b}R^*$ の素因子でなく，P を $\mathfrak{b}R^*$ の任意の素因子とすると $\operatorname{coht} P_1=1$, $P\neq\mathfrak{m}R^*$, $P\neq P_1$（なぜなら $P_1\cap R=0$）により $P\not\supset P_1$，ゆえに $P\not\supset\mathfrak{q}_1$ で，$\alpha\in\mathfrak{q}_1-P$ が存在する．$\mathfrak{b}R^*$ の P-準素成分を Q とすれば $\alpha\delta=0\in Q$，ゆえに $\delta\in Q$．結局 $\delta\in\mathfrak{b}R^*$ である．

（第4段）前2段から $\mathfrak{m}$ は bR の素因子である．よって

$$bR=I\cap J, \quad I \text{ は } \mathfrak{m}\text{-準素イデアル}, \quad J:\mathfrak{m}=J$$

と書けて，$bR^*=IR^*\cap JR^*$, $\delta\in JR^*$, $\delta\notin IR^*$ となるわけである．一方 $(IR^*+JR^*)/IR^*\simeq(I+J)/I$ であるから，$c\in J$ を $\delta-c\in IR^*$ となるように取れる．すると

$$\delta-c\in IR^*\cap JR^*=bR^*,$$

したがって $(b,c)R^*=(b,\delta)R^*$ となり（2）が示された．もし $c\in bR$ なら $(b,\delta)R^*=bR^*$ となり第2段に矛盾するから，$c/b\notin R$ である．一方 $b-\delta\in\mathfrak{q}_1$ から $\delta(b-\delta)=0$, $b\delta=\delta^2$，また $c-\delta\in bR^*$ から $c=\delta+b\gamma$ とおけて，$c^2=\delta^2+2b\delta\gamma+b^2\gamma^2\in b(\delta,b)R^*=b(c,b)R^*$，よって

$$c^2\in(bc,b^2)R^*\cap R=(bc,b^2)R,$$

これから $c^2=bcu+b^2v$, $u,v\in R$ となり，これは c/b が R 上に整であることを示す．これで（3）が示された．∎

補題 5. 記号の意味は上と同じとし，$S=R[c/b]$ とおけば，S には高度1

の極大イデアルが存在する.

証明. R^* の全商環を T とすれば $R^* \subset S^* = R^*[c/b] \subset T$ と考えられ, T は S^* の全商環でもある. $\mathrm{Ass}(R^*) = \{P_1, \cdots, P_r\}$ であったから, $Q_i = P_i T \cap S^*$ とおけば

$$\mathrm{Ass}(S^*) = \{Q_1, \cdots, Q_r\}, \qquad \mathrm{ht}\, Q_i = \mathrm{ht}\, P_i$$

である. また S^* は R^* 上整であるから S^*/Q_i は R^*/P_i 上に整, したがって $\mathrm{coht}\, Q_i = \mathrm{coht}\, P_i$ でもある. Q_1 を含む S^* の任意の極大イデアルを P^* とする. $(b, c)R^* = (b, \delta)R^*$ により $S^* = R^*[c/b] = R^*[\delta/b]$ であり, また $\delta \in \mathfrak{q}_2 \cap \cdots \cap \mathfrak{q}_r$, $\delta - b \in \mathfrak{q}_1$ だから

$$\delta/b \in Q_2 \cap \cdots \cap Q_r, \qquad \delta/b - 1 \in Q_1,$$

したがって $Q_1 + Q_i = S^*$ $(\forall i > 1)$ であるから, Q_1 は P^* に含まれるただ1つの極小素イデアルである. しかも $\mathrm{coht}\, Q_1 = 1$, $P^* \cap R^* = \mathfrak{m}R^*$ だから $\mathrm{ht}\, P^* = 1$ である. $P = P^* \cap S$ とおくと $\mathrm{ht}\, P = \mathrm{ht}\, P^* = 1$ であり, P^* が S^* の極大イデアルだから P は S の極大イデアルである. ▌

定理7の証明に戻って, A を強鎖状なネータ局所整域で A^* が等次元でないとすると, 補題3により A の素イデアル $\mathfrak{p}$ で $(A/\mathfrak{p})^* = A^*/\mathfrak{p}A^*$ が等次元でなく coht 1 の極小素イデアルをもつようなものが存在する. $R = A/\mathfrak{p}$ とおきこれに補題4と5を適用すれば, R 上に1個の元で生成され R の商体における整閉包 R' に含まれる環 S と, S の極大イデアル P で $\mathrm{ht}\, P = 1 < \dim R$ をみたすものとが存在する. $P \cap R = \mathfrak{m}$ とおけばこれは R の極大イデアルだから, $\mathrm{ht}\, P < \mathrm{ht}\, \mathfrak{m}$ となり, これは R と S との間に次元公式が成立しないことを示す. これは定理 15.6 に矛盾する. ▌

§ 32. 形式的ファイバー

$(A, \mathfrak{m})$ をネータ局所環, A^* をその完備化とする. 自然な射 $A \to A^*$ の, いろいろな $\mathfrak{p} \in \mathrm{Spec}(A)$ の上のファイバー環を, A の形式的**ファイバー** (formal fibre) という. I を A のイデアルとすると, $(A/I)^* = A^*/IA^*$ で

あるから，A/I の形式的ファイバーは A の形式的ファイバーでもある．

注．ファイバーとファイバー環は厳密にいえば区別するべきであるが，今はこだわらないことにする．

A をネータ環，k を A の部分体とする．k のどんな有限代数拡大 k' に対しても $A\otimes_k k'$ が正則環であるとき，A は k **上幾何学的に正則** (geometrically regular) であるといわれる．(§28 参照)．これは A のすべての極大イデアル $\mathfrak{p}$ について $A_\mathfrak{p}$ が k 上幾何学的に正則であることと同値である．

ネータ環の射 $\varphi: A \to B$ が**正則** (regular) であるとは，A のすべての素イデアル $\mathfrak{p}$ に対して，$\mathfrak{p}$ 上のファイバー $B\otimes_A \kappa(\mathfrak{p})$ が体 $\kappa(\mathfrak{p})$ 上に幾何学的に正則であり，かつ φ が平坦であることをいう．

ネータ環 A が **G-環**であるとは，A のすべての素イデアル $\mathfrak{p}$ に対して，$A_\mathfrak{p} \to (A_\mathfrak{p})^*$ が正則であることをいう．いいかえれば A のすべての局所環のすべての形式的ファイバーが幾何学的に正則であることである．(G-環の G は Grothendieck の頭文字である．)

定理 32.1. $A \xrightarrow{\varphi} B \xrightarrow{\psi} C$ をネータ環の射とするとき，

i) φ, ψ が正則なら $\psi\varphi$ もそうである．

ii) $\psi\varphi$ が正則，ψ が忠実平坦なら φ は正則である．

証明． i) $\psi\varphi$ が平坦であるのは明らか．$\mathfrak{p}\in\mathrm{Spec}(A)$，$K=\kappa(\mathfrak{p})$ とし，L を K の有限次代数拡大体とする．$B\otimes_A L=B_L$，$C\otimes_A L=C_L$ とおくと，ψ からひきおこされる $\psi_L: B_L \to C_L$ も正則である．なぜなら，P を B_L の素イデアルとし，F を $\kappa(P)$ の有限次代数拡大体とすると，$C\otimes_B B_L=C\otimes_B(B\otimes_A L)=C\otimes_A L=C_L$ だから $C_L\otimes_{B_L}F=C\otimes_B F$ で，$P\cap B=Q$ とおくと，B_L は有限 B 加群だから $[\kappa(P):\kappa(Q)]<\infty$，よって $[F:\kappa(Q)]<\infty$，よって$C\otimes_B F$ は正則環であるから．一方 φ が正則だから B_L は正則環，よって定理 23.7 の ii) により C_L は正則環である．

ii) φ の平坦性は自明．$\mathfrak{p}, K, L$ を上と同様とすると C_L が正則環で B_L の上に平坦だから B_L も正則環である（定理 23.7. i)). ▮

定理 32.2.　$\varphi: A \to B$ をネータ環の射で，忠実平坦かつ正則であるとする．

i）A が正則（または正規，または被約，または CM，または Gorenstein）であることと，B が同じ性質をもつこととは同値である．

ii）B が G-環なら A もそうである．（逆は成り立たない．）

証明．　i）は定理 23.7，23.9 系，23.3 系，23.4 から．

ii）$\mathfrak{p}\in\operatorname{Spec} A$ とし，$\mathfrak{p}$ の上にのっている $P\in\operatorname{Spec} B$ をとり，可換図形

$$\begin{array}{ccc} (A_{\mathfrak{p}})^* & \xrightarrow{f^*} & (B_P)^* \\ \alpha\uparrow & & \uparrow\beta \\ A_{\mathfrak{p}} & \xrightarrow{f} & B_P \end{array}$$

を考える．ここに f は φ から，f^* は f からひきおこされる射，α, β は自然な射である．f と β が正則，f^* が忠実平坦だから前定理を使えば α も正則である．▌

A が G-環でも B が G-環にならない例を作るために，k を完全体とし $A=k$, B を正則局所環で k を含むものとする．このとき $k \to B$ はたしかに忠実平坦かつ正則であり，k は体だから自明的に G-環である．しかし B は G-環でない例が知られている．（[N 1] の Appendix を見よ．k が標数 p ならそこの (E 3.1) の R が，標数 0 ならそこの Example 7 の R が反例になる．(E 3.1) では k は不完全体だが R は k 上幾何学的正則である．）

定理 32.3.　完備ネータ局所環は G-環である．

証明．　A を完備ネータ局所環，$\mathfrak{p}\in\operatorname{Spec}(A)$，$B=A_{\mathfrak{p}}$ とし，B の完備化を B^* とする．$B \to B^*$ が正則射であることを示す．すなわち，B の任意の素イデアル $\mathfrak{p}'$ に対し $B^*\otimes_B \kappa(\mathfrak{p}')$ が $\kappa(\mathfrak{p}')$ 上幾何学的に正則であることを示すのであるが，A を $A/\mathfrak{p}'\cap A$ でおきかえても完備局所環であり，ここから出発すれば $\mathfrak{p}'=(0)$ の場合に帰着する．よって A が整域であるとし，A と

B の共通の商体を L とおいて，$B^*\otimes_B L$ が L 上幾何学的に正則であることを示そう．

問題はさらに A が正則局所環の場合に帰着させられる．実際，定理 29.4 により，A は完備正則局所環 R を含みその上に有限加群である．$\mathfrak{p}\cap R=\mathfrak{q}$, $R_{\mathfrak{q}}=S$, $B'=A_{\mathfrak{q}}=A\otimes_R S$ とおけば B' は半局所環で B はその極大イデアルによる局所化であり，B^* は $B'^*=B'\otimes_S S^*$ の直積因子の 1 つである．R, S の共通の商体を K とおく．

$$\begin{array}{ccccccc}
 & & B'^*=B'\otimes_S S^* & \longrightarrow & B^* & & \\
 & & \uparrow & & \uparrow & & \\
A & \longrightarrow & B'=A\otimes_R S & \longrightarrow & B=A_{\mathfrak{p}} & \longrightarrow & L\\
\uparrow & & \uparrow & & & & \uparrow\\
R & \longrightarrow & S=R_{\mathfrak{q}} & \longrightarrow & \longrightarrow & \longrightarrow & K
\end{array}$$

$B^*\otimes_B L$ は $B^*\otimes_{B'} L$ と書いてもよく，したがって $B'^*\otimes_{B'} L=S^*\otimes_S L=(S^*\otimes_S K)\otimes_K L$ の直積因子であるから，$S^*\otimes_S K$ が K 上に幾何学的正則であることをいえばよいのである．

R, S, S^* は正則局所環で，$S^*\otimes_S K$ は S^* の局所化だから正則環である．したがって K の標数が 0 のときにはもはや証明すべきことはない．以下 K の標数を p とする．すると R には係数体 k が存在し，$R=k[[X_1, \cdots, X_n]]$ と表わせる．k の cofinite な部分体の有向族 $\{k_\alpha\}$ で $\bigcap_\alpha k_\alpha=k^p$ となるものをとり，$R_\alpha=k_\alpha[[X_1^p, \cdots, X_n^p]]$ とおき，R_α の商体を K_α とすれば，容易にわかるように $\bigcap_\alpha K_\alpha=K^p$ である（定理 30.9 の証明参照）．

$\mathfrak{q}\cap R_\alpha=\mathfrak{q}_\alpha$ とおくと，$R_\alpha\supset R^p$ であるから $\mathfrak{q}$ は $\mathfrak{q}_\alpha$ 上にのっている唯一の R の素イデアルである．よって $S_\alpha=(R_\alpha)_{\mathfrak{q}_\alpha}$ とおくと $S=R_{\mathfrak{q}}=R\otimes_{R_\alpha}S_\alpha$ となり，S は S_α 上の有限加群である．よって $S^*=S\otimes_{S_\alpha}S_\alpha^*$ である．S^* が S_α に関して S 上に 0-順滑であることを示そう．

$$\begin{array}{ccccc} S_\alpha^* & \longrightarrow & S^* & \xrightarrow{v} & C/N \\ \uparrow & & \uparrow & & \uparrow \\ S_\alpha & \longrightarrow & S & \xrightarrow{u} & C \end{array}$$

という可換図形が与えられたとする，ただし C は環で N は $N^2=0$ をみたす C のイデアル．v の S_α 上の持ち上げ $v':S^* \to C$ が存在するとき，$v'|S_\alpha^*=w$ とおき，$v''=u\otimes w: S^*=S\otimes_{S_\alpha}S_\alpha^* \to C$ とおけば，容易にわかるように v'' は v の S 上の持ち上げになっている．よって S^* は S_α に関して S 上に 0-順滑である．次に $Q\in\mathrm{Spec}(S^*)$，$Q\cap S=(0)$ とする．S^*_Q は $S^*\otimes_S K$ の局所環であり，逆に $S^*\otimes_S K$ の局所環はすべてこのような形をしている．

$$\begin{array}{ccccc} S^* & \longrightarrow & S^*_Q & \longrightarrow & C/N \\ \uparrow & & \uparrow & & \uparrow \\ S & \longrightarrow & K & \longrightarrow & C \\ \uparrow & & \uparrow & & \\ S_\alpha & \longrightarrow & K_\alpha & & \end{array}$$

上の図からわかるように，S^*_Q は K_α に関して K 上に 0-順滑である．$E=S^*_Q$，$\mathfrak{m}=\mathrm{rad}(E)$ とおくと E は K_α に関して K 上に $\mathfrak{m}$-順滑でもあるから，定理 28.4 により

$$\Omega_{K/K_\alpha}\otimes_K(E/\mathfrak{m}) \longrightarrow \Omega_{E/K_\alpha}\otimes_E(E/\mathfrak{m})$$

がすべての α について単射である．一方 $\bigcap_\alpha K_\alpha=K^p$ だから §30 補題4により

$$\Omega_K \to \varprojlim \Omega_{K/K_\alpha}$$

が単射，したがって

$$\Omega_K\otimes_K(E/\mathfrak{m}) \to \varprojlim(\Omega_{K/K_\alpha}\otimes_K(E/\mathfrak{m}))$$

も単射である．よって

$$\begin{array}{ccc} \Omega_K \otimes_K (E/\mathfrak{m}) & \longrightarrow & \Omega_E \otimes_E (E/\mathfrak{m}) \\ \downarrow & & \downarrow \\ \varprojlim (\Omega_{K/K_\alpha} \otimes_K (E/\mathfrak{m})) & \longrightarrow & \varprojlim (\Omega_{E/K_\alpha} \otimes_E (E/\mathfrak{m})) \end{array}$$

の可換性から，結局 $\Omega_K \otimes (E/\mathfrak{m}) \longrightarrow \Omega_E \otimes (E/\mathfrak{m})$ が単射である．よって定理28.6系により E が K 上に $\mathfrak{m}$-順滑，したがって幾何学的に正則である．E は $S^* \otimes_S K$ の任意の局所環であるから，$S^* \otimes_S K$ が K 上幾何学的正則であることがわかった．▮

定理 32.4. A をネータ環とする．A のすべての極大イデアル $\mathfrak{m}$ について $A_\mathfrak{m} \to (A_\mathfrak{m})^*$ が正則ならば A は G-環である．

証明．$(A_\mathfrak{m})^*$ は G-環だから，定理2により $A_\mathfrak{m}$ も G-環である．任意の $\mathfrak{p} \in \mathrm{Spec}(A)$ に対し，$\mathfrak{p}$ を含む極大イデアル $\mathfrak{m}$ をとれば $A_\mathfrak{p}$ は G-環 $A_\mathfrak{m}$ の局所化であり，したがって $A_\mathfrak{p} \to (A_\mathfrak{p})^*$ は正則である．▮

この定理4のおかげで G-環の判定はずっと簡単になる．たとえば次の定理も定理4にもとづく．

定理 32.5. A をネータ半局所環とする．A が G-環であるためには次の条件が成り立てばよい：C が有限 A 代数で整域であり，$\mathfrak{m}$ が C の極大イデアル，$B = C_\mathfrak{m}$，$Q \in \mathrm{Spec}(B^*)$，$Q \cap B = (0)$ ならば，B^*_Q は正則局所環である．

証明．条件が成り立つとき，$A \to A^*$ が正則であることを示せばよい（前定理による）．$\mathfrak{p} \in \mathrm{Spec}(A)$ をとり，L を $\kappa(\mathfrak{p})$ の有限次拡大体とする．$A^* \otimes_A L$ が正則環であることを示す．$L = \kappa(\mathfrak{p})(t_1, \cdots, t_n)$ とし，t_i に適当な $A/\mathfrak{p}$ の元をかけて，t_i が $A/\mathfrak{p}$ 上に整になるようにしておき，$C = (A/\mathfrak{p})[t_1, \cdots, t_n]$ とおけば C は有限 A 加群で C の商体は L である．$C^* = A^* \otimes_A C$ であり，C の極大イデアルを $\mathfrak{m}_i$ $(1 \leqslant i \leqslant r)$ とし $B_i = C_{\mathfrak{m}_i}$ とおけば $C^* = B_1^* \times \cdots \times B_r^*$ である．$A^* \otimes_A L = C^* \otimes_C L$ の局所環は，適当な B_i^* の素イデアル

Q で $Q\cap B_i=(0)$ をみたすものによる局所環 $(B_i^*)_Q$ と同一視できるから，仮定により正則である．よって $A^*\otimes_A L$ は正則環である．∎

注．この条件は必要でもあることが容易にわかる．

定理 32.6.（水谷博之）R を正則環とする．すべての $n\geqq 0$ に対し，$R[X_1,\cdots,X_n]$ で弱ヤコビアン条件（WJ）が成立すれば（§ 30 参照），R は G-環である．

証明．前定理の条件が成り立つことを示そう．$R_n=R[X_1,\cdots,X_n]$ とおく．R 加群として有限な整域 C は適当な n に対し $C=R_n/Q$, $Q\in\mathrm{Spec}(R_n)$, の形に表わせる．$\mathfrak{m}$ を C の極大イデアル，M を対応する R_n の極大イデアル，$S=(R_n)_M$ とし，$P\in\mathrm{Spec}(S^*)$, $P\cap S=QS$ とするとき $(S^*)_P/Q(S^*)_P$ が正則であればよい．$\mathrm{ht}\,Q=r$ とすると $\mathrm{ht}\,Q(S^*)_P=r$ であり，仮定によって $D_1,\cdots,D_r\in\mathrm{Der}(R_n)$ と $f_1,\cdots,f_r\in Q$ とがあって $\det(D_if_j)\notin Q$．さて D_i は S へ，さらに S^* へ自然に拡張され，$P\cap R_n=Q$ だから $\det(D_if_j)\notin P$, ゆえに定理 30.4 により $(S^*)_P/Q(S^*)_P$ は正則である．∎

系． 体上に有限生成の環，およびそのような環の局所化は G-環である．

証明．定義からわかるように G-環の準同形像や局所化はまた G-環だから，k を体として $k[X_1,\cdots,X_n]$ が G-環であればよいが，$k[X_1,\cdots,X_{n+m}]$ で（WJ）が成り立つ（定理 30.3, 定理 30.5）から，水谷の定理によって $k[X_1,\cdots,X_n]$ は G-環である．∎

注 1．体 k 上の代数幾何学で用いられる局所環は，k 上本質的には有限型であるから，G-環である．よってそのような局所環の被約性，正規性などは完備化へ遺伝する．

注 2．正則環 R が標数 0 の体を含むときは，R で（WJ）が成り立てば $R[X_1,\cdots,X_n]$ でも成り立つ（問題【30.4】）．よってこのとき R や $R[X_1,\cdots,X_n]$ は G-環である．とくに，$\boldsymbol{R}$ または $\boldsymbol{C}$ 上の収束べき級数環は G-環である（定理 30.8）．

G-環について Grothendieck は次の定理を証明した．

“A が G-環ならば $A[X]$ もそうである”

証明はかなりむつかしいので省略する．[M. Th. 77] を見られたい．これと類似の命題

"A が G-環ならば $A[[X]]$ もそうである"

は長い間証明できなかったが，ごく最近 Münster 大学の Christel Rotthaus 女史が，A が半局所環のときに証明した（[95]）．一般の場合の証明も近いうちにできるのではないかと期待される．

永田は "$\mathrm{Reg}(A)$ が $\mathrm{Spec}(A)$ の中で開集合になるための条件" を調べた [75]．永田の研究と彼の G-環の理論とを組合せて，Grothendieck [G-2] は**優秀環** (excellent ring) というものを定義した．

定義．ネータ環 A が次の（1），（2），（3）をみたすとき優秀であるという：

（1） A は強鎖状である，

（2） A は G-環である，

（3） すべての有限 A 代数 B について，$\mathrm{Reg}(B)$ は $\mathrm{Spec}(B)$ の開集合である．

[（2），（3）をみたすネータ環は準優秀 (quasi-excellent) であるといわれる．これは Grothendieck の造語ではないようである．]

（1），（2），（3）のどの条件についても，それをみたす環の全体は局所化，有限型の拡大，準同形像について閉じていることが証明できる．

A がネータ半局所環ならば，（3）は（2）から出ることが証明できる．完備ネータ半局所環は優秀である．

応用上重要なネータ環はほとんどすべて優秀環である．

R. Y. Sharp [107] はこの定義の（2）を "A のすべての局所環のすべての形式的ファイバーが Gorenstein である" と変え（3）の $\mathrm{Reg}(B)$ を $\mathrm{Gor}(B)$ に変えることによって，acceptable ring の概念を定義し，優秀環の理論と類似の理論が成り立つことを示した（なお [35]，[109] も参照）．

M. André [4] は，彼の homology 論を使って次の定理を証明した．“A, B をネータ局所環，$\varphi : A \to B$ を局所環の射で，B が A 上 $\mathfrak{m}_B$-順滑であるとする（$\mathfrak{m}_B = \mathrm{rad}(B)$）．$A$ が準優秀ならば，φ は正則である．” これは大変優れた定理で，先にのべた Rotthaus の結果もこれを利用している．

§ 33. Kunz の定理

すでに触れたように，環 A の元 $x_1, \cdots, x_n$ が，条件

$$\sum_1^n a_i x_i = 0 \quad \Rightarrow \quad \forall a_i \in (x_1, \cdots, x_n)$$

をみたすとき，（Lech の意味で）独立であるという（[60]）．

補題 1. $x_1^{\nu_1}, \cdots, x_n^{\nu_n}$ が独立ならば，任意の $1 \leqslant \alpha_i \leqslant \nu_i$ に対して，$x_1^{\alpha_1}, \cdots, x_n^{\alpha_n}$ も独立である．

証明．べき指数を1つずつ減じてゆけばよいから，$1 < \nu_1$ のとき $\nu_1 = \nu$ と書き $x_1^{\nu-1}, x_2^{\nu_2}, \cdots, x_n^{\nu_n}$ が独立であることを示す．

$$a_1 x_1^{\nu-1} + a_2 x_2^{\nu_2} + \cdots + a_n x_n^{\nu_n} = 0$$

ならば，x_1 を乗じてわかるように，$a_1, a_2 x_1, \cdots, a_n x_1$ はすべて $(x_1^{\nu}, x_2^{\nu_2}, \cdots, x_n^{\nu_n})$ に入る．$a_2 x_1 = b_1 x_1^{\nu} + b_2 x_2^{\nu_2} + \cdots + b_n x_n^{\nu_n}$ と書き，両辺に $x_1^{\nu-1}$ を乗じて

$$(b_1 x_1^{\nu-1} - a_2) x_1^{\nu} + (b_2 x_1^{\nu-1}) x_2^{\nu_2} + \cdots + (b_n x_1^{\nu-1}) x_n^{\nu_n} = 0$$

と書き直せば，

$$a_2 \in (x_1^{\nu-1}, x_2^{\nu_2}, \cdots, x_n^{\nu_n})$$

がわかる．$a_3, \cdots, a_n$ についても同様である．▌

補題 2. $(A, \mathfrak{m}, k)$ を局所環，$\mathfrak{m} = (x_1, \cdots, x_n)$，$\nu_i > 0$ $(1 \leqslant i \leqslant n)$ とする．$x_1^{\nu_1}, \cdots, x_n^{\nu_n}$ が独立ならば $l(A/(x_1^{\nu_1}, \cdots, x_n^{\nu_n})) = \nu_1 \cdots \nu_n$ である．

証明．n に関する帰納法．一般に $y_1, \cdots, y_r$ が独立ならば $\bar{A} = A/(y_1)$ において $\bar{y}_2, \cdots, \bar{y}_r$ が独立であることは容易にわかる．

$0 < i \leqslant \nu_1$ に対し，

$$l((x_1^{i-1}, x_2^{\nu_2}, \cdots, x_n^{\nu_n})/(x_1^i, x_2^{\nu_2}, \cdots, x_n^{\nu_n})) = \nu_2\cdots\nu_n$$

を示せばよい．

$$ax_1^{i-1} = b_1x_1^i + b_2x_2^{\nu_2} + \cdots + b_nx_n^{\nu_n}$$

とすると $i>1$ なら $a - b_1x_1 \in (x_1^{i-1}, x_2^{\nu_2}, \cdots, x_n^{\nu_n})$，よって

$$a \in (x_1, x_2^{\nu_2}, \cdots, x_n^{\nu_n}),$$

これは $i=1$ のときにも成り立つ．よって $\bar{A} = A/(x_1)$ とおくと，$\bar{x}_2^{\nu_2}, \cdots, \bar{x}_n^{\nu_n}$ が $\bar{A}$ で独立だから帰納法の仮定で

$$\begin{aligned} &l_A((x_1^{i-1}, x_2^{\nu_2}, \cdots, x_n^{\nu_n})/(x_1^i, x_2^{\nu_2}, \cdots, x_n^{\nu_n})) \\ &= l_A(A/(x_1, x_2^{\nu_2}, \cdots, x_n^{\nu_n})) = l_{\bar{A}}(\bar{A}/(\bar{x}_2^{\nu_2}, \cdots, \bar{x}_n^{\nu_n})) \\ &= \nu_2\cdots\nu_n. \quad \blacksquare \end{aligned}$$

p を素数とし，以下標数 p の環のみを考える．A が標数 p の環で $q=p^s$, $s>0$ なら，

$$a \longmapsto a^q$$

は A から A の中への準同形である．これを **q 乗準同形**とか **Frobenius 射**とかいう．この像は A の部分環である．これを A^q で表わす．（これまで，A の n 個の直和である自由加群を A^n で表わした．この記号は本節では使わないから，混同のおそれはあるまい．）A が被約なら $A \simeq A^q$ であることに注意されたい．

定理 33.1. (Kunz [56]) A を標数 p のネータ局所環とすると，次の条件は互いに同値である：

（1） A は正則である，

（2） A は被約であり，p の任意の正べき q に対し A は A^q 上に平坦である，

（3） A は被約であり，p の適当な正べき q に対し A は A^q 上に平坦である．

証明． （1）⇒（2） F を A, A^* の q 乗準同形とすれば

$$\begin{array}{ccc} A^* & \xrightarrow{F} & A^* \\ \uparrow & & \uparrow \\ A & \xrightarrow{F} & A \end{array}$$

は可換であり，A^* が被約だから F は中への同形写像，よって $A^{*q}=F(A^*)=F(A)^*=(A^q)^*$ となる．埋め込み写像 $A^q \longrightarrow A$ が平坦であるためには，その完備化 $(A^q)^*=A^{*q} \longrightarrow A^*$ が平坦であることが必要十分である．よって A を完備正則局所環としてよい．すると A は係数体 k をもち，$A=k[[X_1, \cdots, X_n]]$ としてよい．一般に $k' \subset k$ が体の拡大なら $k'[Y_1, \cdots, Y_n] \longrightarrow k[Y_1, \cdots, Y_n]$ も平坦，よって局所化し完備化して $k'[[Y_1, \cdots, Y_n]] \longrightarrow k[[Y_1, \cdots, Y_n]]$ も平坦であるから，

$$A^p=k^p[[X_1^p, \cdots, X_n^p]] \longrightarrow k[[X_1^p, \cdots, X_n^p]]$$

は平坦である．また $k[[X_1, \cdots, X_n]]$ は $k[[X_1^p, \cdots, X_n^p]]$ 上に自由加群であり，したがって平坦である．よって $A^q \longrightarrow A$ も平坦．

（3）⇒（1） $A^q=B$ とおき，A, B の極大イデアルを $\mathfrak{m}, \mathfrak{n}$ とし，$\mathfrak{m}$ の極小底を $x_1, \cdots, x_r$ とする．q 乗準同形で $A \simeq B$ だから，$\mathfrak{n}=(x_1^q, \cdots, x_r^q)$ である．$\mathfrak{n}A=I$ とおく．A は B 上平坦だから

$$(\mathfrak{n}/\mathfrak{n}^2)\otimes_B A = (\mathfrak{n}\otimes_B A)/(\mathfrak{n}^2\otimes_B A) = \mathfrak{n}A/\mathfrak{n}^2 A = I/I^2$$

となり，一方 $x_1^q, \cdots, x_r^q$ は $\mathfrak{n}$ の極小底だから $\mathfrak{n}/\mathfrak{n}^2$ は $B/\mathfrak{n}$ の r 個の直和に同形，したがって $(\mathfrak{n}/\mathfrak{n}^2)\otimes_B A$ は A/I の r 個の直和に同形だから I/I^2 は A/I 上階数 r の自由加群である．これは $x_1^q, \cdots, x_r^q$ が A で Lech の意味で独立であることを示す．これから補題2により

$$l_A(A/(x_1^q, \cdots, x_r^q)) = l_{A^*}(A^*/(x_1^q, \cdots, x_r^q)) = q^r.$$

A^* は係数体 k をもち，$A^*=k[[x_1, \cdots, x_r]]=k[[X_1, \cdots, X_r]]/\mathfrak{a}$ と書ける．$k[[X_1, \cdots, X_r]]=R$ とおけば

$$l_R(R/(X_1^q, \cdots, X_r^q)) = q^r$$

であるから，$\mathfrak{a} \subset (X_1^q, \cdots, X_r^q)$ でなくてはならない．一方 $A^q \longrightarrow A$ が平坦だから，同形対応である Frobenius 射をほどこして $A^{q^2} \longrightarrow A^q$ が平坦，し

たがって $A^{q^2} \longrightarrow A$ も平坦である．一般に任意の正整数 ν について $A^{q^\nu} \longrightarrow A$ が平坦，よって

$$\mathfrak{a} \subset \bigcap_{\nu} (X_1^{q^\nu}, \cdots, X_r^{q^\nu}) = (0),$$

ゆえに

$$A^* \simeq k[[X_1, \cdots, X_r]]$$

となり A^* は正則，したがって A も正則である．▌

定理 33.2. A を標数 p のネータ環とする．A が A^p 上に有限加群ならば A は G-環である．

証明．“A が A^p 上に有限加群” という性質は，局所化や準同形像にも遺伝することにまず注意する．$\mathfrak{p} \in \mathrm{Spec}(A)$ とし $A_\mathfrak{p}$ に定理 32.5 を適用する．C が有限 $A_\mathfrak{p}$ 代数で整域であり，B が C の局所環ならば，B は B^p 上に有限な整域であり，$B^p = E$ とおけば $B^* = B \otimes_E E^*$．さて $Q \in \mathrm{Spec}(B^*)$，$Q \cap B = (0)$ とし，B の商体を K，$Q \cap E^* = q$ とおく．$(B^*)_Q$ は $K \otimes_E (E^*)_q = K \otimes_{K^p} (E^*)_q$ の局所化でもあり，K^p は体だから，結局 $(B^*)_Q$ はその p 乗部分環 $(E^*)_q$ の上に平坦であり，したがって前定理により正則である．よって $A_\mathfrak{p}$ は G-環であり，$\mathfrak{p}$ は任意だから A も G-環である．▌

Kunz [56], [57] によれば，定理 2 の条件をみたす A は優秀環でもある．

付録 A.　テンソル積，順極限，逆極限

A を環，L, M, N などを A 加群とする．写像 $\varphi: M\times N \longrightarrow L$ が双線形であるとは，変数のどちらを固定してももう1つの変数について A 線形写像になること，すなわち

$$\varphi(x+x', y)=\varphi(x, y)+\varphi(x', y), \qquad \varphi(ax, y)=a\varphi(x, y),$$
$$\varphi(x, y+y')=\varphi(x, y)+\varphi(x, y'), \qquad \varphi(x, ay)=a\varphi(x, y)$$

が成り立つことである．$M\times N$ から L への双線形写像の全体を $\mathscr{L}(M, N\,;L)$ または $\mathscr{L}_A(M, N\,;L)$ で表わす．これは $\mathrm{Hom}(M, L)$ と同様に A 加群になる（A の可換性を仮定しているから）．

$g: L \longrightarrow L'$ を A 線形写像，$\varphi\in\mathscr{L}(M, N\,;L)$ とすると，$g\circ\varphi\in\mathscr{L}(M, N\,;L')$ である．このことを念頭において，M, N が与えられたとき次の性質をもつ双線形写像 $\otimes: M\times N \longrightarrow L_0$ を考える，ただし $\otimes(x, y)$ のかわりに $x\otimes y$ と書く．

“任意の A 加群 L と任意の $\varphi\in\mathscr{L}(M, N\,;L)$ とに対し，A 線形写像 $g: L_0 \longrightarrow L$ で

$$g(x\otimes y) = \varphi(x, y)$$

をみたすものが一意的に存在する．”

このとき L_0 を $M\otimes_A N$ と書き，M と N の A 上の**テンソル積**とよぶ．面倒なときは A を省いて $M\otimes N$ と書くこともある．このような定義のつねとして，$M\otimes_A N$ は（存在すれば）同形をのぞいて一意的に定まる．存在を証明するには，集合 $M\times N$ を基底とする自由 A 加群 F をとり，F の中で

$$(x+x', y)-(x, y)-(x', y), \qquad (ax, y)-a(x, y),$$
$$(x, y+y')-(x, y)-(x, y'), \qquad (x, ay)-a(x, y),$$

の形のすべての元で生成される部分加群を R として，$L_0=F/R$ とおき，F の元 (x, y) の L_0 における像を $x\otimes y$ とすればよい．この $L_0, \otimes$ が条件をみたすことは容易にたしかめられる．

$M\otimes_A N$ の一般の元は $\sum x_i\otimes y_i$ の形の和であって，$x\otimes y$ のように書けるとは限らないことを注意しておく．

M, N, L を A 加群とするとテンソル積の定義から

公式 1. $\mathrm{Hom}_A(M\otimes_A N, L)\simeq\mathscr{L}(M, N\,;L)$

が成り立つ．右辺の元 φ と，左辺の元 g で $g(x\otimes y)=\varphi(x, y)$ をみたすものとを対応させることにより標準的な同形が得られるという意味である．

双線形の場合と同様に，r 個の A 加群 $M_1, \cdots, M_r$ から A 加群 L への r 重線形写像や，$\mathscr{L}(M_1, \cdots, M_r\,;L)$，$M_1\otimes_A\cdots\otimes_A M_r$ 等が定義され，次の“結合律”が成り立つ．

公式 2. $(M\otimes_A M')\otimes_A M''=M\otimes_A M'\otimes_A M''=M\otimes_A(M'\otimes_A M'')$.

たとえば第1の等式は，$(x, y, z)\longmapsto(x\otimes y)\otimes z$ で与えられる3重線形写像 $M\times M'\times M''\longrightarrow(M\otimes M')\otimes M''$ が3重線形写像について普遍写像性をもつことをたしかめればよく，それは容易である．次の公式 3，4，5 もやさしい．

公式 3. $M\otimes_A N\simeq N\otimes_A M$ $(x\otimes y\longleftrightarrow y\otimes x$ による).

公式 4. $M\otimes_A A=M$.

公式 5. $(\bigoplus_\lambda M_\lambda)\otimes_A N=\bigoplus_\lambda(M_\lambda\otimes_A N)$.

$f: M\longrightarrow M'$，$g: N\longrightarrow N'$ が共に A 線形写像なら，$(x, y)\longmapsto f(x)\otimes g(y)$ は $M\times N$ から $M'\otimes_A N'$ への双線形写像であるから，線形写像 $M\otimes_A N\longrightarrow M'\otimes_A N'$ を定める．これを $f\otimes g$ で表わす．定義から

公式 6. $(f\otimes g)(\sum_i x_i\otimes y_i)=\sum_i f(x_i)\otimes g(y_i)$.

とくに f も g も全射なら，上の式からわかるように $f\otimes g$ も全射であり，その核は $\{x\otimes y|f(x)=0$ または $g(y)=0\}$ で生成される．実際，これで生成される $M\otimes N$ の部分加群を T とおけば $T\subset\mathrm{Ker}(f\otimes g)$，したがって $f\otimes g$ は線形写像 $\alpha:(M\otimes N)/T\longrightarrow M'\otimes N'$ をひきおこす．一方，双線形写像 $M'\times N'\longrightarrow(M\otimes N)/T$ を，

$$(x', y')\longmapsto(x\otimes y \bmod T)，ただし\quad f(x)=x',\quad f(y)=y'$$

によって定義できる．原像 x, y の取り方を変えてもそのちがいは T に吸収されるからである．よって線形写像 $\beta: M'\otimes N'\longrightarrow(M\otimes N)/T$ が定義され，明らかに α の逆写像である．これらの考察をまとめると，(1 は恒等写像を表わすとして)

公式 7. $0\longrightarrow K\xrightarrow{i}M\xrightarrow{f}M'\longrightarrow 0$，$0\longrightarrow L\xrightarrow{j}N\xrightarrow{g}N'\longrightarrow 0$ が完全列なら，$T=(i\otimes 1)(K\otimes N)+(1\otimes j)(M\otimes L)$ とおくと $M'\otimes N'\simeq(M\otimes N)/T$ である．

公式 8. (テンソル積の右完全性)
$M_1\xrightarrow{f}M_2\xrightarrow{g}M_3\longrightarrow 0$ が完全列なら，$M_1\otimes N\xrightarrow{f\otimes 1}M_2\otimes N\xrightarrow{g\otimes 1}M_3\otimes N\longrightarrow 0$ も完全列である．

一般には，$f:M\longrightarrow M'$ が単射でも $f\otimes 1:M\otimes N\longrightarrow M'\otimes N$ は単射とは限らない．(反例．$A=\boldsymbol{Z}$, $n>1$, $M=M'=\boldsymbol{Z}$, $N=\boldsymbol{Z}/n\boldsymbol{Z}$, とし $f:\boldsymbol{Z}\longrightarrow\boldsymbol{Z}$ を n 倍する写像とすれば，$M\otimes_A N\simeq N\neq 0$ だが $f\otimes 1:N\xrightarrow{n}N$ は0である．したがって $f\otimes 1$ は単射でない．）しかし f の像が M' の直和因子になっているとき（このとき完全列 $0\longrightarrow M\longrightarrow M'\longrightarrow M'/M\longrightarrow 0$ が**分解する**という）には，$g:M'\longrightarrow M$ があって $gf=1$ となるから

$$(g\otimes 1)(f\otimes 1)=gf\otimes 1=1\otimes 1$$

は $M\otimes N$ の恒等写像であり，したがって $f\otimes 1$ は単射であり $0\longrightarrow M\otimes N\longrightarrow M'\otimes N\longrightarrow(M'/M)\otimes N\longrightarrow 0$ は分解する．とくに A が体のときには，A 加群の任意の部分加群が直和因子になるから，操作 $\otimes N$ は完全列を完全列にうつす．（このことを，$\otimes N$ が完全関手になるという．）A が一般の環のとき，$\otimes N$ が完全関手になるような N は**平坦**な A 加群といわれる．これについては §7 を見よ．

係数環の変換． A, B を環，P を A-B-両側加群とする．すなわち $a\in A$, $b\in B$, $x\in P$ に対し積 ax, xb が定義されて，通常の A 加群，B 加群の条件に加えて

$$(ax)b=a(xb)$$

が成り立つものとする．このとき $b\in B$ による乗法は P に A 線形写像をひきおこす．これをやはり b で表わすと，A 加群 M に対し，$1\otimes b:M\otimes_A P\longrightarrow M\otimes_A P$ が定まる．これを $M\otimes_A P$ における，b によるスカラー積と定義する．すなわち，$(\sum y_i\otimes x_i)b=\sum y_i\otimes x_i b$ $(y_i\in M, x_i\in P)$.

B 加群 N と $\varphi\in\mathrm{Hom}_B(P,N)$ とに対し，φ と $a\in A$ との積 φa を

$$(\varphi a)(x)=\varphi(ax)\quad(x\in P)$$

で定義すると $\varphi a\in\mathrm{Hom}_B(P,N)$ であり，$\mathrm{Hom}_B(P,N)$ は A 加群になる．

公式 9. $\mathrm{Hom}_A(M,\mathrm{Hom}_B(P,N))\simeq\mathrm{Hom}_B(M\otimes_A P,N)$.

公式 10. $(M\otimes_A P)\otimes_B N\simeq M\otimes_A(P\otimes_B N)$.

どちらも証明はやさしいから読者にゆだねる．公式10は公式2の一般化である．

$\lambda:A\longrightarrow B$ を環の射とすれば，$\lambda(a)b$ を ab とおくことにより B が A-B-両側加群と考えられるから，A 加群 M に対し $M\otimes_A B$ は B 加群になる．これは M の B への**係数拡大**とよばれ，$M_{(B)}$ と書かれる．M, M' を A 加群とすると次の公式が成り立つ．つまりテンソル積と係数拡大とは可換である．

公式 11. $(M\otimes_A B)\otimes_B(M'\otimes_A B)=(M\otimes_A M')\otimes_A B$.

なぜなら，公式 10, 4, 2 を用いて左辺$=M\otimes_A(B\otimes_B(M'\otimes_A B))=M\otimes_A(M'\otimes_A B)=$

$(M\otimes_A M')\otimes_A B$.

A 代数のテンソル積．環の射 $\lambda: A\longrightarrow B$ が定められているとき，B を **A 代数**（A-algebra）という．B, C を A 代数とするとき，B, C は A 加群と見られるから $B\otimes_A C$ が作れるが，これはまた A 代数になる．すなわち，積を

$$(\sum_i b_i\otimes c_i)(\sum_j b'_j\otimes c'_j)=\sum_{i,j} b_i b'_j\otimes c_i c'_j$$

で定義し，環の射 $A\longrightarrow B\otimes C$ を $a\longmapsto a\otimes 1$ $(=1\otimes a)$ で定義するのである．上式で積がちゃんと定義できることは，$bb'\otimes cc'$ が (b,c) についても (b',c') についても双線形であることから容易にわかる．$B\otimes C$ は $B\otimes 1$（これは $B\otimes C$ の部分集合 $\{b\otimes 1|b\in B\}$ の略記），$1\otimes C$ を部分環として含み，それらで環として生成される．$B\otimes 1$ は B と同形になるとは限らない．

例 1．$\mathfrak{a}$ を A のイデアル，$C=A/\mathfrak{a}$ とすれば，$B\otimes_A C=B\otimes_A(A/\mathfrak{a})=B/\mathfrak{a}B$ であり，上で $B\otimes 1$ と書いたものも $B/\mathfrak{a}B$ に等しい．

例 2．B を A 代数とし $A[X]$ を A 上の多項式環とすれば $B\otimes_A A[X]$ は $B[X]$ と同一視できる．実際，$A[X]$ は A 上に $\{X^\nu|\nu=0,1,2,\cdots\}$ を基底とする自由加群であるから，$B\otimes_A A[X]$ も $\{X^\nu\}$ を基底とする自由 B 加群であり，したがって $B[X]$ と（A 加群としても環としても）同形である．多変数の多項式環についても同様．

順極限．順序集合 Λ は，任意の2元 λ, μ に対し $\lambda\leqslant\nu$, $\mu\leqslant\nu$ となる ν が存在するとき，**有向集合**であるといわれる．例：全順序集合は有向集合である．集合 S のすべての有限部分集合の集合は，包含関係に関して，全順序でない有向集合である．

有向集合 Λ の各元 λ に対し，集合 M_λ が与えられ，$\lambda\leqslant\mu$ なるとき写像 $f_{\mu\lambda}: M_\lambda\longrightarrow M_\mu$ が与えられて，条件

$$f_{\lambda\lambda}=1,\quad \lambda\leqslant\mu\leqslant\nu \quad \text{ならば} \quad f_{\nu\mu}\circ f_{\mu\lambda}=f_{\nu\lambda}$$

が成り立つとき，これら全体をまとめて $\{M_\lambda; f_{\mu\lambda}\}$ のように書き，Λ の上の（または，Λ を添字集合とする）集合の**順系**（direct system）という．各 M_λ が A 加群で $f_{\mu\lambda}$ が A 線形写像ならば A 加群の順系，各 M_λ が環で $f_{\mu\lambda}$ が環の射なら環の順系という．（一般に，任意の圏で順系が定義できる．）

同一の添字集合をもつ2つの順系 $\mathscr{F}=\{M_\lambda; f_{\mu\lambda}\}$, $\mathscr{F}'=\{M'_\lambda; f'_{\mu\lambda}\}$ が与えられたとき，$\mathscr{F}$ から $\mathscr{F}'$ への射 $\varphi: \mathscr{F}\longrightarrow\mathscr{F}'$ とは写像 $\varphi_\lambda: M_\lambda\longrightarrow M'_\lambda$ の系 $\{\varphi_\lambda\}$ で，

$$f'_{\mu\lambda}\circ\varphi_\lambda=\varphi_\mu\circ f_{\mu\lambda}\quad(\lambda<\mu)$$

をみたすもののことである．$\mathscr{F}$ から集合 X への射とは，$\varphi_\lambda : M_\lambda \longrightarrow X$ の系 $\{\varphi_\lambda\}$ で $\varphi_\lambda=\varphi_\mu \circ f_{\mu\lambda}$ $(\lambda<\mu)$ をみたすもののことである．さて $\mathscr{F}$ から集合 M_∞ への射 $\psi : \mathscr{F} \longrightarrow M_\infty$ が，$\mathscr{F}$ から集合への射について普遍写像性をもつとき，すなわち任意の $\varphi : \mathscr{F} \longrightarrow X$ に対し写像 $h : M_\infty \longrightarrow X$ で $\varphi_\lambda = h \circ \psi_\lambda$ $(\forall \lambda)$ をみたすものが一意的に存在するとき，M_∞ を順系 $\mathscr{F}$ の**順極限** (direct limit) または単に極限といい，$M_\infty = \varinjlim M_\lambda$ または $\lim M_\lambda$ と書く．定義から容易にわかるように，射 $\varphi : \mathscr{F} \longrightarrow \mathscr{F}'$ は写像 $\lim M_\lambda \longrightarrow \lim M'_\lambda$ をひきおこす．本書ではこれを φ_∞ または $\lim \varphi$ で表わす．

集合の順系 $\mathscr{F}=\{M_\lambda ; f_{\mu\lambda}\}$ の極限は存在する．それを構成するには次のようにする：M_λ の disjoint な和 $\coprod_\lambda M_\lambda$ に，関係 $x \equiv y$ を，

$x \in M_\lambda$，$y \in M_\mu$ のとき，$\lambda \leqslant \nu$，$\mu \leqslant \nu$，$f_{\nu\lambda}(x) = f_{\nu\mu}(y)$ となる ν が存在する

という意味であると定義すれば，$\equiv$ は同値関係になることが容易にわかる．商集合 $(\coprod_\lambda M_\lambda)/\equiv$，すなわち $\equiv$ に関する同値類の集合，を M_∞ とおくとき，これが順極限の条件をみたすことが容易にわかる．なお，$x \in M_\lambda$ の属する同値類 $(\in M_\infty)$ を $\lim x$ で表わすことにする．$\mathscr{F}$ が A 加群の順系ならば，この M_∞ に自然に A 加群の構造が入り，$x \longmapsto \lim x$ が M_λ から M_∞ への A 線形写像になる．環の順系についても同様である．

以上は一般論であるが，本書でとくに重要なのは次の2つの定理である．

定理 A 1.　A を環，N を A 加群，$\mathscr{F}=\{M_\lambda ; f_{\mu\lambda}\}$ を A 加群の順系とすれば

$$\varinjlim (M_\lambda \otimes_A N) = (\varinjlim M_\lambda) \otimes_A N.$$

証明．$\lim M_\lambda = M_\infty$，$\lim (M_\lambda \otimes N) = L_\infty$ とおく．M_λ から M_∞ への A 線形写像 $x \longmapsto \lim x$ を φ_λ とおけば，$\{\varphi_\lambda \otimes 1\}$ は順系 $\{M_\lambda \otimes N ; f_{\mu\lambda} \otimes 1\}$ から A 加群 $M_\infty \otimes N$ への射となるから，A 線形写像 $h : L_\infty \longrightarrow M_\infty \otimes N$ を一意的に定める．$x \in M_\lambda$，$y \in N$ なら $h(\lim (x \otimes y)) = (\lim x) \otimes y$ が成り立つ．他方，$y \in N$ を固定すると $g_{\lambda,y} : M_\lambda \longrightarrow L_\infty$ が $g_{\lambda,y}(x) = \lim (x \otimes y)$ で定義され，極限をとって

$$g_y : M_\infty \longrightarrow L_\infty$$

が得られる．$x_\infty \in M_\infty$ なら適当な λ と $x \in M_\lambda$ とがあって $x_\infty = \lim x$ と書ける．すると $g_y(x_\infty) = g_{\lambda,y}(x) = \lim (x \otimes y)$．これから $g_y(x_\infty)$ は x_∞ と y の関数として双線形であることがわかるから，A 線形写像 $g : M_\infty \otimes N \longrightarrow L_\infty$ が定まり $g(x_\infty \otimes y) = g_y(x_\infty)$ をみたす．さて g と h とは逆写像の関係にあることが容易にたしかめられる．

よって $M_\infty \otimes N \simeq L_\infty$. ▮

標語的に言えば, "テンソル積と順極限は可換である" といえる.

定理 A 2. 同一の有向集合 Λ を添字集合とする A 加群の順系 $\mathscr{F}'=\{M'_\lambda\,;\,f'_{\mu\lambda}\}$, $\mathscr{F}=\{M_\lambda\,;\,f_{\mu\lambda}\}$, $\mathscr{F}''=\{M''_\lambda\,;\,f''_{\mu\lambda}\}$ と射 $\{\varphi_\lambda\}:\mathscr{F}'\longrightarrow\mathscr{F}$, $\{\psi_\lambda\}:\mathscr{F}\longrightarrow\mathscr{F}''$ とがあって, 各 λ に対し

$$M'_\lambda \xrightarrow{\varphi_\lambda} M_\lambda \xrightarrow{\psi_\lambda} M''_\lambda$$

が完全列であるとすれば, 極限をとって得られる列

$$\varinjlim M'_\lambda \xrightarrow{\varphi_\infty} \varinjlim M_\lambda \xrightarrow{\psi_\infty} \varinjlim M''_\lambda$$

も完全列である. (標語的にいえば, 順極限は完全関手である.)

証明. $\mathscr{F}$ の極限を M_∞ とおき, $y_\infty\in M_\infty$, $\psi_\infty(y_\infty)=0$ とする. 適当な λ と $y\in M_\lambda$ により $y_\infty=\lim y$ と書けるから, $0=\psi_\infty(\lim y)=\lim \psi_\lambda(y)$, したがって適当な $\mu\geqslant\lambda$ に対し $f''_{\mu\lambda}(\psi_\lambda(y))=0$. この左辺は $\psi_\mu(f_{\mu\lambda}(y))$ に等しいから, 仮定により $x\in M'_\mu$ があって $f_{\mu\lambda}(y)=\varphi_\mu(x)$ となる. よって $y_\infty=\lim f_{\mu\lambda}(y)=\lim \varphi_\mu(x)=\varphi_\infty(\lim x)\in \mathrm{Im}(\varphi_\infty)$. 一方 $\psi_\infty\circ\varphi_\infty=0$ は明らかである. ▮

A 加群 M が与えられたとき, M の有限生成部分加群の全体を $\{M_\lambda\}_{\lambda\in\Lambda}$ とおく. $M_\lambda\subset M_\mu$ なるとき $\lambda\leqslant\mu$ と定義すれば Λ は有向集合であり, $f_{\mu\lambda}:M_\lambda\longrightarrow M_\mu$ を自然な単射とすると, $\{M_\lambda\,;\,f_{\mu\lambda}\}$ は A 加群の順系で, その極限はもとの M に等しい: $M=\varinjlim M_\lambda$. すなわち, 任意の A 加群は有限生成 A 加群の順極限として表わせる.

同様に, A を任意の環, A_0 を A の部分環とするとき, A は A_0 上に (環として) 有限生成の部分環の順極限として表わせる. A_0 として A の最小の部分環 ($\boldsymbol{Z}$ の A における像) をとれば, A_0 上に有限生成の環はすべてネータ環であるから, 任意の環はネータ環の順極限として表わせる.

逆極限. 順系や順極限と双対的に, つまりそれらの定義において矢の向きをすべて逆にすることにより, 逆系や逆極限が定義される. すなわち, 有向集合 Λ を添字集合とする, 集合の逆系 (inverse system) とは, 各 $\lambda\in\Lambda$ に対し集合 M_λ が与えられ, $\lambda\leqslant\mu$ なるとき写像 $f_{\lambda\mu}:M_\mu\longrightarrow M_\lambda$ が与えられて

$$f_{\lambda\lambda}=1,\quad \lambda\leqslant\mu\leqslant\nu \text{ ならば } \quad f_{\lambda\mu}\circ f_{\mu\nu}=f_{\lambda\nu}$$

がみたされているとき, これらをまとめたもの $\{M_\lambda\,;\,f_{\lambda\mu}\}$ のことである. 同じ Λ の上

の２つの逆系の間の射とか，集合 N から逆系 $\mathscr{F}=\{M_\lambda\,;\,f_{\lambda\mu}\}$ への射なども順系の場合と双対的に定義される．集合 M_∞ から $\mathscr{F}$ への射 $\varphi=\{\varphi_\lambda\}:M_\infty\longrightarrow\mathscr{F}$ が，

"任意の集合 X と射 $\psi=\{\psi_\lambda\}:X\longrightarrow\mathscr{F}$ とに対して，写像 $h:X\longrightarrow M_\infty$ で $\psi_\lambda=\varphi_\lambda\circ h$ $(\forall\lambda)$ をみたすものが一意的に存在する"

という性質をもつとき，M_∞ を $\mathscr{F}$ の逆極限 (inverse limit) または射影極限といい，$\varprojlim M_\lambda$ で表わす．その存在を示すには，直積 $\prod_\lambda M_\lambda$ の部分集合

$$\{\,(x_\lambda)_{\lambda\in\Lambda}\mid\lambda\leqslant\mu\ \Rightarrow\ x_\lambda=\varphi_{\lambda\mu}(x_\mu)\,\}$$

を M_∞ とおけばよい．各 M_λ が加群で $\varphi_{\lambda\mu}$ が線形写像のときは，この M_∞ は直積加群の部分加群であり，加群としての逆極限になる．環の逆系の場合も同様で，逆極限はまた環になる．

例．　$\Lambda=\{1,2,3,\cdots\}$ とし，p を素数として，環の逆系

$$\boldsymbol{Z}/(p)\longleftarrow\boldsymbol{Z}/(p^2)\longleftarrow\boldsymbol{Z}/(p^3)\longleftarrow\cdots$$

を考える．ここに矢印はすべて自然な準同形とする．この逆極限 $\varprojlim Z/(p^n)$ は p 進整数の環とよばれる．その元は

$$(a_1,a_2,a_3,\cdots),\qquad a_i\in Z/(p^i),\qquad a_i \bmod p^{i-1}=a_{i-1}$$

の形であり，加法，乗法は項ごとに行なうのである：

$$(a_1,a_2,\cdots)+(b_1,b_2,\cdots)=(a_1+b_1,a_2+b_2,\cdots)$$
$$(a_1,a_2,\cdots)\cdot(b_1,b_2,\cdots)=(a_1b_1,a_2b_2,\cdots).$$

より一般に，A を任意の環，I を A のイデアルとするとき，環の逆系 $A/I\longleftarrow A/I^2\longleftarrow\cdots$ の逆極限 $\varprojlim A/I^n$ は A の I 進完備化とよばれる．(§8 参照)

加群の逆系の逆極限は左完全関手ではあるが完全関手ではなく，したがって定理 A2 の類似は逆極限については成り立たない．

例．　可換図形

$$\begin{array}{ccccccccc}
 & & \downarrow p & & \downarrow p & & \downarrow p & & \\
0 & \longrightarrow & Z & \xrightarrow{n} & Z & \longrightarrow & Z/(n) & \longrightarrow & 0\\
 & & \downarrow p & & \downarrow p & & \downarrow p & & \\
0 & \longrightarrow & Z & \xrightarrow{n} & Z & \longrightarrow & Z/(n) & \longrightarrow & 0\\
 & & \downarrow p & & \downarrow p & & \downarrow p & & \\
0 & \longrightarrow & Z & \xrightarrow{n} & Z & \longrightarrow & Z/(n) & \longrightarrow & 0
\end{array}$$

を考える．ここに p, n はたがいに素な整数とし，$\xrightarrow{n}$ は n 倍を意味する．すると各水平列は完全列であり，各垂直列は逆系を定義する．左と中央の逆系の逆極限は 0，右の逆系では各矢印が同形対応だから逆極限は $Z/(n)$ と同形である．よって逆極限に移ると，$0 \longrightarrow 0 \longrightarrow Z/(n)$ は完全列であるが，この右に $\longrightarrow 0$ を加えると完全列でなくなる．

付録 A の問題　次の命題を証明せよ．

【A 1】 M, N を A 加群とする．M のすべての有限生成部分加群 M' に対して，自然な射 $M' \otimes_A N \longrightarrow M \otimes_A N$ が単射ならば，有限生成でない部分加群についても同じことが成り立つ．

【A 2】 A を環，B, C, D を（可換）A 代数とする．$B \otimes_A C$ から D への A 代数としての射を与えることは，A 代数の射 $B \longrightarrow D$, $C \longrightarrow D$ の対を与えることと同値である［いいかえれば，$B \otimes_A C$ は可換 A 代数の圏における B と C の（圏論的な意味での）直和である］．

付録 B.　ホモロジー代数から

複体. A を環とし，A 加群と A 線形写像の列

$$\cdots \longrightarrow K_n \xrightarrow{d_n} K_{n-1} \xrightarrow{d_{n-1}} K_{n-2} \longrightarrow \cdots$$

において $d_{n-1}\circ d_n=0$ がすべての n について成り立っているとき，この列を $K.$ で表わし A 加群の**複体** (complex) という．$\mathrm{Ker}\,(d_n)\supset \mathrm{Im}\,(d_{n+1})$ であるから，$H_n(K.)=\mathrm{Ker}\,(d_n)/\mathrm{Im}\,(d_{n+1})$ とおいてこれを $K.$ の n 次元ホモロジーという．$H_n(K.)=0$ ($\forall n$) はすなわち $K.$ が完全列であることにほかならない．[添字の付け方が逆に $\cdots\longrightarrow K^n \xrightarrow{d_n} K^{n+1}\longrightarrow\cdots$ のようになっているときは複体を $K^{\cdot}$ と書き，$H^n(K^{\cdot})=\mathrm{Ker}\,(d_n)/\mathrm{Im}\,(d_{n-1})$ を n 次元コホモロジーという.] 以下 d_n の n を省いて書くことも多い．d をこの複体の**微分作用素** (differential operator) という．

複体 $K.$ から $K'_.$ への射とは，A 線形写像 $f_n: K_n\longrightarrow K'_n$ の組 $f=(f_n)_{n\in Z}$ で $d'\circ f_n=f_{n-1}\circ d$ をみたすもの，いいかえれば

$$\begin{array}{ccccccc}
\cdots\longrightarrow & K_n & \longrightarrow & K_{n-1} & \longrightarrow & K_{n-2} & \longrightarrow\cdots \\
 & \downarrow{\scriptstyle f_n} & & \downarrow{\scriptstyle f_{n-1}} & & \downarrow{\scriptstyle f_{n-2}} & \\
\cdots\longrightarrow & K'_n & \longrightarrow & K'_{n-1} & \longrightarrow & K'_{n-2} & \longrightarrow
\end{array}$$

が可換になるような (f_n) のことである．$f: K.\longrightarrow K'_.$ は明らかな仕方で各次元のホモロジー加群の間の線形写像 $H_n(K.)\longrightarrow H_n(K'_.)$ をひきおこす．これを f_{*n} と書くことも多いが，誤解のおそれがなければ同じ文字 f で書く．f, g が共に $K.\longrightarrow K'_.$ の射であるとき，f と g とが**ホモトープ**である (記号 $f\sim g$) とは，各 n に対し線形写像 $h_n: K_n\longrightarrow K'_{n+1}$ が存在して

$$f_n-g_n \;=\; d'h_n+h_{n-1}d$$

が成り立つことである．このとき，f と g がホモロジーの上にひきおこす写像 $H_n(K.)\longrightarrow H_n(K'_.)$ は一致する．2つの複体 $K., K'_.$ が**ホモトープ同値**であるとは，射 $f: K.\longrightarrow K'_.$ と $g: K'_.\longrightarrow K.$ とがあって $gf\sim 1_K$, $fg\sim 1_{K'}$ となることをいう．ここに 1_K は $K.\longrightarrow K.$ の恒等射を表わす．ホモトープ同値な複体は同じホモロジーをもつ．

複体とその射の列

$$0 \longrightarrow K'_{\cdot} \xrightarrow{f} K_{\cdot} \xrightarrow{g} K''_{\cdot} \longrightarrow 0$$

が完全列であるとは，各 n について

$$0 \longrightarrow K'_n \xrightarrow{f_n} K_n \xrightarrow{g_n} K''_n \longrightarrow 0$$

が完全列であることをいう．このとき，連結準同形 $\delta_n : H_n(K''_{\cdot}) \longrightarrow H_{n-1}(K'_{\cdot})$ が次のように定義される：$\xi \in H_n(K''_{\cdot})$ に対し，それを表わす $x \in \mathrm{Ker}\, d''_n$ を1つとり，$g(y) = x$ となる $y \in K_n$ をとれば，$g(dy)=0$ だから，$f_{n-1}(z)=dy$ をみたす $z \in K'_{n-1}$ が定まり，$dz=0$ である．z の表わす類 $\zeta \in H_{n-1}(K'_{\cdot})$ は，容易にたしかめられるように ξ だけで定まるので，$\delta_n(\xi)=\zeta$ と定義する．すると次の列が完全列になる：

$$\cdots \xrightarrow{\delta} H_n(K'_{\cdot}) \xrightarrow{f} H_n(K_{\cdot}) \xrightarrow{g} H_n(K''_{\cdot}) \xrightarrow{\delta} H_{n-1}(K'_{\cdot}) \longrightarrow \cdots$$

証明は別に技巧を要しないし，周知でもあるから略すが，これはホモロジー論の基本定理というべきものである．上の列を，短完全列 $0 \longrightarrow K'_{\cdot} \longrightarrow K_{\cdot} \longrightarrow K''_{\cdot} \longrightarrow 0$ に付随する長完全列という．

2重複体．A 加群の族 $\{K_{p,q}\}_{p,q\in Z}$ と，2種類の A 線形写像 $d'_{pq} : K_{p,q} \to K_{p-1,q}$；$d''_{pq} : K_{p,q} \to K_{p,q-1}$ とが与えられ，$d'd'=0$，$d''d''=0$，$d'd''=d''d'$ がみたされるとき，これらをまとめたものを $K_{\cdot\cdot}$ と表わし（A 加群の）**2重複体** (double complex) という．このとき

$$K_n = \bigoplus_{p+q=n} K_{p,q}$$

とおき，$d_n : K_n \to K_{n-1}$ を

$$x \in K_{p,q} \quad ならば \quad dx = d'x + (-1)^p d''x$$

で定義すると，$dd=0$ となるから，d を微分作用素として $\{K_n\}$ が普通の複体になる．この複体のホモロジーのことを $K_{\cdot\cdot}$ のホモロジーといい，$H_n(K_{\cdot\cdot})$ または単に $H_n(K)$ で表わす．

ホモロジーとコホモロジーとを統一的に扱うために，添字の上げ下げの規約 $K_{p,q} = K^{-p}{}_q = K_p{}^{-q} = K^{-p,-q}$ を設ける．たとえば $\{K_p{}^q\}$，$d' : K_p{}^q \to K_{p-1}{}^q$，$d'' : K_p{}^q \to K_p{}^{q+1}$ のときには，$K_p{}^q = K_{p,-q}$ と考えて

$$K_n = \bigoplus_{p-q=n} K_p{}^q$$

とおくことになる．

2重複体のホモロジーを研究するための基本的な手段はスペクトル列 (spectral sequence) であるが，それは専門書にゆだねて，ここでは後に用いるその最も極端な場

合のみを考える．

$K_{..}$ で第1添字を固定すれば

$$\cdots \longrightarrow K_{p,q+1} \xrightarrow{d''} K_{p,q} \xrightarrow{d''} K_{p,q-1} \longrightarrow \cdots$$

は複体である．これを $K_{p\cdot}$ で表わす．同様に，d' によって $K_{\cdot q}$ が定義される．

$K_{..}$ が "$p<0$ または $q<0$ なら $K_{p,q}=0$" という条件をみたすとする．このとき $H_0(K_{p\cdot})=K_{p,0}/d''K_{p,1}=X_p$ とおくと，d' からひきおこされる写像 $X_p \longrightarrow X_{p-1}$ によって複体 $X_{\cdot}$ が得られる．同様に $H_0(K_{\cdot q})=Y_q$ と d'' とから複体 $Y_{\cdot}$ が得られる．この記号の下に次の定理が成り立つ．

定理 B 1.　2重複体 $K_{..}$ が

$$K_{pq}=0 \quad (p<0 \text{ または } q<0), \qquad H_q(K_{p\cdot})=0 \quad (q>0,\ \ \forall p)$$

をみたすとき，上の記号で

$$H_n(K) \simeq H_n(X_{\cdot}) \quad (\forall n)$$

である．さらに $H_p(K_{\cdot q})=0$ $(p>0, \forall q)$ も成り立てば，

$$H_n(X_{\cdot}) \simeq H_n(K) \simeq H_n(Y_{\cdot})$$

である．

略証．　a_{ij} のように書けば K_{ij} の元を表わすものとする．K_n の元 $a=\sum_{i=0}^{n} a_{n-i,i}$ に $\varphi(a_{n,0})\in X_n$ を対応させる写像を $\Phi : K_n \longrightarrow X_n$ とすると，Φ は複体の射となる．これがホモロジーの同形対応を与えることを示す．

$x\in X_n$, $d'x=0$ とする．$x=\varphi(a_{n,0})$ となる $a_{n,0}$ を取れば，$\varphi(d'a_{n,0})=d'x=0$ だから $d'a_{n,0}=d''a_{n-1,1}$ となる $a_{n-1,1}$ が存在する．$d''(d'a_{n-1,1})=d'(d''a_{n-1,1})=d'd'a_{n,0}=0$ だから，$H_1(K_{n-2,\cdot})=0$ により $d'a_{n-1,1}=d''a_{n-2,2}$ となる $a_{n-2,2}$ が存在し，以下同様にして，$a_{n-i,i}$ $(0\leqslant i\leqslant n)$ を $d'a_{n-i,i}=d''a_{n-i-1,i+1}$ $(i<n)$ をみたすように取れる．すると符号 $\pm$ を適当にとれば $a=\sum_0^n \pm a_{n-i,i}\in K_n$, $da=0$, $\Phi(a)=x$ であるから，Φ がひきおこす $H_n(K) \longrightarrow H_n(X_{\cdot})$ は全射である．これが単射であることの証明もほぼ同様である．後半は前半から出る．▮

これと双対的に，コホモロジーについては次の定理が成り立つ．

定理 B 2.　2重複体 $K^{\cdot\cdot}$ において

$$K^{pq}=0 \quad (p<0 \text{ または } q<0), \qquad H^q(K^{p\cdot})=0 \quad (q>0,\ \ \forall p)$$

が成り立つとき，$X^p = \mathrm{Ker}\,(d'' : K^{p0} \longrightarrow K^{p1})$ とおくと

$$H^n(K) \simeq H^n(X^{\cdot})$$

である．

さらに $H^p(K^{\cdot q})=0$ $(p>0, \forall q)$ も成り立つならば，

$$H^n(Y^{\cdot}) \simeq H^n(K) \simeq H^n(X^{\cdot})$$

が成り立つ，ただし $Y^q = \mathrm{Ker}(d' : K^{0,q} \longrightarrow K^{1,q})$.

証明は適当な練習問題として読者にゆだねる．

射影加群と入射加群． A 加群 P が，"任意の全射 $M \xrightarrow{f} N$ と任意の射 $g: P \to N$ に対し，$h: P \to M$ で $g=fh$ をみたすものが存在する" という性質をもつとき，**射影的** (projective) であるという．自由加群は射影的である．射影加群は "自由加群の直和因子" として特徴づけることができる．なぜなら，射影加群 P を自由加群 F の商として $P=F/G$ のように表わせば，$P \to F$ で $P \to F \to P$ が恒等写像になるようなものが存在し，$F \simeq P \oplus G$ となるからである．射影加群の定義で矢の向きをすべて逆にし，全射を単射でおきかえると，**入射加群** (injective module) の定義が得られる．自由加群の双対概念がないので単射加群は簡明な特徴づけができないが，Zorn の補題を用いて容易に次の定理が示される．

定理 B 3. A 加群 I が入射的であるためには，A の任意のイデアル $\mathfrak{a}$ と，$\mathfrak{a}$ から I への射 φ とが与えられたとき，φ を A から I への射に拡張することが常に可能であることが，必要かつ十分である．

任意の A 加群は射影加群（たとえば自由加群）の剰余加群として表わせる．これと双対的に，任意の加群は入射加群の部分加群として表わせるが，その証明は少しむつかしいので専門書にゆずる．A 加群 M に対し射影加群 P_0 から M への全射 $P_0 \xrightarrow{\varepsilon} M$ をとり，その核を K_0 とすれば $0 \longrightarrow K_0 \longrightarrow P_0 \longrightarrow M \longrightarrow 0$ という完全列が得られる．K_0 について同様にして $0 \longrightarrow K_1 \longrightarrow P_1 \longrightarrow K_0 \longrightarrow 0$ が完全列，P_1 は射影的．以下同様にして $i=1,2,\cdots$ に対して射影加群 P_i と完全列 $0 \longrightarrow K_i \longrightarrow P_i \longrightarrow K_{i-1} \longrightarrow 0$ が作られる．これらをつないで得られる複体

$$P_{.} : \quad \cdots \longrightarrow P_n \longrightarrow P_{n-1} \longrightarrow \cdots \longrightarrow P_1 \longrightarrow P_0 \longrightarrow 0$$

を M の**射影分解** (projective resolution) という．これは右端の $P_0 \longrightarrow 0$ を $P_0 \xrightarrow{\varepsilon} M \longrightarrow 0$ でおきかえると完全列になるから，$H_n(P_.)=0$ $(n>0)$，$H_0(P_.)=M$ である．なお，A がネータ環で M が有限生成なら，P_0 を有限生成自由加群とすることができ，

そのとき K_0 もまた有限生成である．以下同様であるから，M の射影分解として，各 P_n が有限生成自由加群であるものが存在する．

双対的に，任意の A 加群 M に対し，$0 \longrightarrow M \longrightarrow Q^0 \longrightarrow Q^1 \longrightarrow \cdots$ の形の完全列で各 Q^n が入射的なものが存在する．複体 $Q^{\cdot}: 0 \longrightarrow Q^0 \longrightarrow Q^1 \longrightarrow \cdots$ を M の**入射分解** (injective resolution) という．$H^0(Q^{\cdot})=M,\ H^n(Q^{\cdot})=0\ (n>0)$ である．

$f: M \longrightarrow N$ を A 加群の射，$P.$ と $P'.$ をそれぞれ M, N の射影分解とすると，複体の射 $\varphi: P. \longrightarrow P'.$ で $f\varepsilon=\varepsilon'\varphi_0$ をみたすもの，すなわち次の図式

$$\begin{array}{ccccccccc}
\cdots \longrightarrow & P_n & \longrightarrow & P_{n-1} & \longrightarrow \cdots \longrightarrow & P_0 & \xrightarrow{\varepsilon} & M & \longrightarrow 0 \\
& \downarrow{\scriptstyle \varphi_n} & & \downarrow{\scriptstyle \varphi_{n-1}} & & \downarrow{\scriptstyle \varphi_0} & & \downarrow{\scriptstyle f} & \\
\cdots \longrightarrow & P'_n & \longrightarrow & P'_{n-1} & \longrightarrow \cdots \longrightarrow & P'_0 & \xrightarrow{\varepsilon'} & N & \longrightarrow 0
\end{array}$$

を可換にする $\varphi=(\varphi_n)_{n\geqslant 0}$ が存在する．存在証明は，各 P_n が射影的であることと下の列が完全列であることを用いて $\varphi_0, \varphi_1, \cdots$ を順次作ってゆけばよく，容易にできる．このような φ はホモトープを無視すれば一意的である．すなわち，φ も ψ も上の性質をもてば $\varphi\sim\psi$ である．その証明も読者にゆだねる．このことから，M の2つの射影分解はホモトープ同値であることがわかる．入射分解についても全く同様である．

関手 Tor. M, N を A 加群とし，$P., Q.$ をそれぞれ M, N の射影分解とする．$P.$ の各項に $\otimes_A N$ をほどこして得られる複体を $P.\otimes N$ で表わす．

$$P.\otimes N: \qquad \cdots \longrightarrow P_n\otimes N \longrightarrow P_{n-1}\otimes N \longrightarrow \cdots \longrightarrow P_0\otimes N \longrightarrow 0.$$

同様に $M\otimes Q.$ が作られる．また，2重複体 $K..$ を $K_{p,q}=P_p\otimes_A Q_q$ で定義する (d', d'' の定義は明らかであろう)．P_p は自由加群の直和因子であるから平坦（完全列に $\otimes$ したものがまた完全列になる）である．よって $H_n(K_{p.})=H_n(P_p\otimes Q.)=0 (n>0)$, $H_0(K_{p.})=H_0(P_p\otimes Q.)=P_p\otimes N$ である．全く同様に $H_n(K_{.q})=0\ (n>0)$, $H_0(K_{.q})=M\otimes Q_q$ だから定理 B1 により $H_n(P.\otimes N)\simeq H_n(K..)\simeq H_n(M\otimes Q.)$ となる．この（同形をのぞいて定まる）加群を $\mathrm{Tor}_n^A(M, N)$ で表わす．これは M, N の射影分解の取り方によらない．なぜなら，たとえば $P., P'.$ が M の2つの射影分解なら $P.\sim P'.$, したがって $P.\otimes N\sim P'.\otimes N$ となるから．

Tor の主な性質（いずれも定義から容易に証明できる）：

（1） $\mathrm{Tor}_0^A(M, N)=M\otimes_A N$,

（2） M が平坦なら $\mathrm{Tor}_n^A(M, N)=0\ (n>0, \forall N)$,

（3）　$\mathrm{Tor}_n^A(M,N)\simeq\mathrm{Tor}_n^A(N,M)$，

（4）　$\mathrm{Tor}_n^A(M,N)$ は2変数の共変関手で，短完全列 $0\to M'\to M\to M''\to 0$ に対して Tor の長完全列 $\cdots\longrightarrow\mathrm{Tor}_n^A(M',N)\longrightarrow\mathrm{Tor}_n^A(M,N)\longrightarrow\mathrm{Tor}_n^A(M'',N)\longrightarrow\mathrm{Tor}_{n-1}^A(M',N)\longrightarrow\cdots\longrightarrow\mathrm{Tor}_1^A(M'',N)\longrightarrow M'\otimes N\longrightarrow M\otimes N\longrightarrow M''\otimes N\longrightarrow 0$ が得られる，

（5）　$\{N_\lambda, f_{\mu\lambda}\}$ を A 加群の順系とすると

$$\mathrm{Tor}_n^A(M,\varinjlim N_\lambda) = \varinjlim \mathrm{Tor}_n^A(M,N_\lambda).$$

関手 Ext． M, N を A 加群とする．$\mathrm{Hom}_A(M,-)$ は左完全関手である，すなわち $0\to N'\to N\to N''\to 0$ が完全列ならば $0\longrightarrow\mathrm{Hom}_A(M,N')\longrightarrow\mathrm{Hom}_A(M,N)\longrightarrow\mathrm{Hom}_A(M,N'')$ が完全である．M が射影的であることは，$\mathrm{Hom}_A(M,-)$ が完全関手であることと同値である．また，$\mathrm{Hom}_A(-,N)$ は，$0\to M'\to M\to M''\to 0$ が完全列なら $0\longrightarrow\mathrm{Hom}_A(M'',N)\longrightarrow\mathrm{Hom}_A(M,N)\longrightarrow\mathrm{Hom}_A(M',N)$ が完全列であるという意味で，左完全関手であり，これが完全関手になることと N が入射的であることとが同値である．

M の射影分解 $P.$, N の入射分解 $Q^{\cdot}$ を取り，2重複体 $K^{\cdot\cdot}$ を $K^{p,q}=\mathrm{Hom}_A(P_p,Q^q)$ で定義し，また2つの複体

$$\mathrm{Hom}_A(M,Q^{\cdot}) : 0\longrightarrow\mathrm{Hom}_A(M,Q^0)\longrightarrow\mathrm{Hom}_A(M,Q^1)\longrightarrow\cdots$$
$$\mathrm{Hom}_A(P.,N) : 0\longrightarrow\mathrm{Hom}_A(P_0,N)\longrightarrow\mathrm{Hom}_A(P_1,N)\longrightarrow\cdots$$

を作ると，定理 B2 から

$$H^n(\mathrm{Hom}_A(M,Q^{\cdot}))\simeq H^n(K^{\cdot\cdot})\simeq H^n(\mathrm{Hom}_A(P.,N))$$

が得られる．この3つを同一視して，これを $\mathrm{Ext}_A^n(M,N)$ で表わす．Tor と同様に，これも $P.$ や $Q^{\cdot}$ の取り方によらない．

Ext の主な性質

（1）　$\mathrm{Ext}_A^0(M,N)=\mathrm{Hom}_A(M,N)$，

（2）　M が射影的，または N が入射的なら $\mathrm{Ext}_A^n(M,N)=0$ $(n>0)$，

（3）　$\mathrm{Ext}_A^n(M,N)$ は M について反変，N について共変の2変数の関手であり，短完全列 $0\to M'\to M\to M''\to 0$ から長完全列

$$0\longrightarrow\mathrm{Hom}_A(M'',N)\longrightarrow\mathrm{Hom}_A(M,N)\longrightarrow\mathrm{Hom}_A(M',N)\longrightarrow\mathrm{Ext}_A^1(M'',N)$$
$$\longrightarrow\mathrm{Ext}_A^1(M,N)\longrightarrow\mathrm{Ext}_A^1(M',N)\longrightarrow\mathrm{Ext}_A^2(M'',N)\longrightarrow\cdots$$

が得られる．また短完全列 $0\to N'\to N\to N''\to 0$ からは

$$0 \longrightarrow \mathrm{Hom}_A(M, N') \longrightarrow \mathrm{Hom}_A(M, N) \longrightarrow \mathrm{Hom}_A(M, N'') \longrightarrow \mathrm{Ext}_A^1(M, N')$$
$$\longrightarrow \mathrm{Ext}_A^1(M, N) \longrightarrow \mathrm{Ext}_A^1(M, N'') \longrightarrow \mathrm{Ext}_A^2(M, N') \longrightarrow \cdots$$

という長完全列が得られる，

（4）　M が射影的 $\Longleftrightarrow$ $\mathrm{Ext}_A^1(M, N)=0$ $(\forall N)$,

　　　N が入射的 $\Longleftrightarrow$ $\mathrm{Ext}_A^1(M, N)=0$ $(\forall M)$.

射影次元と入射次元．　A 加群 M の射影分解 $P.$ で $P_n=0$ $(n>d)$ となるものが存在するが，$P.$ をどんなにとっても P_d は0にならないとき，d を M の**射影次元**とよび proj. dim M で表わす．このような d が存在しないときには proj. dim $M=\infty$ とおく．同様に入射次元 inj. dim M が入射分解によって定義される．proj. dim $M=0$ は M が射影加群であることを，inj. dim $M=0$ は M が入射加群であることを意味する．

M の射影分解 $P.$ において，$i>0$ に対し $P_i \longrightarrow P_{i-1}$ の像を K_i とすると，$\cdots \longrightarrow P_n \longrightarrow P_{n-1} \longrightarrow \cdots \longrightarrow P_i \longrightarrow 0$ は K_i の射影分解であるから，$n>i$ に対し $\mathrm{Ext}_A^n(M, N) \simeq \mathrm{Ext}_A^{n-i}(K_i, N)$ が成り立つ．もし $\mathrm{Ext}_A^{d+1}(M, N)=0$ $(\forall N)$ ならば，$\mathrm{Ext}_A^1(K_d, N)=0$ $(\forall N)$ となるから K_d は射影的で，$0 \longrightarrow K_d \longrightarrow P_{d-1} \longrightarrow \cdots \longrightarrow P_0 \longrightarrow 0$ も M の射影分解となるから，proj. dim $M \leqslant d$ である．逆に proj. dim $M \leqslant d$ なら明らかに $\mathrm{Ext}_A^n(M, N)=0$ $(n>d)$ である．

同様に，inj. dim $N \leqslant d$ $\Longleftrightarrow$ $\mathrm{Ext}_A^{d+1}(M, N)=0$ $(\forall M)$.

導来関手．　Tor や Ext の定義は，上に見たように，1つの変数についての分解を用いてできる．たとえば関手 $\mathrm{Hom}_A(-, N)$ を T とおくと，与えられた加群 M に対し M の射影分解 $P.$ をとり，複体 $T(P.)$: $\cdots \longleftarrow T(P_n) \longleftarrow T(P_{n-1}) \longleftarrow \cdots \longleftarrow T(P_0) \longleftarrow 0$ を作り，そのコホモロジー $H^n(T(P.))$ を $R^nT(M)$ として得られる関手 R^nT を，左完全な関手 T の**右導来関手** (right derived functor) という．今の場合 $R^nT=\mathrm{Ext}_A^n(-, N)$ であるが，一般にこのようにして左完全反変関手の右導来関手が定義される．

右導来関手は，（1）$R^0T=T$,（2）M が射影的なら $R^nT(M)=0$ $(n>0)$,（3）短完全列 $0 \to M' \to M \to M'' \to 0$ に対し“自然な”長完全列 $0 \longrightarrow T(M'') \longrightarrow T(M) \longrightarrow T(M') \longrightarrow R^1T(M'') \longrightarrow R^1T(M) \longrightarrow R^1T(M') \longrightarrow R^2T(M'') \longrightarrow \cdots$ が存在する，という3つの性質で一意的に定まる．［（3）の“自然な”という意味は専門書を見よ．］共変関手の場合は上で“射影的”を“入射的”に変えねばならない．

右完全関手の場合は共変のとき射影分解，反変のとき入射分解をとって左導来関手が定義される．

入射包絡． L を A 加群，M をその部分加群とする．L の 0 でないすべての部分加群に対して $N\cap M\neq 0$ が成り立つとき，L は M の**本質的拡大** (essential extension) であるといわれる．いいかえれば

$$0\neq x\in L \Longrightarrow \exists a\in A : 0\neq ax\in M$$

が成り立つことである．

定理 B 4． A 加群 M が入射的であることと，M 自身以外に本質的拡大をもたないこととは同値である．

証明は読者にゆだねる．さて A 加群 M が与えられたとき，M を含む入射加群 I をひとつ取り，I の部分加群で M の本質的拡大になっているもののなかで極大なものを E とすれば，上の定理から E は入射的である．M の本質的拡大になっているような入射加群を M の**入射包絡** (injective envelope) といい $E(M)$ または $E_A(M)$ で表わす．これは § 18 で重要な役割を果す概念である．E も E' の M の入射包絡なら，容易にわかるように M の元を動かさぬ同形対応 $\varphi : E \simeq E'$ があるが，φ は必ずしも一意的ではない．

次の 2 命題は有名でありかつ有用である．証明はやさしい．

Five Lemma.

$$\begin{array}{ccccccccc}
A & \longrightarrow & B & \longrightarrow & C & \longrightarrow & D & \longrightarrow & E \\
{\scriptstyle f_1}\downarrow & & {\scriptstyle f_2}\downarrow & & {\scriptstyle f_3}\downarrow & & {\scriptstyle f_4}\downarrow & & {\scriptstyle f_5}\downarrow \\
A' & \longrightarrow & B' & \longrightarrow & C' & \longrightarrow & D' & \longrightarrow & E'
\end{array}$$

が加群の可換図形で，上下の水平列がともに完全列だとすると

（1） f_1 が全射，f_2 と f_4 が単射 $\Longrightarrow$ f_3 が単射，

（2） f_5 が単射，f_2 と f_4 が全射 $\Longrightarrow$ f_3 が全射

Snake Lemma.

$$\begin{array}{ccccccc}
 & & A & \longrightarrow & B & \longrightarrow & C & \longrightarrow & 0 \\
 & & {\scriptstyle \alpha}\downarrow & & {\scriptstyle \beta}\downarrow & & {\scriptstyle \gamma}\downarrow & & \\
0 & \longrightarrow & A' & \longrightarrow & B' & \longrightarrow & C' & &
\end{array}$$

が加群の可換図形で上下の水平列がともに完全列だとすると，

$$\mathrm{Ker}(\alpha) \longrightarrow \mathrm{Ker}(\beta) \longrightarrow \mathrm{Ker}(\gamma) \xrightarrow{d} \mathrm{Coker}(\alpha) \longrightarrow \mathrm{Coker}(\beta) \longrightarrow \mathrm{Coker}(\gamma)$$

という完全列が存在する．

複体のテンソル積． A 加群の複体 $K.$ と $L.$ に対し，複体のテンソル積 $K\otimes_A L$ を次のように定義する．まず

$$(K\otimes L)_n = \bigoplus_{p+q=n} K_p\otimes_A L_q$$

とおき，微分作用素は $x\in K_p$, $y\in L_q$ に対し

$$d(x\otimes y) = dx\otimes y+(-1)^p x\otimes dy$$

とする．つまり，$W_{p,q}=K_p\otimes L_q$ とおいて得られる2重複体 $W..$ を（1重）複体とみなしたものが $K\otimes L$ である．

$K_p\otimes L_q$ の元 $x\otimes y$ に $(-1)^{pq}y\otimes x$ を対応させることによって，複体の同形写像 $K\otimes L\simeq L\otimes K$ が得られる．また，$M.$ も A 加群の複体なら，結合律

$$(K\otimes L)\otimes M = K\otimes(L\otimes M)$$

が成り立つ．したがって，有限個の複体のテンソル積 $K^{(1)}\otimes\cdots\otimes K^{(r)}$ も r に関する帰納法で定義される．これは §16 で用いられる．

本書を読むためには，ホモロジー代数の知識としては以上でほぼ十分であろう．しかし，代数や幾何を専攻しようとする人は，スペクトル列の理論を含めてもっと十分な知識を得ておく必要がある．ここには代表的な参考書として，ホモロジー代数や圏論の創始者たちによる2書

H. Cartan-S. Eilenberg : *Homological Algebra*, Princeton, 1956.

S. MacLane : *Homology*, Springer, 1963.

および Grothendieck の論文

Sur Quelques Points d'Algèbre Homologique, *Tohoku Math. J.* 9 (1957), 119—221.

だけをあげておく．

付録 C. 外　積

1)　A を環，M, N を A 加群とする．M の r 個の直積 $M^r = M\times\cdots\times M$ から N への r 重線形写像 φ が交代的 (alternating) であるとは，$x_1, \cdots, x_r(\in M)$ の中に同じものが2回以上現われれば $\varphi(x_1, \cdots, x_r)=0$ となることをいう．φ が交代的ならば，任意の $x_1, \cdots, x_r\in M$ に対し，

$$\varphi(x_1, \cdots, x_{i-1}, x_i+x_j, x_{i+1}, \cdots, x_{j-1}, x_i+x_j, x_{j+1}, \cdots) = 0$$

の左辺を展開して

$$\varphi(x_1, \cdots, x_i, \cdots, x_j, \cdots)+\varphi(x_1, \cdots, x_j, \cdots, x_i, \cdots) = 0$$

を得る．すなわち，2つの変数を入れかえると φ は符号だけ変る．

交代的 r 重線形写像の中で普遍的なものとして r 次の外積 (exterior product) が定義される．すなわち，M^r から N_0 への交代的 r 重線形写像 f_0 が

"任意の交代的 r 重線形写像 $f: M^r\to N$ に対し，$f=h\circ f_0$ となる線形写像 $h: N_0\to N$ が一意的に存在する"

という性質をもつとき，$N_0=\overset{r}{\wedge}M$ と書き M の r 次の外積という．$f_0(x_1, \cdots, x_r)$ は $x_1\wedge\cdots\wedge x_r$ と書かれる．外積の存在証明：M の r 個のテンソル積 $M\otimes\cdots\otimes M$ を，$x_1\otimes\cdots\otimes x\otimes\cdots\otimes x\otimes\cdots\otimes x_r$ の形のすべての元から生成される部分加群で割ったものを N_0 とおけば上の条件をみたす．外積が同形を除いて一意的に定まることは定義から明らか．

2)　M が階数 n の自由 A 加群で，$e_1, \cdots, e_n$ がその基底であるとき，$\overset{r}{\wedge}M$ は $r>n$ なら 0，$r\leqslant n$ なら階数 $\binom{n}{r}$ の自由加群で $\{e_{i_1}\wedge\cdots\wedge e_{i_r} | 1\leqslant i_1<\cdots<i_r\leqslant n\}$ がその基底となる．($r>n$ のときは容易．$r\leqslant n$ のときは，上記の $\binom{n}{r}$ 個の元で生成されることは明らかであり，それらが1次独立であることも，行列式論を既知とすれば容易に示される．)

3)　しかし，$I\subset A$ をイデアルとすると，$\overset{2}{\wedge}A=0$ だが $\overset{2}{\wedge}I$ は必ずしも0でない．たとえば k を体，x, y を不定元とし $A=k[x, y]$，$I=xA+yA$ とするとき $\overset{2}{\wedge}I\neq 0$ である．なぜなら，$f, g\in I$ に対し

$$\varphi(f, g) = [\partial(f, g)/\partial(x, y)]_{(x, y)=(0,0)}$$

とおくと，φ は $I\times I \longrightarrow k=A/I$ の交代的双線形写像で $\varphi(x,y)=1$，ゆえに $\varphi\neq 0$．ゆえに $\overset{2}{\wedge} I\neq 0$ でなくてはならない．

4) 外積を作る操作と係数環の拡大とは順序交換可能である．すなわち，B を A 代数，M を A 加群，$M\otimes_A B=M_B$ とおけば $(\overset{r}{\wedge}M)\otimes_A B=\overset{r}{\wedge}M_B$，ただし右辺の $\overset{r}{\wedge}$ はもちろん B 加群の外積の意味である．証明：付録 A の公式 11 により $M_B\otimes_B\cdots\otimes_B M_B =(M\otimes_A\cdots\otimes_A M)\otimes_A B$ であるから，

$$(M_B)^r \longrightarrow \bigotimes_{i=1}^{r} M_B = \left(\bigotimes_{i=1}^{r} M\right)\otimes_A B \longrightarrow (\overset{r}{\wedge}M)\otimes_A B$$

の合成を f_0 とすると，f_0 は交代的 r 重 B 線形写像である．M から M_B への自然な写像 $x\longmapsto x\otimes 1$ を ν で表わす．N を B 加群，$\varphi:(M_B)^r\longrightarrow N$ を交代的 r 重 B 線形写像とすると，φ は $M^r\longrightarrow N$ の交代的 r 重 A 線形写像をひきおこすから A 線形写像 $\overset{r}{\wedge}M\longrightarrow N$ を，したがって B 線形写像 $(\overset{r}{\wedge}M)\otimes_A B\longrightarrow N$ をひきおこす．この最後の写像を h とおく，φ は $h\circ f_0$ と $\nu(M)^r$ の上で一致するが，M_B は $\nu(M)$ によって B 上生成されるから $\varphi=h\circ f_0$ である．ゆえに f_0 は普遍写像性をもつから $(\overset{r}{\wedge}M)\otimes_A B$ を $\overset{r}{\wedge}M_B$ と考えてよい．

定理 C 1. A を整域，K をその商体，$I_1,\cdots,I_r$ を A のイデアルとする．$M=I_1\oplus\cdots\oplus I_r$ とおき，$\overset{r}{\wedge}M$ のねじれ部分加群を T とすると $(\overset{r}{\wedge}M)/T\simeq I_1\cdots I_r$ である．したがって，$J_1,\cdots,J_r$ が A のイデアルで $I_1\oplus\cdots\oplus I_r\simeq J_1\oplus\cdots\oplus J_r$ ならば $I_1\cdots I_r\simeq J_1\cdots J_r$ である．

証明．$M_K\simeq K\oplus\cdots\oplus K$ (r 個の直和)，したがって $(\overset{r}{\wedge}M)\otimes K=\overset{r}{\wedge}M_K\simeq K$ である．自然な写像 $\overset{r}{\wedge}M\longrightarrow(\overset{r}{\wedge}M)\otimes K\simeq K$ の核は明らかに T である（$\otimes K$ は A の零イデアルに関する局所化にほかならないから．§ 4 参照）またその像は $I_1\cdots I_r$ であるとしてよい．なぜなら，この写像は $I_i\subset K$ とみなすことによりひきおこされる写像

$$\overset{r}{\wedge}(I_1\oplus\cdots\oplus I_r)\longrightarrow\overset{r}{\wedge}(K\oplus\cdots\oplus K)=Ke_1\wedge\cdots\wedge e_r\simeq K$$

であるとしてよく，$\xi_i=\sum_{j=1}^{r}a_{ij}e_j\in\sum Ke_j$ なら $\xi_1\wedge\cdots\wedge\xi_r=\det(a_{ij})\cdot e_1\wedge\cdots\wedge e_r$ であることから，上の写像の像が $I_1\cdots I_r e_1\wedge\cdots\wedge e_r$ であることは明らかである．▌

なお，A が Dedekind 環のときには $I_1\oplus\cdots\oplus I_r\simeq R^{r-1}\oplus I_1\cdots I_r$ であることが知られている．（［服部］p. 112 を見よ．）

定理 C 2. A を環，M, N を A 加群とすると

$$\overset{r}{\wedge}(M\oplus N) \simeq \bigoplus_{s+t=r}[(\overset{s}{\wedge}M)\otimes_A(\overset{t}{\wedge}N)].$$

証明. $\overset{r}{\underset{i=1}{\otimes}}(M\oplus N)$ は M や N のコピーを合計 r 個とっていろいろな順序でテンソル積を作ったもの（2^r 個できる）の直和の形に書ける．この中で M を s 個，N を t 個（$s+t=r$）とってテンソル積を作ったものすべてを集めての部分和を $L_{s,t}$ と書けば

$$\overset{r}{\underset{1}{\otimes}}(M\oplus N) = \bigoplus_{s+t=r} L_{s,t}.$$

たとえば $r=2$ のときは $L_{2,0}=M\otimes M$，$L_{1,1}=(M\otimes N)\oplus(N\otimes M)$，$L_{0,2}=N\otimes N$. さて $\overset{r}{\underset{1}{\otimes}}(M\oplus N)$ の中で，$\cdots\otimes x\otimes\cdots\otimes x\otimes\cdots$ の形の元全体で生成される部分加群を Q とすると，$Q=\oplus[Q\cap L_{s,t}]$ であり，$Q\cap L_{s,t}$ は $\cdots\otimes y\otimes\cdots\otimes y\otimes\cdots$（$y\in M$ または $y\in N$）の形の元および $\alpha\otimes y\otimes\beta\otimes z\otimes\gamma+\alpha\otimes z\otimes\beta\otimes y\otimes\gamma$（$y\in M, z\in N$）の形の元すべてで生成された部分加群であることは直ちにわかる．したがって

$$\overset{r}{\wedge}(M\oplus N) = \left(\overset{r}{\underset{1}{\otimes}}(M\oplus N)\right)\Big/Q = \bigoplus_{s+t=r}(L_{s,t}/Q\cap L_{s,t})$$

であり，かつ

$$L_{s,t}/L_{s,t}\cap Q \simeq (\overset{s}{\wedge}M)\otimes(\overset{t}{\wedge}N)$$

であることは容易にわかる．▌

5) A を（可換）環とする．必ずしも可換でない A 代数 E が，A 加群としての直和分解 $E=\bigoplus_{n\geqslant 0}E_n$ をもち，

（i） $E_p\cdot E_q\subset E_{p+q}$,

（ii） $x\in E_p,\ y\in E_q \Longrightarrow xy=(-1)^{pq}yx$,

（iii） $x\in E_{2n+1} \Longrightarrow x^2=0$

をみたすとき，E を**歪可換代数**（skew commutative algebra）とよぶことにする．このような E の歪導分 d とは，A 線形写像 $d: E\longrightarrow E$ で

（α） $d(E_n)\subset E_{n-1}$,

（β） $x\in E_p,\ y\in E_q \Longrightarrow d(xy)=(dx)y+(-1)^p x(dy)$

をみたすものとする．

6) A を環，M を A 加群とする．$M^p\times M^q$ から $\overset{p+q}{\wedge}M$ への写像 φ を $\varphi(x_1,\cdots,x_p,y_1,\cdots,y_q)=x_1\wedge\cdots\wedge x_p\wedge y_1\wedge\cdots\wedge y_q$ で定義するとき，$y_1,\cdots,y_q$ を固定するとこれは

M^p から $\overset{p+q}{\wedge} M$ への交代的 p 重線形写像であるから，$(\overset{p}{\wedge} M)\times M^q$ から $\overset{p+q}{\wedge} M$ への写像 Φ があって，$\Phi(\xi, y_1, \cdots, y_q)$ は ξ の関数として線形であり，$\xi=x_1\wedge\cdots\wedge x_p$ なら $\Phi(\xi, y_1, \cdots, y_q)=x_1\wedge\cdots\wedge x_p\wedge y_1\wedge\cdots\wedge y_q$ をみたす．今度は Φ で ξ を固定すると $y_1, \cdots, y_q$ について交代的であるから，$(\overset{p}{\wedge} M)\times(\overset{q}{\wedge} M)$ から $\overset{p+q}{\wedge} M$ への写像 Ψ で $\Psi(\xi, y_1\wedge\cdots\wedge y_q)=\Phi(\xi, y_1, \cdots, y_q)$ をみたし，双線形なものが定まる．$\xi\in\overset{p}{\wedge} M$, $\eta\in\overset{q}{\wedge} M$ に対し $\Psi(\xi, \eta)$ を $\xi\wedge\eta$ と書くことにする．$\xi=\sum_\alpha x_1^{(\alpha)}\wedge\cdots\wedge x_p^{(\alpha)}$, $\eta=\sum_\beta y_1^{(\beta)}\wedge\cdots\wedge y_q^{(\beta)}$ ならば $\xi\wedge\eta=\sum_{\alpha,\beta} x_1^{(\alpha)}\wedge\cdots\wedge x_p^{(\alpha)}\wedge y_1^{(\beta)}\wedge\cdots\wedge y_q^{(\beta)}$ である．(最初からこの式で定義すればよさそうなものであるが，ξ, η を上のように表わす方法が一意的でないから，ごたごたと説明を要したのである．) この演算 $\wedge$ は結合律 $\xi\wedge(\eta\wedge\zeta)=(\xi\wedge\eta)\wedge\zeta$ をみたすから，$\bigoplus_{n=0}^{\infty}\overset{n}{\wedge} M$ ($\overset{0}{\wedge} M=A$ とおく) にこの積を入れて A 代数とみなすと，歪可換代数の条件をみたすことが容易にわかる．これを M の**外積代数** (exterior algebra) または Grassmann 代数といい，$\wedge M$ で表わす．線形写像 $\alpha : M\to A$ を任意に与えるとき，$\wedge M$ の歪導分 d で $\overset{1}{\wedge} M=M$ の上では α に一致するようなものが一意的に存在する．$\wedge M$ は A 代数として M で生成されるから一意性は明らかである：$d(x_1\wedge\cdots\wedge x_p)=\sum_{r=0}^{p}(-1)^{r-1}\alpha(x_r)x_1\wedge\cdots\wedge\hat{x}_r\wedge\cdots\wedge x_p$ とならなければならない．存在は，逆にこの右辺が $x_1, \cdots, x_p$ の交代的 p 重線形写像を決めることから容易に従う．

とくに M が階数 n の自由 A 加群で $e_1, \cdots, e_n$ がその基底だとする：$M=Ae_1\oplus\cdots\oplus Ae_n$. このとき，$A$ の元 $c_1, \cdots, c_n$ を任意にとって，$\alpha(e_i)=c_i$ で $\alpha : M\to A$ を定めるとき，$\wedge M$ の歪導分 d は

$$d(e_{i_1}\wedge\cdots\wedge e_{i_p}) = \sum_{r=0}^{p}(-1)^{r-1}c_r e_{i_1}\wedge\cdots\wedge\hat{e}_{i_r}\wedge\cdots\wedge e_{i_p}$$

の形をとる．これは Koszul 複体 (§ 16) $K_{.c,1\cdots n}$ の微分作用素と同一視できる．Koszul 複体はこのように $\wedge(Ae_1\oplus\cdots\oplus Ae_n)$ に，$d(e_i)=c_i$ によって歪導分を定義したものだと考えることができる．

問題のヒント・略解

（かならず自分で考えてから見て下さい.）

§ 1.

【1.1】 $ab=1-x$, $x^n=0$ なら $ab(1+x+\cdots+x^{n-1})=1$.

【1.2】 $e_i=(0\cdots0\ 1\ 0\cdots0)\in A_1\times\cdots\times A_n$ (i 番目の座標が 1) とすれば, $e_ie_j=0$ $(i\neq j)$ だから, $\mathfrak{p}$ が $A_1\times\cdots\times A_n$ の素イデアルならば 1 つの i をのぞいて $e_i\in\mathfrak{p}$ でなくてはならない.

【1.3】 イ) $\mathrm{rad}(A)=\{x\in A \mid 1+ax$ は A の単元 $(\forall a\in A)\}$ を用いる. $A=\boldsymbol{Z}$, $B=\boldsymbol{Z}/(4)$ なら $\mathrm{rad}(A)=(0)$, $\mathrm{rad}(B)=2B$ である.

ロ) A の極大イデアルを $\mathfrak{m}_1,\cdots,\mathfrak{m}_r$ とし f の核を I とする. $\mathfrak{m}_i\supset I$ $(1\leqslant i\leqslant s)$, $\mathfrak{m}_i\not\supset I$ $(s<i\leqslant r)$ とすれば B の極大イデアルは $f(\mathfrak{m}_i)$ $(1\leqslant i\leqslant s)$ であり, $f(\mathfrak{m}_i)=B$ $(i>s)$. 一方 $\mathrm{rad}(A)=\mathfrak{m}_1\cdots\mathfrak{m}_r$, ゆえに $f(\mathrm{rad}(A))=f(\mathfrak{m}_1)\cdots f(\mathfrak{m}_r)=f(\mathfrak{m}_1)\cdots f(\mathfrak{m}_s)=\mathrm{rad}(B)$.

【1.5】 前半は容易, 後半は前半と Zorn の補題から.

【1.6】 $P_1,\cdots,P_r$ に包含関係がないとしてよい. $r=2$ のときは, $x\in I-P_1$, $y\in I-P_2$ とすれば $x,y,x+y$ の中どれかは P_1 にも P_2 にも入らない. $r>2$ のときは帰納法で $x\in I-(P_1\cup\cdots\cup P_{r-1})$ が取れる. また P_r が素イデアルだから $P_r\not\supset IP_1\cdots P_{r-1}$ であり, $y\in IP_1\cdots P_{r-1}-P_r$ とすれば, x か $x+y$ が条件をみたす.

§ 2.

【2.1】 NAK により $(1-e)I=0$ となる $e\in I$ がある. 容易にわかるように $I=Ie=Ae$, $e^2=e$.

【2.2】 $x\in\mathrm{ann}(M/IM)$ なら $xM\subset IM$, よって定理 1 により $(x^n+y)M=0$ となる $y\in I$ がある.

【2.3】 $(M+N)/N\simeq M/(M\cap N)$ から M の有限生成がわかる. N についても同様.

【2.4】 イ) $M\simeq A^n$ なら, A の極大イデアル P をとり $k=A/P$ とすれば $M/PM\simeq k^n$ であるから. 体のときはよく知られている.

ロ) の前半は行列式論から容易. 後半は, A^n の任意の $n+1$ 個の元は 1 次従属であり，A^n の中には n 個の1次独立な元が存在するから．

ハ） 定理3の iii）から．

【2.5】 イ） F, F' が自由加群で $\alpha: F \longrightarrow L$, $\beta: F' \longrightarrow N$ が全射なら

$$\begin{array}{ccccccccc} 0 & \longrightarrow & L & \longrightarrow & M & \longrightarrow & N & \longrightarrow & 0 \\ & & {\scriptstyle\alpha}\big\uparrow & & {\scriptstyle\gamma}\big\uparrow & & {\scriptstyle\beta}\big\uparrow & & \\ 0 & \longrightarrow & F & \longrightarrow & F\oplus F' & \longrightarrow & F' & \longrightarrow & 0 \end{array}$$

が可換になるような射 γ がある．これと Snake Lemma（付録 B）とから．

ロ）も イ）と同様の手段で証明できる．

§ 3.

【3.1】 A は A 加群 $(A/I_1)\oplus\cdots\oplus(A/I_n)$ の部分加群と同形であるから．

【3.2】 射影 $\pi_1: A\times_C B \longrightarrow A$, $\pi_2: A\times_C B \longrightarrow B$ は全射である．I を $A\times_C B$ のイデアルとし，$x_1, \cdots, x_n \in I$ を，$\pi_1(x_i)$ $(1\leqq i\leqq n)$ が $\pi_1(I)$ を生成するように取る．π_1 を I に制限したものの核は B のイデアルと考えられ，その生成元を $y_1, \cdots, y_m$ とすれば，$x_1, \cdots, x_n$, $y_1, \cdots, y_m$ が I を生成する．

【3.4】 $II^{-1}=A$ ならば $\sum_1^n x_i y_i = 1$ となる $x_i \in I$, $y_i \in I^{-1}$ が存在する．$I=\sum x_i A$ となることは容易にわかる．

【3.5】 単項分数イデアルは可逆である．また UFD においては容易にわかるように（1） 単項イデアルについて極大条件が成り立ち，（2） 2つの単項分数イデアルの共通部分はまた単項分数イデアルである．よって，$I\subset A$ が可逆なイデアルなら，I に含まれる単項イデアルのうちで極大なもの aA がある．$0\neq b\in I$ なら $a^{-1}A\cap b^{-1}A=\alpha A \supset I^{-1}$ となり，これから $aA\subset\alpha^{-1}A\subset I$ となるから $aA=\alpha^{-1}A$，よって $bA\subset aA$ となり $I=aA$．

【3.6】 $\mathrm{Ker}(\varphi^n)=I_n$ $(n=1, 2, \cdots)$ は A のイデアルの増大列になる．

【3.7】 A のイデアル I で有限生成でないものをとり $M=A/I$ とおけば，定理 2.6 により M は有限表示でありえない．

§ 4.

【4.5】 U_λ の補集合を $V(I_\lambda)$ と書く（I_λ は A のイデアル）．$\bigcap_\lambda V(I_\lambda)=V(\sum_\lambda I_\lambda)=\varnothing$ だから $1\in\sum I_\lambda$，よって有限個の I_λ の和が1を含む．

【4.6】 $\mathrm{Spec}(A)=V(I_1)\cup V(I_2)$, $V(I_1)\cap V(I_2)=\varnothing$ ならば $I_1 I_2\subset\mathrm{nil}(A)$, $I_1+I_2=$

A. $\therefore\ 1=e_1+e_2,\ e_i\in I_i\ (i=1,2),\ (e_1e_2)^\nu=0.\quad \therefore\ 1=(e_1+e_2)^{2\nu}=e_1^\nu x_1+e_2^\nu x_2,\ x_i\in A.$ $\therefore\ e_1^\nu x_1=e$ とおくと $e(1-e)=0$.

【4.10】 $\mathfrak{p}\in\mathrm{Spec}(A)$, $V(\mathfrak{p})=V(\mathfrak{a})\cup V(\mathfrak{b})$ なら $\mathfrak{p}\in V(\mathfrak{p})$ から $\mathfrak{p}\supset\mathfrak{a}$ または $\mathfrak{p}\supset\mathfrak{b}$, よって $V(\mathfrak{p})=V(\mathfrak{a})$ または $V(\mathfrak{p})=V(\mathfrak{b})$. 逆に $V=V(I)$ が既約なら, $x,y\in A$, $xy\in\sqrt{I}$ のとき, $V=V(I+Ax)\cup V(I+Ay)$ だから, たとえば $V=V(I+Ax)$ で, そのとき $x\in\sqrt{I}$. $\therefore\ \sqrt{I}\in\mathrm{Spec}(A)$.

【4.11】 そう表わせない閉集合があれば, それらの中で極小なものを V とすると, V は可約で $V=V_1\cup V_2$, $V_i\neq V$, よって各 V_i は有限個の既約閉集合の和, よって V もそのような和となり矛盾.

§ 5.

【5.1】 $k[X_1,\cdots,X_n]/\mathfrak{p}=k[x_1,\cdots,x_n]$ とおくと定理6から $\mathrm{coht}\,\mathfrak{p}=\mathrm{t.d.}_k k(x)$. これを r とおき, $x_1,\cdots,x_r$ が $k(x)$ の k 上の超越基底だとすると, $K=k(X_1,\cdots,X_r)$ とおくとき $k[X_1,\cdots,X_n]_\mathfrak{p}$ は $K[X_{r+1},\cdots,X_n]$ の素イデアル P による局所環でもあり, $\mathrm{ht}\,\mathfrak{p}=\mathrm{ht}\,P$ である. よって $r=0$ のときに $\mathrm{ht}\,\mathfrak{p}=n$ を示すことに帰着する. すると $x_1,\cdots,x_n$ は k 上代数的で, 準同形 $k[X_1,\cdots,X_n]\longrightarrow k[x_1,\cdots,x_i,X_{i+1},\cdots,X_n]$ の核を $\mathfrak{p}_i$ とすれば $0\subset\mathfrak{p}_1\subset\mathfrak{p}_2\subset\cdots\subset\mathfrak{p}_n=\mathfrak{p}$ は素イデアルの真増大列であるから $\mathrm{ht}\,\mathfrak{p}\geqslant n$, 一方定理6の系から $\mathrm{ht}\,\mathfrak{p}\leqslant n$.

【5.2】 A が0次元ネータ環ならば素イデアルはすべて極大かつ極小で,【4.12】により有限個しか存在しない. それらを $\mathfrak{p}_1,\cdots,\mathfrak{p}_r$ とすれば, $\mathfrak{p}_1\cdots\mathfrak{p}_r=\mathrm{nil}(A)$ であるから, $(\mathfrak{p}_1\cdots\mathfrak{p}_r)^\nu=0$ となるような ν が存在する. 任意のイデアル I と任意の i に対し $I/I\mathfrak{p}_i$ は体 $A/\mathfrak{p}_i$ 上に有限加群, したがって $l(I/I\mathfrak{p}_i)<\infty$. これから容易に $l(A)<\infty$ となり A はアルティン環である.

§ 6.

【6.1】 $\mathrm{Ass}(M)=\{(0),(3)\}$. ($\supset$ は明らか, $\subset$ は定理3から)

【6.2】 いえない. 反例 : M を前問のように取り, $M_1=\{(a,\bar{a})\,|\,a\in\boldsymbol{Z}\}$, $M_2=\{(a,0)\,|\,a\in\boldsymbol{Z}\}$ とすると $M=M_1+M_2$, $M_1\simeq\boldsymbol{Z}\simeq M_2$.

【6.3】 $xA/x^nA\simeq A/x^{n-1}A$ であるから, 完全列 $0\longrightarrow A/x^{n-1}A\longrightarrow A/x^nA\longrightarrow A/xA\longrightarrow 0$ が存在する.

【6.4】 I の準素分解を用いる.

§ 7.

【7.2】 B の元 b を y/x, $x\in A$, $y\in A$ と書く. $y=bx\in xB\cap A=xA$, $\therefore\ b\in A$.

【7.3】 $\{m_\lambda\}$ が生成する A 加群を N とすると, $B\otimes(M/N)=0$, $\therefore\ M=N$.

【7.4】 $M=\prod_\lambda M_\lambda$ とおく. $I=\sum_1^n a_i A$ を A のイデアルとし, $I\otimes M\longrightarrow IM$ が単射であることを示せばよい (定理 6). $f: A^n\longrightarrow A$ を $f(x_1,\cdots,x_n)=\sum_1^n a_i x_i$ で定義し, $\mathrm{Ker}(f)=K$ とおく. $0\longrightarrow K\longrightarrow A^n\xrightarrow{f}A$ が完全列, よって $0\longrightarrow K\otimes M_\lambda\longrightarrow (M_\lambda)^n\longrightarrow M_\lambda$ も完全列, いま $\sum_1^n a_i\otimes\xi_i\in I\otimes M$ が $\sum a_i\xi_i=0$ をみたしたとし, $\xi_i\in M$ の λ 座標を $\xi_{i\lambda}$ とすると, $\sum a_i\xi_{i\lambda}=0$ $(\forall\lambda)$ だから $(\xi_{1\lambda},\cdots,\xi_{n\lambda})\in K\otimes M_\lambda$. さて A がネータ環だから $K=A\beta_1+\cdots+A\beta_r$ と書けて, $\beta_j=(b_{1j},\cdots,b_{nj})\in K\subset A^n$ $(1\leqq j\leqq r)$, よって $\xi_{i\lambda}=\sum_j b_{ij}\eta_{j\lambda}$, $\eta_{j\lambda}\in M_\lambda$, と表わせる. $\sum_i a_i b_{ij}=0$ であり, $\eta_j=(\eta_{j\lambda})_\lambda\in M$ とおけば $\xi_i=\sum_{j=1}^r b_{ij}\eta_j$, $\sum_i a_i\otimes\xi_i=\sum_i\sum_j a_i b_{ij}\otimes\eta_j=0$.

【7.5】 $0\longrightarrow A\xrightarrow{a}A$ が完全列, これに $\otimes_A N$ をほどこして $0\longrightarrow N\xrightarrow{a}N$ も完全列.

【7.8】 テンソル積は無限直積と交換可能でないから. $\{p_i\}$ をすべての素数とすると $\bigcap_i p_i\boldsymbol{Z}=(0)$, $\bigcap_i(p_i\boldsymbol{Z}\otimes\boldsymbol{Q})=\bigcap_i\boldsymbol{Q}=\boldsymbol{Q}$.

【7.9】 I を A のイデアルとすると $IB\cap A=I$ であるから, A のイデアル列 $I_1\subset I_2\subset\cdots$ に対し $I_1B\subset I_2B\subset\cdots$ がストップすればもとの列もストップする.

§ 8.

【8.1】 $(I+J)^{2\nu}\subset I^\nu+J^\nu$, よって $x_1,x_2,\cdots$ が $x_{\nu+1}-x_\nu\in(I+J)^{2\nu}$ をみたすなら $x_{\nu+1}-x_\nu=u_\nu+v_\nu$, $u_\nu\in I^\nu$, $v_\nu\in J^\nu$, と書ける. よって x_ν は $x_1+\sum_1^\infty u_i+\sum_1^\infty v_i$ に収束する. $I\subset\mathrm{rad}(A)$, $J\subset\mathrm{rad}(A)$ だから $I+J\subset\mathrm{rad}(A)$, ゆえに $\bigcap_\nu(I+J)^\nu=(0)$.

【8.2】 $\{x_\nu\}$ が $x_{\nu+1}-x_\nu\in J^\nu$ をみたすとすると, I 進位相による極限 x が存在する. 任意の i に対し μ を十分大にとれば $x_\mu-x\in I^i$, よって $x_\nu-x=x_\nu-x_\mu+x_\mu-x\in J^\nu+I^i$, 定理 10 の i) により $\bigcap_i(J^\nu+I^i)=J^\nu$ だから $x_\nu-x\in J^\nu$, よって x は J 進位相での極限でもある.

【8.3】 $\mathfrak{a}\hat{A}=\alpha\hat{A}$ とし $\alpha=\sum a_i\xi_i$, $a_i\in\mathfrak{a}$, $\xi_i\in\hat{A}$ とする. I を Aの定義イデアルとする. Artin-Rees で, $\nu\gg0$ なら $\alpha\hat{A}\cap I^\nu\hat{A}\subset\alpha I\hat{A}$ となる. $x_i\in A$ を $x_i-\xi_i\in I^\nu\hat{A}$ となるように取り $a=\sum a_i x_i$ とおくと $a\in\mathfrak{a}$, $\mathfrak{a}\hat{A}\subset a\hat{A}+I\mathfrak{a}\hat{A}$ となり NAK で $\mathfrak{a}\hat{A}=a\hat{A}$, $\therefore\ \mathfrak{a}=a\hat{A}\cap A=aA$.

【8.4】 $e=(e-X)(e+eX+eX^2+\cdots)$

【8.7】 $A/\mathfrak{m}^n$ はアルティン環であるから，$\mathfrak{a}_{t(n)}+\mathfrak{m}^n=\mathfrak{a}_j+\mathfrak{m}^n$ $(j>t(n))$ となる番号 $t(n)$ が存在する．$t(n)<t(n+1)<\cdots$ としてよい．もし，ある r に対し $\mathfrak{a}_{t(r)}\not\subset\mathfrak{m}^r$ ならば，$a_r\in\mathfrak{a}_{t(r)}-\mathfrak{m}^r$ とし，$a_{r+1}\equiv a_r(\mathfrak{m}^r)$ となる $a_{r+1}\in\mathfrak{a}_{t(r+1)}$ をとり，以下同様に $a_i\in\mathfrak{a}_{t(i)}$, $a_i-a_{i-1}\in\mathfrak{m}^{i-1}$ が成り立つように a_i $(i\geqq r)$ をとれば $\lim a_i$ は $\bigcap_\nu \mathfrak{a}_\nu$ に入り $\mathfrak{m}^r$ に入らないから矛盾．

【8.8】 定理5の証明にならって，ただ斉次式のかわりに多重斉次式をつかえばできる．

§ 9.

【9.1】 $B_\mathfrak{p}$ は $A_\mathfrak{p}$ 上整である．ゆえに $B_\mathfrak{p}$ の極大イデアルは $\mathfrak{p}A_\mathfrak{p}$ の上にのっており，したがって $PB_\mathfrak{p}$ に一致する．よって $B_\mathfrak{p}$ は局所環で，$B-P$ の元は $B_\mathfrak{p}$ では単元になるから．

【9.2】 $\leqq$ は上昇定理から，$\geqq$ は定理3の ii）から．

【9.3】 A, B を $A_\mathfrak{p}, B_\mathfrak{p}$ でおきかえてよいから $\mathfrak{p}$ を極大イデアルとし，$k=A/\mathfrak{p}$ とおくと，$B/\mathfrak{p}B$ は k 上有限加群だからアルティン環である．

【9.4】 $ax^n\in A$ $(\forall n>0)$ なら $A[x]$ は有限 A 加群 $a^{-1}A$ の部分 A 加群だから A がネータ環なら $A[x]$ は有限 A 加群である．

【9.6】 $f=g\cdot h$ と分解したとする．ただし g, h はモニックで $\in K[X]$．このとき g の根は f の根だから A 上に整，よって根と係数の関係から g の係数も A 上に整，よって A の整閉性から $g\in A[X]$，同様に $h\in A[X]$．

【9.8】 定理3の ii）から．

【9.10】 $L[X]$ は $K[X]$ 上に自由加群したがって平坦，また L が K 上代数的なら整であるから $L[X]$ は $K[X]$ 上整．よって前半は前2題から出る．f, g が $L[X]$ で共通の既約因子 $\alpha(X)$ をもてば，$P=(\alpha(X))$ とおくと $\operatorname{ht}P=1$（ネータ整域の素イデアル $\neq 0$ が単項なら高度1であることは容易にわかる）．よって $\operatorname{ht}\mathfrak{p}\leqq 1$．一方 $f, g\in\mathfrak{p}$ だから $\operatorname{ht}\mathfrak{p}=1$．$f$ の既約因子で $\mathfrak{p}$ に入るもの $h(X)$ があり，$\mathfrak{p}=(h)$ となる．$\therefore$ $h|g$．

§ 10.

【10.2】 前題と定理7.7から．

【10.3】 定理4の証明の中で，$(\mathfrak{m}_A, y)A[y]$ を含むように $\mathfrak{p}$ がとれる．

【10.4】 $0\subset\mathfrak{p}_1\subset\mathfrak{p}_2$ を R の素イデアルの真増大列とし $0\neq b\in\mathfrak{p}_1$, $a\in\mathfrak{p}_2-\mathfrak{p}_1$ とすると，

すべての $n>0$ に対し $ba^{-n}\in R$. R の商体を K とし, $f=\sum_{1}^{\infty}u_iX^i\in K[[X]]$ を $f^2+af+X=0$ をみたすようにとる. すると $u_1=-a^{-1}$, 一般に $u_i\in a^{-2i+1}A$ となるから $bf(X)\in A[[X]]$, $f(X)\notin A[[X]]$.

【10.5】 前半は定理7から. 後半：§9 補題1により R の K における整閉包は K ではないから R に一致し R は整閉, 一方 $x\in K-R$ なら $R[x]=K$, したがって $x^{-1}\in R[x]$ で, x^{-1} が R 上整となるから $x^{-1}\in R$. よって R は付値環である. $\dim R>1$ ならば極大でもなく (0) でもない素イデアル $\mathfrak{p}$ がとれて, $R_{\mathfrak{p}}$ は R と K の中間にある.

【10.8】 S に対応する加法付値を $v: L^*\longrightarrow G$ とし, $x_1,\cdots,x_e\in L$ を $v(x_1),\cdots,v(x_e)$ が G' を法とすることなる剰余類に入るようにとり, $y_1,\cdots,y_s\in S$ をその k における像が k' 上1次独立になるようにとると, rs 個の元 x_iy_j が K 上1次独立であることが前題により容易にわかる.

【10.9】 $S\subset S_1$ なら S_1 の剰余体 k_1 の付値環 A $(\neq k_1)$ があって S は S_1 と A の合成である. $k\subset A\subset k_1$, 前題により k_1 は k の代数拡大体であるから A 上整, A は整閉, ∴ $A=k_1$ となり矛盾.

§ 11.

【11.1】 B が A を支配する $\bar{K}$ の付値環, G がその値群であるとする. $\alpha\in\mathfrak{m}_B$ なら $\sqrt{\alpha}\in\mathfrak{m}_B$, よって G には最小正元は存在しない. また $v(\alpha)$ は何倍かすれば $v(K^*)$ に入ることが容易にわかるから G は Archimedian.

【11.2】 B が A を支配する L の付値環, G がその値群, $H=v(K^*)$, $e=[G:H]$ とすれば, $x\in G \Rightarrow ex\in H$. よって G は H の部分群と同形であるから $G\simeq \boldsymbol{Z}$.

【11.5】 Forster の定理 (5.7) を用いればよい.

【11.6】 問題 9.7 により $A=Z[\sqrt{10}]=Z[X]/(X^2-10)$, よって $A/3A\simeq Z[X]/(3,X^2-1)=(Z/3Z)[X]/(X-1)(X+1)$ であるから, $P=(3,\sqrt{10}-1)$ は A の素イデアル. これは単項でない. なぜなら, $P=(\alpha)$, $\alpha=a+b\sqrt{10}$ とするとノルム $N(\alpha)=a^2-10b^2$ は ±3 でなくてはならないことが容易にわかり, 合同式 $a^2\equiv\pm3 \bmod 5$ が解をもたないからこれは不可能.

【11.7】 A の極大イデアルを $P_1,\cdots,P_r$ とし, P_1 に入り $P_1^2,P_2,\cdots,P_r$ に入らない元 α をとれば $\alpha A=P_1$. 同様にすべての素イデアルが単項, したがって定理6により任意のイデアルが単項. (もちろん定理 5.8 からも出る.)

§ 12.

【12.1】 L が K 上に正規とし，$G=\mathrm{Aut}_K(L)$ とする．S_1, S が R を支配する L の付値環であるとし，G の元による S_1 の共役を $S_1, S_2, \cdots, S_r$ とする．$A=S_1\cap\cdots\cap S_r\cap S$ とする．もし S がどの S_i とも一致しないなら，【10.9】により $S_1,\cdots,S_r,S$ の間には包含関係がないから，定理2が適用できる．S, S_i の極大イデアルを $\mathfrak{n}$, $\mathfrak{n}_i$ とし $\mathfrak{n}\cap A=\mathfrak{p}$, $\mathfrak{n}_i\cap A=\mathfrak{p}_i$ とすれば $\mathfrak{p}_1\cdots\mathfrak{p}_r\not\subset\mathfrak{p}$ だから，$x\in\mathfrak{p}_1\cap\cdots\cap\mathfrak{p}_r$, $x\notin\mathfrak{p}$ をみたす x がとれる．すると $x\notin\mathfrak{n}$ であるが，$x\in(\mathfrak{n}_1)^{\sigma^{-1}}$ $(\sigma\in G)$ により x の K 上の共役はすべて $\mathfrak{n}_1$ に入り，したがって x の K 上の既約方程式の係数は $\mathfrak{n}_1\cap K=\mathrm{rad}(R)$ に入る．よって容易にわかるように $x\in\mathfrak{n}$ でなくてはならず，矛盾．

【12.2】 問題 10.3 により $\bar{R}$ は R を支配する L の付値環すべての共通部分である．問題 10.9 は容易に無限次の場合に拡張できるから，後半は前半から出る．前半は有限次の場合に帰着させ前問と定理2を用いる．

【12.4】 A の高度1の素イデアルの集合を $\mathscr{P}$ とし，$\mathfrak{p}\in\mathscr{P}$ に対し $I_\mathfrak{p}=a_\mathfrak{p}A_\mathfrak{p}$ とすると，$x\in\tilde{I}\Longleftrightarrow xI^{-1}\subset A_\mathfrak{p}(\forall\mathfrak{p}\in\mathscr{P})\Longleftrightarrow x\in a_\mathfrak{p}A(\forall\mathfrak{p}\in\mathscr{P})$，よって $\tilde{I}$ は $I_\mathfrak{p}\neq A_\mathfrak{p}$ となる有限個の $\mathfrak{p}\in\mathscr{P}$ についての $I_\mathfrak{p}\cap A$ の共通部分である．

§ 13.

【13.3】 $P\in\mathrm{Ass}(A)$ が非孤立であるとし，aA の素因子を $\mathfrak{p}_1,\cdots,\mathfrak{p}_n$ とする．もし $\mathrm{ht}\,\mathfrak{p}_i=1$ $(\forall i)$ なら $P\not\subset\mathfrak{p}_i$，よって $x\in P$ で $(a):x=(a)$ をみたすものがある．x は A の零因子で，$xy=0$ なら $y\in\bigcap_n a^nA$ である．

【13.4】 i）はやさしい．ii）P の斉次元は $\mathrm{mod}\,Q^*$ でべき零，よって P のすべての元が $\mathrm{mod}\,Q^*$ でべき零．次に $f\notin P$, $g\notin Q^*$ なら $fg\notin Q^*$ であることを示す．$f=f_1+\cdots+f_r$, $g=g_1+\cdots+g_s$, f_i, g_j は斉次元で $\deg f_1<\deg f_2<\cdots$, $\deg g_1<\deg g_2<\cdots$ として $r+s$ に関する帰納法．$r=s=1$ なら明らか．また $g_1\notin Q^*$ としてよいから $g_1\notin Q$. もし $f_1\notin P$ なら $f_1g_1\notin Q^*$. 次に $f_1\in P$ とする．$f_1g\in Q^*$ なら $(f_2+\cdots+f_r)g\notin Q^*$, $\therefore$ $fg\notin Q^*$. $f_1g\notin Q^*$ なら $f_1^tg\notin Q^*$, $f_1^{t+1}g\in Q^*$ となる $t\geqslant 1$ がある（$\because$ $n\gg 0$ なら $f_1^n\in Q^*$）．g を f_1^tg でおきかえれば $f_1g\in Q^*$ の場合になり，$ff_1^tg\notin Q^*$.

【13.6】 前半：R の斉次元で P に入らないものの作る積閉集合を S とすれば，R_S/P^*R_S は R/P^* の 0 でない斉次元全体による局所化と考えられるから前問により $\simeq K[X,X^{-1}]$，これは1次元の環である．後半：$\mathrm{ht}\,P$ に関する帰納法．$\mathrm{ht}\,P=n$ とし，$\mathrm{ht}\,Q=n-1$ となるように素イデアル $Q\subset P$ をとる．$Q\neq P^*$ なら Q は非斉次で，$Q^*\subset$

P^*, $\mathrm{ht}\,(P/Q^*)\geqq 2$ だから前問により $P^*\neq Q^*$, よって $\mathrm{ht}\,P^*\geqq \mathrm{ht}\,Q^*+1=n-1$.

§ 14.

【14.7】 $\mathfrak{p}\in\mathrm{Spec}\,(A)$, $f, g\in\mathfrak{m}-\mathfrak{p}$, $r=\dim A/\mathfrak{p}$ とする. $r=1$ なら $\mathfrak{p}A_f$ は極大イデアル. $r>1$ とする. $x_2, \cdots, x_r\in\mathfrak{m}$ を $\mathrm{ht}(\mathfrak{p}, f, x_2, \cdots, x_i)/\mathfrak{p}=\mathrm{ht}(\mathfrak{p}, g, x_2, \cdots, x_i)/\mathfrak{p}=i$ $(2\leqq i\leqq r)$ となるようにとれる. すると $(\mathfrak{p}, x_2, \cdots, x_r)$ の極小素因子 P は $\dim A/P=1$ をみたし, $f\notin P$, $g\notin P$, $\therefore$ $g\notin PA_f\in\text{m-Spec}\,(A_f)$.

§ 15.

【15.1】 $X/Y=Z$ とおくと $X=YZ$, $B=k[Y, Z]$, $A=k[YZ, Y]$, $\mathfrak{p}B=YB$, $\therefore$ $B/\mathfrak{p}B\simeq k[Z]$, $\therefore$ $\dim B_P/\mathfrak{p}B_P=1$. また $\mathfrak{p}'=(X-\alpha Y)A$, $0\neq\alpha\in k$ とすると, $X-\alpha Y=Y(Z-\alpha)$ を含む B の高度1の素イデアルは YB または $(Z-\alpha)B$ であり, $YB\cap A\neq\mathfrak{p}'$, $(Z-\alpha)B\not\subset P$ であるから P に含まれて $\mathfrak{p}'$ 上にのっている B の素イデアルは存在しない.

【15.2】 成り立たない. $f=XY-1$ とおくと fB は B の素イデアルで $fB\cap A=(0)$. $fB+XB=B$ だから fB を含み XA の上にのっている B の素イデアルは存在しない. なお, この $A\to B$ のファイバーの次元はすべて1である.

§ 16.

【16.1】 $\leqq$ は容易. $\geqq$ は M' の巴系を考える.

【16.2】 $\mathrm{Hom}_A(A/\mathfrak{a}, A/\mathfrak{b})=0$ (定理 9).

【16.3】 $P\in\mathrm{Ass}\,(A/I)$ とすると, $\mathrm{grade}\,P\geqq k$ は $P\supset I$ から明らか. $\mathrm{grade}\,P>k$ なら前問により $I:P=I$ となり矛盾. (注. 一般に $\mathrm{grade}\,I\leqq \mathrm{proj.\,dim}\,A/I$ である (前問). A が正則局所環で $P\in\mathrm{Spec}\,(A)$ のときには, 後述の定理 19.1 と 19.2 により, P が perfect $\Longleftrightarrow$ A/P が C. M.)

【16.5】 $\mathfrak{m}$ を A の極大イデアルとし $\mathfrak{m}\in\mathrm{Ass}\,(A)$, $\mathrm{ht}\,P>0$, $P\notin\mathrm{Ass}\,(A)$ ならば, $\mathrm{depth}\,(A)=0$, $\mathrm{depth}\,(A_P)>0$ であるから $M=A$ として反例になる. たとえば $A=k[X, Y, Z]_{(X,Y,Z)}/(X, Y, Z)^2\cap(Z)$, $P=(x, z)A$ は上の条件をみたす.

【16.7】 $\mathfrak{m}$ の中の極大 M 正則列 $\underline{x}=(x_1, \cdots, x_n)$ をとる. $M'=M/\sum x_iM$ とおくと $\xi\in M'$ があって $\xi\neq 0$, $\mathfrak{m}\xi=0$. すると $\mathfrak{m}B\xi=0$, $\mathfrak{n}^\nu\subset\mathfrak{m}B$, $\therefore$ $\mathfrak{n}^\nu\xi=0$, $\mathfrak{n}\in\mathrm{Ass}_B(M')$, よって $\underline{x}$ は $\mathfrak{n}$ の中の極大 M 正則列でもある.

§ 17.

【17.1】 (ロ) k を体, $A=k[X,Y]/(XY,Y^2)$ とおくと1次元非 CM 環.

【17.2】 x^3, y^3 は A 列したがって R 列になるから R は CM.

【17.3】 局所化して整域の場合に考えればよく, そのとき定理 11.5 の i) による.

【17.4】 A を局所環としてよい. A/J は CM だから $\dim A/J=\text{depth } A/J=r$ とし, k を A の剰余体とすると $\text{Ext}_A^i(k, A/J)=0$ $(i<r)$. 完全列 $0 \longrightarrow J^\nu/J^{\nu+1} \longrightarrow A/J^{\nu+1} \longrightarrow A/J^\nu \longrightarrow 0$ と, $J^\nu/J^{\nu+1}$ が A/J のいくつかの直和に同形なことを用いて帰納的に $\text{Ext}_A^i(k, A/J^\nu)=0$ $(i<r)$.

【17.5】 i) $x_1, \cdots, x_r$ を P の中の極大 A 列とし, これを $\mathfrak{m}$ の中の極大 A 列 $x_1, \cdots, x_r, y_1, \cdots, y_s$ に拡張する. P を含む $Q \in \text{Ass}_A(A/(x_1, \cdots, x_r))$ が存在するから定理2から $\dim A/P \geqslant \dim A/Q \geqslant \text{depth } A/(x_1, \cdots, x_r)=s$.

ii) $\dim A-\text{ht } P \geqslant \dim(A/P) \geqslant \text{depth } A-\text{depth}(P, A) \geqslant \text{depth } A-\text{depth } A_P$.

§ 18.

【18.1】 問題 16.1 を用いれば, A が CM $\Longleftrightarrow B$ が CM がわかる. よって CM を仮定して, Gor. を判定するのに定理1の条件 (5′) を使えばよい.

【18.3】 $A[X]$ の素イデアル P を与えるとき, A を $P \cap A$ で局所化してさらに巴系イデアルで割って, $(A, \mathfrak{m}, k)$ が0次元 Gorenstein 局所環のとき, $P \cap A=\mathfrak{m}$ となる $A[X]$ の素イデアル P に対し $A[X]_P=B$ が Gor. であることをいえばよい. このとき P は $\mathfrak{m}$ と1つのモニック多項式 $f(X)$ とで生成され, f の $k[X]$ における像は既約である. f は B 正則だから $C=B/(f)$ とおくと, C の極大イデアルは $\mathfrak{m}C$ であり, $C \simeq A[X]/(f)$ で, これは A 上有限階の自由加群であるから $\text{Hom}_C(C/\mathfrak{m}C, C)=\text{Hom}_A(k, A) \otimes_A C$ (問題 7.7) $\simeq C/\mathfrak{m}C$. ∴ C は Gor. ∴ B も Gor.

【18.4】 $R/(x^3, y^3)=k[x^3, y^3, x^2y, xy^2]/(x^3, y^3) \simeq k[U, V]/(U^2, V^2, UV)$ の (0) は既約でないから R は Gor. でない.

【18.5】 aA は $\simeq A/I$, $I \neq A$, の形だから, 0 でない射 $\varphi: aA \longrightarrow k$ があり, これを $aA \longrightarrow E$ と見たものが $A \longrightarrow E$ に拡張される. よって $0 \neq \text{Im}(\varphi) \subset aE$.

【18.6】 M は $E=E_A(k)$ の部分加群と考えられる. 忠実性から $A \subset \text{Hom}_A(M, M) \subset \text{Hom}_A(M, E)$, Matlis の双対定理から $l(E)=l(A) \leqslant l(M)$, ∴ $M=E$.

§ 19.

【19.3】 $0 \longrightarrow P_r \longrightarrow \cdots \longrightarrow P_0 \longrightarrow M \longrightarrow 0$ が完全列で各 P_i が有限射影的なら,

$P_0 \oplus A^n \simeq A^m$ とすれば $\cdots \longrightarrow P_2 \longrightarrow P_1 \oplus A^n \longrightarrow P_0 \oplus A^n \longrightarrow M \longrightarrow 0$ も完全列で $P_0 \oplus A^n$ は自由加群. 以下同様にして各 P_i を自由加群に変えてゆけば, $0 \longrightarrow L_{r+1} \longrightarrow L_r \longrightarrow \cdots \longrightarrow L_0 \longrightarrow M \longrightarrow 0$ の形の FFR が得られる.

【19.4】 A の各極大イデアル $\mathfrak{m}$ に対し, A 加群 $A/\mathfrak{m}$ が FFR をもつから $A_\mathfrak{m}$ 加群 $A_\mathfrak{m}/\mathfrak{m}A_\mathfrak{m}$ も FFR をもち, したがって $A_\mathfrak{m}$ 上の射影次元が有限である. よって $A_\mathfrak{m}$ は正則局所環である.

§ 20.

【20.4】 定理5と問題8.3を使え.

【20.5】 定理1による. A のイデアル I が局所的に単項なら, I は有限生成で, 定理5.8により単項である.

§ 21.

【21.1】 $P \in \mathrm{Spec}(R)$, $P \supset I$, $P/I = \mathfrak{p}$ とすると, $A_\mathfrak{p}$ が完交環 $\Longleftrightarrow I_P$ が R_P 列で生成される. $\Longleftrightarrow (I/I^2)_\mathfrak{p}$ が $A_\mathfrak{p}$ 上自由. I/I^2 は有限 A 加群だから定理 4.10 により $\{\mathfrak{p} \in \mathrm{Spec}(A) \mid (I/I^2)_\mathfrak{p}$ は $A_\mathfrak{p}$ 上自由$\}$ は $\mathrm{Spec}(A)$ の開集合である.

【21.2】 A を完備としてよい. すると $A = R/I$, R は正則で $\dim R = \dim A + 1$, と書ける. $\mathrm{ht}\, I = 1$ で A が CM 環だから I の素因子はすべて高度 1. R は UFD だから I は単項イデアル.

【21.3】 $A = k[x, y, z] = k + kx + ky + kz + kx^2$, $x^2 = y^2 = z^2$, $xy = yz = zx = 0$ であるから $(0 : \mathfrak{m}) = kx^2$ で, A は0次元 Gor. である. $I = (X^2 - Y^2, Y^2 - Z^2, XY, YZ, ZX)$, $M = (X, Y, Z)$ とおくと $I/MI \longrightarrow M^2/M^3$ の像は k 上5次元, よって I を生成するには5個の元が必要である.

§ 22.

【22.2】 代数的独立性は定理 16.2 の i) による. 平坦性は, $I = \sum x_i C$ とおき定理3を使えば, $\mathrm{Tor}_1^C(k, A) = 0$ を示すことに帰着する. $\underline{x}$ は C 列だから C と $\underline{x}$ で作った Koszul 複体を $L.$ とするとこれは C 加群 $k = C/I$ の自由分解であり, $\mathrm{Tor}_1^C(k, A) = H_1(L. \otimes_C A)$. 一方 $L. \otimes_C A$ は A と $\underline{x}$ で作った Koszul 複体で, $\underline{x}$ が A 列だから $H_1(L. \otimes A) = 0$.

【22.3】 $\mathrm{Tor}_1^A(k, M) = 0$ をいえばよい. § 18 補題 2 の注により $\mathrm{Tor}_1^A(k, M) = \mathrm{Tor}_1^{A/xA}(k, M/xM)$ で, 仮定により右辺は0である.

§ 24.

【24.1】 $0 \longrightarrow I^i/I^{i+1} \longrightarrow A/I^{i+1} \longrightarrow A/I^i \longrightarrow 0$ を用いて $\mathrm{Ass}(A/I^i)=\mathrm{Ass}(A/I)$ $(\forall i)$ を出す．

【24.2】 定理5により，A の素イデアル $\mathfrak{p}$ に対し $\mathrm{CM}(A/\mathfrak{p})$ が空でない開集合を含むことを示せばよい．$\mathfrak{p}$ の R への逆像を P とすれば $A/\mathfrak{p}=R/P$. さて $x_1,\cdots,x_n\in P$ を R_P の巴系になるようにとれば，R_P は CM だから $\underline{x}$ は R_P 列．よって P の近傍をちぢめて，(イ) P が $(\underline{x})=(x_1,\cdots,x_n)R$ の唯一の極小素因子，(ロ) $\underline{x}$ が R 列，となるようにしてよい．すると R を $R/(\underline{x})$ でおきかえて，P がべき零であるとしてよい．さらに P^i/P^{i+1} が R/P 上自由加群であるとしてよい．すると R が CM ということから R/P もそうであることが前問を利用して容易に出る．

【24.3】 前問と同様の準備ののち，定理6の証明を用いる．

§ 25.

【25.2】 $xy=0$ なら $y\in\bigcap x^nA$ を示す．$y\in x^nA$ がいえたとき，$y=x^nz$ とおけば $0=D(x^{n+1}z)=(n+1)x^nz+x^{n+1}Dz$, よって $y\in x^{n+1}A$.

【25.4】 $0 \longrightarrow I \longrightarrow A\otimes_k A \longrightarrow A \longrightarrow 0$ は分解する完全列だから $0 \longrightarrow I\otimes_k k' \longrightarrow A\otimes_k A\otimes_k k'=A'\otimes_{k'}A' \longrightarrow A' \longrightarrow 0$ も完全列，よって $\Omega_{A'/k'}=(I\otimes k')/(I\otimes k')^2 =(I/I^2)\otimes_k k'=\Omega_{A/k}\otimes_k k'$. また A_S については，A_S が A 上 0-etale なことと定理1から．

【25.5】 定理 27.3 を見よ．

§ 26.

【26.1】 i) $\alpha\in K\cap K'$ とする．$1,\alpha$ は K' 上1次従属な K の元だから k 上でも1次従属，$\therefore\ \alpha\in k$. ii) $\alpha_1,\cdots,\alpha_n\in K$ が k' 上1次独立とし $\sum\alpha_i\xi_i=0$, $\xi_i\in k'(K')$ として $\xi_i=0$ を示す．分母を払って $\xi_i\in k'[K']$ としてよい．K' の k 上の基底 $\{\omega_j\}$ をとれば $\xi_i=\sum c_{ij}\omega_j$, $c_{ij}\in k'$, と書ける．$\sum\limits_{ij} c_{ij}\alpha_i\omega_j=0$ から $\sum\limits_i c_{ij}\alpha_i=0$, $\therefore\ c_{ij}=0$ $(\forall i,j)$.

【26.2】 $K((T))$ と $L^p((T^p))$ が $K^p((T^p))$ 上線形無関連であればよい．$\omega_1(T),\cdots,\omega_r(T)\in K((T))$ が $K^p((T^p))$ 上1次独立であるとし，$\sum\varphi_i\omega_i=0$, $\varphi_i\in L^p((T^p))$ ならば $\varphi_i=0$ $(\forall i)$ を示す．分母を払って $\omega_i\in K[[T]]$, $\varphi_i\in L^p[[T^p]]$ としてよい．L の K 上の基底を $\{\xi_\lambda\}$ とすると，$\varphi_i=\sum\xi_\lambda^p\varphi_{i\lambda}(T^p)$, $\varphi_{i\lambda}(T^p)\in K^p[[T^p]]$, と一意的にかける．$\sum\xi_\lambda^p\varphi_{i\lambda}$ は一般に無限和であるが，T に関してある次数の項だけ見れば有

限和であるから意味がある．すると $\sum_{\lambda}\xi_{\lambda}^{p}(\sum_{i}\varphi_{i\lambda}(T^{p})\omega_{i}(T))=0$ から $\sum_{i}\varphi_{i\lambda}(T^{p})\omega_{i}=0$ $(\forall\lambda)$，$\therefore$ $\varphi_{i\lambda}=0$ $(\forall i,\lambda)$．

§ 28.

【28.1】 N を B 加群で $\mathfrak{m}^{\nu}N=0$ をみたすものとし，$D:B\longrightarrow N$ を A 上の導分とすると，D は導分 $B_0=B/\mathfrak{m}B\longrightarrow N/\mathfrak{m}N$ をひきおこす．B_0 が k 上 0-不分岐ならば $\bar{D}=0$，よって $D(B)\subset\mathfrak{m}N$．同様にして $D(B)\subset\mathfrak{m}^2N,\cdots$ となり，$D=0$．etale のほうは不分岐と順滑の組合せにすぎない．

【28.2】 $Da\neq0$ となる $D\in\mathrm{Der}(k)$ を A の導分に拡張できるから $a\notin A^p$．もし k を含む係数体 k' があれば $a\in k'^p\subset A^p$ となるはず．$k[X]$ は k 上 0-順滑だから A もそうである．

§ 29.

【29.1】 $C=R[[t]]$，R は DVR，となったとすると，R の素元を u とすれば pR は uR のべき，よって pC はただ 1 つの極小素因子 uC をもつ．しかし実際は $C/pC=(B/pB)[X]/X(X+y)$ だから pC は 2 つの極小素因子 (p,x)，$(p,x+y)$ をもつ．

【29.2】 R は Z_{pZ} 上に pR-etale である（問題 28.1）．

§ 30.

【30.1】 φ は，$E_t:A\longrightarrow A[[t]]$ と，t に $-x$ を代入する準同形 $A[[t]]\longrightarrow A$ との合成である．$\varphi(x)=0$ だから $xA\subset\mathrm{Ker}(\varphi)$．任意の $a\in A$ に対し $\varphi(a)=a+xb$ と書けるから $\varphi(\varphi(a))=\varphi(a)$，よって $C\cap xA=(0)$，$A=C+xA$，$\therefore$ $A=C[[x]]$．$E_t(x)=x+t$ で，容易にわかるように $x+t$ は $A[[t]]$ の非零因子だから，x は A の非零因子である．$c_rx^r+c_{r+1}x^{r+1}+\cdots=0$，$c_i\in C$，ならば x^r で割って $c_r\in C\cap xA=(0)$，よって x は C 上解析的独立である．

【30.2】 いえない．A が k' 上に 0-順滑なら A の商体 L もそうであり，L/k' が分離的，$\therefore$ k/k' も分離的となり事実に反す．

【30.3】 (1) ⇒ (3) は定理 28.7 によれば容易．(3) ⇒ (1) は $[k:k^p]=\infty$ のときには反例がある（[G 1] (22.7.7) 参照）．

文　献

可換環論全体にわたって文献を集めると相当の量になるので，以下の文献表も完全からは遠いものである．古いものについては [N 1]，新しいものについては [Conf] や [46]，[49] などでおぎなっていただきたい．LN=Lecture Notes in Math.，雑誌名は *Nagoya Math. J.* を単に *Nagoya J.* と書くなどの略記を行った．

和　書

[岩沢]　岩沢健吉，代数函数論．岩波書店

[弥永]　弥永昌吉編，数論．岩波書店

[永田 1]　永田雅宜，可換体論．裳華房

[永田 2]　〃　，可換環論．紀伊國屋

[服部]　服部　昭，現代代数学．朝倉書店

[中山-服部]　中山　正-服部　昭，ホモロジー代数学．共立出版

[秋月-鈴木]　秋月康夫-鈴木通夫，高等代数学 I，II．岩波全書．岩波書店

[成田 1]　成田正雄，イデアル論入門，共立全書．共立出版

[成田 2]　〃　，初等代数学．共立出版

[成田 3]　〃　，代数学．共立出版

[成田 4]　〃　，UFD についての講義録．都立大学

洋　書

[AM]　Atiyah-MacDonald, *Introduction to Commutative Algebra.* Addison-Wesley, 1969.

[An 1]　M. André, *Méthode simpliciale en Algèbre Homologique et Algèbre Commutative.* LN 32, Springer, 1967.

[An 2]　…………, *Homologie des algèbres commutatives.* Springer, 1974.

[B 1-7]　Bourbaki, *Algèbre Commutative, Ch.* 1-*Ch.* 7. Hermann, 1961-.

[Conf]　*Conference on Commutative Algebra,* Kansas 1972. LN 311, Springer, 1973.

[Diff]　Berger-Kiehl-Kunz-Nastold, *Differentialrechnung in der analytischen Geometrie.* LN 38, Springer, 1967.

[F]　R. Fossum, *The divisor class group of a Krull domain.* Ergeb. d. Math. 74, Springer, 1973.

[G 1] A. Grothendieck, *Éléments de Géométrie Algébrique,* IV-1. Publ. I. H. E. S. no. 20, 1964.

[G 2] ...., ..., IV-2. Publ. I. H. E. S. no. 24, 1965.

[G 3] ...., ..., IV-3. Publ. I. H. E. S. no. 28, 1966.

[G 4] ...., ..., IV-4. Publ. I. H. E. S. no. 32, 1967.

[G 5] A. Grothendieck et al., *Cohomologie locale des faisceaux cohérents et Théorèmes de Lefschetz locaux et globaux* (*SGA* 2). North-Holland, 1968.

[G 6] A. Grothendieck, *Local cohomology.* LN 41, Springer, 1967.

[GL] Gulliksen-Levin, *Homology of local rings,* Queen's papers in pure appl. math., no. 20, Queen's Univ., Kingston 1969.

[GS] S. Greco-P. Salmon, *Topics in* $\mathfrak{m}$*-adic topologies.* Erged. d. Math. 58, 1971.

[H] M. Hochster, *Topics in the homological theory of modules over commutative rings.* Regional conference series 24, AMS 1975.

[Ha] R. Hartshorne, *Algebraic Geometry.* Springer, 1977.

[HK] Herzog-Kunz, *Der kanonische Modul eines Cohen-Macaulay Rings.* LN 238, Springer, 1971.

[J] N. Jacobson, *Lectures in abstract algebra, Vol.* 3, *Theory of Fields and Galois Theory.* Van Nostrand, 1964.

[K] I. Kaplansky, *Commutative Rings.* Allyn and Bacon, 1970.

[KPR] Kurke-Pfister-Roczen, *Henselsche Ringe und Algebraische Geometrie.* VEB Deutscher Verlag d. Wissen., Berlin 1975.

[KPPRM] Kurke-Pfister-Popescu-Roczen-Mostowski, *Die Approximationseigenschaft lokaler Ringe.* LN 634, Springer, 1978.

[Kr] W. Krull, *Idealtheorie.* Ergeb. d. Math., Springer 1935.

[L] T. Y. Lam, *Serre's Conjecture.* LN 635, Springer, 1978.

[M] H. Matsumura, *Commutative Algebra.* Benjamin, 1970.

[Mac] F. S. Macaulay, *Algebraic theory of modular systems.* Cambridge Tracts no. 19, 1916.

[N 1] M. Nagata, *Local Rings.* Interscience, 1962.

[N 2] ...., *Lectures on the fourteenth problem of Hilbert,* Tata Inst. 1965.

[N 3] ...., *Polynomial rings and affine spaces.* Regional conference series 37, AMS 1978.

[Nor 1] D. G. Northcott, *Ideal theory.* Cambridge Tracts no. 42, 1952.

[Nor 2] ...., *An introduction to homological algebra.* Cambridge Univ. Press, 1960.

[Nor 3] ...., *Lessons on rings, modules and multiplicities.* Cambridge

Univ. Press, 1968.
[Nor 4] ………., *Finite free resolutions.* Cambridge Tracts no. 71, 1976.
[R] M. Raynaud, *Anneaux locaux Henséliens.* LN 169, Springer, 1970.
[S 1] P. Samuel, *Algèbre locale.* Mém. Sci. Math. 123, Gauthier-Villars, 1953.
[S 2] ………., *Lectures on unique factorization domains.* Tata Inst., 1964.
[S 3] ………., *Méthodes d'algèbre abstraite en géométrie algébrique.* Ergeb. d. Math., Springer, 1955.
[Sa] J. Sally, *Numbers of generators of ideals in local rings.* Lect. Notes in pure appl. math. 35, Marcel Dekker, 1978.
[Se] J.-P. Serre, *Algèbre locale-Multiplicités.* LN 11, Springer, 1965.
[Su] S. Suzuki, *Differentials of Commutative Rings.* Queen's Papers in pure appl. math. 29, Queen's Univ., Kingston, Ontario, 1971.
[Va] W. Vasconcelos, *Divisor theory in module categories.* North-Holland Math. Studies 14, North Holland, 1974.
[ZS] O. Zariski-P. Samuel, *Commutative Algebra,* I. II. Van Nostrand, 1958, 1960, new edition from Springer, 1975.

論　文

[1] S. Abhyankar, On the valuations centered in a local domain, *Amer. J.* 78 (1956), 321-348.
[2] Y. Akizuki. Einige Bemerkungen über primäre Integritätsbereiche…. *Proc. Phys.-Math. Soc. Japan* 17 (1935), 327-336.
[3] ………., Teilerkettensatz und Vielfachensatz, ibid. 17 (1935), 337-345.
[4] M. André, Localisation de la lissité formelle. *Manusc. math.* 13 (1974), 297-307.
[5] M. Auslander, Coherent functors. in Proc. Conf. Categorical Algebra, Springer, 1965, 189-231.
[6] M. Auslander-D. Buchsbaum, Codimension and multiplicity. *Ann. of Math.* 68 (1958), 625-657. *Errata,* ibid. 70 (1959), 395-397.
[7] ………., Unique factorization in regular local rings. *Proc. Nat. Acad. Sci. USA* 45 (1959), 733-734.
[8] L. L. Avramov, Flat morphisms of complete intersections. *Dokl. Akad. Nauk SSSR* 225 (1975), *Soviet Math. Dokl.* 16 (1975), 1413-1417.
[9] H. Bass, On the ubiquity of Gorenstein rings. *Math. Z.* 82 (1963), 8-28.
[10] D. Buchsbaum-D. Eisenbud, What makes a complex exact? *J. of Algebra* 25 (1973), 259-268.

[11] S. Chase, Direct products of modules. *Trans. AMS* 97 (1960), 457-473.

[12] C. Chevalley, On the theory of local rings. *Ann. of Math.* 44 (1943), 690-708.

[13] I. S. Cohen, On the structure and ideal theory of complete local rings. *Trans. AMS* 59 (1946), 54-106.

[14] I. S. Cohen-A. Seidenberg, Prime ideals and integral dependence. *Bull. AMS* 52 (1946), 252-261.

[15] R. C. Cowsik-M. V. Nori, Affine curves in characteristic p are set theoretic complete intersections. *Inv. math.* 45 (1978), 111-114.

[16] E. Davis, Ideals of the principal class, R-sequences…. *Pacific J.* 20 (1967), 197-209.

[17] J. Eagon-M. Hochster, R-sequences and indeterminates. *Quart. J. math. Oxford* 25 (1974), 61-71.

[18] J. Eagon-D. G. Northcott, Ideals defined by matrices and a certain complex associated with them. *Proc. Roy. Soc. London* 269 (1962), 188-204.

[19] P. Eakin, The converse to a well known theorem on noetherian rings. *Math. Ann.* 177 (1968), 278-282.

[20] D. Eisenbud, Some directions on recent progress in commutative algebra. in *Proc. Symp. Pure Math.* 29 (Algebraic Geometry, Arcata 1974), AMS 1975, 111-128.

[21] D. Eisenbud-E. G. Evans, Every algebraic set in n-space is the intersection of n hypersurfaces. *Inv. math.* 19 (1973), 278-305.

[22] G. Faltings, Ein einfacher Beweis, dass geometrische Regularität formale Glattheit impliziert. *Archiv d. Math.* 30 (1978), 284-285.

[23] …………, Zur Existenz dualisierender Komplexe. *Math. Z.* 162 (1978), 75-86.

[24] …………, Über Macaulayfizierung. *Math. Ann.* 238 (1978), 175-192.

[25] D. Ferrand, Les modules projectifs de type fini sur un anneau de polynomes. *Séminaire Bourbaki* 1975/76, no. 484, LN 567, Springer, 1977.

[26] D. Ferrand-M. Raynaud, Fibres formelles d'un anneau local noetherien. *Ann. Sci. Ec. Norm. Sup.* 3 (1970), 295-311.

[27] H. Flenner, Die Sätze von Bertini für lokale Ringe. *Math. Ann.* 229 (1977), 97-111.

[23] E. Formanek, Faithful noetherian modules. *Proc. AMS* 41 (1973), 381-383.

[29] O. Forster, Über die Anzahl der Erzeugenden eines Ideals in einem

Noetherschen Ring. *Math. Z.* **84** (1964), 80-87.

[30] R. Fossum-H.-B. Foxby, The category of graded modules. *Math. Scan.* 35 (1974), 288-300.

[31] S. Goto-K. Watanabe, On graded rings, I, II. *J. Math. Soc. Japan* 30 (1978), 179-213, *Tokyo J. Math.* 1 (1978), 237-261.

[32] L. Gruson-M. Raynaud, Critères de platitude et de projectivité. *Inv. math.* 13 (1971), 1-89.

[33] S. Greco, Henselization of a ring with respect to an ideal. *Trans. AMS* 144 (1969), 43-65.

[34] …………, Two theorems on excellent rings. *Nagoya Math. J.* 60 (1976), 139-146.

[35] S. Greco-M. Marinari, Nagata's criterion and openness of loci for Gorenstein and complete intersections. *Math. Z.* 160 (1978), 207-216.

[36] S. Greco-N. Sankaran, On the separable and algebraic closedness of a Hensel couple in its completion. *J. of Algebra*, 39 (1976), 335-348.

[37] R. Hartshorne, Complete intersections and connectedness. *Amer. J.* 84 (1962), 497-508.

[38] M. Hermann-R. Schmidt, Zur Transitivität der normalen Flachheit. *Inv. math.* 28 (1975), 129-136.

[39] M. Hochster, Non-openness of loci in noetherian rings. *Duke Math. J.* 40 (1973), 215-219.

[40] …………, Contracted ideals from integral extensions of regular rings. *Nagoya J.* 51 (1973), 25-43.

[41] …………, Constraints on systems of parameters. in *Ring Theory* (Proc. Oklahoma Conf.), Dekker, 1974, 121-161.

[42] …………, An obstruction to lifting cyclic modules. *Pacific J.* 61 (1975), 457-463.

[43] …………, Cohen-Macaulay rings, combinatorics, and simplicial complexes. in *Ring Theory* II, Dekker, 1977.

[44] …………, The Zariski-Lipman conjecture for homogeneous complete intersections. *Proc. AMS* 49 (1975), 261-262.

[45] …………, Cyclic purity versus purity in excellent noetherian rings. *Trans. AMS* 231 (1977), 463-488.

[46] …………, Some applications of the Frobenius in characteristic 0. *Bull. AMS* 84 (1978), 886-912.

[47] M. Hochster-J. Eagon, Cohen-Macaulay rings, invariant theory, and

generic perfection of determinantal loci. *Amer. J.* 93 (1971), 1020-1058.

[48] M. Hochster-L. J. Ratliff, Five theorems on Macaulay rings. *Pacific J.* 44 (1973), 147-172.

[49] M. Hochster-J. L. Roberts, Rings of invariants of reductive groups acting on regular rings are Cohen-Macaulay. *Adv. in Math.* 13 (1974), 115-175.

[50] P. Jothilingam, A note on grade. *Nagoya Math. J.* 59 (1975), 149-152.

[51] W Krull, Ein Satz über primäre Integritätsbereiche. *Math. Ann.* 103 (1930), 450-465.

[52] ············, Allgemeine Bewertungstheorie. *J. reine angew. Math.* 179 (1931), 160-196.

[53] ············, Der allgemeine Diskriminantensatz. (Beiträge···VI). *Math. Z.* 45 (1938).

[54] ············, Dimensionstheorie in Stellenringen. *J. reine angew. Math.* 179 (1938), 204-226.

[55] ············, Jacobsonsche Ringe, Hilbertscher Nullstellensatz, Dimensionstheorie. *Math. Z.* 54 (1951), 354-387.

[56] E. Kunz, Characterizations of regular local rings of characteristic p. *Amer. J.* 91 (1969), 772-784.

[57] ············, On noetherian rings of characteristic p. ibid. 98 (1976), 999-1013.

[58] M. Kumar, Complete intersections. *J. Math. Kyoto U.* 17 (1977), 533-538.

[59] ············, On two conjectures about polynomial rings. *Inv. math.* 46 (1978), 225-236.

[60] C. Lech, Inequalities related to certain couples of local rings. *Acta Math.* 112 (1964), 69-89.

[61] S. Lichtenbaum, On the vanishing of Tor in regular local rings. *Ill. J.* 10 (1966), 220-226.

[62] J. Marot, Sur les anneaux universellement japonais. *C. R.* 277 (1973), 1029-1031, *C. R.* 278 (1974), 1169-1172.

[63] C. Massaza-P. Valabrega, Sul apertura di luoghi in uno schema localmente noetheriano. *Boll. U. M. I.* 14-**A** (1977), 564-574.

[64] E. Matlis, Injective modules over noetherian rings. *Pacific J.* 8 (1958), 511-528.

[65] J. Matijevic, Maximal ideal transforms of noetherian rings. *Proc. AMS* 54 (1976), 49-52.

[66] J. Matijevic-P. Roberts, A conjecture of Nagata on graded Cohen-Macaulay rings. *J. Math. Kyoto U.* 14 (1974), 125-128.

[67] H. Matsumura, Formal power series rings over polynomial rings, I. in *Number Theory, Algebraic Geometry and Commutative Algebra in honor of Y. Akizuki*, Kinokuniya, Tokyo 1973, 511-520.

[68] ...., Noetherian rings with many derivations. in *Contributions to Algebra* (dedicated to E. Kolchin), Academic Press, New York 1977, 279-294.

[69] ...., Quasi-coefficient rings. *Nagoya J.* 68 (1977), 123-130.

[70] Y. Mori, On the integral closure of an integral domain, I, II. *Mem. Coll. Sci. U. Kyoto* 27 (1953), 249-256. Errata, ibid. 28 (1954), 327-328. *Bull. Kyoto Gakugei Univ.* 7 (1955), 19-30.

[71] M. Nagata, On the derived normal rings of noetherian integral domains. *Mem. Coll. Sci. U. Kyoto* 29 (1955), 293-303.

[72] ...., The theory of multiplicity in general local rings. in *Proc. Intern. Symp. Tokyo-Nikko* 1955, 191-226.

[73] ...., On the chain problem of prime ideals. *Nagoya J.* 10 (1956), 51-64.

[74] ...., A Jacobian criterion of simple points. *Ill. J.* 1 (1957), 427-432.

[75] ...., On the closedness of singular loci. *Publ. IHES* 2 (1959), 29-36.

[76] ...., A type of subrings of a noetherian ring. *J. Math. Kyoto U.* 8 (1968), 465-467.

[77] ...., Flatness of an extension of a commutative ring. ibid. 9(1969), 439-448.

[78] K. Nagurajan, Groups acting on noetherian rings. *Nieuw Archief voor Wiskunde* 14 (1968), 25-29.

[79] M. Nomura, Formal power series rings over polynomial rings, II. in *Number Theory* .... Kinokuniya, Tokyo 1973, 521-528.

[80] C. Peskine, Une généralisation du "main theorem" de Zariski. *Bull. Sci. Math.* 90 (1966), 119-127.

[81] C. Peskine-L. Szpiro, Dimension projective finie et cohomologie locale. *Publ. IHES* 42 (1973), 47-119.

[82] ...., Liaison des variétés algébriques I. *Inv. math.* 26 (1974), 271-302.

[83] J. Querré, Sur un théorème de Mori-Nagata. *C. R.* 285 (1977), 323-324.

[84] …………, Sur une propriété des anneaux de Krull. *Bull. Sci math* **95** (1971), 341-354.

[85] D. Quillen, Projective modules over polynomial rings. *Inv. Math.* 36 (1976), 167-171.

[86] L. J. Ratliff, Jr., On quasi-unmixed local domains, the altitude formula, and the chain condition for prime ideals, (I) *Amer. J.* 91 (1969), 508-528, (II) ibid. 92 (1970), 99-144.

[87] …………, Characterizations of catenary rings. ibid. 93 (1971), 1070-1108.

[88] …………, Catenary rings and the altitude formula. ibid. 94 (1972), 458-466.

[89] D. Rees, Two classical theorems of ideal theory. *Proc. Camb. Phil. Soc.* **52** (1956), 155-157.

[90] …………, The grade of an ideal or module. ibid. 53 (1957), 28-42.

[91] …………, A note on analytically unramified local rings. *J. London Math. Soc.* 36 (1961), 24-28.

[92] L. Robbiano-G. Valla, On normal flatness and normal torsion-freeness. *J. of Algebra* 43 (1976), 552-560.

[93] C. Rotthaus, Nicht ausgezeichnete, universell japanische Rings. *Math. Z.* 152 (1977), 107-125.

[94] …………, Universell japanische Ringe mit nicht offenem regulärem Ort. *Nagoya J.* 74 (1979), 123-135.

[95] …………, Komplettierung semilokaler quasi ausgezeichneter Ringe. ibid. 76 (1979), 173-180.

[96] P. Samuel, On unique factorization domains. *Ill. J.* 5 (1961), 1-17.

[97] …………, Sur les anneaux factoriels. *Bull. Soc. Math. France* 89 (1961), 155-173.

[98] G. Scheja-U. Storch, Differentielle Eigenschaften der Lokalisierungen analytischer Algebren. *Math. Ann.* 197 (1972), 137-170.

[99] …………, Über Spurfunktionen bei vollständigen Durchschnitten. *J. reine angew. Math.* 278/279 (1975), 174-190.

[100] A. Seidenberg, Derivations and integral closure. *Pacific J.* 16 (1966), 167-173.

[101] H. Seydi, Anneaux Henseliens et conditions de chaînes. (I) *Bull. Soc. Math. France* 98 (1970), 9-31. (II) *C. R.* 270 (1970), 696-698. (III) *Bull. Soc. Math. France* 98 (1970), 329-336.

[102] ...., Sur deux théorèmes d'algèbre commutative. *C. R.* 271 (1970), 1105-1108.

[103] ...., Sur les anneaux de series formelles algébriques. *C. R.* 272 (1971), 1169-1172.

[104] R. Y. Sharp, The Cousin complex for a module over a commutative noetherian ring. *Math. Z.* 112 (1969), 340-356.

[105] ...., Local cohomology theory in commutative algebra. *Quart. J.* (Oxford), 21 (1970),

[106] ...., Dualizing complexes for commutative noetherian rings. *Proc. Camb. Phil. Soc.* 78 (1975), 369-386.

[107] ...., Acceptable rings and homomorphic images of Gorenstein rings. *J. of Alg.* 44 (1977), 246-261.

[108] ...., Gorenstein modules. *Math. Z.* 115 (1970), 117-139.

[109] ...., A commutative noetherian ring which possesses a dualizing complex is acceptable. *Proc. Camb. Phil. Soc.* 82 (1977) 197-213.

[110] R. Stanley, Relative invariants of finite groups generated by pseudoreflections. *J. of Alg.* 49 (1977), 134-148.

[111] ...., Hilbert functions of graded algebras. *Adv. in Math.* 28 (1978), 57-83.

[112] R. Swan, The number of generators of a module. *Math. Z.* 102 (1967), 318-322.

[113] J. Tate, Homology of noetherian rings and local rings. *Ill. J.* 1 (1957), 246-261.

[114] B. Tessier, Sur une inégalité à la Minkowski pour les multiplicités. *Ann. of Math.* 106 (1977), 38-44.

[115] P. Valabrega, On the excellent property for power series rings over polynomial rings. *J. Math. Kyoto U.* 15 (1975), 387-395.

[116] ...., A few theorems on completion of excellent rings. *Nagoya J.* 61 (1976), 127-133.

[117] ...., Formal fibres and openness of loci. *J. Math. Kyoto U.* 18 (1978), 199-208.

[118] G. Valla, Certain graded algebras are always Cohen-Macaulay. *J. of Alg.* 42 (1976), 537-548.

[119] W. Vasconcelos, Ideals generated by *R*-sequences. *J. of Alg.* 6 (1967), 309-316.

[120] ...., On finitely generated flat modules. *Trans. AMS* 138 (1969),

505-512.

[121] J. Watanabe, Some remarks on Cohen-Macaulay rings with many zero divisors. *J. of Algebra* 39 (1976), 1-14.

[122] ⋯⋯⋯⋯, A note on Gorenstein rings of embedding codimension three. *Nagoya J.* 50 (1973), 227-232.

[123] K. Watanabe, Certain invariant subrings are Gorenstein, I, II. *Osaka J.* 11 (1974) 1-8, 379-388.

[124] K. Watanabe-T. Ishikawa-S. Tachibana-K. Otsuka, On tensor products of Gorenstein rings. *J. Math. Kyoto U.* 15 (1975), 387-395.

[125] C. Hopkins, Rings with minimum condition for left ideals. *Ann. of Math.* 40 (1939), 712-730.

[126] I. Kaplansky, Projective modules. *Ann. of Math.* 68 (1958), 372-377.

[127] S. Rabinowitch, Zum Hilbertschen Nullstellensatz. *Math. Ann.* 102 (1929), p. 520.

[128] O. Goldman, Hilbert rings and the Hilbert Nullstellensatz. *Math. Z.* 54 (1951), 136-140.

[129] J. Nishimura, Note on Krull domains. *J. Math. Kyoto Univ.* 15 (1975), 397-400.

[130] H. Seydi, Un théorème de descente effective universelle et une application. *C. R. Paris,* 270 (1970), 801-803.

[131] D. Northcott-D. Rees, Reduction of ideals in local rings. *Proc. Camb. Phil. Soc.* 50 (1954), 145-158.

[132] J. Dieudonné, On regular sequences. *Nagoya Math. J.* 27-1 (1966), 355-356.

[133] R. Hartshorne, A property of *A*-sequences. *Bull. Soc. Math. France,* 94 (1966), 61-66.

[134] H. Hironaka, Resolution of singularities of an algebraic variety over a field of characteristic zero. *Ann. of Math.* 79 (1964), 109-326.

[135] H. Hasse-F. K. Schmidt, Noch eine Begründung der Theorie der höheren Differential-quotienten in einem algebraischen Funktionenkörper einer Unbestimmten. *J. reine u. angew. Math.* 177 (1937).

[136] M. Hochster, Rings of invariants of tori, Cohen-Macaulay rings generated by monomials, and polytopes. *Ann. of Math.* **96** (1972), 318-337.

索　　引

I

J

K

M

N

O

P

R

S

T

U

W

Y

Z

Memorandum

Memorandum

——著者紹介——

松村英之（まつむら ひでゆき）

学　歴　1953年　鹿児島大学卒業
　　　　1958年　京都大学大学院修了
専　攻　代数学，代数幾何学
　　　　元名古屋大学理学部教授・理学博士
主要著書　『集合論入門』（朝倉書店）
　　　　Commutative Algebra, Benjamin

検印廃止

復刊　可換環論

1980年10月20日　初版1刷発行
2000年9月1日　復刊1刷発行
2025年5月15日　復刊10刷発行

著者　松村英之

発行者　南條光章
東京都文京区小日向4丁目6番19号

印刷者　四竈廣幸
東京都新宿区山吹町342番

NDC 411.8

発行所　東京都文京区小日向4丁目6番19号
電話　東京(03)3947-2511番（代表）
郵便番号 112-0006
振替口座 00110-2-57035番
URL　www.kyoritsu-pub.co.jp

共立出版株式会社

印刷・新日本印刷　製本・ブロケード

Printed in Japan

一般社団法人
自然科学書協会
会員

ISBN 978-4-320-01658-3

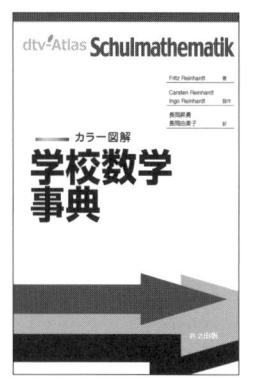

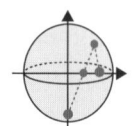